教材索引——服装面料

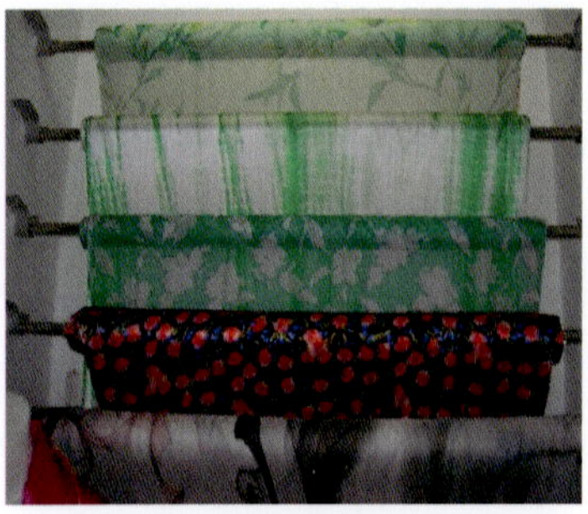
真丝绸

呢绒格料

法兰呢

人字呢

麦耳登

毛纺格料

灯心绒

黄麻料

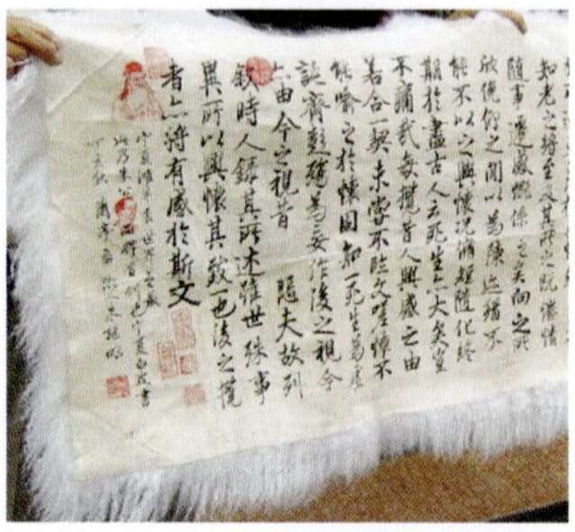
裘皮料

珠绣

蕾丝料

扎染毛草绒

纬编针织物

经编针织物

烫金布

教材索引——服装辅料

织带

柯根纱

柯根纱

有弹性花边

编织花边

编织花边

垫肩

本布装饰带

腰带

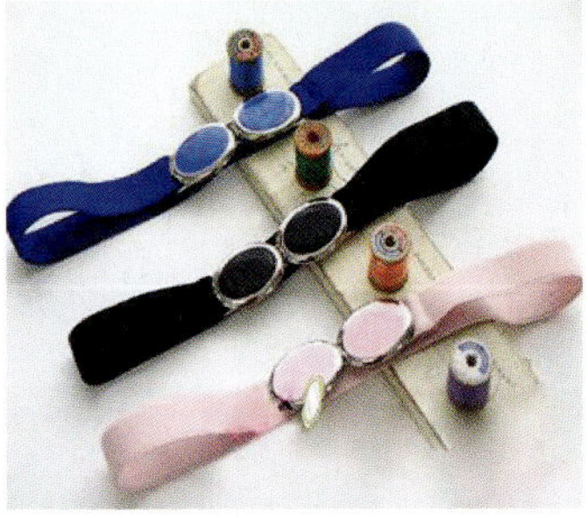
布包腰带

色织腰带

服装商标

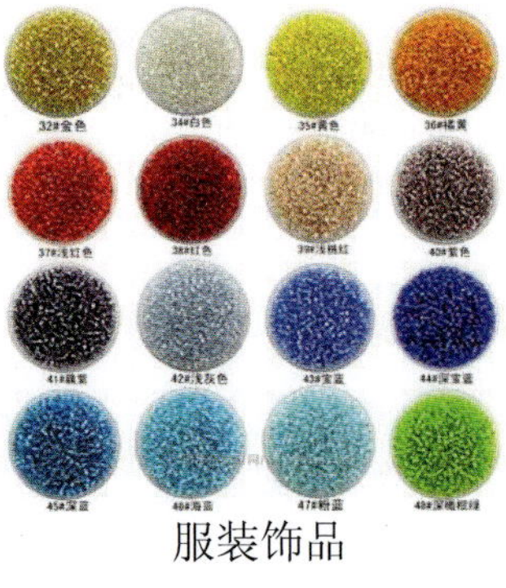
服装饰品

服装饰品

服装饰品

教材索引——服装辅料

纽扣

纽扣

纽扣

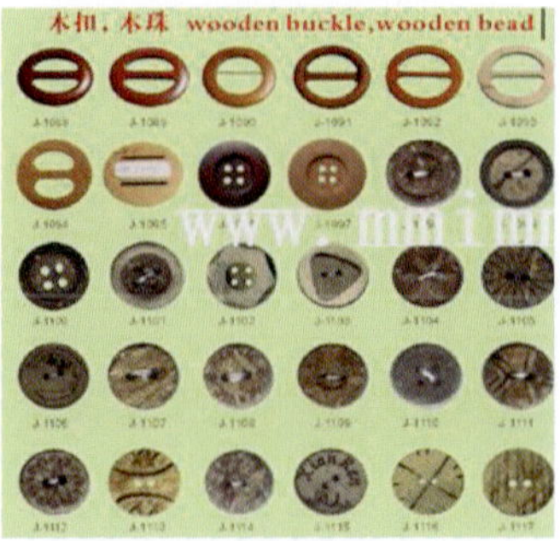

纽扣

纽扣

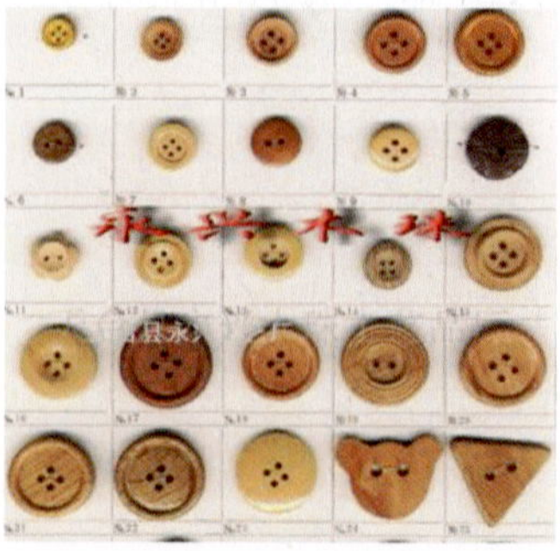

纽扣

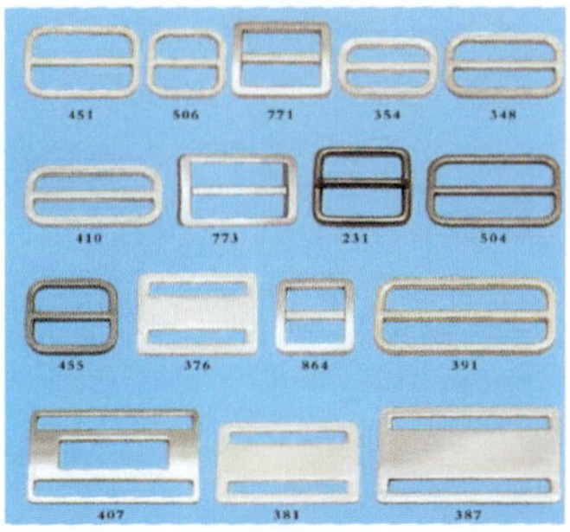

日字扣

日字扣

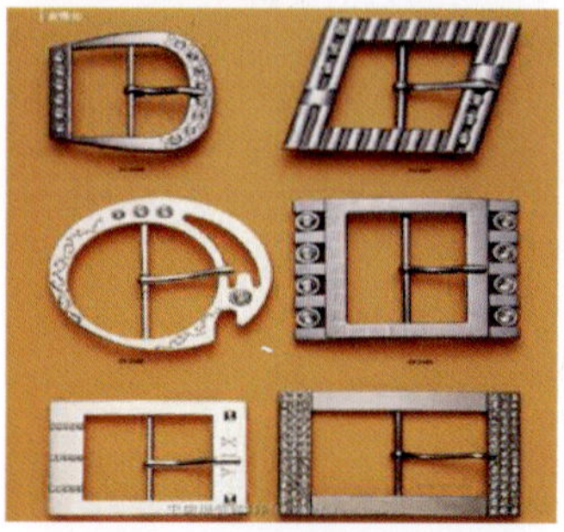

日字扣

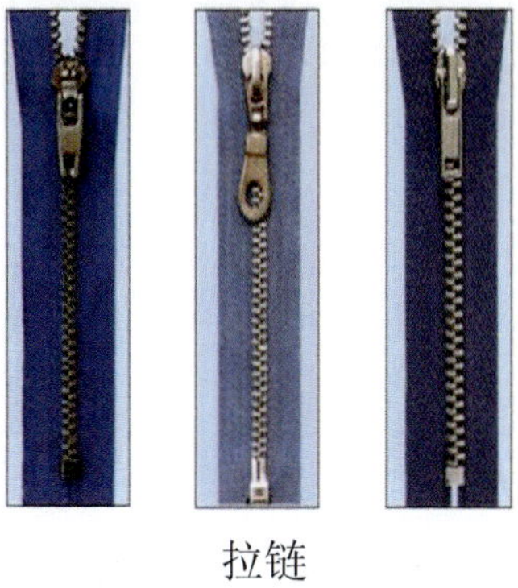

拉链

拉链

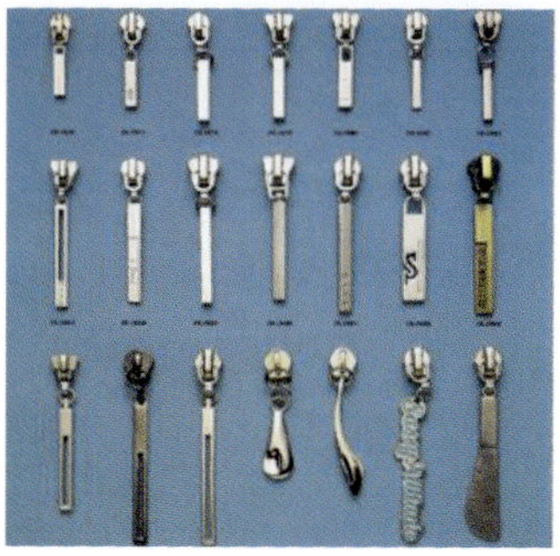

拉链头

涤纶线

凤眼线

透明鱼丝线

教材索引——服装效果图

教材索引——服装款式图

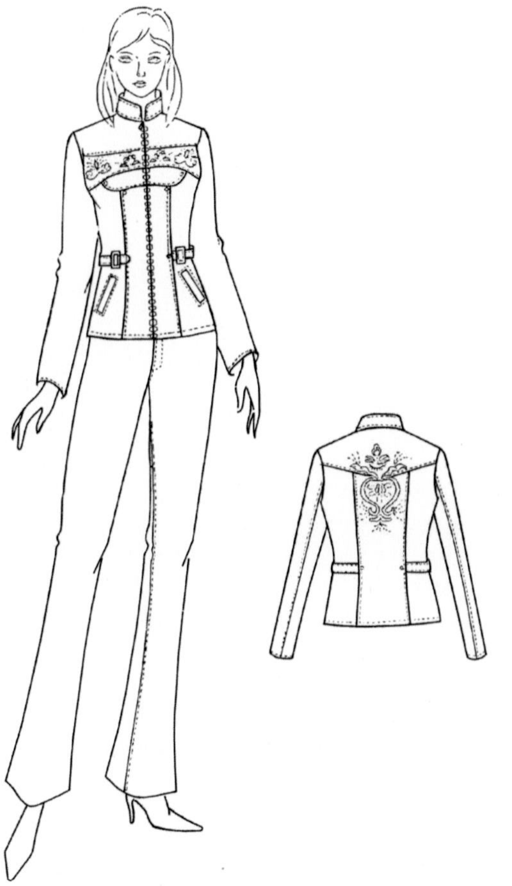

教材索引——服装工艺图

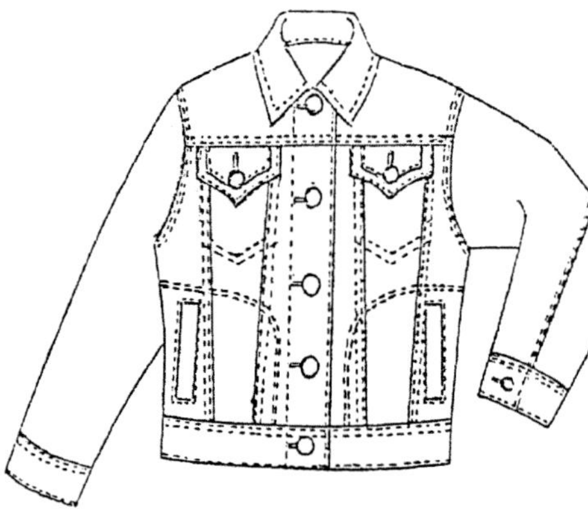

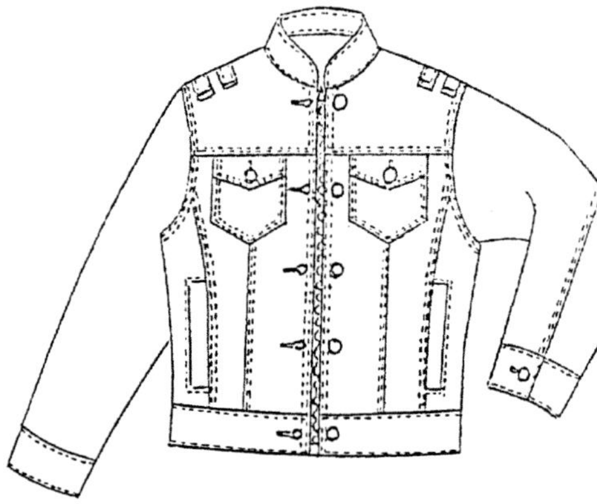

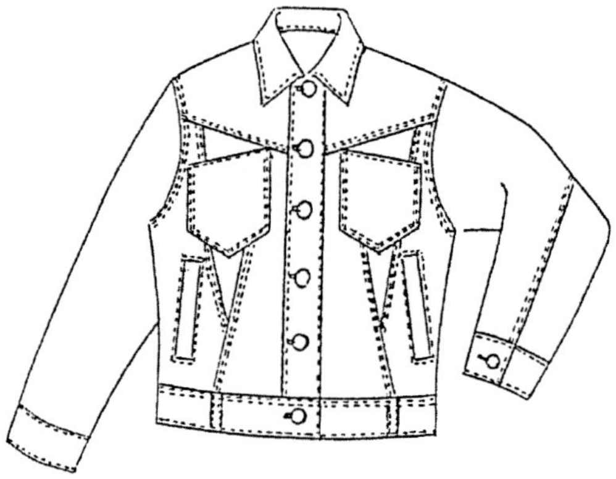

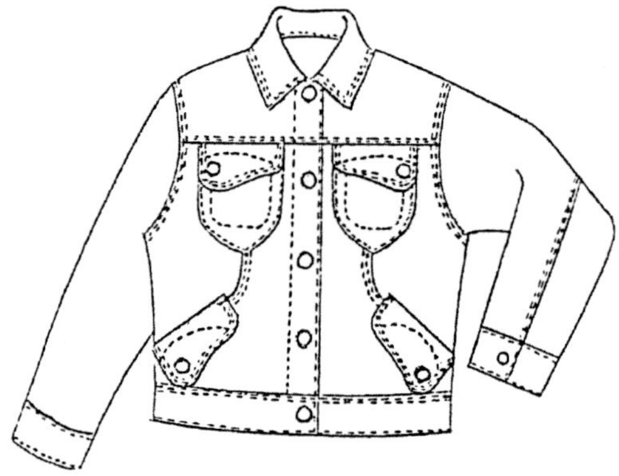

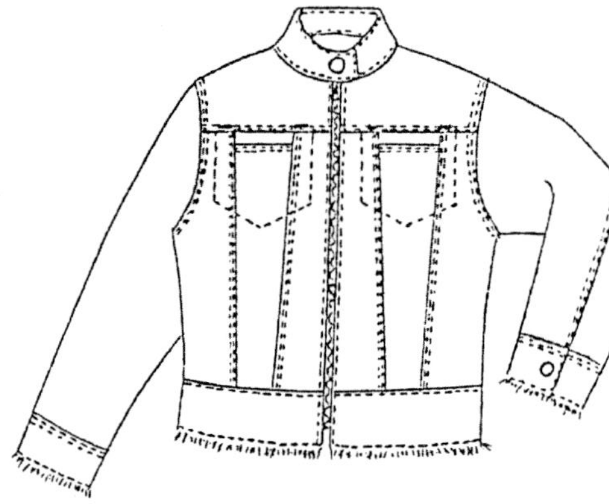

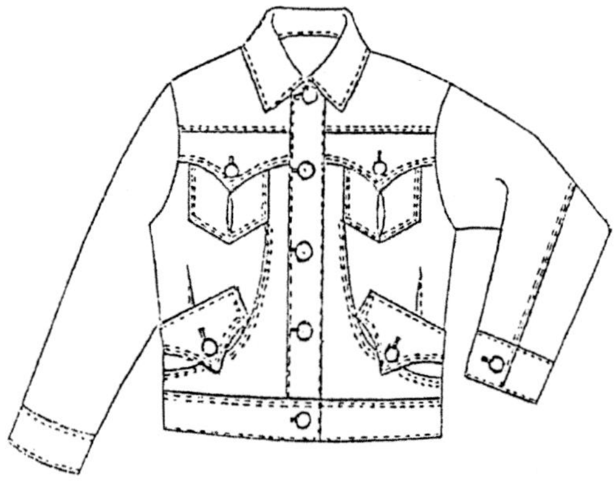

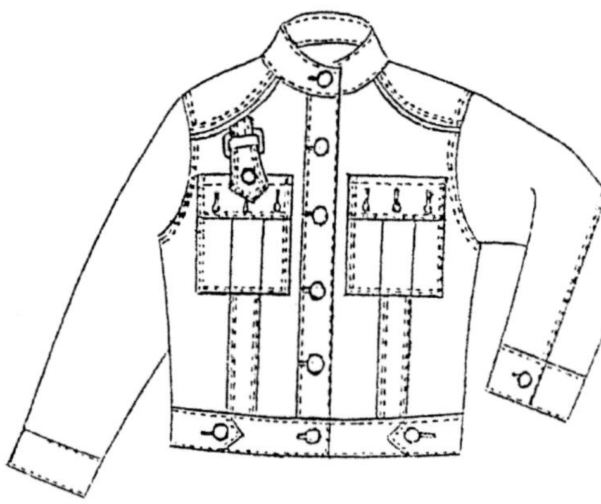

教材索引——服装结构图

服装结构图

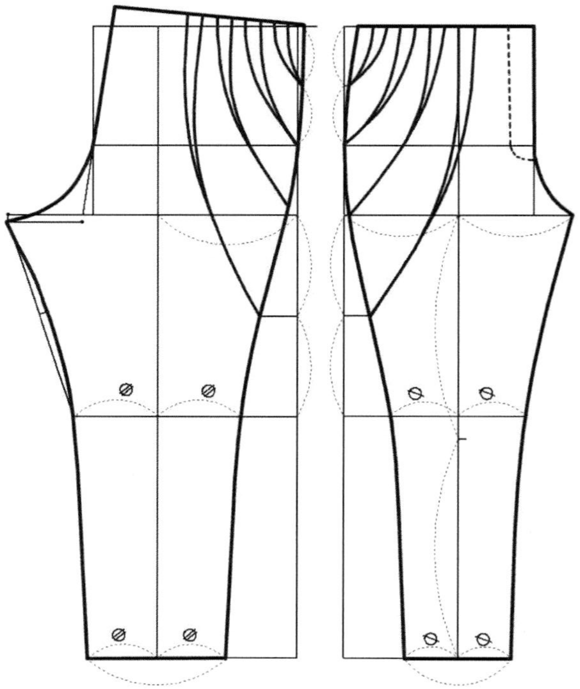

褶位展开图

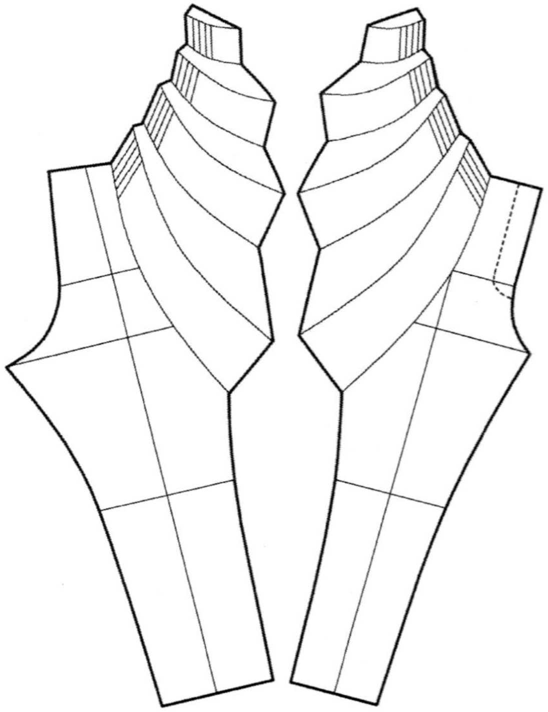

合并裁片图

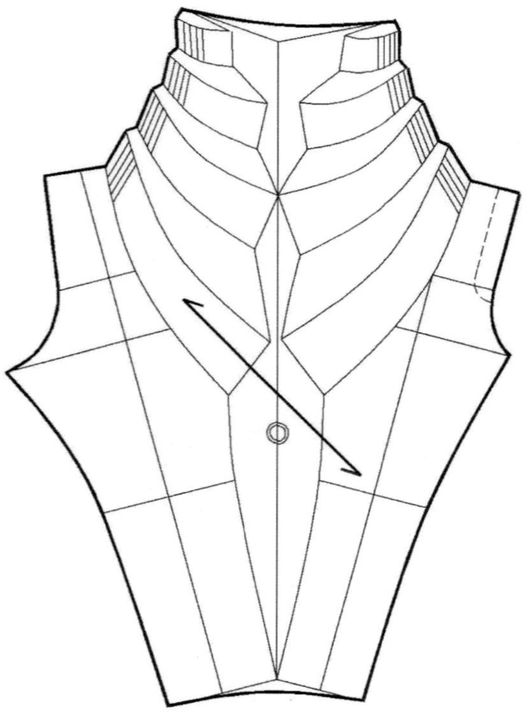

21世纪高职高专艺术设计专业系列规划教材

女装结构纸样设计与应用

（下装）

周永祥　胡小清　编著

华南理工大学出版社

·广州·

内 容 提 要

全书共分十四章，内容包括：制图基础知识，人体体型及测量，制图规则、方法和依据，纸样师应知常识，裙子结构制图，裙子的结构部位设计，裙子实例应用，企业裙子制板实例，女裤纸样设计，女裤部位设计，女裤实例应用，企业裤子制板实例，裙裤结构设计，纸样检查与缝边加放等。同时，对纸样设计相关联的其他学科知识点进行了紧密的链接，如布料正反面识别，布纹线与纱向选择，缩率的计算，纺织物熨烫，布料洗水方法，厘米与英寸换算，服装企业术语称谓，工业纸样损耗加放，钮门、钮扣与搭位等相关内容。书中图文并茂，实例丰富，变化多样，代表性强。突破了传统服装结构教材的局限性，紧密地将专业理论知识与企业的生产实践结合起来，具有很强的实践指导意义。

本书可作为职业技术专业教材，也可作为广大服装纸样技术人员提高业务、更新专业知识的指导性工具书。

图书在版编目（CIP）数据

女装结构纸样设计与应用. 下装/周永祥，胡小清编著.—广州：华南理工大学出版社，2011.11（2021.8 重印）

（21 世纪高职高专艺术设计专业系列规划教材）

ISBN 978-7-5623-3484-2

Ⅰ.①女…　Ⅱ.①周…　②胡…　Ⅲ.①女服-设计-高等职业教育-教材　Ⅳ.①TS941.77

中国版本图书馆 CIP 数据核字(2011)第 159687 号

总 发 行：华南理工大学出版社（广州五山华南理工大学 17 号楼，邮编：510640）
营销部电话：020-87113487　87110964　87111048（传真）
E-mail：scutc13@scut.edu.cn　http://www.scutpress.com.cn

策划编辑：庄　严　吴兆强

责任编辑：庄　严

印 刷 者：广东虎彩云印刷有限公司

开　　本：889mm×1194mm　1/16　**印张：**16.75　**彩页：**4　**字数：**445 千

版　　次：2011 年 11 月第 1 版　2021 年 8 月第 4 次印刷

印　　数：3 601～4 100 册

定　　价：32.00 元

女装结构纸样设计与应用（下装）

编　委　会

编　著　者：	周永祥	胡小清		
项目策划：	周廷操	周永祥		
编委会成员：	牟秋平	牟小雄	廖有义	周廷操
	谈宗宪	杨继涛	周永祥	何教威
	王秋国	廖有清	胡小清	田雪梅
技术支持：	朱新民	罗丽芬	郑志强	冯　峰
	侯石明	林雪燕	孙泽刚	郑　湘
	张成刚	张玉德	王　凤	李　俊
书内插图：	胡小清			
封面设计：	陈展雄			

前　言

爱美之心，人皆有之。随着我国人民群众物质文化生活水平的日益提高，人们对服装的追求已不仅限于漂亮和时髦的款式，而是更加注重个性和气质的内在美。唯其如此，服装设计作为一个工艺与艺术相融合的专业，越来越吸引更多的有志青年参与其中。

服装设计包含三个方面的内容，一是服装款式设计；二是服装纸样设计；三是服装工艺设计。服装款式设计是将思维中的抽象服装构思，通过绘图表现，描绘出服装最终穿着的立体效果，以供技术部门参考使用。服装工艺设计是以服装款式和服装纸样为基础，结合服装面、辅材料的质地、性能、特点以及缝型方法，选择合适的加工工具，把衣片制作成适合穿着的立体服装。服装纸样设计是将服装的外观设计效果，采用系统科学的方法，把抽象的思维或艺术图样转换成平面衣片的结构纸样。它的最终目的是将服装结构的专业理论知识转化为产业性的服装纸样技术，为服装工业生产提供可靠的技术依据，进而高效、有序地进行服装成批生产。服装纸样设计是款式设计到工艺设计的中间环节，是实现服装最终穿着效果的根本手段，是服装企业的技术核心。因此，纸样设计师则成为了是服装企业不可或缺的重要技术人才，这一职位受到越来越多人的亲睐。

本人在多年的教学和制版实践中，将服装纸样设计的方法与企业的实际应用紧密地结合起来，对服装造型规律和纸样设计原理进行了深入的研究与实践。在强调知识系统性和生产实用性的基础上，注重专业理论知识的产业化，列举了企业中实施产品加工并具有代表性的内单和外单制板作为教材的典型案例，以着重解决和帮助学生参与生产实践，为学生进入工作岗位打下坚实的专业基础。这是本教材的一大特点。

在教材内容的组织方面，本教材按照由浅入深、由易至难、循序渐进的过程，注重对专业知识点的论述。如：模拟制图、腰位设计、叉位设计、廓型设计、分割设计、褶裥设计、纸样拷贝、缝份加放、剪口标注、纸样检查等内容。同时，将服装纸样设计相关联的其他学科知识点进行了紧密的链接，如布料正反面识别、纺织物纱向选择、缩率的计算、布料洗水方法、工业纸样损耗加放，钮门、钮扣与搭位等内容。在每个章节后面，还附有拓展与提高的实践作业，突破了传统的服装结构教材只注重结构基础而不兼顾其他学科知识点的模式，从而体现了教材更加注重细节论述和实践应用的特点。

在教材内容呈现方面，本教材采用许多实物图例来呈现，包括实物图、款式图、结构组合图、结构分解图、衣片纸样图等内容。全书以物说理，直观呈现，将复杂的制图程序简单化、模块化，弥补了传统结构教材只注重结构图，而忽视将结构图转换为生产纸样的缺陷，解决了学生难以理解掌握的许多问题。

本教材系统全面、标准规范、简明突出、图文并茂、实例丰富、变化多样、代表性强。制板的技术和方法与服装企业的实际应用接轨，凸显了教材的实用性。其表现手法通俗易懂，力求讲活每一个点、讲透每一条线、讲清每一个面、阐明每一个公式、弄懂每一个细节。从结构制图到工业纸样，从基础品种打板到时装纸样拓展，从专业理论知识到专业技能技巧，从样板试制到最终的纸样检验，由浅入深地论述了服装纸样制作的原理和变化规律，详细解剖了纸样制作的方法和技术流程。

本教材在继承传统结构教材注重代表品种制图的基础上，以教材的通用性和实用性为基本原则，结合本人数十年服装制板经验和教学实践经验，精心编写而成。十余年来，本人一直在这方面努力探索，收集、整理、研究结构纸样的教学案例，反复论证教材案例的代表性、实用性和科学性，反复论证纸样教学与企业生产技术的有机组合。本人于2008年启动课改项目并执笔，历时三年多时间编写了《女装结构纸样设计与应用·下装》书稿。尔后，又邀请从事服装专业研究多年的专家、教授审阅，并在多所院校作为服装专业的教学参考用书，进行教学实验，在汲取宝贵意见的同时，几经修订后于2011年9月完成。

此书在编写过程中得到了朱新民、侯石明、郑志强、冯峰、罗丽芬、陈展雄、张玉德、林雪燕、廖有清、田雪梅、孙泽刚、郑湘、张成刚等多位同志的大力帮助，得到了多所院校的学生和企业技术人员的支持，使本教材得以日臻成熟和最终出版。值此教材付梓之际，谨向上述同志及出版社致以衷心的感谢。

周永祥

2011年9月

目　录

第一章 制图的基础知识

本章说明

服装结构纸样设计是将服装的外观设计效果，采用系统科学的方法，把抽象的思维或艺术图样转换成平面衣片的结构纸样。它的最终目的是将服装结构的专业理论知识转化为产业性的服装纸样技术，为服装工业生产提供可靠的技术依据，从而高效、有序地进行服装成批生产。

在服装结构纸样设计这一过程中，国家技术监督局对服装行业技术作出了一定的规范要求，例如：制图所用的单位、制图利用的工具、制图的符号和代号、行业术语和基本概念等，掌握这些制图要求和规范内容是服装专业学生和纸样设计师所必备的制图基础知识。

课程内容：制图工具与材料/制图单位及换算/服装基本概念/制图的代号/制图的符号/制图常用术语。

训练目的：认识结构纸样设计的工具，了解行业技术规范和要求，掌握制图符号、代号、术语和基本的概念。

教学方法：讲授法＋实物展示法＋图例法＋演示法。

课时安排：4 课时。

第一节　制图工具与材料

在服装的结构制图中，准确的图纸造型是达到服装品质的重要保证。尽快地制作又好又精的标准结构图纸，专业工具的选择与运用尤为重要，下面是服装制图常用的专用工具。

1. 打板台(工作台)。

打板台需要平整，光滑度好,稳固性强，一般长150～200cm，宽100～120cm，高为80～85cm。

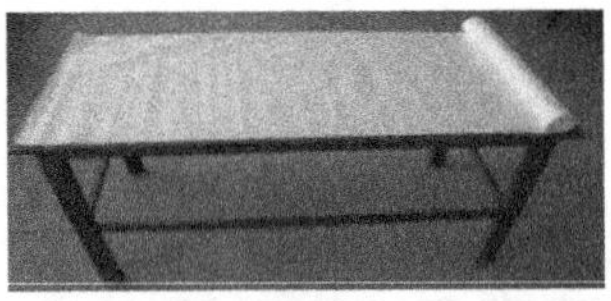

2. 打样用纸。

①软样纸：为白色，有一定透明度和韧性，能卷装折叠，用于绘制结构图(底稿图)和拷贝复制软样。

②硬样纸：较厚重的纸张，呈黄色的是黄板纸，呈白色的是白板纸，用于标准母板和齐码规格样板，还可用于烫样、净样、点位样制作等。

3. 放码尺。

放码尺的上面刻有各种格仔，一边是英寸，一边是厘米，有一定弯曲性和弹性，用起来十分方便。

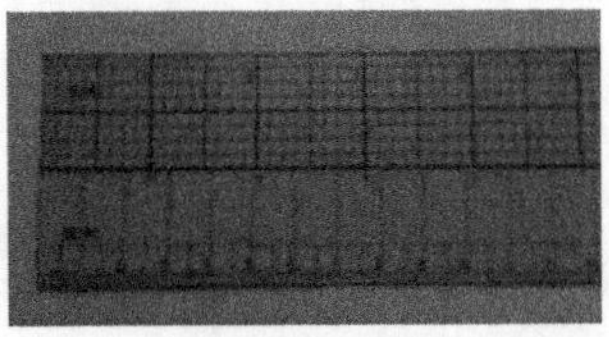

4. 绘图笔（鸭嘴笔)。

鸭嘴笔用于绘制结构图,还可用于复制和拷贝纸样。笔芯有0.5～0.7mm两种,笔芯的颜色有多种,可自行选用。

5. 软尺。

软尺一面刻有150cm长度，另一面刻有60英寸长度。主要用于测量人体各部位尺寸和成品尺寸检查。

6. 多用比例绘图三角板。

透明塑料制成，刻有量角器，曲线板，还有1:3、1:4、1:5比例尺寸,主要用于绘制缩小比例图。

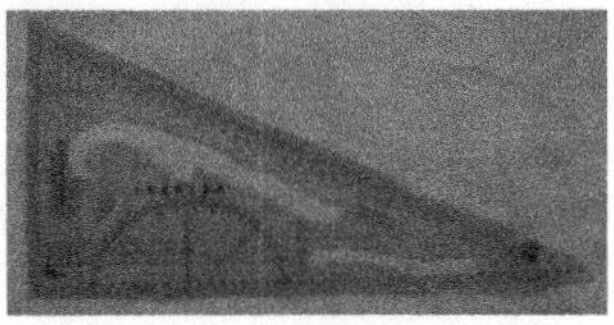

7. 打扼钳。

用于纸样缝份外打制剪口，缝合时便于对位，剪口深一般为缝份的1/3。剪口型状有“U”、有“V”型。

8．冲孔器。

主要用于牛皮纸、黄板纸、硬板纸所做的纸样模板上打孔，直径约 0.7cm，便于穿绳吊挂和整理保管纸样。

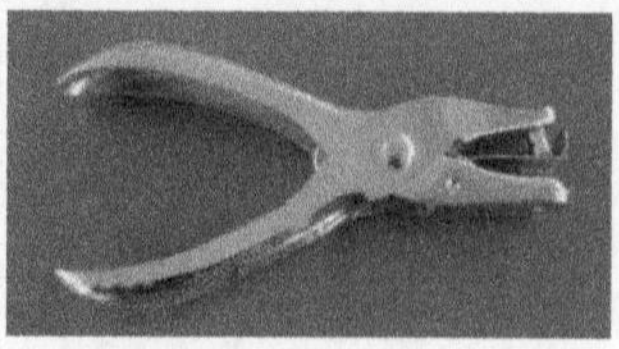

9．多功能打扼钳。

可以打制剪口又可以冲孔，是纸样制作较理想的多用工具。

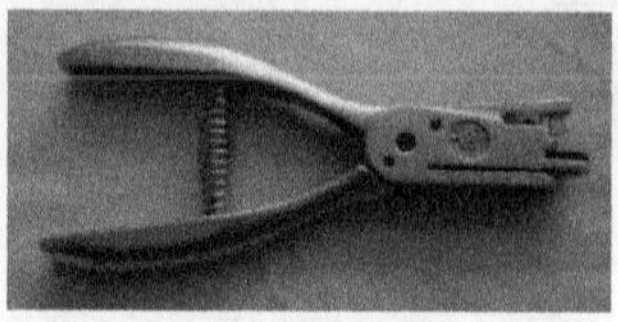

10．曲线板。

弯曲透明的塑料工具，有多种曲线形状，主要用于袖窿、袖山、领口等弧线部位的绘制。

11．橡皮擦。

在结构纸样图中，橡皮擦可擦去不需要的图线或者修改错误图线，以保持结构纸样绘制的准确性。

12．装钉机。

用装钉机将软样钉在牛皮纸板上，再按软样大小剪切成硬纸样。

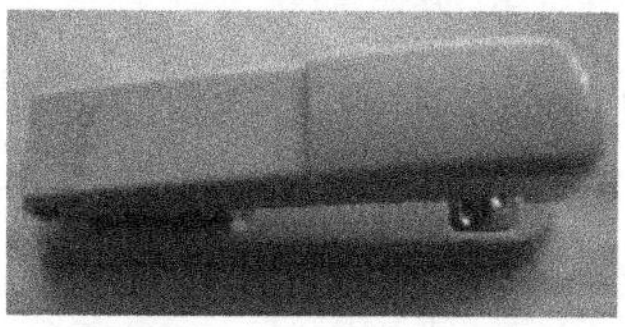

13．剪刀。

服装行业手工专用剪刀主要有 9 号、10 号、11 号、12 号等规格，主要用于裁剪衣片和剪切纸样。

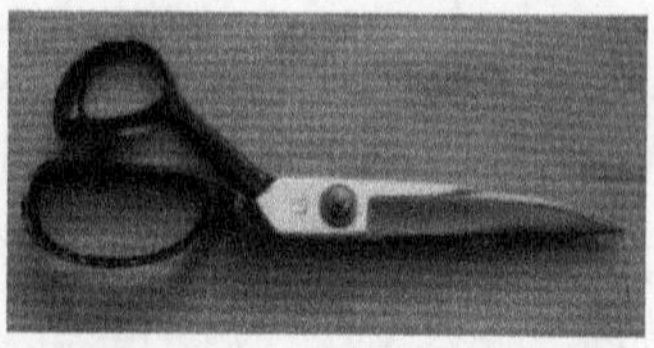

14．胶纸座。

置放透明胶纸，利于分离割断胶纸，拼接和修补纸样时所用。

15．压板。

木头做成的工具，用于压制纸样不被移动，复制纸样时便于操作。

16．计算器。

用于缩水率、面辅料用量、制图公式的计算以及公、英制单位换算。

17．描线器。

用于黄板纸或者硬板纸上下层过样，描绘结构纸样的图线。

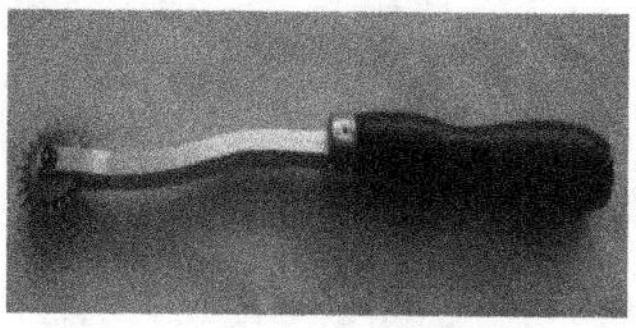

第二节　制图常用术语

《服装术语》是国家技术监督局于 1995 年颁布实施的 GB/T15557—1995 服装技术文件，用以规范服装行业中的术语，便于服装生产技术在全国范围内推广和交流。下面是服装制图常用的名词术语介绍。

1．基础线。包括服装结构制图的平行线、垂直线、框架线，也有长度和宽度的基础线，如上平线、下平线、腰节线、臀围线等。基础线运笔时要较轻，线条较细。

2．轮廓线。适合人体体型、表示衣片外部轮廓造型和内部结构的线条，如图 1-1 所示。轮廓线约粗，要求光滑圆顺。如袖窿弧线、领口弧线、小肩线、侧摆线、下摆线等。

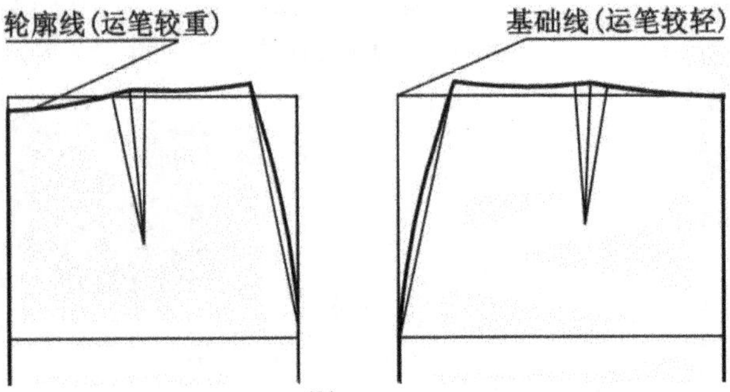

图 1-1

3．净样线。以实际尺寸绘制的、不带有缝份的结构轮廓线。

4．缝份。又称为缝口、缝头，服装衣片所需缝纫的宽度，即缝线外所留出的布边，如图 1-2 所示。

5．折边。又称为贴边，服装中下摆所折宽度。如上装中的袖口、脚边；下装裤子、裙子中的脚口等需要向内返折的宽度，如图 1-2 所示。

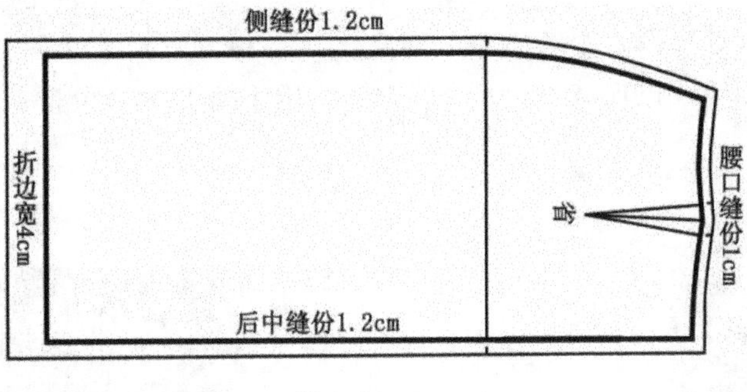

图 1-2

6．毛样。加放缝份和折边宽度后的纸样，用于排料、划样、裁剪和缝制等。

7．净样。又称为实样，用于画小部件、门襟等运翻部位实际大小的模板。

8．烫样。用于中烫折边、扣倒、烫贴的标准模板。

9．母板。在工业纸样中，用于推板所用的标准板型，一般为中码或小码。

10．剪口。在缝份的边沿用打扼钳剪一小 U 形或 V 形缺口，深度为缝份宽的 1/3，作为缝制时定位和对位的标记。

11．锥孔。常用锥子作标记，纸样上的省尖、袋位等特殊点而锥的细小圆孔。

12. 撇门。也称撇胸、撇势，是前中领口至胸线以上需要撇去的地方。

13. 合并。将省道的一边和另外一边折叠，以消除省宽量；或者一条线与另外一条线重叠，组合成新衣片。

14. 省道。省道的表现形式有多种，如上图 1-3 所示。但常用的有钉型省道和橄榄型省道，钉型省道上口有一定宽度，称为省宽，另一端逐渐缩小成为一点，称为省尖点，上口至省尖点的距离称为省长，该线称为省根线，如图 1-4 所示。橄榄型省的省宽和省长也是同样的道理。

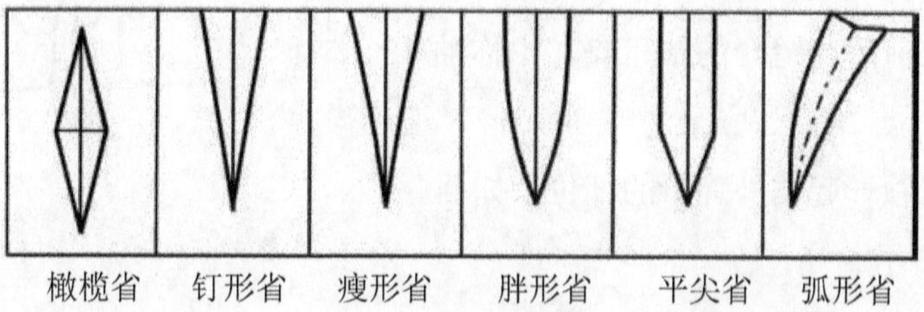

图 1-3

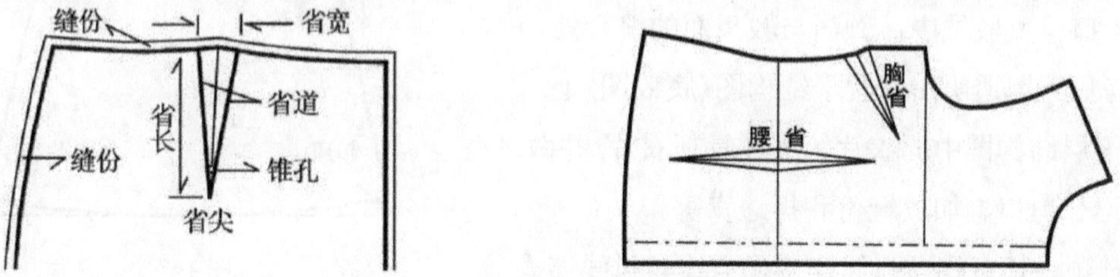

图 1-4

15. 吃势。又称为容位，就是把某一部位归缩短，便于造型需要。如西服的袖山部位需留吃势量为 4.5cm 左右，装袖时将 4.5cm 容到袖山之中。

16. 归拢。衣片部位在熨烫时应归缩处理。如西服后小肩比前小肩约长 1.5cm 肩胛省量，缝制时要将后小肩长度约归拢处理，使其与前小肩长一致，以便塑型。

17. 拔开。衣片部位在熨烫时应推开处理。如上衣省根在熨烫时需要拔开。

18. 收缩。衣片中某一部位抽缩细褶的工艺处理，又称为缩褶。

19. 搭位。钮扣扣合需要的重叠宽度，又称为叠门、搭门。

20. 挂面。搭位的反面有一层比搭位宽的贴边，称为挂面。

21. 过肩。南方人称为担干，指的是衬衫后肩部位上下两层的横面料。

22. 褶。在服装工艺制作中，需要折叠的部分，折叠后不用缝合的称为褶。两个褶相对，且褶在内，称为内工褶；两个褶相反，且褶在外，称为外工褶。褶较多，且褶相距均匀、倒向一致，称为百褶，如图 1-5 所示。

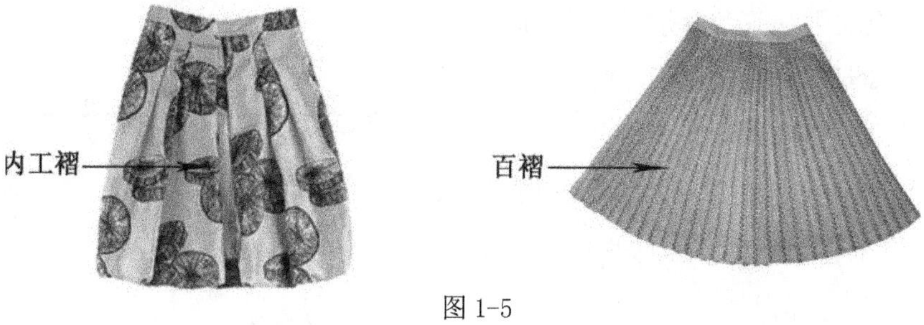

图 1-5

23．缝合。以暗线为主，正面无线迹的称为缝合。

24．缉线。以明线为主，正面有整齐线迹的称为缉线。

25．止口。是指搭位、领子、口袋、裤腰等边沿需要缝合的地方。有直线止口和弧线止口，止口的处理方式通常有翻折或拼接缝等形式。

26．袖窿门。上衣前后身缝合的袖窟窿。也称袖窿孔、袖夹圈。

27．驳头。装随衣领一起向外翻折的部位，如西服的驳头，如图 1-6 所示。

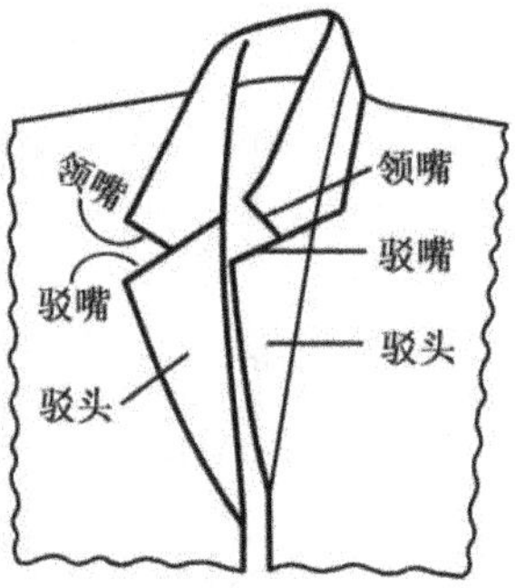

图 1-6

28．驳嘴。西服驳头与领子交界处外放的宽度。

29．领嘴。领口处向外放的宽度，如图 1-6 所示。

30．串口。反驳领中，领面与驳头面的缝合处。

31．拷贝。用透明白纸置于结构图(底稿图)上，然后按照下层结构图中的衣片轮廓线复制衣片,并做好各种标记、剪口、加放缝份和折边宽等。

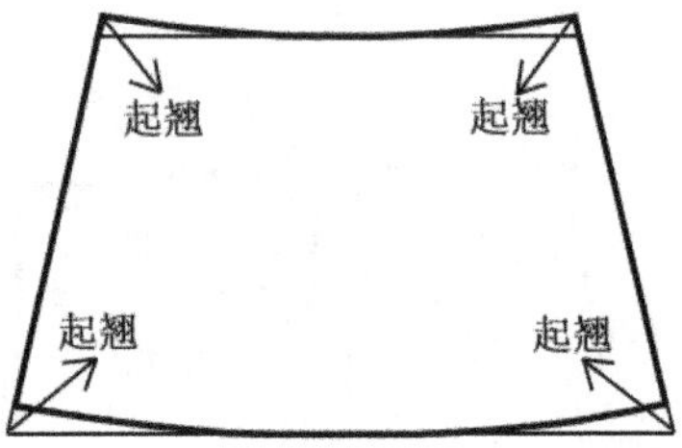

图 1-7

32．圆顺。指直线与弧线连接或弧线与弧线连接时，要顺势而划，转弯处要自然过渡。做到直线要顺直,斜线要挺直,曲线要圆顺，如图 1-7 所示。

33．翘高。又称翘势、起翘,衣服的底边、裤子的后腰、裙子的侧边等往上翘起的高度，如图 1-7 所示。

34．板型。服装穿着后的视觉美感，指服装整体轮廓线的外观造型。

35．摆缝。裙侧或袖窿下的一条缝子。

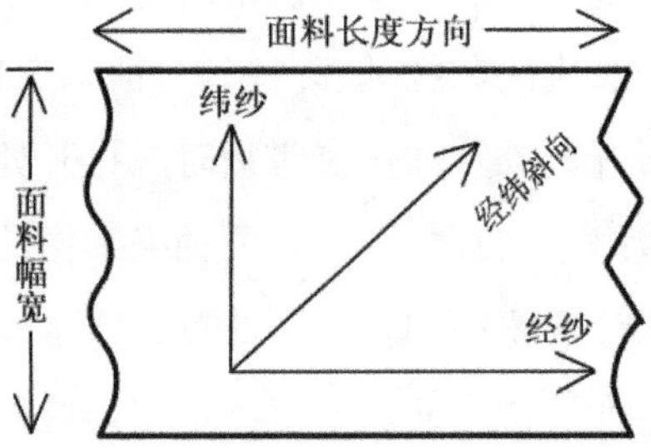

图 1-8

36．直裆。裤子中腰口线与横裆线之间的距离，称为直裆，又称为立裆。

37．丝缕。有横、直、斜之分，与面料经纱平行称为直丝缕，与纬纱平行称为横丝缕，与直丝和横丝都不平行的称为斜丝缕，如图 1-8 所示。

38．公主线。女上衣中，前纵向分割线经过胸点附近，后纵向分割线经过肩胛骨附近，此类线称为公主线。因欧洲古典宫庭服装常用而得名。

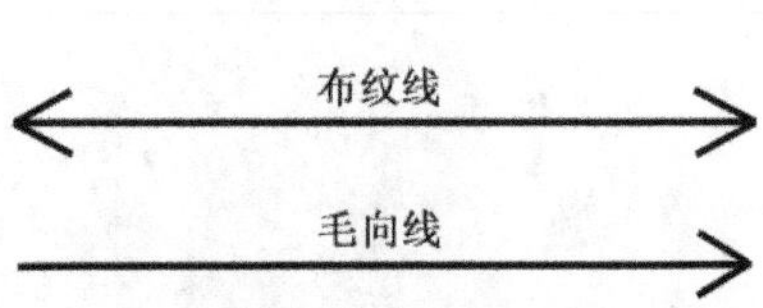

图 1-9

39．布纹线。表示布料纱向的符号，如图 1-9 所示。

40．毛向线。表示布料毛向的符号，如图 1-9 所示。

考考你

1．请你说出几个常用的制图工具。

2．曲线板、多功能打扼钳各有哪些功能？

3．放码尺、鸭嘴笔、软尺各有什么作用？

4．服装打板台其规格应该在什么范围？

5．基础线与轮廓线有什么区别？

6．毛样与净样有什么区别？

7．拔开与归拢有什么区别？

8．毛向线与布纹线有什么区别？

9．请解释丝缕与布料的联系。

第三节　服装基本概念

我们在学习服装结构和工艺制作过程中，经常会遇到服装行业的专业术语，现将这些基本概念解释如下。

1. 服装结构。是指服装各个部位的配合、处理及内部构造方式，是反应服装的几何形态以及相互组合的关系，是实现服装造型设计变化的技术手段。

2. 服装款式。是指服装整体造型的细部设计，如领、袖、袋、前襟、分割线、省道、褶裥等设计变化，是依附于服装整体造型的一个组成部分。

3. 服装造型。指由一定的面料和辅料构成可视的衣物及装饰物的视觉美感形象，也指衣物及装饰物整体轮廓的投影外形。

4. 平面构成。是常用的结构制图方法，通过分析服装设计图的结构形态、部位关系、吻合状况、数量匹配等关系，利用平面图样的形式表现出来。

5. 立体构成。又称立体裁剪，是将结构设计的裁剪工艺与空间造型相结合，直接在人台上裁剪完成，把整体结构分解成基本部件的过程，多用于礼服中的悬垂和波浪线的设计等。

6. 服装号型。是国家对服装产品规格所作的统一技术规定。它是依据人体的规律和使用需要，选用具有代表性的部位尺寸经合理归并设置的，号代表身高，型代表胸围。

7. 规格系列。是根据人体体型特点及变化规律，从矮到高、由瘦到肥的若干号型尺寸组成的整套规格称为号型规格系列。在日本的服装结构书中称为“加小码(XS)、小码(S)、中码(M)、大码(L)、加大码(XL)、加加大码(XXL)”等。

8. 配属规格。又称细部规格，即主要部位以外的其他小部件的规格尺寸大小，如腰宽、领宽、袋宽、袋高、门筒宽、袖头宽等。

9. 成衣规格。服装制作出成品以后各个控制部位的尺寸，是最终要达到的规格目标。

10. 技术标准。是指科研、工艺、检验和工程质量等而制订的标准，是产品的基础依据，是对产品内在质量的控制。

11. 国家标准。是指对全国经济、技术发展有重要意义，由国家标准化主管机构批准、发布，在全国范围内统一使用的标准。我国的国家标准代号是“GB”、“GB/T”，“GB”是强制性标准，“GB/T”是推荐性标准。

12. 专业标准（部颁标准)。是专业标准化主管机构(组织)批准、发布，在某专业范围内统一使用的标准。

13. 企业标准。是指对服装企业生产技术、组织工作具有重要意义而在企业内需要统一的标准。

14. 产品标准。是指某一类产品而言，包括该产品的形成、规格尺寸、质量指标、检验方法、储存运输包装等所做出的统一规定。

15. 工艺标准。依据服装生产工艺特点，把加工工艺过程、工艺要素、工艺文件等通用性较强的技术要求，结合企业生产情况加以统一而形成的标准。

16. 工艺流程。服装生产中，从面辅料投入到出成品，通过一定生产设备、生产渠道、工艺制作等连续地进行加工的过程。工艺流程图是图示服装生产工艺的具体文件，制定工艺流程图时，要保证生产工序衔接合理，流程畅通，达到快速高质。

17．排料。俗称“划皮”，南方人称为排“唛架”。是按已确定的裁剪方案，将一层衣料上各个号型规格系列的衣片纸样，进行合理、科学地排列，拟定出裁剪前的具体设计，以便铺料、推刀，裁出衣片。排料又是裁剪工程中，对面料的如何使用以及用料的多少所进行有计划的工艺操作，目的在于尽量节省面料，提高面料利用率，降低生产成本。

18．排料原则。先大后小，紧密套排，贯彻圆、弧、斜、尖“食尽”，直料齐口归边等技巧。

19．工序。是服装生产中构成服装制作的单元，如男衬衫工艺缝制是由做领子、做袖克夫、做装袋、做门筒、开袖叉、缝担干、合肩、缝前后衣身、锁边等数十个制作单元而构成，即数十个制作工序。上道工序与下道工序之间可设立中间检查站，便于半成品服装的质量检查和控制。

20．流水作业。是指服装企业中的同一批服装产品，按工艺标准规定的路线、工艺要求以及生产时间，如同流水一般地将服装衣片一块一块地经过工序加工完成的服装生产的整个加工方式。

21．试制样衣。依据头板纸样裁剪衣片，并对衣片加工缝制成衣，称为试制样衣。试制样衣要经过多次审核、修整或者试制，最终才能确定标准样衣。

22．审板。即通过对试制样衣的审查，做出标准样衣的判定，并按标准样衣的工艺要求，制定出标准的母板纸样，这一过程称之为审板。

23．推档（放缩码）。各部位尺寸放大或缩小，使之成为不同规格的工业纸样。

24．一顺。由于排料的失误，造成一件服装的左右裁片成了同一方向的裁片。

25．阴阳面。由于灯芯绒、法兰绒等衣料表面的绒毛具有统一的倒向，如果同一件服装的裁片绒毛方向不统一，在光线照射下会形成明显不同的深浅色差。

26．合掌。是指裁床铺料时，每层衣料的面层与面层相对合进行铺料。

27．顺层。是指裁床铺料时，每层衣料的面层顺着同一方向进行铺料。

28．裁剪方案。又称分床，在服装裁剪中指根据生产任务和条件，科学合理地制定某一生产任务的裁床数、拉布层数、套排规格及加工件数的技术文件。

29.生产工艺单。是具体说明服装规格及各部位质量要求工艺生产制造单。

30．工艺卡。是指导具体工序的生产内容、质量标准、工时产量定额的技术文件。主要用于大批量的定型产品生产线中。

概念解释

推档　审板　试制样衣　服装号型

能力拓展

1．规格系列与配属规格有何联系与区别？

2．立体构成与平面构成有何联系与区别？

3．请你谈一谈对服装结构的理解。

第四节　制图的代号

在服装制图中，为了书写方便，使图纸整洁清晰，在制图时经常采用该部位英文名称的首位字母或两个首位字母作为该部位的代号，书写方式采用大写。例如，胸围的代号是“B”，腰围的代号是“W”，臀围的代号是“H”。

表 1-1　部位的代号

部位	代号	部位	代号
衣长	L	肩宽	S
裤长	TL	背宽	BW
裙长	SL	胸宽	FW
股长	R	背长	BAL
内长	IL	肩端点	SP
腰围	W	胸乳点	BP
臀围	H	乳距	BPW
裨围	I	侧颈点	SNP
膝围	K	前颈点	FNP
脚围	SB	后颈点	BNP
前长	FL	袖窿周长	AH
后中长	BC	前袖窿长	FAH
袖长	SL	后袖窿长	BAH
胸围	B	前中心线	FCL
领围	N	后中心线	BCL
袖口	CW	腰围线	WL
袖肘线	EL	胸围线	BL

注：代号是以英文的第一个大写字母来表示的。

例：B—胸围，英文 Buster 的缩写；W—腰围，英文 Waist 的缩写；H—臀围，英文 Hip 的缩写；N—领围，英文 Neck 的缩写；S—肩宽，英文 Shoulder Width 的缩写。

考考你

请你一次性说出 10 个部位的代号。

第五节　制图的符号

服装制图符号是传达设计意图，沟通设计、生产和管理部门之间的技术语言，是组织和指导生产的技术文件之一，其形式、名称和作用如表 1-2。

表 1-2　服装制图符号

序号	名称	符号	使用说明
1	粗实线		表示服装轮廓线
2	细实线		表示制图基础线
3	虚线		表示背面轮廓影示线、部位缉线
4	对称线		表示裁片左右对称或不可裁开
5	等分线	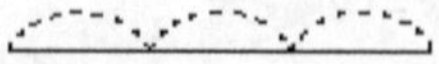	部位等分若干同等距离
6	经向号		又称布纹线，裁片所示方向与面料经纱线平行
7	毛向号		表示面料毛绒或光亮顺向
8	距离线	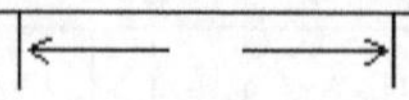	尺寸标注起始线
9	缩缝号		衣片需用缩细褶的部位
10	明线号		正面车缝的明线，如牛子衫装饰线
11	褶位号	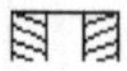	衣片需用折叠的部位
12	垂直号		相邻两线成 90° 夹角
13	合并号		需用合并以后裁剪的部位，如省位合并
14	扣眼位		表示衣服扣眼的位置
15	钮位		表示衣服钮扣的位置
16	凤眼位		扣眼位置，所不同的是另一端是小圆，主要用于高档服装
17	相等号		尺寸大小对应相同的标记符号
18	拼接号	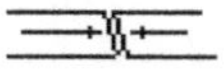	缝制需用拼接的部位
19	对条	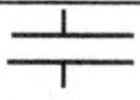	条纹一致的标记，示意对条
20	对格	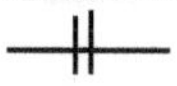	条格一致的标记，示意对格
21	对花	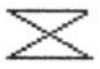	花及纹样一致的标记，示意对花
22	归缩号		衣片需熨烫归拢的部位
23	拉伸号		衣片需熨烫拉抻的部位
24	内工褶		表示褶的两边倒向中间，褶在里面
25	外工褶	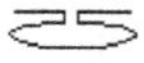	表示褶的两边倒向两侧，褶在外面
26	罗纹号		需要装罗纹的部位，如衣服的下摆、袖口位

第六节　单位及其换算

如果纸样师不懂得单位的换算，那就很难从事纸样工作。一位高级的纸样师不但能换算单位，而且心算能力要非常强，这是在长期的工作实践中锻炼出来的。因此，要学好纸样就得学习单位换算。

一、单位应用工作

我国法定单位是厘米，但也有服装企业使用英寸单位的，内地至今还沿用市制单位。在我国北方用厘米单位居多，在我国南方用英寸单位居多。不管用什么单位绘制结构图，服装成衣的规格必须与设计的要求相符，必须与消费者穿着的服装式样尺寸的要求相一致，服装效果最终得满足消费者的意向和要求。

二、单位换算工作

公制：1 米=10 分米　　1 分米=10 厘米　　1 厘米=10 毫米

英制：1 码=36 英寸　　1 码=3 英尺　　1 英尺=12 英寸　　1 英寸=8 分

三、厘米、英寸的换算（一）

英寸	厘米	英寸	厘米	英寸	厘米	英寸	厘米
1	2.54	11	27.94	21	53.34	31	78.74
2	5.08	12	30.48	22	55.88	32	81.28
3	7.62	13	33.02	23	58.42	33	83.82
4	10.16	14	35.56	24	60.96	34	86.36
5	12.70	15	38.10	25	63.50	35	88.90
6	15.24	16	40.64	26	66.04	36	91.44
7	17.78	17	43.18	27	68.58	37	93.98
8	20.32	18	45.72	28	71.12	38	96.52
9	22.86	19	48.26	29	73.66	39	99.06
10	25.40	20	50.80	30	76.20	40	101.60

四、厘米、英寸的换算（二）

英寸	半分	一分	二分	三分	四分	五分	六分	七分	八分
份数	1/16	1/8	1/4	3/8	1/2	5/8	3/4	7/8	1 英寸
小数	0.0625	0.125	0.25	0.375	0.5	0.625	0.75	0.875	1 英寸
厘米	0.16	0.32	0.64	0.95	1.27	1.59	1.91	2.22	2.54

五、英寸标尺的认识及使用

英寸属于八进制单位，由香港打板师传进内地，在南方的外贸服装企业运用较多。一英寸等于 8 分，表示单位整数 1，一分表示 1/8″，两分表示 1/4″，三分表示 3/8″，半英寸等于四分，表示 1/2″，五分表示 5/8″，六分表示 3/4″，七分表示 7/8″，半分表示 1/16″，半分的一半表示 1/32″。下面是英寸标尺的认识。

英寸标尺的标示及使用（比例 2：1）

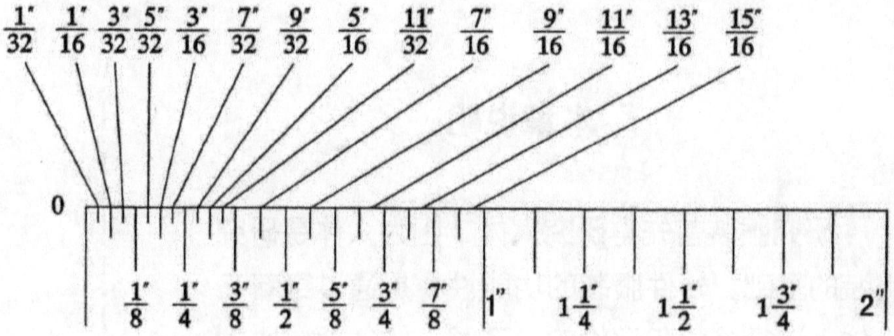

六、英制单位的运算

熟练的英制单位运算能反应纸样尺寸的准确性，也能提高打板师绘制纸样的操作速度。因此，初学者一定要熟练掌握和灵活运用。英制单位的运算主要是分子分母的运算。下面列举一些实例。

例：① $9\frac{3''}{4}\times 2=19\frac{1''}{2}$　　② $36\frac{1''}{2}\times\frac{1}{4}=9\frac{1''}{8}$

③ $1\frac{1''}{4}\times\frac{1}{4}=\frac{5''}{4}\times\frac{1}{4}=\frac{5''}{16}$

④ $\frac{1''}{2}+\frac{3''}{16}=\frac{8''}{16}+\frac{3''}{16}=\frac{11''}{16}$　　⑤ $1\frac{1''}{2}+\frac{1''}{8}=1''+\frac{4''}{8}+\frac{1''}{8}=1\frac{5''}{8}$

⑥ $\frac{3''}{8}\times\frac{1}{4}+1\frac{1''}{8}=\frac{3''}{32}+1''+\frac{4''}{32}=1\frac{7''}{32}$

⑦ $(\frac{1''}{16}+\frac{1''}{8})\times\frac{1}{2}=\frac{3''}{32}$

拓展与提高

1．词语解释　布纹线　阴阳面　丝缕　翘高　省道　工序　排料

2．画出制图符号　归缩号　拉伸号　内工褶　外工褶　罗纹号　明线号　褶位号　合拼号

3．B、N、S、L、W、H 这些字母在服装结构制图中各代表什么部位？

4．省的表现形式有哪些？请画图说明。

5．计算题

1 码 ＝（　　）英寸＝（　　）厘米；　1 英寸＝（　　）分＝（　　）厘米

第二章 人体体型及测量

本章说明

研究服装首先得研究人体，因为人体是研究服装的基础。一件服装的功能性，是通过穿着在人体上进行检验和评价的，了解人体各部位比例和变化规律、熟悉人体体型的差异、掌握人体的构造特征规律、准确地进行人体测量、认识人台基准线和位置等十分重要，是服装纸样设计工作者把握服装造型规律和制作适合穿着的立体服装所必须掌握的专业基础知识。

课程内容：标准女体比例及尺寸/标准人台基线的认识/人体身高变化的规律/男女体型的差异/人体测量方法/标准女体净体尺寸。

训练目的：认识结构纸样设计的工具，了解行业技术规范和要求，掌握制图符号、代号、术语和基本的概念。

教学方法：讲授法＋实物展示法＋示范操作法。

课时安排：4 课时。

第一节　人体主要部位名称

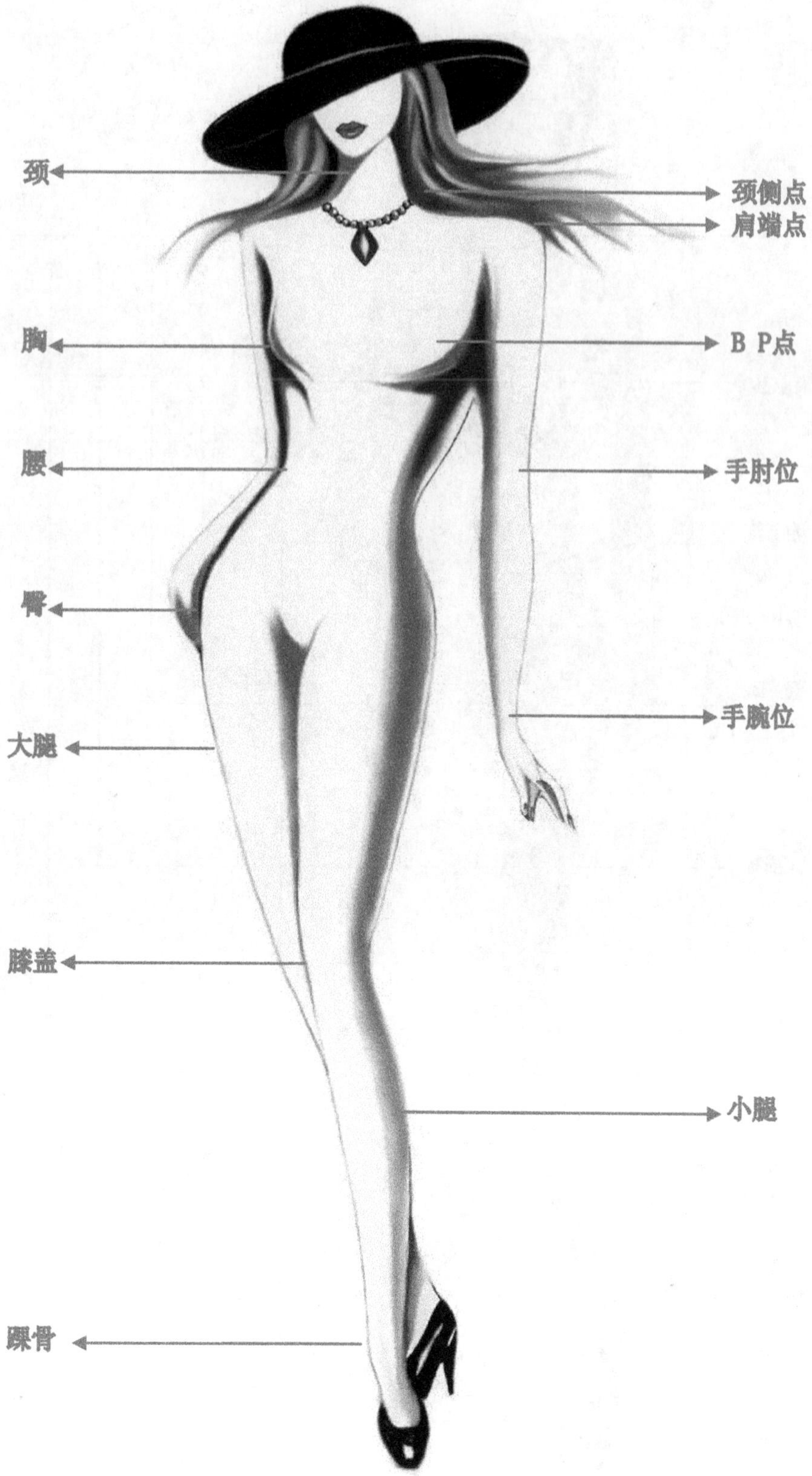

图 2-1　女体主要部位名称

第二节　标准女体的比例及尺寸

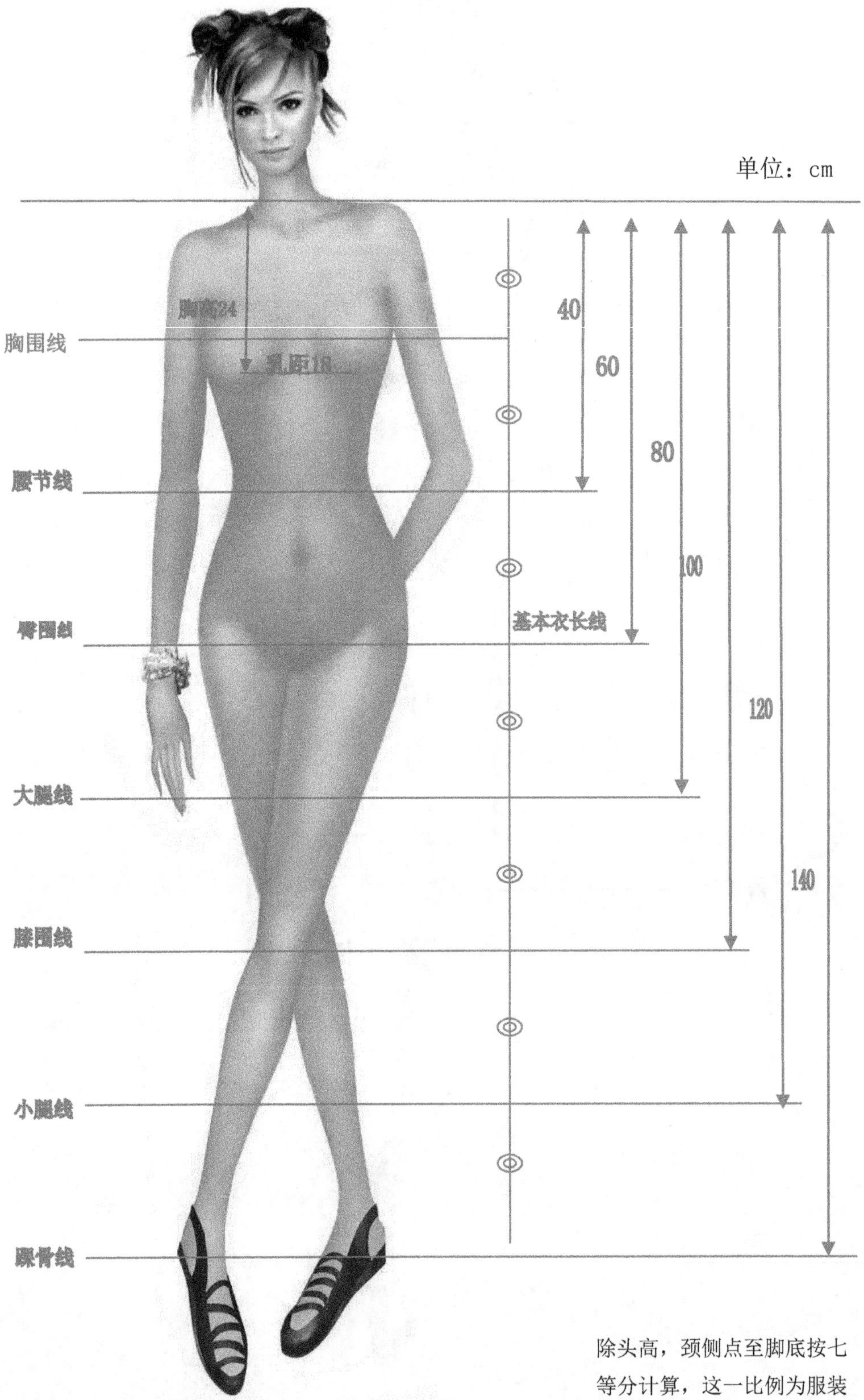

除头高，颈侧点至脚底按七等分计算，这一比例为服装的长度设计提供了参考依据。

图 2-2　标准女体 M 码

第三节　标准人台基准线的认识

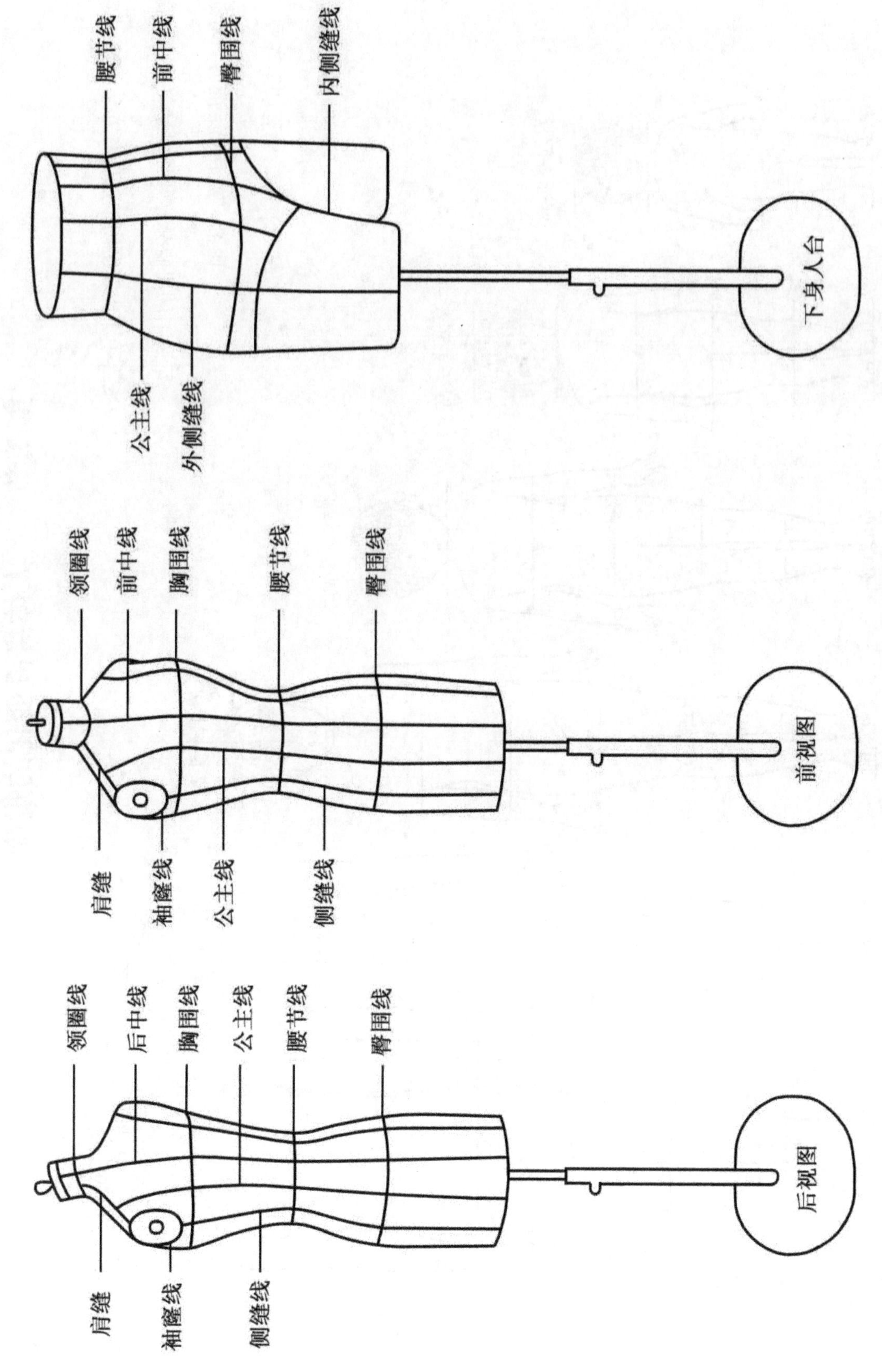

图2-3　标准人台基础线

第四节　人体身高变化的规律

我国成年男女身高的比例为七至七个半头高，年龄段的不同，人体身高及各部位的比例也有所变化。按照头高计算，我国成人身高变化的基本规律如图 2-4 所示。

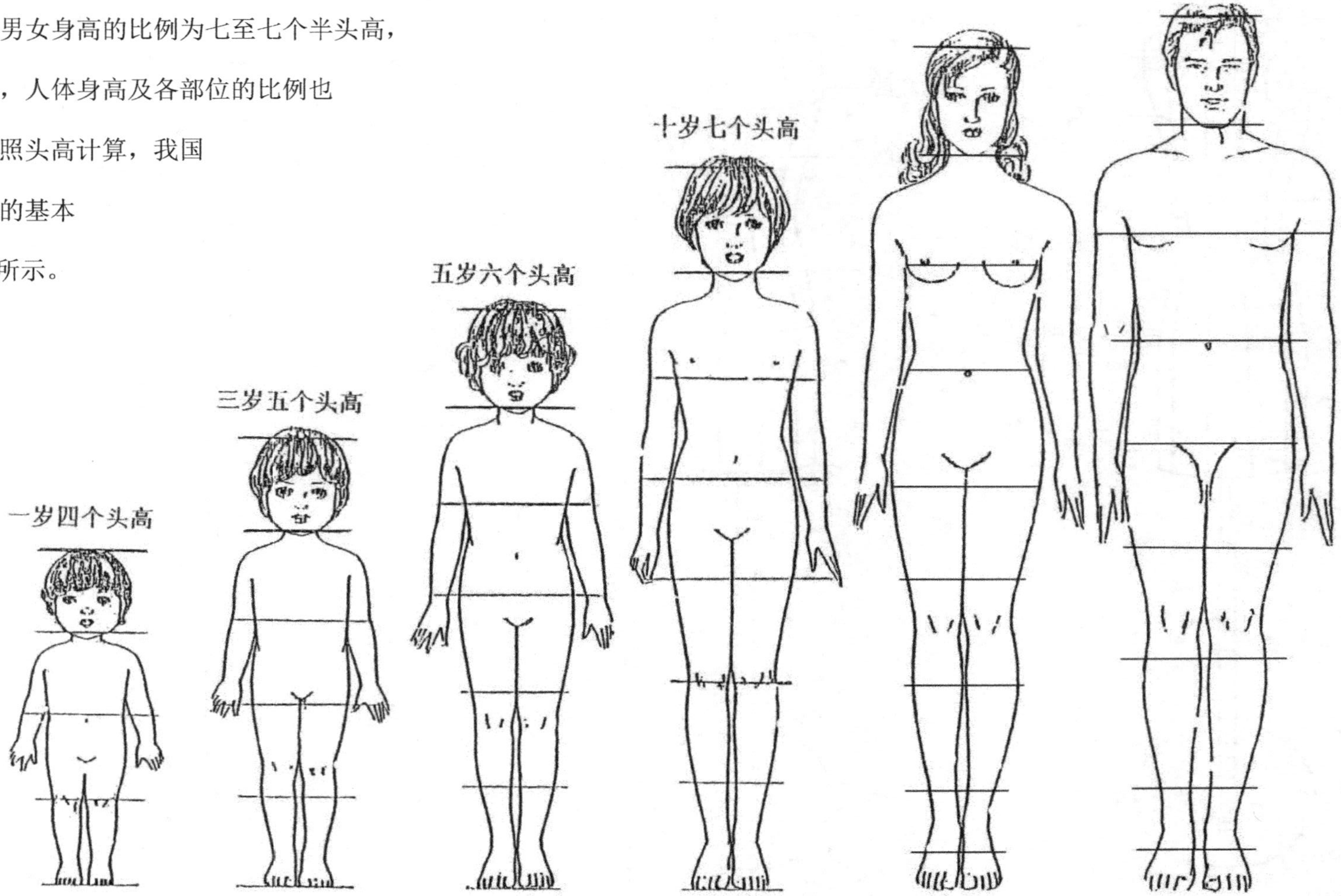

图 2-4

第五节　男女体型的差异

研究服装首先得研究人体，因为人体是研究服装的基础。一件服装的功能性，是通过穿着在人体上进行检验和评价的，因而，必须对人体体型的主要特征进行研究学习，以此作为服装结构纸样制作的重要依据。

男、女体型在本质上就有明显的区别，这主要反映在如下几方面。

1. 女体特征。女性体态具有阴柔的曲线美，胸部由于乳房隆起使体表起伏较大，而骨盆较宽，腰部较小，使胸、腰、臀曲线落差较大，加之肩膀较窄，臀部丰满，形成了凸凹起伏的优美曲面。同时，女性腰节线在肚脐上方，身高的中线在耻骨的上方（见图 2- 5）。

2. 男体特征。男性的体态起伏变化不大，人体身高的中线恰在耻骨位。男性的曲面以直线条为主，刚直强悍，表现为肩宽胸厚，腰背较直，骨骼粗壮，肌肉发达。因此，男性的服装宽松肥大，一般服装设计以 H 型造型较多（见图 2-6）。

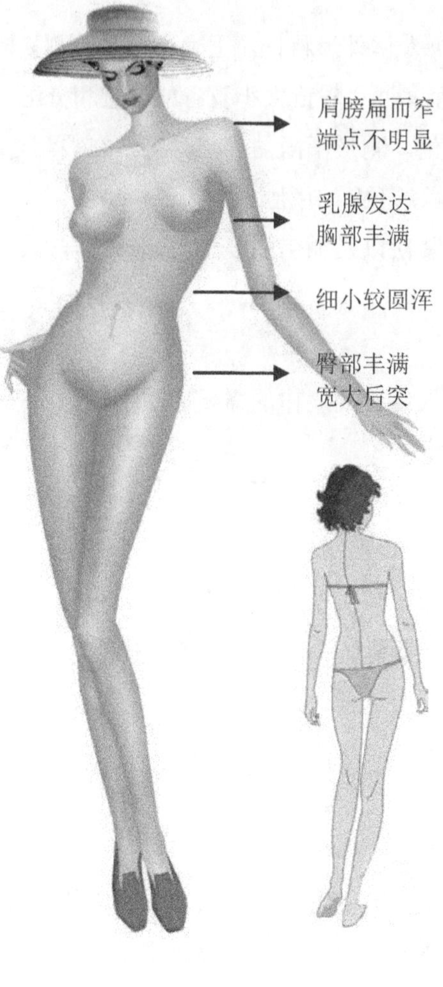

图 2-5

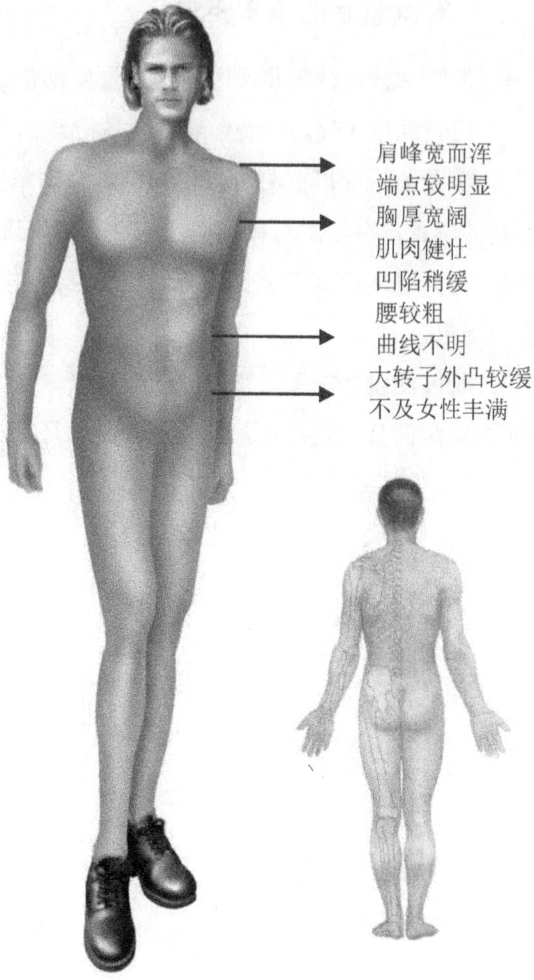

图 2-6

第六节　人体测量的方法

准确的量体，标准的裁衣，精细的手工是顾客所希望的。要制作出穿着合体、美观大方的服装，首先要有准确的量体尺寸，这是服装制图、纸样设计的基础依据。这就要求测量者与被测量者相互配合，正确地观察人体和测量人体各部位尺寸。根据经验要做到以下的基本要求。

一、人体观察的方法

要仔细观察人体的体型特征，可以从人体的正面、侧面和背面进行观察，并辨别是正常标准体还是特殊体型。从前面观察人体左右是否对称，观察胸部、腰部、肩部和腿部是否正常，是否有挺胸、腹肚、平肩、溜肩、“X”型腿和“O”型腿等。从侧面观察人体前后各部位的曲线起伏状况，是否具有标准体的曲面特征，背部、胸部、腹部和臀部是否有驼背、挺胸、凸腹、凸臀等体型特征。从后面观察人体肩部和腿部是否有平肩、溜肩，是否有“X”型腿和“O”型腿。通过观察，得较准确的制图尺寸，制图时做到心中有数，以采取比较灵活而准确的结构处理方法。

二、对测量者的基本要求

1. 熟练掌握各种服装所需的不同量体部位，由整体着眼分析人体外形特征，正确进行人体测量。

2. 比较观察结果，分清标准体还是特殊体，确定服装的正面廓型和省量大小及省的位置和分配。

3. 测量时，应以被测者方便为主，合理掌握测量顺序和部位。测量不同的部位时应站在被测者的不同的位置，并注意对特殊体型的特殊部位进行加测，同时做好记录，附上说明及要求。

4. 充分征求被测者意见和要求，包括制作的款式、长短、紧松以及加工的要求等，以求合理、满意的效果。

5. 长度测量要垂直，围度测量要水平。

6. 测量的尺寸是净体尺寸，制图时，还要按照着装状态与人体运动规律的需要加放合适的放松量，才能形成制图尺寸。

7. 对制图尺寸进行分析比较，看是否合理、正确。

三、对被测者的基本要求

1. 站立正直，姿态自然，双臂下垂，呼吸自然，双目平视，不能低头看皮尺或者站姿不端正。

2. 合理穿衣，配合测量者的近体测量，保证测量尺寸准确。

3. 提出所需要求，包括款式、长短、松紧以及加工的要求等。

四、测量人体的顺序

对于初学者，测量人体不知从何下手，有时测量了这个部位，却忘记了另一个部位，测量的准确度也不高。因此，测量人体必须掌握一定的顺序，要遵循人体测量的基本原则，即从前到后、由左至右、自上而下地按照部位顺序逐步进行，以免有漏测和错测现象发生。围度测量时，要找准凹凸部位，水平围量一周，不能过松过紧；长度测量时，要找准上下端点，垂直测量。同时要参考季节、品种和被测者的爱好、习惯、工作特征，最后确定成品规格尺寸。

五、测量的部位和方法（以女装测量为例）

（一）下装测量（号型 160/68A）

1．裤长 TL。

由裤腰垂直量至所需要的长度。

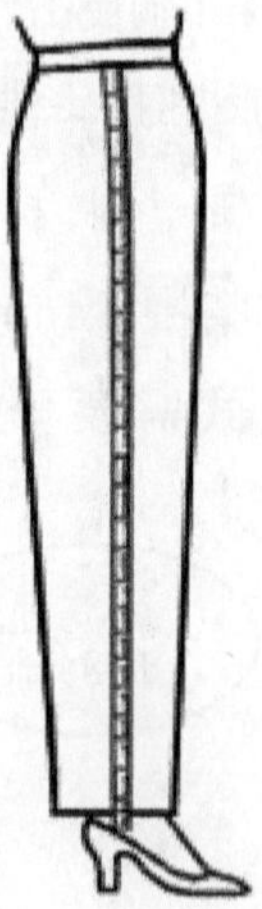

2．腰围 W。

自腰间最细处水平围量一周，净腰围 66cm 再加 1～2cm 松量。制图腰围为 68cm。

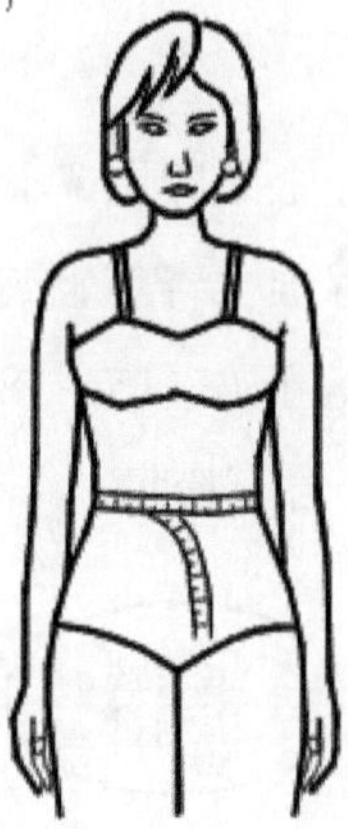

3．臀围 H。

臀部最丰满处水平围量一周，根据款式需要加放松量。

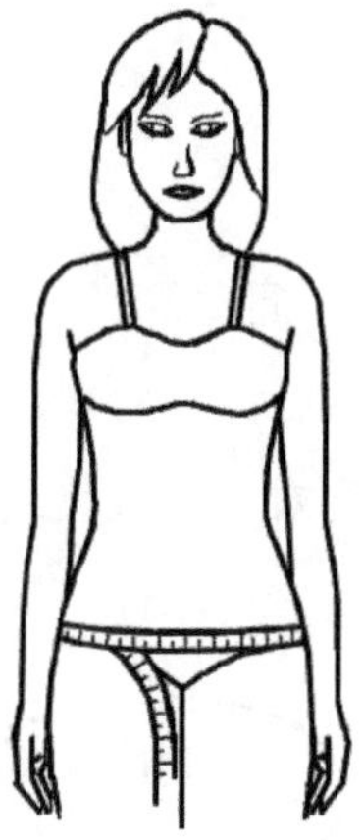

4．裙长 SL。

由裙子腰口线向下垂直量至裙长止端。

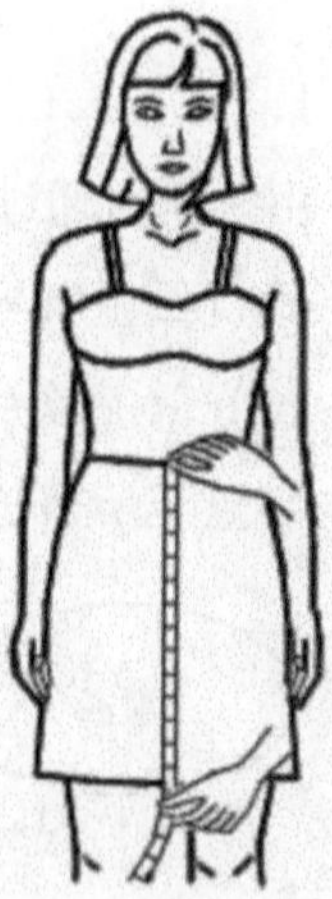

5．股长。

又称直裆、上裆，由腰间最细处量至臀底部位的高度。再加放一定的松量。

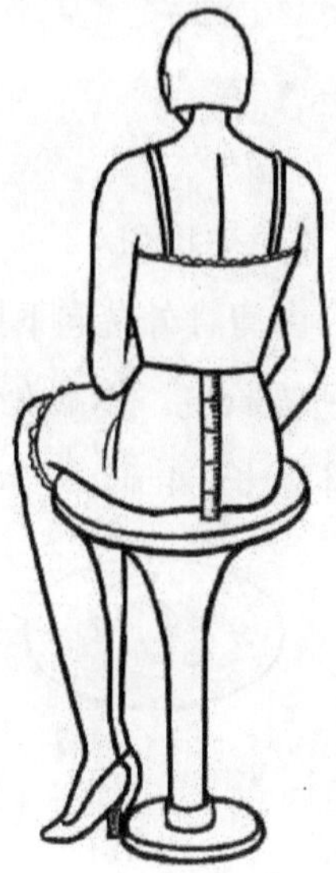

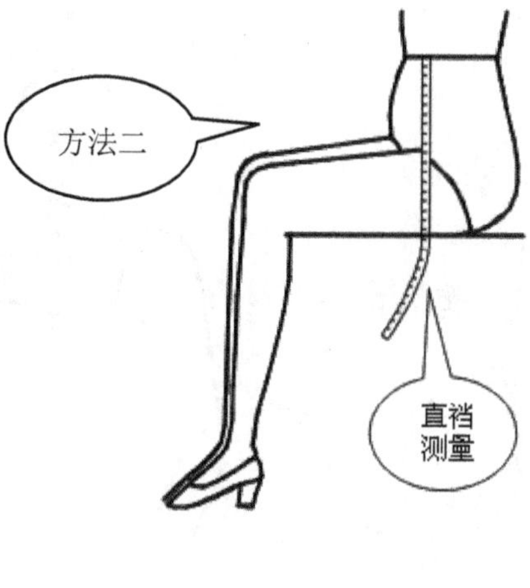

(二)上装测量(160/84A)

1. 前衣长 L。

由颈侧点通过胸高点，向下垂直量至所需长度；后中长 BC：后窝中点垂直向下量至所需长度。

4. 胸围 B。

胸部最丰满处水平围量一周，标准女体净胸围 84cm，根据款式需要再加放松量。

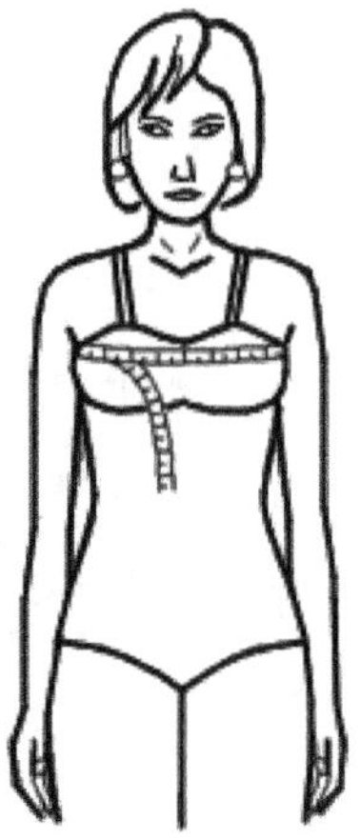

2. 袖长 SL。

由肩骨外端向下量至所需长度。标准女体基本袖长 54cm。

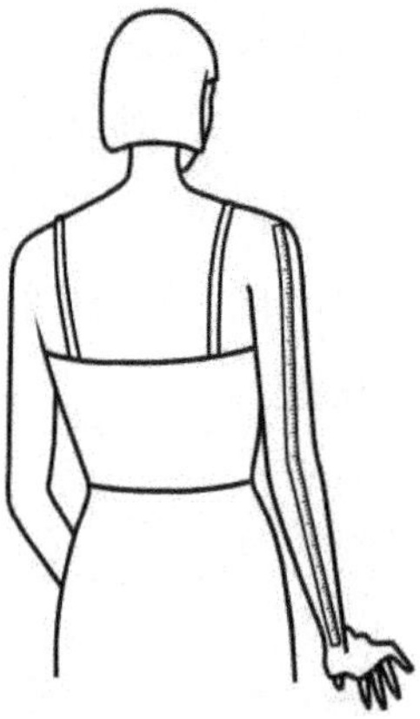

5. 上装腰围 W。

标准女青年上装腰围等于 B-(15～18) cm，B 含有松量。

3. 领围 N。

从喉骨下围量一周 34cm，再加放 2～4cm 松量。

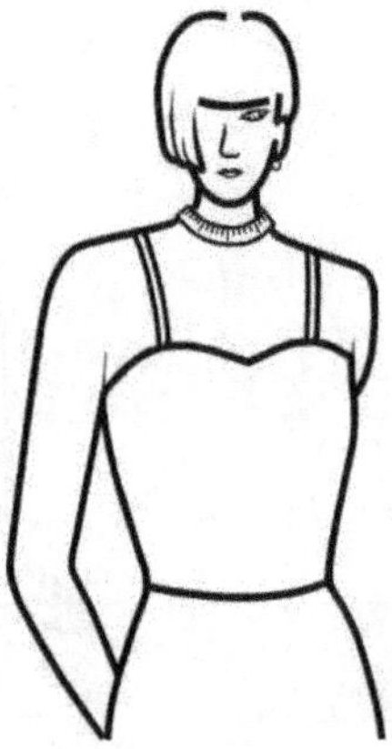

6. 肩宽 S。

由后背左肩端点量至右肩端点的长度，基本肩宽 39.4cm。

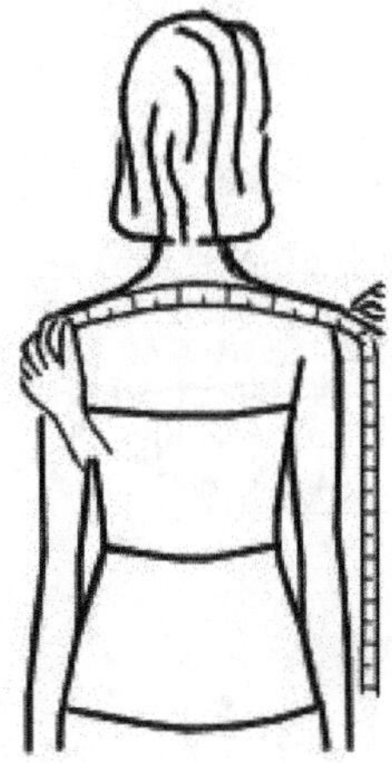

7．腰节高。

由颈点垂直向下量至腰节线的距离，标准女体腰节高为40cm，或总体高除以4计算。

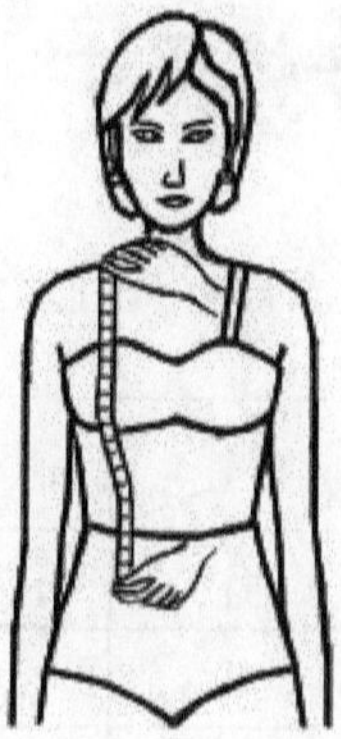

8．胸高。

由颈侧点量至乳峰点距离。标准女体的胸高为24cm。

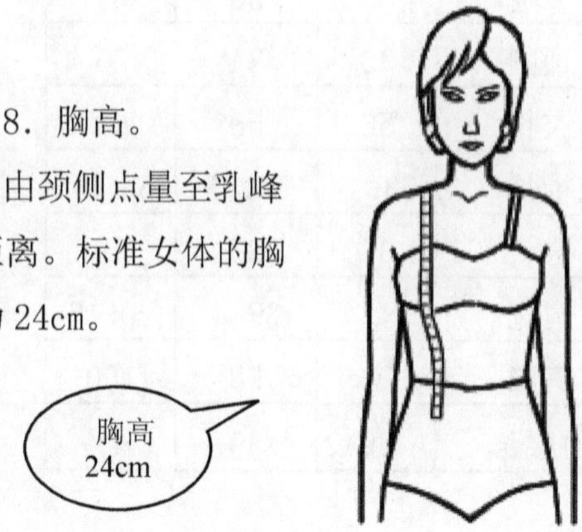

9．头围。

以前额和后枕骨为基点，用软尺围尽量一周。标准女体头围是53cm，不要忽视头围测量，因为头围关系到头部能否空过服饰的领口。

10．上体长。

人体端坐在椅子上，颈椎点至椅子面的垂直距离。

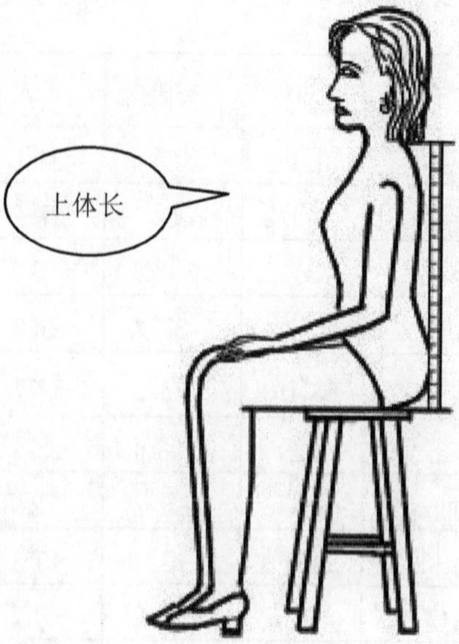

11．乳距。

指两乳峰之间的距离。标准女体的乳距为18cm。

第七节　标准女体净体尺寸

女净体尺寸参考表（单位：英寸）

部位＼码数	小	中	大
胸围	31″1/2	33″	34″1/2
腰围	24″1/2	26″	27″1/2
臀围	34″	35″1/2	37″
头围	20″1/4	21″	21″3/4
颈围	13″1/8	13″1/2	13″7/8
衣长	22″	22″3/4	23″1/2
袖长	21″	21″1/2	22″
背长	14″5/8	15″	15″3/8
肩宽	15″	15″1/2	16″
裤长	37″3/4	38″1/2	39″1/4
前腰长	15″3/8	15″3/4	16″1/8

（以日本书上的码数大小作为参考）

女净体尺寸参考表（单位：cm）

部位＼码数	小	中	大
胸围	80	84	88
腰围	62	66	70
臀围	86	90	94
头围	52	53	54
颈围	33	34	35
衣长	56	58	60
袖长	53.3	54.5	55.7
背长	37	38	39
肩宽	38.2	39.4	40.6
裤长	96	98	100
前腰长	39	40	41

思考与练习

1．被测者应采取怎样的站姿？
2．测量者要注意什么？
3．上装测量有哪些部位？
4．下装测量有哪些部位？
5．谈一谈人体测量的基本顺序。
6．谈一谈成人男女体型的差异。
7．女性青年标准体的比例关系。
8．准确掌握女性胸围的放松量。
9．标准女体各部位的净体尺寸是多少？
10．放松量的加放需要考虑哪些因素？
11．净体尺寸是否可以用来直接制图？为什么？
12．请谈一谈人体身高在不同年龄段的基本规律。

实践环节

1．如何观察人体？
2．两个同学一组，互相进行人体各部位测量，并做好各部位尺寸记录。

第三章 制图规则、方法和依据

本章说明

服装制图既是一门学问，又是一项精巧的操作技术。要学习和掌握好这门技术，除了理解制图原理之外，还要经过结构制图与纸样实践才能熟练掌握，推尺画线就是这一实践的的基础，是纸样师必须具备的制图基本功，在服装结构制图中，制图的规则、制图的线条、制图的方法、制图的顺序、制图的依据是纸样设计师从事工业纸样制板的专业知识和专业技术，只有理解和掌握了这些知识点，纸样师才能在工作中熟悉地应用。

课程内容： 制图基本功训练/制图的规则/制图的方法/制图的依据/服装号型与规格系列。

训练目的： 掌握推尺画线的基本功，深刻领会制图的依据、规则、方法和顺序。

教学方法：讲授法+示范操作法+图示法+巡回指导法。

课时安排：4 课时。

第一节　制图基本功训练

熟练的制图基本功是纸样师必须具备的素质，这是提高纸样制作速度和纸样质量的根本保证。因此，要学好工业纸样制作技术，首先要在基本功方面下功夫。主要制图工具包括用尺、用笔、用剪等，下面逐一说明。

1．用尺。

服装结构制图是直线和曲线相互组合而成，借助弯尺、曲线板等工具仍不能满足制作结构图纸的要求，况且携带不便，这就要求纸样师必须具备推尺划出各种衣片形状的技能。

推尺划线时，手、笔、尺要彼此配合。推尺时，笔不动；运笔时，尺不动，笔尖的位置应放在直尺的中间范围，放到直尺的两端范围都不便于操作，过前则尺尾顶身，过后则尺身过重而推画困难。推画弧线时笔尖不能窜动，尺应根据弧线轨迹不断地调整。要求线质均匀、流畅、圆顺，不得起锯齿，图纸清晰干净。

练习 1　随意画一条曲线，分别在两边推画出相距 1cm 的若干弧线来，要求各条弧线是相互平移，不能走样，如图 3-1 所示。

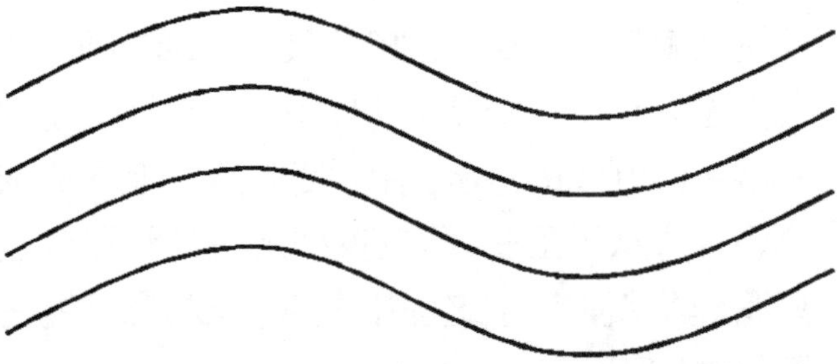

图 3-1

练习 2　先画一个直径为 15cm 的圆，然后在外围推画出若干个相距 1cm 的圆，要求圆的弧线不起角度，整个圆弧线圆顺，如图 3-2 所示。

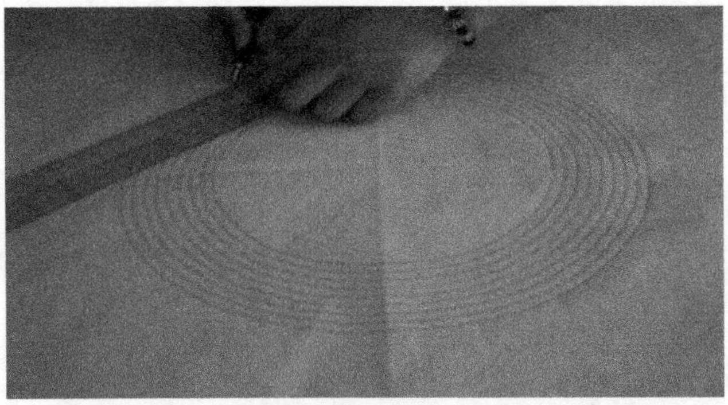

图 3-2

练习 3　随意设定三、四个点以上，用推尺的方法把它们圆顺地连结起来，要求弧线不起角度，线质均匀圆顺，如图 3-3 所示。

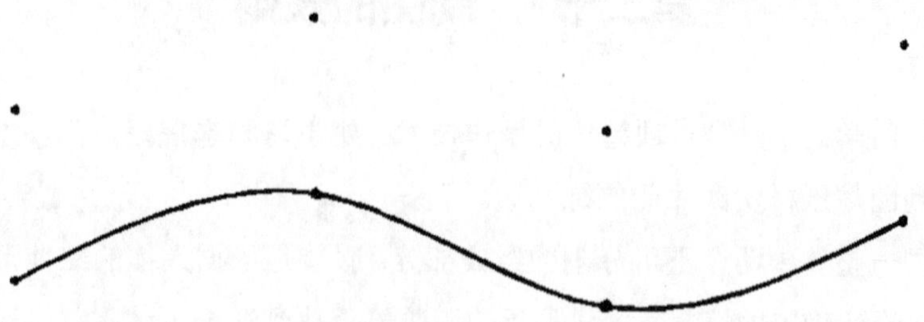

图 3-3

2．划圆弧线。

用左手母指把尺的一角点按在所需长度的一个端点上，然后以此点为圆心划圆弧线，同时右手握住笔尖靠在尺所需长度的另一点并跟随直尺头移动并划出圆弧线，注意笔尖要与尺头同步进行移动才能达到目的。

3．用剪。

剪纸样的功夫关键在于运用剪刀和控制剪刀的技术上。运用剪刀和控制剪刀的熟练程度，直接影响到结构纸样的精确度和标准性。要想成为一名出色的纸样师，必须练就一套过硬的剪纸技术。下面介绍剪纸技巧。

为了在剪纸时不影响纸样的精确度，通常是左手控制纸样，右手控制剪刀，利用剪刀刀尖 1～6cm 的范围来剪，并不要一刀剪尽，而要连续不断并循环地推进，要剪在线条的中间，纸样的边沿要圆滑，不得起锯齿，剪多层纸时，上下层不得起梯级、大小等毛病。

剪纸难度最大的就是当剪到弯曲度大、纸样多层的情况下，需要操作者具备过硬的剪纸功夫。初学者由于控制剪刀技巧不熟练，往往造成纸样边沿不圆滑、样片大小不一致、剪线不准的现象，这有赖于长期坚持不懈地锤炼。

另外，如果剪下的纸样边缘不圆滑，可以用木纱纸对边缘轻轻地柔擦、打磨，直到纸样边沿圆顺为止（但也要保证纸样不走型、不变尺寸）。

第二节　制图的规则

服装制图既是一门学问，又是一项精巧的操作技术。要学习和掌握好这门技术，除了理解制图原理之外，还要经过制图与纸样实践才能熟练掌握。

服装与人体是同一整体中两个不可分割的组成部分。服装是依据人体的立体形态和消费者穿着要求来设计的，在规格设计确定的情况下，成品后的服装能否达到适合人体，首先取决于服装制图是否准确。

服装制图是根据测量人体所获得的数据，结合服装款式的造型特点，运用几何学的原理，将立体形态的服装分解成一定形状和数量的平面衣片。即将服装的平面形态画出来，其中包括各部位比例以及衣片的内部结构线。服装制图是设计与生产中至关重要的环节，只有按照严格的制图规则来操作，才能保证制图的标准性和精准度。根据制图实践，总结出以下几个方面，供大家学习参考。

1．图纸摆放位置。一般是将前中线或后中线靠近身体的正面这一侧，衣片的下摆置于操作者的左下方，衣片的领口置于操作者的右上方，然后按照制图的顺序逐步展开，如图 3-4 所示。

图 3-4

2．服装制图的线条有三类：基础线、斜线、弧线。三类线条贯穿于结构图纸之中，缺一不可。它们相互配合，有效地组成服装的结构造型。

第一类是基础线，基础线相交要求垂直，基础直线和基础横线必须与面料的经、纬纱向保持同向平行。如制图中的上平线、下平线与前、后中线保持垂直；上平线和下平线与面料的经纱保持平行，前后中线与面料的纬纱保持平行。在结构图中，基础直线和基础横线是图纸的骨架，必须准确、完整、端正地画出来。

第二类是斜线，斜线是反映衣片某一部位倾斜度大小的线条，斜线要求顺直。反映在结构图中，主要有肩斜线、裙两侧摆斜线、各种分割斜线等，这些都是反映倾斜程度的线条。

第三类是弧线，弧线的作用是反映服装的款式造型，是将人体起伏变化的复杂曲面，归纳成简洁的弧线曲面。弧线在结构图中的表现形式有前后领口弧线、前后袖窿弧线，前后裆弯弧线等。弧线要求线质均匀、流畅、圆顺，能准确地反映人体的体态。

另外还有斜线与弧线组合的线条，如裤子的内侧缝线、外侧缝线，上衣的两侧摆线等。这些线条要反映出人体的体态规律，还具有一定的修饰作用。

服装结构造型是否精确，是结构设计的重中之重，只有严格按照纸样设计规程来操作，才能打制出适合款式造型特点的衣片纸样。对于服装纸样师而言，还要着重考虑以下的几个方面的问题。

（1）服装结构制图所用的单位：通用的厘米单位或者外单所用的英寸单位是服装结构制图的常用单位。要熟练掌握厘米与英寸单位的换算。

（2）结构制图所用线条规定，包括基础线、轮廓弧线、尺寸标注线都必须符合规定要求，基础线和尺寸标注线较细，为0.3mm，轮廓弧线较粗为0.7mm。

（3）纸样的标注及字体要书写公整，排列整齐。尺寸标注用细直线连接，两端画上箭头，中间标注尺寸。

（4）要认清衣料的正、反面，纸样标注时要根据面料的正面标注文字。左右不对称的衣片还要左右标注明细，说明情况及其原因，这样有利于裁剪和工艺缝制不会出错。

（5）要分清服装衣料的倒顺毛、阴阳格、图案方向等，纸样制作时布纹线及毛向线要标注清楚。同一服装的毛顺方向、格子方向和图案方向必须一致，否则出现色差、倒置和一顺的现象。

（6）要注意衣料的缩水，制图前要准确地测试出衣料的缩水率。对于缩水很少的衣料，可以在裁剪之前对面料采取定型预缩或者蒸汽预缩等办法处理，以免成品服装再次缩水。如毛类面料、防缩印染布、涤棉混纺布等。对于缩水率较少的衣料，制图中一定要将各部位的缩水量加进去，以满足服装洗水以后成品的规格尺寸准确。如精纺化纤织物、绒面织物、府绸等。对于缩水率较大的衣料，要先将衣料洗水处理，然后再进行工艺制作，以免造成成品规格尺寸偏差过大，影响成品质量，如斜纹布、平纹布、桑蚕丝织物、粘胶纤维织物等。

考考你

1．制图时，如何摆放制图纸？
2．服装制图的线条有哪几类？
3．纸样文字标注时，要注意什么？
4．基础线与轮廓线有何区别？
5．布纹线应标注在纸样的哪一面？
6．有方向性的面料其布纹线标注有什么要求？
7．服装制图中的框架基础线与面料的经纬纱线有何关系？

实践环节

1．准备制图纸，画若干距离相等的平行线。
2．准备制图纸，在圆圈外围画出若干个弧线距离相等的圆。

第三节　制图的方法

服装制图是服装企业高薪保密的技术性工作，是服装生产流程中的首要工序。服装制图也称为服装平面制图，常用的方法主要有两类：一是公式法制图，二是定寸法制图。当然许多书上也介绍有比例分配法、胸度法、原型法、基型法等，但都离不开公式的计算。下面主要介绍公式法和定寸法的制图。

一、公式法

服装制图是分割服装整体的平面展开图。每一部件的形状、大小和比例都反映在服装款式的结构造型之上。而款式的结构造型，又都最终体现为规格尺寸的部位组合并通过结构线条显示出来。整个制图打板的过程也是利用公式计算，推导出各部位的制图尺寸。

简单地讲，公式法是利用胸围、腰围和臀围等成衣规格尺寸，运用合理、科学的公式计算，推导出某一部位的尺寸，从而进行服装结构制图。

例如：西裤、牛仔裤的横裆计算。以加放松量以后的臀围 H 值为基准，利用如下公式求出前后横裆的尺寸。

西裤	前小裆＝H/24	后大裆＝H/10	前后横裆总和： 西裤不少于 H/7 牛仔裤不少于 H/8
牛仔裤	前小裆＝H/32	后大裆＝H/12	
腰围	前腰围＝W/4－1	后腰围＝W/4＋1	
臀围	前臀围＝H/4－1	后臀围＝W/4＋1	

又如：男女上装原型的袖窿深计算。以净胸围 B 值为参数，以后颈点为基准点，利用如下公式求出袖窿深线。

男上装原型	袖窿深=B/6＋9（cm）	公式后面的 9 和 7 是调整袖窿深度的调节系数
女上装原型	袖窿深=B/6＋7（cm）	

二、定寸法

定寸法是制图中对某一部位直接给定尺寸，如肩斜高、袖窿深等。定寸法除了取至测量人体各部位的长度和围度尺寸外，还要熟记局部通用的尺寸数据。这些尺寸数据是经过反复实践验证的，适用于中间正常体型的打板。由于数据熟记，因此操作简便快速，是有多年经验的纸样师常用的方法。

例如，男上装成人各部位尺寸（袖窿深是指前上平线垂直量至胸围线）。

袖窿深	袖窿宽	领口宽	领口深	肩斜高	大袋口	小袋口
25cm	15 cm	7.5 cm	8 cm	5 cm	16 cm	11 cm

定寸法并非定而不变，也需要依据不同的款式和不同体型做出相应的调整，如人体较肥胖的、颈根较粗的，是外套还是内套，是夏装还是冬装，其领深和领宽要在原有的基础上适当进行大小调整。肩较斜的人，肩斜高要酌情增加；肩较平的人，肩斜高要酌情减少。使用定寸法水平的高低，主要取决于纸样师的技术经验。

定寸法在我国历史悠久，使用范围极广，至今仍有不少地区的师傅沿用此法，而且技术水平也很高。不管是哪一种方法，只要我们细心钻研，刻苦学习，最终会取得很好的效果。

结构制图中还有比例分配法、胸度法、短寸法等。这里不再介绍。

三、制图的顺序及要求

服装制图要按照顺序逐步展开，对于初学者来说，这样有利于思路清晰，不会忙中出错，总结起来一般有以下几个方面。

1．先画结构图，后拷贝纸样。

服装结构图是反映衣片轮廓大小和服装构成的框架图，是按成衣尺寸绘制的。服装的衣片必须在结构图中拷贝复制出纸样来，再按照工艺的需要加放缝份和折边宽度，最后在纸样衣片上标注文字、布纹向、号型、名称、裁片数量等。

2．制图线条绘制的顺序。

服装结构制图是画分开的平面展开图，是由直线和曲线相互连接构成衣片的外轮廓，反映了服装内部结构的组合关系。制图时，一般是先横后竖，先画长度线，后画围度线，先画基础线，后画轮廓线。横线和竖线要做到横平、竖直，相互垂直。同向的直线要保持平行，各种斜线、曲线要反映服装的造型，以准确、合理的方式表现服装的结构。

3．服装部件的绘制顺序。

先画主部件，再画分割线，最后画小部件。

①主部件有：上装中的前衣片、后衣片、大袖片、小袖片。下装中的有：前裤片、后裤片、前裙片、后裙片。

②小部件有：上装中的领子（领面、领底）、领窝、挂面、袋子（袋盖、袋嵌、袋垫、袋里）等。下装中的腰头、腰袢、门襟、袋子等。

③至于分割设计的线条，要在衣片的外轮廓线完成以后进行，因为衣片是反映服装的外部廓型，分割线是反映衣片内的局部结构和局部造型。而且分割后的小衣片要比例准确，能达到优良的视觉美感。

④对于各个小件，重在全而不漏，先后次序并不重要，做到仔细而精致，齐全而美观。工艺制作中所需的烫样、点位样和净样都必须完整齐全。

⑤当面料纸样全部完成以后，再依据面料图纸，结合工艺的需要最后绘制出里料和、衬料填料纸样。

4．制图线条要求。

制图时，基础线要较轻、较细，宽度为 0.3mm，轮廓线要较重、较粗，宽度为 0.7mm。做到直线挺直、斜线顺直、曲线圆顺，并要求所绘制的图纸尺寸与成品规格尺寸相符。为了保证成品规格尺寸，通常情况下，衣长可在制图规格的基础上加多 0.5cm 余量，胸围可在制图规格的基础上加多 1cm 的余量进行制图。对于服装尺寸的标注线应该用基础线的形式，在服装结构部位比较显眼的位置清晰地标注上，并用箭头表示长度的起止。服装结构中还有客观反映服装内部结构的线条，如胸省、腰省、袋位、钮位、公主线、刀背线、分割线等，这些线条在复制衣片纸样时是必须拷贝的，因此，应该采用轮廓线的形式出现。

5．整个图纸要求。

① 各部位尺寸标注要准确、清晰、和谐、统一。

② 线条垂直相交须呈 90° 角，曲直相交要吻合、顺畅，弧线相交要圆顺、吻合。

③ 辅助数据。对衣料的缩水量、缝制工艺的缩缝量，省、褶、裥等放量要打足。

④ 经、纬、斜、条、格和方向性要标明清楚。

⑤ 主件、辅件、零部件要齐全、合理。

⑥ 净样变毛样的缝份、贴边等放量要准确，符合工艺规定。

⑦ 制图比例。一般按照 1∶2、1∶4、1∶5 绘制，并标明绘制比例。

⑧ 整个图纸要正确、规范、清晰、干净、美观。

⑨ 单位。用国家法定的单位 cm，有的外销企业也用英寸。

⑩ 制图术语和符号要统一、标准。

考考你

1．制图线条有何要求？

2．谈一谈制图的顺序。

3．如何理解公式法制图？

4．定寸法制图是定而不变吗？为什么？

5．画好衣片的主部件即可，无需画出小部件，这样可以吗？为什么？

第四节　制图的依据

一、人体的体型是服装制图的基础依据

人体的体型是服装制图的基础依据，服装纸样设计必须根据人体静态和动态时对服装穿着的要求，从人体体表与服装的空隙两个方面着重考虑。同时，还要考虑面料、款式、季节等，使利用纸样所生产出来的服装达到既美观又适合人体的目的。

1．人体的体表，如女性胸峰、臀峰、腰节，男性肩胛、大腹肚、胸肌等，直接影响着服装的外观造型，表现在结构制图上就是衣片各部位的结构线，要依据人体体表特征进行结构曲面的处理。

2．人体身高和躯干与各部位的比例与服装的长度和局部的匹配有关，为设计服装的长度和确定各个小部件的尺寸提供了依据。

3．了解人体的动态和运动规律，便于正确处理和调节服装的放松量。

二、规格尺寸是服装制图的直接依据

合理的规格尺寸是人体形态的基本反映，在设计服装规格时，要认真把握以下几个方面。

1．服装号型。服装号型是设计服装长度和围度的依据（具体在下一节讲）。

2．规格尺寸。规格尺寸是根据服装号型而制定的各部位成品尺寸，是服装制图的决定性因素，制图时要准确把握并核实规格尺寸。

3．配属规格。配属规格是主要部位以外的其他小部位的规格尺寸。如上衣袖窿深、袖肥、袖山高、袋长、袋宽、襟宽、筒宽、钮眼大小等；下装的直裆深、前小裆宽、后大裆宽、腰宽等，这些尺寸也很重要，与制图和服装造型有直接的联系。

4．规格系列尺寸。规格系列尺寸是根据人体矮与高、瘦与胖的体形变化规律，而制定的各个码的规格尺寸，是进行推板放缩码必须掌握的尺寸依据。

三、款式、品种、结构、造型是服装制图的首要依据

1．服装款式。款式是服装特点的具体表现。同一品种的服装，款式有多种变化，如同一品种的上衣，袋子有挖袋、贴袋，还有插袋等。不同的服装款式有不同的制图要求，必须深刻理解服装款式特点对结构制图的重要性。

2．产品品种。制图时要了解服装穿着对象所需的品种，还要了解服装穿着对象的性别、年龄等。弄清品种特征，才能准确、合理地进行制图。

3．服装结构。服装结构是指一件服装的构成与组合方式，包括面层、里层、部件分割的组合。还有面、辅的匹配组合关系。合理的结构能很好地体现款式的特点。

4．服装造型。服装造型是指服装的外部形态和总体轮廓。例如：A 型裙、V 型裙、H 型裙，还有 X 裙（鱼尾裙）。不同的造型要求有不同的结构制图处理。

四、衣料的性能、质地和丝绺是制图应考虑的必要因素

服装的衣料多种多样，其性能质地也各不相同，特别是自然缩率、热缩率、水洗缩率、弹性、耐热性、悬垂性、厚度等方面，制图时要对规格尺寸做出相应的调整。对于缩率较小的衣料，要进行

预缩和整理；如果衣料缩率较大，要准确测试缩水率，以便于在结构制图和纸样制作中加上缩水率，做到精确制板，达到成品规格无差错。服装面料的质地和纱线密度与制图也有关系，凡是纺织物越紧密、坚实、轻薄、硬挺、布面光洁，其布料的稳定性就越强，变形性就较差；凡是纺织物越稀疏、松弛、厚重、柔软、布面粗糙，其布料的稳定性就越差，变形性就较强。在结构制图和纸样设计中，凡是稳定性越强的面料，在工艺归缩量上要少加；凡是稳定性越差的面料，在工艺归缩量上要多加。例如后小肩线归缩量、 袖山弧线的归缩量等。对于有弹性的衣料要根据弹性大小适当减少围度规格尺寸，对于衣料较厚的服装其围度要有所增加。对于有悬垂性的衣料，其服装长度要有所减短，因为服装穿上人体后由于悬垂作用而有所增长。总之，制图中得依据布料的性能特点灵活运用，以绘制出准确的结构图纸。

服装纺织物多数衣料是由经、纬纱线交织而成的(针织和无纺织物除外)。虽然衣料的种类繁多，但基本结构是不变的。即布匹的长度方向为经纱向，幅宽方向为纬纱向，两者之间的为经纬斜向，在服装行业之中把纱线称作丝绺，把经纱向叫着直纱绺，把纬纱向叫着横纱绺。纺织物的纱向各自有独特的性能和特征，也决定了衣料在服装上的运用规律。具体在第四章第六节《服装织物纱向的选择》中讲解。

五、工艺处理也是要考虑的要素

服装是通过工艺制作来完成的，工艺制作中所需的缝份、折边、省道、褶裥等是纸样制作中必须要考虑的因素。对于服装中隐蔽性较强的小部件，是最容易忽视的，制图时要细心考虑衣片的内部组成和工艺处理方法，不能错制或漏制小部件。例如：上装中的袋垫、袋嵌、袋里、衬料、挂面、领贴、填充料等制图；下装中的裤袢、单牌、双牌、袋垫、袋嵌、滚边条等制图。还有特种专机所用的缝份宽窄，不同工艺所需的缝份大小不一样（具体在第十四章第一节中讲解），烫钻和绣花所设计的位置，组装拉链对衣片的工艺处理要求等。制图时应全盘考虑，以做出不同的衣片处理方法。尽可能多运用专机进行工艺缝制，消除密集型人工操作所带来的麻烦，以利于节省劳动力，提高企业的生产效率。

拓展与提高

1．为什么衣料的性能、质地和丝绺是制图必要考虑的因素？

2．服装结构制图可以不考虑工艺处理，这样行吗？为什么？

3．服装制图的规格尺寸包括有哪些方面？

第五节 服装号型与规格系列

服装号型标准是国家对服装产品所作出的统一技术规定，是对各类服装进行规格设计的依据。工业化的服装生产是同一品种有多种规格的批量生产，为了满足不同身高、不同体型的消费者的需求，国家对各省、各地区不同年龄、不同性别的 40 多万人口的体型进行了科学测量，系统地分析、合理地归并、多年的实践，颁布并设置了服装号型标准。

一、成衣规格

服装的成衣规格，来源于国家制订的标准号型系列。成衣规格是依据号型中各系列控制部位净体数值再依据款式需要而加放不同的放松量而设计的。成衣规格具有一定的灵活性，它是随服装品种、款式、区域的差异变化而有所不同，而且成衣规格设计具有一定的时效性，是随款式的流行而有所变化。

二、服装号型

《服装号型》GB1335—97，是由国家技术监督局颁布的国家标准。号型中规定：“号”是指人体身高，是纸样设计和选购服装长短的规格依据。“型”是指人体净胸围和净腰围，是纸样设计和选购服装围度肥瘦的依据。其单位都是用厘米表示的。

《服装号型》标准，是以人体的净胸围与净腰围的差数大小为依据，将人体划分为 Y、A、B、C 四类体型。如下表：

男子体型分类代号（单位：cm）

体型代号	胸腰差
Y	22—17
A	16—12
B	11—7
C	6—2

女子体型分类代号（单位：cm）

体型代号	胸腰差
Y	24—19
A	18—14
B	13—9
C	8—4

三、号型标注

上装标注：身高(号)/净胸围+型，下装标注：身高(号)/净腰围+型，例如：男子上装号型 170/88A，表示服装适合身高在 168～172cm 之间，净胸围在 86～89cm 之间的人穿着，“A”表示胸腰差在 16～12cm 之间的男子中间体型。又如：女子下装号型 160/68A，表示裤子适合身高在 158～162cm 之间，净腰围在 67～69cm 之间的人穿着，“A”表示胸腰差在 18～14cm 之间的女子中间体型。

四、成年男女中间标准体型

单位：cm

男	身高 170	胸围 88	腰围 76	体型 A	上装表示 170/88A	下装表示 170/76A
女	身高 160	胸围 84	腰围 68	体型 A	上装表示 160/84A	下装表示 160/68A

五、在实际的制板过程中，使用号型标准时的注意事项

1. 中间体的规格确定。我们在设计和制板都必须要以中间体为中心，按一定的分档数值，向上下左右推档变化组成规格系列。中间体在人群中所占的比例最大，覆盖率最大，所以中间的规格确定则显得较为重要，对中间的规格确定要考虑地区人群的体型特征差异和产品销售方向的不同而确定。

2. 控制部位的尺寸参考。服装号型标准是为设计、生产消费而制定的最大程度地适应人体要求，仅有身高、胸围、腰围三个数据是不够的，还需要其他部位的控制尺寸，长度有身高、领椎点高、坐姿颈椎点高、全臂长、腰围高，围度有胸围、腰围、袖长、肩宽、裤长、腰围、臂围等都根据号型标准中的控制部位加上不同加放量而制定的。要根据地区、面料、款式、季节、设计风格特点，流行趋势等参考号型标准的控制部位进行评定。

3. 号型系列的应用。将人体的号和型进行有规律的分档排列就称之为号型系列，在号型标准中以5cm为身高分档，以4cm和3cm为上装的分档，以4cm、3cm、2cm为下装的分档，通常称之为5·4系列、5·3系列、5·2系列。号型系列的应用在我们推板的过程中较为广泛，上装一般采用5·4系列、5·3系列，下装为5·4系列、5·3系列、5·2系列。推板时，上装如果是四开身服装，我们希望以4公分胸围跳档，三开身服装以3公分胸围跳档，这样在推板时每片衣身的跳档也正好是1公分，便于我们计算。

六、服装号型配置的形式

号型的配置应用，在我们实际生产和销售当中，为了更多满足消费者的要求，号型的配置不应过分的死板，要灵活配置，一般分为三种。

1. 号和型同步配置：160/80A，165/84A，170/88A，175/92A，180/96A。

2. 一个号与多个型配置：170/80A，170/84A，170/88A，170/92A。

3. 多个号与一个型配置：160/88A，165/88A，170/88A，175/88A。

七、我国女子服装号型与尺码的对应

日本服装的大小用码标注，如：S：代表小码号，M：代表中码号，L：代表大码号，XL：代表特大码号，XXL：代表超特大号。码标与尺码、号型的对应关系如下表。

码标	XXS	XS	S	M	L	XL
尺码	34	36	38	40	42	44
上装	145/72A	150/76A	155/80A	160/84A	165/88A	170/92A
下装	145/52A	150/56A	155/60A	160/64A	165/68A	170/72A

八、我国女子服装号型系列表

女子5·4、5·2Y号型系列 （单位：cm）

身高 / 腰围 / 胸围	145		150		155		160		165		170		175	
72	50	52	50	52	50	52	50	52						
76	54	56	54	56	54	56	54	56	54	56				
80	58	60	58	60	58	60	58	60	58	60	58	60		
84	62	64	62	64	62	64	62	64	62	64	62	64	62	64
88	66	68	66	68	66	68	66	68	66	68	66	68	66	68
92			70	72	70	72	70	72	70	72	70	72	70	72
96					74	76	74	76	74	76	74	76	74	76
100							78	80	78	80	78	80	78	80

女子5·4、5·2A号型系列

（单位：cm）

身高 腰围 胸围	150			155			160			165			170			175		
72	54	56	58	54	56	58	54	56	58									
76	58	60	62	58	60	62	58	60	62	58	60	62						
80	62	64	66	62	64	66	62	64	66	62	64	66	62	64	66			
84	66	68	70	66	68	70	66	68	70	66	68	70	66	68	70	66	68	70
88	70	72	74	70	72	74	70	72	74	70	72	74	70	72	74	70	72	74
92	74	76	78	74	76	78	74	76	78	74	76	78	74	76	78	74	76	78
96				78	80	82	78	80	82	78	80	82	78	80	82	78	80	82

女子5·4、5·2B号型系列

（单位：cm）

身高 腰围 胸围	145		150		155		160		165		170		175	
68			56	58	56	58	56	58						
72	60	62	60	62	60	62	60	62	60	62				
76	64	66	64	66	64	66	64	66	64	66	64	66		
80	68	70	68	70	68	70	68	70	68	70	68	70	68	70
84	72	74	72	74	72	74	72	74	72	74	72	74	72	74
88	76	78	76	78	76	78	76	78	76	78	76	78	76	78
92	80	82	80	82	80	82	80	82	80	82	80	82	80	82
96			84	86	84	86	84	86	84	86	84	86	84	86
100					88	90	88	90	88	90	88	90	88	90

女子5·4、5·2C号型系列

（单位：cm）

身高 腰围 胸围	145		150		155		160		165		170		175	
68	60	62	60	62	60	62								
72	64	66	64	66	64	66	64	66						
76	68	70	68	70	68	70	68	70						
80	72	74	72	74	72	74	72	74	72	74				
84	76	78	76	78	76	78	76	78	76	78	76	78		
88	80	82	80	82	80	82	80	82	80	82	80	82		
92	84	86	84	86	84	86	84	86	84	86	84	86	84	86
96			88	90	88	90	88	90	88	90	88	90	88	90
100			92	94	92	94	92	94	92	94	92	94	92	94
104					96	98	96	98	96	98	96	98	96	98

拓展与提高

1．名词解释： 服装制图 公式法 定寸法
2．服装制图的依据有哪些？
3．制图线条有哪些要求？
4．简单讲一讲制图的顺序。
5．如何进行西裤和牛仔裤的横裆计算？
6．男女标准中间体的号型怎样表示？其胸、腰围净体尺寸分别是多少？
7．服装号型配置的形式有几类？请列举说明。
8．如何理解配属规格？
9．服装衣料和工艺处理对服装制图有何影响？
10．人体身高、胸围、腰围的分档值各是多少？
11．绘制服装结构图总体上有什么要求？
12．服装主要部件有哪些？小部件有哪些？

实践应用

1．如何理解服装号型？怎样将号型的配置形式熟练地应用到生产实际之中？
2．举例说明服装号型的标注方式。

第四章 纸样师应知常识

本章说明

服装工业纸样是服装批量生产的重要技术资料，是指导各个部门开展成批生产的技术文件，工业化服装生产的整个过程都贯穿着工业纸样的使用，在服装生产中具有非常重要的作用。因此，纸样设计师必须了解纸样的特征、分类和用途，要做好打制纸样的准备工作，要能依据纺织物的正反面、纱线的特性、收缩率的多少选择不同的结构纸样处理方法和熨烫方法，同时，还要依据布料和款式设计的要求掌握各种不同的洗水方法和缝边构造，进而进行工业纸样制作，这是纸样设计师应知的常识。

课程内容：纸样的分类及特征/打制纸样前的准备/纺织物正反面的认识/纺织物纱向的选择/纺织物收缩率计算/纺织物的熨烫/布料的洗水方法/纸样师对工艺制作的了解。

训练目的：掌握纸样制作基础，依据纱织物的正反面、特性、收缩率选择不同的结构纸样处理方法。

教学方法：讲授法＋实物展示法＋图示法＋测试计算法。

课时安排：4 课时。

第一节　纸样的分类及特征

一、纸样的概念

纸样是服装样板的总称，亦称样板、纸型等，包括单件母板纸样和规格系列纸样。它是近代服装工业发展的产物，是实现设计效果的中间媒介，是进行服装加工生产的技术依据。

纸样设计必须要以人为本，必须满足人体的生理特点、运动机能以及文化习惯、审美情趣等因素的需要。它不单纯是人体体表的简单复制，而是依据服装款式功能的需要既能代表人体体表特征，又能达到美化、修饰人体的目的，为顾客所欣赏和喜欢。

服装设计是服装生产工程的重要组成之一，它包括款式外观设计、结构纸样设计和工艺制作设计三部份内容组成，其中结构纸样设计是把服装的外观设计效果，根据人体对服装在静态与动态时的要求，以形式美为基本准则，采用平面构成或者立体构成的方法，把抽象的思维或艺术图样转换成平面衣片的轮廓结构图。这样以结构图为基础，通过复制衣片的内部结构线和外部轮廓线，并在轮廓线外加放缝份、折边、放头、缩量等工艺处理所需的宽度，画成衣片毛样线，再按毛样线剪制而成的模型纸板，统称为纸样。企业一般以中码或小码起样，这称为头样，通过审版确认以后的纸样称为标准母板纸样。

服装工业生产，要求同一服装款式，生产多种规格的服装产品，以满足不同体型消费者的穿着需要。这就要求生产企业的技术部门必须按照国家颁布的服装号型，制定出各个规格系列尺寸，绘制出成套的齐码规格系列纸样，以利于排料、划样、裁剪与制作，这样以标准母板纸样为基准，根据各个规格的档差关系，进行科学地计算、放缩、推画，打制出齐码规格系列的标准纸样，这种纸板称之为服装工业纸样。这一过程称为推板放码。

二、纸样的分类

纸样的种类大致可分为如下七类。

1．裁剪纸样（毛样板）。

是服装裁剪工程中，用于排料、划样、裁剪衣片用的，也是工艺制作和成批生产的技术文件，用后交技术部门存档。

包括：面料纸样、衬布纸样、里布纸样、填充物纸样等。

2．工艺纸样（车工样板，缝纫样板）。

主要用于缝制加工过程和后整理环节之中，通过它可以使服装规格统一、技术要求统一、工艺质量统一，加工才能有序地开展，产品质量才能得以提高。

3．修正纸样。

校正裁片用，如烫衬的裁片或对格、对条的裁片要校正其准确性。

4．定位纸样。

有净样和毛样之分，用于部件点位所用。半成品用毛样——主要用于不宜钻眼的面料，一般取自裁剪纸样的某一局部。成品用净样——如锁眼、钉扣纸样。

5．定型纸样（净样板）。用于画小部件实样线，以控制某些部件的形状，利于工艺制作时小部件不走样、不变形，如领子、口袋、挂面、腰头等。要求用无缩率的硬纸板做或者用砂纸做，不允许有误差。

6．熨烫样板。主要用于贴袋缝份的扣烫，还有按照宽度折边烫、扣倒烫、烫贴等工艺处理，使部件标准、规格化。

7．扫粉样板。若服装上设计有绣花图案，需要在裁片上做好图案轨迹，此时在样板上穿小孔形成图案，利用爽身粉在样板上来回扫动，即在裁片上形成绣花图案。

三、纸样的特征

纸样是以服装结构图为基础的，但与结构图有明显的区别。结构图是以人体的体型为依据，根据国家颁布的服装号型规格尺寸，再加放一定的放松量而绘制的服装衣片结构框架图，不带有缝份，也不能直接用于排料。而纸样是按照服装工艺制作要求，在服装结构图纸上复制出衣片来，再经过加放缝份绘制而成的裁片毛样，可供裁剪部门排料、划样；还可提供给缝制工程和质检部门做制作和品检的技术文件。它包括缝份宽、折边宽、布纹向、对位标记、文字说明等。

纸样主要包括有以下特征。

1．纸样是专门用于生产裁剪、缝制工艺和后整理所用的，而结构图不能直接用于生产。

2．纸样有完整的缝份和折边加放，并注有较为严格的图示说明。

3．纸样内包含净样，有利于限制成衣的小规格，工业化程度越高净样越多。

4．打制纸样要求较高，面、里、衬等所有纸样都有严格要求和限制。

5．工业纸样系列化程度越高，推档放缩码越精确。

四、纸样的用途

服装工业纸样是服装批量生产的重要技术资料，是指导各个部门开展成批生产的技术文件。工业化服装生产的整个过程都贯穿着工业纸样的使用，在生产中具有非常重要的作用。其一，纸样在服装工程中，是款式设计和工艺设计的中间桥梁，为生产准备提供技术资料参考；其二，纸样为裁剪工程的排料、划样提供了标准的技术模板；其三，纸样为缝制工人提供了生产的技术依据；其四，纸样又是产品最终质量检查的衡量标准，它关联着产品造型的统一性和产品质量的标准性。等等这些，都必须围绕纸样这一技术资料开展工作，因此，纸样在服装生产中，起到了向导、图样、型板和标样的作用，是服装企业的技术核心。

考考你

1．纸样与结构图有何区别？

2．纸样有哪几大类？

3．请谈一谈纸样的用途？

第二节　打制纸样前的准备

一、纸样师须知

在服装企业的实际工作之中，纸样师会遇到如下问题。

1．客户提供款式图稿、配套的纸样、服装样衣、技术资料都很完整。纸样师只须校对、核实有关纸样的数量、尺寸及相关资料便可投入生产。（来料加工）

2．客户提供的款式图稿、服装规格尺寸、说明的资料，但没有纸样。纸样师就得完成头板纸样，进行试样、审定、放码等工作。（看图起样）

3．客户提供服装样衣，按样衣进行制作。纸样师必须以样衣为依据，正确度量样衣的各部位尺寸，根据样衣的结构造型进行打板、试样、审定、放码等工作，并做出相关的技术资料文件。（看衣起样）

4．客户提供款式图稿，但缺少纸样和规格尺寸。纸样师就得完成头板纸样，进行试样、审定、放码等工作，并做出相关的技术资料文件。（看图起样）

5．客户提供生产制单、款式图稿，但没有纸样。纸样师要根据提供的技术资料，完成头板纸样，进行试样、审定、放码等工作。（看单起样）

6．客户提供一个基码的纸样，要求纸样师推板放码或缩码，打制出系列规格纸样，并根据要求做出相关的技术资料文件。(推板放码)

在实际工作之中，不管是哪类情况，都需要纸样师谨慎做出决择。

由于服装是工艺组合的整体，是由多个工人配合完成的，而纸样又是服装企业中含金量最高的技术资料文件，是指导服装生产和产品检验的技术依据，因此，打制工业纸样要小心谨慎,不能马马虎虎。具体应该注意以下事项。

① 根据图稿、制单或样衣，分析服装款式结构造型，把握重点难点，制定合适尺寸，做到胸有成竹，才开始打纸样。

② 图纸整洁，图样清晰，线条流畅。要求：直线挺直，斜线顺直，弧线圆顺。同时做到基础线较轻、较细，轮廓线较重、较粗。

③ 打纸样时要牢记：快、准、好。做到细心制图，快速操作。

④ 考虑缝制工艺及装饰要求，尽量利用特种衣车、特种压脚等。

⑤ 考虑做工，尽量简化工序，降低操作难度，使制作简单，成本降低，适应成批生产。

⑥ 缝份准确，不能多加、少加或者忘记加缝份；剪切时也不要错剪或者漏剪缝份。

⑦ 复制或拷贝纸样时，各种部件的实样位和缉线位都必须画清楚完整，例如：袋位、钮牌位、钮门位、钮扣位、褶裥位、缉明线位等。

⑧ 纸样复制后，要检查纸样缝合部位等长，各部件之间的形态吻合。

⑨ 纸样复制后，还要检查纸样的完整性，面、里、衬、袋料必须齐全。对于左右不对称的衣片纸样，还要标明左右、上下及正反面的区别，通常企业纸样是以写字的为面料正面。

⑩ 对于同一纸样，需裁其他里料、衬料的，还应注明所裁的片名和数量，弄清面、里、衬纸样的匹配关系。

⑪ 对于纸样的制作标记、布纹线、毛向线以及文字说明都必须标注清楚完整，包括编号、款式、号型、规格、数量、部件名、对位标记、烫钻标记、绣花位置、撞色搭配、面底情况等，以保证纸样标准、精确、齐全，为服装成批生产提供科学的技术依据。

⑫ 头版样衣做好以后，应多次核对成品规格和款式造型，再次对纸样进行技术鉴定和质量鉴定。如有问题，及时修正纸样，以保证头板纸样的标准性和精确性。

⑬ 头版样衣做好后，要做好面、辅料的用量登记，同时做好缩水率以及其他方面的情况说明，以便掌握头版样衣的第一手资料，便于生产和成本计算。

⑭ 用白纸制作的软纸样要用档案袋装好，以免丢失。画好工艺平面图，写好号型规格和制作要求，贴好面、辅料样品及用量，将制单粘附在档案袋的正面，然后封口。

⑮ 推板放缩码时，要做到档差正确，相关部位的放缩量要科学计算，精细推画，完成后还要逐一检查各个码的规格尺寸，按照不动点及坐标对准，将纸样摆放整齐，观察各个码纸样的放缩比例是否正确，规格系列纸样的总数是否完整，以保证纸样的标准、精确、齐全，为服装成批生产提供可靠的技术依据。

⑯ 推板后的各码规格硬纸样，要标明每一号型规格纸样的数量，对面、里、衬料纸样要分别作好统计，同时标明全套纸样总数。并打孔串套吊挂存放，以免遗失。

⑰ 纸样全部完成后，要认真填写生产制造通知单（即制单），还要填写生产工艺卡和工艺单等技术资料文件，并附上款式平面图和部件工艺加工图，贴上面料、里料、辅料样品，同时对撞色搭配的衣料，要做好匹配和说明。对工艺难度较大、隐蔽性较强、容易出现差错的工序要做出特别强调和说明。如在裁剪工程中、工艺缝制中、整烫塑型中都有可能出现操作方法错误的地方，需要做出细致的说明，并提供正确的工艺操作处理方法。

二、打制纸样前的准备

服装企业的成批生产，很多业务来源于客户的来料加工，但也有自产自销、自主创立的服装品牌。因此，在提供的生产技术资料上，对服装的品质就有着不同的要求，还有的技术资料很不完整，尤其是来料加工服装，对生产准备工作很不充分，存在着一定的问题。这样在打板之前务必理清客户提供的生产资料，发现问题或资料不齐应及时向客户反映情况，或者提出一些相应的措施、方法和建议，征求客户同意后才能进行打制纸样。

当然，自产自销、自主创立的服装品牌企业，打制服装纸样时，其技术资料要严格按照国家标准、部颁标准、产品标准的要求。甚至可以制定比国家标准、部颁标准更加严格的技术措施和要求，但不得违反上述标准。同时还要遵循制图的规律、方法、要求和原则。

1. 不管是客户的来料加工，还是自产自销的服装，在打制纸样之前必须要做好以下的准备工作。

① 要有正确的打板资料，包括服装效果图、款式平面图、服装照片、头版制单、客户样衣等。而且图稿、照片的服装必须清楚，制单也要完整、明晰。

② 检查图稿、照片与服装样衣是否相符，便于正确打制结构纸样。

③ 根据国家号型标准，制定成衣规格尺寸表，企业、公司或客户可以设定比国家标准更加细致的尺寸要求。

④ 要备有服装所用的面、辅料（拉链、衬朴、缝线、钮扣、花边、织带、橡筋以及装饰材料等）。

⑤ 准确地测量面、里料的幅宽（封度），打制纸样时既考虑满足款式的要求，又要考虑节省用料，以最大限度降低生产成本。

⑥ 掌握面、辅料的性能特征、弹力大小、布料厚薄等，以便于确定成衣规格和制图方法。

⑦ 测试好布料的缩水率，利于打纸样时准确地加上各部位的缩水量。

⑧ 制图资料不完整时，应向客户或设计师及有关人员询问清楚后才能打制纸样。

⑨ 要理清思路，做好排单的顺序，急单先做，以免耽误货期。

2. 来料加工业务有时由客户提供纸样和样衣，还要注意以下问题。

① 提供的纸样与样衣是否相符。

② 提供的纸样是否完整。

③ 需要更改的地方是否有详细说明。

④ 是否具有生产制造单、工艺单，同时面辅料是否齐全等。

⑤ 客户临时更改资料，要以书面形式交待，不能以口头形式肯定。

⑥ 按客户提供纸样和样衣，复制出产前样衣，并对照客户的技术资料检查产前样衣的标准性，若有差错，及时通知客户，并将产前样衣交给客户确认。

⑦ 客户确认样衣以后才能成批生产，并随时请客户的技术人员配合搞好来料产品的加工生产。

考考你

1．服装企业的生产方式有哪些？

2．纸样师在制图前要考虑哪些问题？

3．打制纸样时经常会遇到哪些问题？请你阐述一下。

4．仔细阅读并理解纸样师须知的内容，并很好地运用到实际之中。

第三节　纺织物正反面的认识

在裁剪之前，如何识别纺织物的正反面非常重要。混淆衣料的正反面，不但会影响服装的外观效果，而且会影响服装的内在质量。作为纸样师，必须学会识别服装衣料的正反面。

一般纺织面料都有正、反面之分，要多观察衣料的组织结构和表面的特征，工作经验很重要，识别的方法归纳如下。

1．所有的平纹组织，除了印花布有正反面之分而外，单色面料的正反面基本上是一样的。

2．纱织斜纹布，如斜纹布、纱卡等，其正面斜纹清晰、明显，织物表面上的纹向属于“捺”（㇏）状。

3．线织斜纹布，如华达呢，单、双面卡其等，正面纹路都比较明显。其正面纹向属于“撇”（㇒）状，反面纹向属于“捺”（㇏）状。但都要注意纹路清晰、表面光滑的为面。

4．缎纹织物正面纹路清晰、平整光滑、手感柔软、富有光泽。反面则与之相反。

平纹布

斜纹布

缎纹布

5．提花、提条的衣料织物，以花纹凸出的一面作为衣料正面。

6．一般衣料织物的布边正面比反面平整，布边的反面向里卷曲。还有的布边上有花纹或文字，以花纹或文字清晰、光洁的为面。

7．有的衣料织物在每匹的两端加盖出厂印章，以示是织物的反面。

8．绒类衣料织物，作为外衣穿用的一般以绒毛作为面；作为内衣服装用的一般绒毛朝内，作为反面；双面绒的织物以绒毛紧密、丰满、整齐的为面。

9．尼龙类衣料织物，一般都是双幅，通常是折在里面的作为服装正面，但也有厂家将正面置于外面的，则要通过观察织物的清晰度来确定正反面。

10．根据商标判断，高档衣料的正面印有清晰正体文字，反面有书写潦草的模糊字体。国产内销面料往往在反面贴有商标，而外销产品贴在布头正面。

11．其他衣料则以光滑平整、精致细密的一面作为服装的正面。

提花布

织绒布

泡泡纱

第四节　纺织物纱向的选择

服装面料纱向的选择与运用是初学者最易出错的问题。一件高档品牌服装，不仅是由于款式新颖、造型优美、紧随流行趋势来体现着装的自然美，还要靠成衣后的服装在外观结构上的平衡、工艺制作的细致来衬托款式的精良。更进一步地说，还要靠面料纱向在服装外观上的均衡状态程度，它是决定服装品质优劣的重要条件之一。要实现后者，其重点是裁剪和制作时服装面料纱向的选择与运用。近些年来，随着新材料、新工艺的不断推出，其面料的悬垂性、柔软性、弹性等性能迅速提高，加之变化多样的时装款式造型，如何合理而准确地选择面料的纱向，尤显重要。

一、衣料纱向的选择

服装衣料的纱向俗称丝绺，又有人叫丝缕，是决定服装表面状态均衡与否的依据之一，它分为经纱（直纱）、纬纱（横纱）和经纬斜向三种类型，如图 4-1 所示。

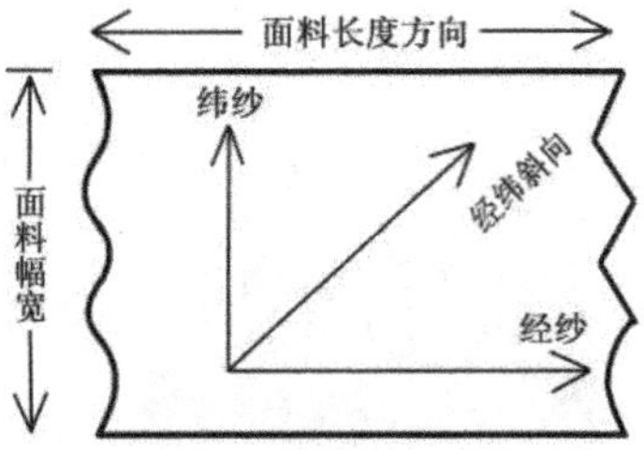

图 4-1

服装面料的纱向不同，其受力作用后的变形程度也不一样，加之各种面料性能的不同，生产高档的品牌服装，就要好好地考究纱向的选择与运用。任何服装的衣片、部件都可以取经、纬、斜三种纱向的丝绺，但它们又要受到服装外观平衡、妥贴的制约，因此，在服装衣片的制板和排料时，必须要弄清各种面料的性能，必须要重视组成衣片的主件、零件、装饰件所起的特殊作用，以及它们与面料纱向的联系，然后进行缜密的设计、摆放和排料。这是一项不可忽视的技术工作，只有这样才能使服装外观平整、均衡、妥贴，线条流畅自然。那么，排料、裁剪时如何进行面料纱向的选择与运用呢？一般规律如下。

1．经纱。由于经纱有挺直、结实、变形性小、不易伸长等优点，可以保证服装外观不易变形，因此适宜按人体垂直方向使用。主要用于服装的长度，如衣长、袖长、裤长、裙长等。而有的腰头、腰带、袖克夫、肩袢、袖头、门筒、过肩、下摆登闩等部件，也是取其经向裁剪，主要是利用经纱不易伸长且结实的特点，同时也有美化的效果。还有一些部件，如插袋袋口的垫布、袖叉条、袋口的嵌线等也是取其经纱料，主要是利用经纱的牵制、固定的特点，以保证部位稳定、平服、不易松弛变形。

2．纬纱。由于纬纱纱质较软，强力较低，变形性介于经纱和斜纱之间，具有一定的伸缩性，所以适宜按人体的横向使用，主要用于服装的围度及各部位的宽度，如胸围、腰围、臀围、摆围、肩宽、袖肥、袖口、裆宽、脚口等。还有服装上有些部件需要熨烫塑型才能达到与人体体形相吻合的立体效果，则也应该选择纬纱制作，因为纬纱可塑性较强，比较易于造型。比较典型的例子如翻折领的领片、西服的前后肩位等。

3．经纬斜料。由于经纬斜料伸缩性强，有很好的弹性，可塑性特别好，变形性特别大，弯曲自然优美，根据这一特点，正斜 45° 角的经纬斜料多用于滚条、压边、嵌条的取料，主要是利用斜纱弯曲优美、造型丰满的效果。还有用斜料做领里、袋盖里、腰里、装饰袢里的，主要是让里子斜料能保持或“服从”面料形态的“随料应变”的作用。利用斜料制作的斜裙、喇叭裙、荷叶边等，能表现出垂丝顺畅、波浪自然、张弛自如的优美造型效果，如图 4-2 中的斜裙。 用斜料的条格面料制作上衣的横向过肩、育克部位、竖拼条、人字条、领面、口袋等，能增加服装的装饰，达到平整自然、美化款式的效果，这是经、纬纱向不具备的优点。

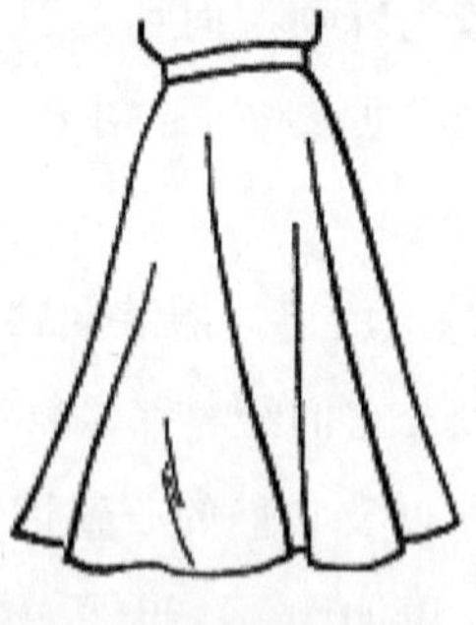
图 4-2

二、衣料纱向运用的一致性

服装是由多块衣片、部件拼缝而成的，在服装结构制图中将服装中处于同一部位需要拼缝而组合在一起的结构线，我们称为相关结构线。如图 4-3 中，刀背分割线 AB 同 A′ B；插肩袖笼弧线 CD′ 同袖山弧线 CD；育克线 EF 等它们都称为相关结构线，具有等长吻合的特点。为了保证相关结构线的部位制作后不扭曲、不起链，线条流畅平服，在衣片排料时，应注意相关结构线部位的纱向一致，即相关结构部位均取同一纱向或近似纱向，如图 4-3 中所示。这样在衣片缝制过程中，当受到牵制力的作用时，就不会由于纱向不同，而产生相关结构线部位扭曲、起链等不良效果。

如图 4-3 中，插肩袖笼弧线与袖子袖山弧线均选择了相适宜的斜纱；而刀背缝的前中、前侧都是直纱裁剪，所以刀背缝弧线也形成了一致性的纱向；前中育克线上下衣片是直纱排料，形成了完全的互补吻合关系，因此，上下育克线的纱向也形成了一致性的原则。

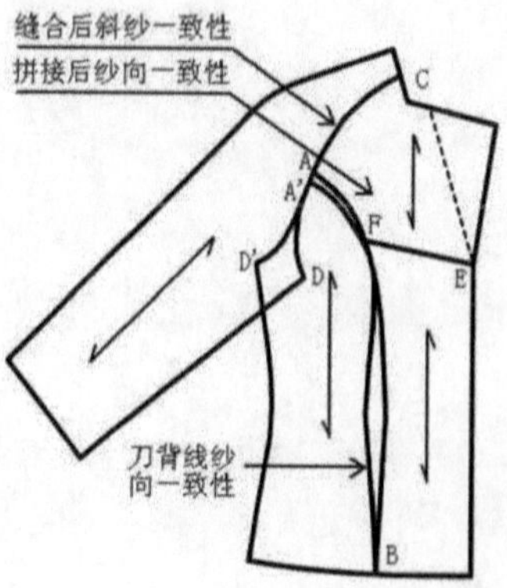

图 4-3

三、衣料纱向不同的调节处理

有许多的喇叭裙、斜裙、圆裙、波浪边，由于它们是利用经纬斜料裁剪而成，制作成衣以后，下摆出现了长短不一的弊病，这是因为同一衣片中，出现了两种不同的纱向，即经纱向（或纬纱）和经纬斜纱在同一衣片中的两部位出现，如图 4-4。在服装穿着时，由于斜纱有很好的伸缩性，受到悬垂力的作用而下垂伸长，这就造成了面料变长的差异，这种差异值我们称为变形量，如图 4-5 所示。近几年，大量弹性面料在市场上流行，这种现象更显突出，因此，我们必须在结构纸样中，根据纱向的变形差异，进行适当地调节与处理，从而改善裙装下摆不齐的毛病。

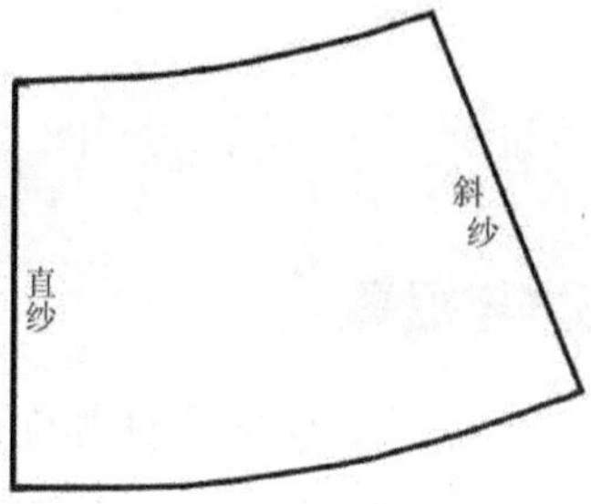

图 4-4

调节量的大小应依据面料不同纱向的实际变形量而定，同时要考虑面料的悬垂性、弹性、伸缩性、质地硬度、组织密度、面料厚薄等因素。调节的方法有两种。第一种方法如图 4-5，是在结构制图中，将斜纱部位的结构线减去变形量的值，即 X>Y，变形量 E=X−Y。另一种处理的方法是将半成衣后的裙装用人台穿好，然后让下摆自然下垂，用直角尺、画粉做好下摆水平标记，最后修剪掉多余的部位，如图 4-6 所示。但是这种

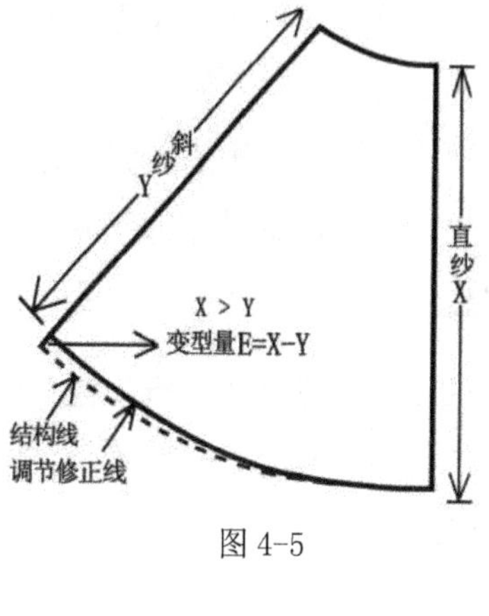

图 4-5

方法较为麻烦，而且误工、费材，加重成本，一般用着最后检验服装产品质量修正的补救措施，因此，多数采用前种方法进行制板处理。

综上所述，服装面料纱向的选择与运用是要依据各种面料的性能以及它们经、纬、斜纱的变形性而定的，合理而准确地利用面料纱向以及它们的一致性原则，才能使服装的外观效果更加平服、妥贴，更加均衡、自然，体现出服装更加完美的穿着效果。

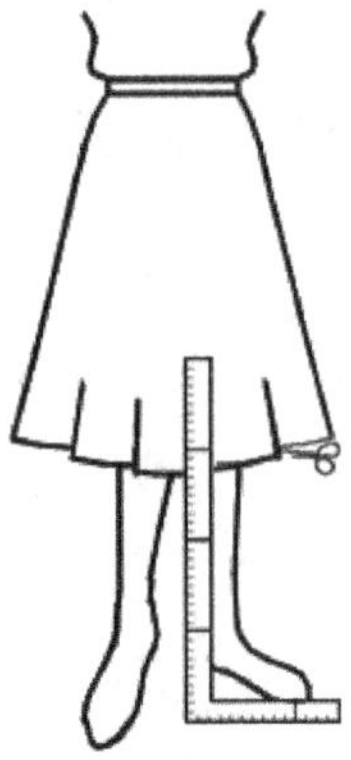

图 4-6

拓展与提高

1．怎样识别斜纹织物的正反面？

2．怎样识别缎纹织物的正反面？

3．布料本身有斜纱吗？为什么？

4．经纱实用于人体的哪个方向？举例说明。

5．纬纱实用于人体的哪个方向？举例说明。

6．经纬斜料有何特点？实用于服装上的哪些部位？

7．用斜料裁剪的斜裙，为什么下摆需要修剪后才能车缝脚边？

8．正确认识并深刻理解服装纱向运用的一致性。

实践环节

9．收集整理棉、麻、丝、皮、化学纤维等各种面料样品。

10．找一块边长为 50cm 的正方形面料做实践，比较一下经、纬、斜丝缕在受力拉伸后各有什么特点。

第五节 纺织物收缩率的计算

不同的面料在成衣制作过程中，经过下水洗涤或自然条件下都会产生一定的缩小。外贸类服装的成品尺寸要求更加严格，那么在制作纸样之前，首先要了解服装面料的特性。衣料织物的收缩是服装面料的主要特性，通过测试可以获得较准确的收缩率数据，在结构纸样设计过程中，可作为长度和宽度预加收缩量的依据，能促进成品的规格符合设计要求。因此，收缩率的测试与纸样制作及工艺有很大关系。

一、收缩率的计算

衣料织物在受到水和湿热等外部因素的刺激后，纤维从原有的状态转变为现有稳定的平衡状态，在这一过程中，衣料织物发生了收率，在单位长度内收缩的程度称为收缩率。其收缩率计算公式如下：

收缩率＝(测试前长度－测试后长度)÷测试前长度×100%

洗水前长(宽)＝成品长(宽)＋成品长(宽)×收缩率

通过上面的公式，我们也可以求得洗水前的长度，但这样计算是通过数学的推理演变而来的，我们称为毛算法，因为求得出来的数据与实际需要有差距。在实际工作中，需要特别注意的是：在推算测试前长度时，要考虑所加的缩水量长度本身还具有缩水性，也会受收缩的影响。例如：某工厂生产的洗水裤子成品长是100cm，该裤子布料经向收缩率为10%，请推算出洗水前裤子的长度。

按照通常的计算：洗水前长＝100cm＋100cm×10%＝110cm，其中增加了10cm的缩水量。然而，就在这10cm长中，它本身还具有收缩性，还需要加上它的缩水量，即10cm×10%＝1cm。这样该厂生产的裤子洗水前长度应该是111cm。因此，推导出最终的洗水前长度公式如下：

洗水前长(宽)＝成品长(宽)÷(1－收缩率)

这一计算方法我们称为净算法，由于(1－收缩率)＝缩成率（假设100cm缩水率为5%，那么缩成率就是95%），因此推导出最终公式：

洗水前长(宽)＝成品长(宽)÷缩成率长(宽)

案例（一） 某工厂将一块标记边长为100cm的正方形布料去普洗，洗水后测量出纵向（直丝绺）长度为97cm，说明面料纵向缩水率为3%，缩成率为97%；横向（横丝绺）长度为92 cm，说明面料横向缩水率为8%，缩成率为92%。如果成品衣长是78cm，成品胸围是110cm，根据测量出来的横向和纵向缩水率，请你在不考虑其他因素的情况下计算出洗水前衣长和胸围的尺寸。

解：生产前衣长＝78cm÷97%＝80.4cm

生产前胸围＝110cm÷92%＝119.57cm

案例（二） 制单中给定了成品规格（如下表），并说明直纱缩率为7%，横纱纱缩率为5%，请你在不考虑其他因素的情况下计算出制板前的长度（或围）度。

(单位：cm)

部位	裤长	直裆	腰围	臀围	膝围	脚围
成品长	100	23．5	72	94	38	48

解：依据最终洗水前长度的公式计算，对应规格如下表：

（单位：cm）

部位	裤长	直裆	腰围	臀围	膝围	脚围
成品长	100	23.5	72	94	38	48
洗水前长	104.5	25.3	75.8	99	40	50.5

当然，服装纺织物的收缩还与缉线后的骨位、洗水方法、洗水温度、洗水时间、柔软剂量等有关，这需要特别注意，是比较灵活的，也是纸样师的经验所在。

骨位缉线越多、线迹越紧，则收缩程度减少。如牛仔裤的腰头缉压明线比较多，其缩水量比正常测试的缩水量要少。

洗水方法也影响着收缩程度。如普洗与化学洗相对于同一种布料，在相同的时间内，普洗收缩量少，而化学洗收缩量约多。在第七节中专门讲解洗水方法。

洗水温度的高低、洗水时间的长短、柔软剂量的多少对纺织物的缩水程度影响也很大。温度越高、时间越长、用柔软剂量越多，收缩程度就多；相反，收缩程度就越少。因此，在测试缩率过程中，一定要记住采用的是什么样的洗水方法。

二、收缩对服装的影响

衣料的收缩对服装成品质量影响很大，一是对成品规格的影响，收缩率不准，会导致成品规格不准，尺寸过大显得不合体，尺寸过小胜至无法穿用；二是对服装拼接部位的影响，如果拼接部位是缩率不一样的两种面料搭配，会造成缝子骨位不平服；三是对有里料的服装，如果面里料收缩率不一样，水洗后会出现“吊里”和“兜里”等重大毛病，严重影响服装的产品质量。

三、收缩率测试的方法

服装纺织品材料的测试应每匹最少测试三次，布头、布中和布尾各测试一次，求出每匹布料的平均收缩率。测试的方法有以下几个方面。

1．水洗的测试方法。

① 采样。取衣料约 1.5m，将四周锁边(包缝)，用低温轻轻熨烫平整。

② 标记。用不易退色的油笔在中间画上 50cm 和 100cm 宽的两个正方形(大的正方形在外，小的正方形在内，中心点相重叠)，如图 4-7 所示。

③ 洗水方法。按照洗水要求进行水洗处理，包括洗水温度、洗水时间、洗水方法、柔软剂和化常用剂的用量等。待衣料的组织结构在水中稳定以后取出晒干，再轻轻熨烫平整。

④ 测量。利用软尺测量水洗后两个正方形在经、纬向各自的尺寸，通过公式分别计算经、纬向的收缩率的平均值。如果要求较高，必须通过多色、多次相同衣料水洗，再次求出收缩率进行参考和利用。

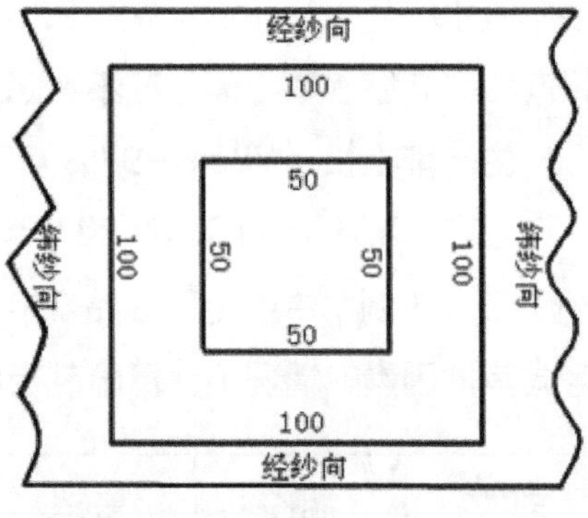

图 4-7

2．蒸汽熨烫的测试方法。

① 采样。在离采样布的两端 1cm 以上处，用画粉划上长宽为 100cm 的正方形，作为试样的参考依据。

② 温度条件。蒸汽熨烫温度调至衣料适应的温度。

③ 熨烫要求。用蒸汽熨斗在试样上往复熨烫，待衣料的组织结构稳定以后，再拿下自然冷却。

④ 测量计算。利用软尺测量正方形衣料经、纬向的长度，分别计算出经、纬向的收缩率，并作出记录备案。

3. 自然回缩率测试方法。

产生自然回缩的多数为针织料，需要将整匹针织料拆散抖松，测量出宽度和长度的尺寸并做记录。在没有任何张力的情况下，室内静放 24 小时，随后重新进行复测，按照收缩率计算方法求出平均值，即可推算出针织料的自然回缩率。还有一些弹性的布料，如漏孔网眼布、含有氨纶的布料等，这些布料自然回缩很强，必需做好回缩率的测试。

4．服装成衣后测试方法。

① 估计所裁面料的缩水率，将其加进各衣片之中。

② 由熟练的工艺师制作出服装成品。

③ 将服装摆放平整，准确测量出各部位洗水前尺寸。

④ 做出测量记录，并附上详细说明。

⑤ 按照洗水方法和要求，进行洗水处理。

⑥ 等到服装面料纤维晒干并稳定以后，再熨烫平整。

⑦ 精确测量出各部位洗水后尺寸，并做好记录。

⑧ 将洗水前和洗水后的尺寸通过上述公式计算出缩水率。

⑨ 由于制作后测试的服装缩水率不够准确，因此，要多制作几件服装进行测试，而且同一种类的服装面料，有时测试的缩水率也不一样，要分匹分色进行测试，这样有利于提高缩水率的准确度。

考考你

1．怎样计算织物的收缩率？

2．如果面料的经向缩率为 5.5%，成品规格的衣长为 65cm，在不考虑其他因素的情况下，纸样的衣长应该确定为多少？

拓展与提高

1．为什么按公式“洗水前长=成品长+成品长×缩水率”计算出来尺寸与实际要求尺寸有差距？

2．成衣后的测试方法非常重要，请找一条牛仔裤进行洗水前和洗水后的尺寸测量。

第六节　纺织物的熨烫

纺织品的形态是不够稳定的，一方面由于纺织品在加工过程中受到外力作用而产生变形，另一方面由于成品服装穿着后也会受到人体活动影响而使纤维不稳定。当纺织品纤维遇到一定作用时(如遇热、遇湿、机械操纵)，就会释放出来，从而导致纺织物变形。这种变形不受消费者喜欢，因此，要在服装制作完成以后对成品进行塑型熨烫，以加强纺织纤维的稳定性和增加服装的外观效果。作为纸样师，掌握熨烫的专业知识和技能技巧是必备的，俗话说：“三份车工，七份烫工”就反映了熨烫在服装生产过程中的重要性，纸样师懂得熨烫有利于控制样衣熨烫塑型的质量，有利于样衣的造型处理。如果自己不懂得熨烫，就无法与车板师进行工艺质量上的交流，在熨烫质量上就无法指导别人，别人不会信服纸样师，因此，掌握熨烫专业知识十分重要。

一、熨烫定型的作用

1．通过喷雾熨烫使衣料得到预缩，去掉皱痕。

2．经过熨烫定型使服装外形平整，褶裥和线条挺直。

3．利用纺织纤维的可塑性，适当改变纺织纤维的伸缩度和织物经纬组织的密度及方向，塑造服装的立体形态，以适应人体体型与活动状况的要求，达到使服装外形美观、穿着舒适的目的。

二、熨烫的分类

熨烫按其在制衣工艺流程中的作用可分为产前熨烫、粘合熨烫、中间熨烫和成品熨烫四种类型，四种熨烫往往贯穿于整个服装生产之中。

1．产前熨烫就是在裁剪之前，对服装衣料进行预缩整理。

2．粘合熨烫就是在工艺制作时，对需要贴放衬、朴的部位进行粘合熨烫处理。

3．中间熨烫就是在工艺制作中，各工序之间穿插的熨烫，如对半成品的缝位进行分开烫，对小部件进行扣倒烫，后小肩部位的归缩塑型熨烫等。

4．成品熨烫又称为大烫，是成衣完成以后的全面定型、塑型整烫，是服装后整理的最后一道工序。

三、熨烫的条件

熨烫定型的基本条件为温度、湿度、压力、时间和冷却方式等。

当纺织纤维受到高温的作用后，纤维分子链的相对运动就变得更加容易，纤维形变能力增大。此时，织物变得更加柔软，对纤维表面及时进行熨烫，利于塑型工艺处理。由于纤维的组织结构和质地性能的不同，其适应的温度也不一样，具体见下页列表说明。

湿度的作用是使纺织纤维润湿、膨胀伸展，在潮湿情况下，由于水分子进入纤维内部改变了纤维分子间的结合状态，使得织物的塑性变形增加，并且变得柔软，容易使纺织纤维塑型整理。

压力也是一个必不可少的条件，由于大多数纤维都有一个明显的屈服应力点，如果外力超过这一点，就会使织物产生变形，易于熨烫纺织物。

熨烫的时间要依据纺织品纱线的性能和布料的厚薄而定，对于棉、麻等轻薄面料，时间很短就可以熨烫平整；对于厚重带毛质的面料，则熨烫的时间要多一点才能达到熨烫定型的目的。不同的布料所熨烫的时间是不一样的，这主要靠熨烫师的经验来掌握。

布料及服装的定型不能在加热过程中产生，而是应在相对冷却的氛围之中实现，冷却后才能使布料的纺织纤维稳定，从而使布料及服装定型下来。刚熨烫的服装冷却方式有三种：一是自然冷却；二是抽湿床冷却；三是冷压处理。

四、熨烫塑型的方法

熨烫塑型的方法是依据纺织纤维的可塑性，选用手工熨烫和机械熨烫的作业方式，利用推、归、拔等操作技巧，对纺织纤维进行熨烫塑型处理，以达到立体造型的服装效果。例如：男式西服的后小肩线比前小肩线长 1～1.5cm，工艺制作时，要将后小肩部位归缩处理，前小肩部位约拔开处理，使前后小肩线等长，同时达到消除后肩胛省量、塑造肩部立体弧面形态的作用。

五、服装线缝湿热加工的湿度

纤 维	熨烫温度	说 明
棉织物	160～180°	喷水可适当提高温度
毛织物	140～160°	反面熨烫
麻织物	180～200°	喷水可适当提高温度
丝织物	120～140°	反面熨烫、不能喷水
粘胶纤维织物	120～150°	湿布喷水熨烫
涤纶、锦纶、腈纶、维纶	110～130°	涤纶不能用湿布喷水熨烫
丙纶织物	110～130°	必须垫布烫
氯纶织物	不能熨烫	

第七节　布料的洗水方法

服装成衣洗水是较特殊的一个环节，对于服装产品开发中的结构纸样师，就必须清楚服装的洗水工艺，一般来讲主要有以下几种。

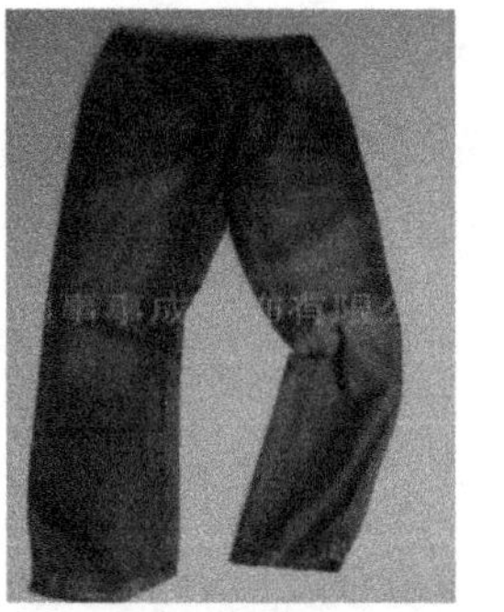

酵素洗

1. 普洗。普洗是将我们平日所熟悉的洗涤方式改为机械化操作而已，其水温在 60～90°C 左右，加一定的洗涤剂，经过 15 分钟左右普通洗涤后，加柔软剂过清水即可，使纺织物更加柔软、舒适，在视觉上更自然、干净。普洗又可分为轻普洗、普洗和重普洗。这三种洗法没有明显的界限，通常依据洗涤时间的长短和化学药品的用量多少来确定哪种洗法。

2. 酵素洗。酵素是一种纤维素酶，它在一定的 Ph 值和温度下，对纤维结构产生降解作用，使纤维表面损伤，从而改变织物的柔软性和表面的光滑性，能使布面可以较温和地褪色、褪毛，并得到持久的柔软效果。在洗的过程中加入小石头，称为酵素石洗。

石洗

3. 石洗。石洗是在洗水过程中加入大小浮石，使浮石与衣服打磨，其缸内的水位恰好淹盖衣物，以使得浮石能很好地与衣物接触。在石磨前可进行普洗和漂洗，也可在石磨后进行漂洗，还可采用黄石、白石、AAA 石、人造石、胶球等进行洗涤，以达到石洗后布面呈现灰蒙、陈旧的感觉，使衣物有轻微破损的不同洗水效果。

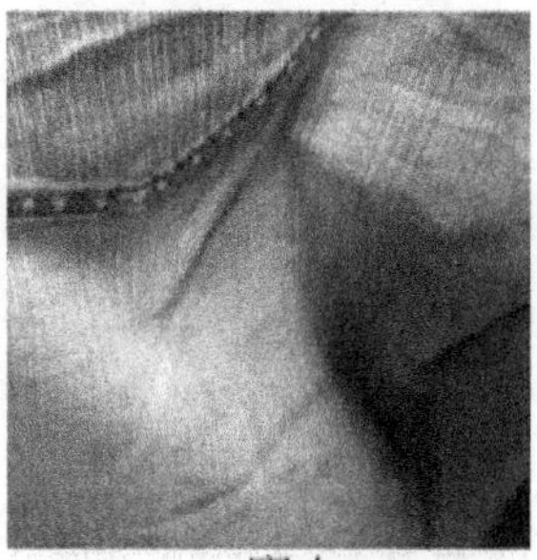

磨白

4. 漂洗。为使衣物有洁白、鲜艳的外观和柔软的手感，需对衣物进行漂洗。即在普洗过清水后，加温到 60°C，根据漂白颜色的深浅，加适量的漂白剂，7 到 10 分钟时间内颜色对板一致。衣物漂白对板以后，即以大(小)苏打对水中的残余漂白水进行中和，使漂白完全停止，待过清水后，在 50°C 水温中加洗涤剂、荧光增白剂、双氧水等作最后的洗涤，中和 Ph 值，荧光增白等，最后进行柔软处理即可。

炒雪花

漂洗可分为氧漂和氯漂。氧漂是利用双氧水在一定 Ph 值及温度下的氧化作用来破坏染料结构，从而达到褪色、增白的目的。氯漂是利用次氯酸钠的氧化作用来破坏染料结构，从而达到褪色的目的。氯漂的褪色效果粗犷，多用于靛兰牛仔布的漂洗。漂白对版后，应以大(小)苏打水对水中及衣物残余氯进行中和，使漂白停止，漂白后再进行石磨，则称为石磨漂洗。

5. 炒雪花。炒雪花是干炒不加水的，把干燥的浮石用高锰酸钾溶液浸透，然后在专用缸内直接与衣物打磨，通过浮石打磨在衣物上，使高锰酸钾把磨擦点氧化掉，使布面呈不规则褪色，形成类似雪花的白点。雪花洗的一般工艺过程如下：

浮石浸泡高锰酸钾—浮石与衣物干磨—雪花 —效果对板—取出衣物用清水洗掉石尘—草酸中和 （脱氯）—水洗—上柔软剂—离心脱水机脱水—烘燥机烘干

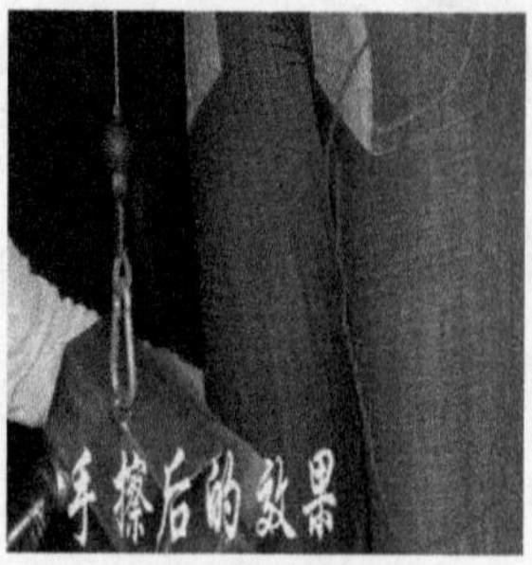

手擦

6. 手擦。按效果从弱到强排列：手擦—打砂—喷马骝。有时也可手擦加喷马骝，打砂加喷马骝结合。但要注意手擦与打砂是不会一起用的，因为打砂会完全覆盖手擦效果。喷马骝则比较僵硬，往往与手擦结合，以达到自然过渡的效果。

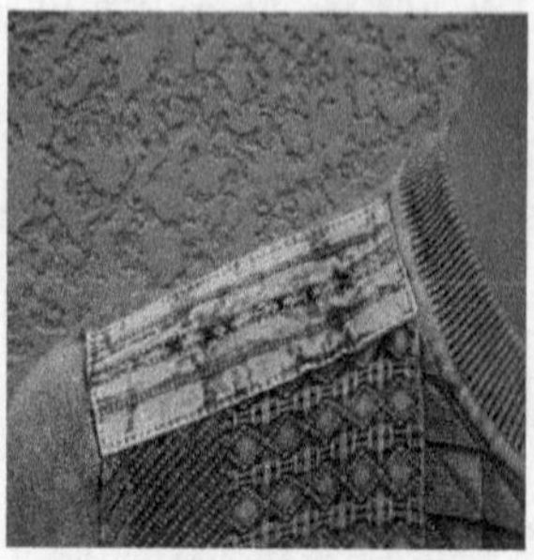
砂洗

7. 砂洗。砂洗多用一些碱性氧化助剂，使衣物洗后有一定的褪色效果及陈旧感，若配以石磨，洗后布料表面会产生一层柔和霜白的绒毛，再加入一些柔软剂，可使洗后织物松软、柔和，从而提高穿着的舒适性。

砂洗一般需用膨化剂、砂洗剂和柔软剂。根据纤维类别、织物组织结构和紧密程度来选定助剂和浓度、温度、时间等膨化条件，纯棉衣物砂洗时可采用碱性膨化剂，如纯碱等。衣物膨化以后，纤维疏松，再借助于砂洗进行摩擦，使疏松的表面纤维产生丰满柔和的茸毛；用于砂洗的柔软剂要求达到柔软带糯性，使织物能增重，悬垂性明显改善。因此这类柔软剂碳链较长，且具有阳离子性，能在织物上吸附，达到增重的目的。

手压褶磨

8. 喷砂。喷砂又称为打砂，是用专业设备在布料上打磨。通常有一个充气模型配合，目的是获得一种局部的磨损效果。通常在牛仔服装正常洗涤之前，由空气压缩机和喷砂装置产生的强气压喷射出氧化铝微粒完成喷砂工序。在强气流作用下，氧化铝微粒以很快的速度喷在服装的表面。磨损仅限于局部，靛蓝染料的纤维在磨擦力作用下剥离织物表面。

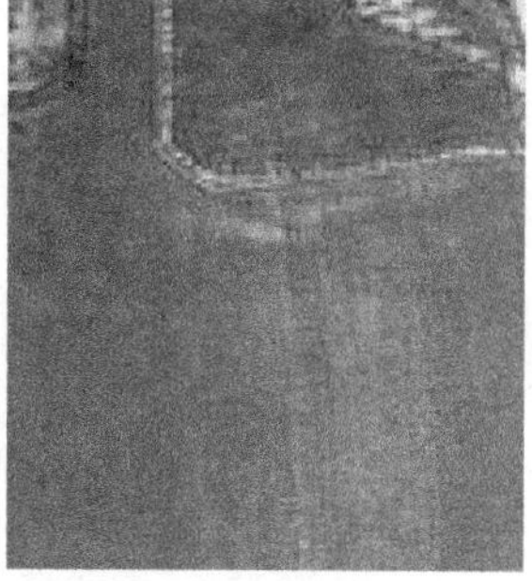
马骝洗

9. 马骝洗。在牛仔服装洗水后用喷枪把高锰酸钾溶液按设计要求喷到衣服上，发生化学反应使布料褪色，用浓度和喷射量来控制褪色的程度。喷完马骝以后再过清水洗净。喷马骝可以形成多种形状，如猫须、白条等。马骝洗和喷砂本质的区别是前者为化学作用，后则为物理作用。从效果上看，前者褪色均匀，表里都有褪色，而且可以达到很强的褪色效果；后者只有在表层有褪色，可以看到纤维的物理损伤。

猫须

10. 猫须。猫须是手砂擦的一种，它只不过磨成猫须的形状而已。也可以通过喷马骝，达到猫须效果。目前比较流行的有三种：①普通猫须，即为上述做法；②立体猫须，它具有明、暗的层次感，显得增强了立体感；③手折猫须，可以利用热压、线缝方式进行手折。热压，是在热压之后涂上药水，洗水后即形成。特点是有折痕，如再经过高温定型，则长期保持立体效果。线缝是经过缝迹后经过洗水就能出效果，线缝外凸部位洗成白色，线缝内凹部位是本色，而且形状不规则，对比度比较强烈。

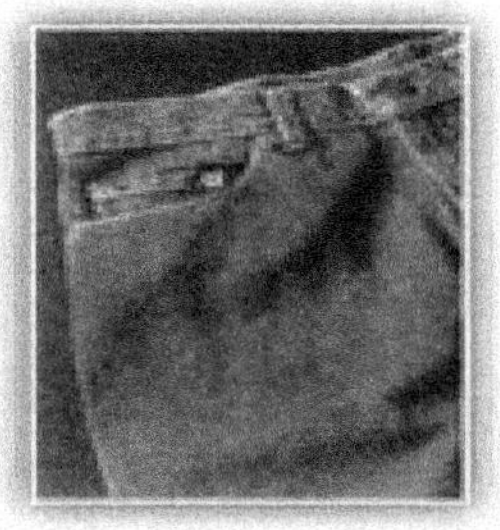
化学洗

11. 化学洗。是通过使用强碱助剂来达到褪色的目的，洗后衣物有较为明显的陈旧感，再加入柔软剂，衣物会有明显的柔软、丰满效果。如果在化学洗中加入石头，则称为化石洗，以增强褪色及磨损效果，从而使衣物有较强的残旧感和起毛效果。

碧纹洗

12. 碧纹洗。它是目前欧洲较流行的洗水染色方法。碧纹洗也叫单面涂层/涂料染色，是专为经过涂料染色的服装而设计的洗水方法，其作用是巩固原来的艳丽色泽及增加手感软度。

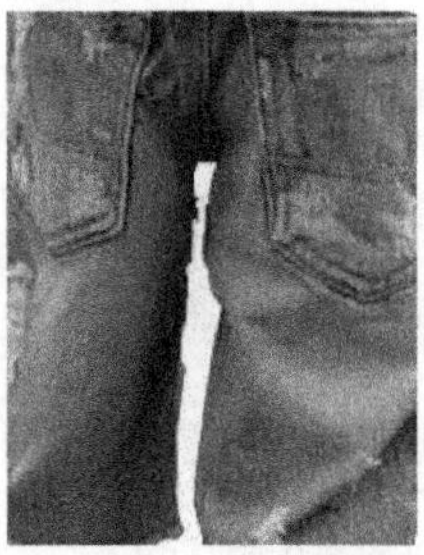
破坏洗

13. 破坏洗。成衣经过浮石打磨及助剂处理后，在某些部位(骨位、领角等)产生一定程度的破损，洗水后衣物会有较为明显的残旧效果，也可在指定位置划开布面，再经洗水后达到磨烂的效果。

第八节　纸样师对工艺制作的了解

纸样师熟悉服装工艺制作的方法、掌握工艺制作的流程、了解缝型在工艺中的运用是必备的专业知识。制板与缝制工艺之间是密不可分的，是相辅相成的。纸样师主要掌握以下几点。

1. 缝份结构。如上装的背缝、侧缝、肩缝、袖缝、公主缝、绱领缝、绱袖缝等；下装的前裆缝、后裆缝、内外侧缝、装腰缝、分割缝等；另外还有做缝的表现方法，如分开缝、座倒缝等。座倒缝又可分为锁边倒缝、包边倒缝、明压线倒缝、筒子缝、暗包明缉、明包暗缉等，这些在制板时要留缝头，作出不同的处理。

2. 缝边构造。服装各部位或部件的边缘都要有一个连折或另外单绱的贴边，如底摆、袖口、裤脚口、拉边止口等，这些结构处理在制板时应该反映出折边或止口的大小来，不同的款式有不同的要求，得分别对待。

3. 内部构造的区别。如袋子、拉链、领子、叉子、门筒、门襟等小部件的工艺处理，还包括有衣服的面料衬料以及其他辅料的结构关系，如上衣是挂全里或半里，还是不挂里子，其用衬布及制作工艺都要改变，在制板时就要对纸样进行不同形式的处理。

4. 整形工艺。从目的上是针对某些部位使其缩短或伸长以达到面上的凸起或凹陷，从手段上包括手工的拉伸或缩拢，加上牵条的固定和手针的拱线收缩等，还有专业设备的整形、拔裆、烫胸等，这些工艺手段的处理在制板时都要进行适当的处理和调整。

5. 工艺流程。要理清先做什么工序，后做什么工序，前后工序有何联系，是否有利于流水线生产，为大量的工业成批生产提供可靠的技术依据。

6. 工艺方法。有时同一部件有多种工艺制作方法，这就要看纸样师熟悉工艺的程度了。一般要选择难度小，操作简单，易于员工生产的工艺方法，这样不但节省时间，提高速度，而且成品质量更好。

在条件允许的情况下，尽可能采用专机操作，并掌握专机的操作方法、缝型方法，弄清缝位宽窄等知识，这样有利于制作纸样时选择不同的缝型、缝位和方法。

拓展与提高

1．自己选定服装布料，进行洗水前和洗水后的测试，并计算出经、纬向的缩水率。

3．某工厂选用号型 170/74A 男子中间体生产一件牛仔裤样品，要求成品长度是 102cm，经测试得知牛仔布的经向缩水率是 12%，在不考虑其他因素的情况下，请问牛仔裤洗水之前需要多长？

4．某工厂生产洗水裤子成品腰围是 70cm，臀围是 94cm，该布料纬向收缩率为 8%，在不考虑其他因素情况下，请你推算出洗水前裤子腰围和臀围的尺寸。

5．工厂新进一批棉布，需要进行缩率测试。某师傅在该批布料中剪取了 1 米的样品布，然后在样布中间画上一个边长为 50cm 的正方形作标记。洗水后正方形的经向边长为 46.5cm,纬向边长为 48.5cm,请计算出这批洗水棉布经、纬向缩水率各是多少?

第五章　裙子的结构制图

本章说明

裙子是女性下装的重要组成部分，其造型与结构灵活多变，每一种造型又可变化出若干结构不同、风格各异的款式。但万变不离其宗，他们都可以在标准基础裙结构的基础上加以变化，所以，掌握基础裙的制图原理，理解裙省的分配规律，认识裙子外观特征，对于学习服装结构制图会起到很好的铺垫作用。

课程内容：模拟制图/裙子的结构术语/裙子的分类/裙子控制部位测量/臀腰差及省量分配/基型裙结构制图/基础裙型的变化/A 型裙组合制图/斜裙的结构制图/圆裙的结构制图/节裙的结构制图。

训练目的：充分理解裙子的结构制图原理，掌握标准基础裙、A 型裙、斜裙、圆裙、节裙的结构制图方法。

教学方法：讲授法＋案例分析法＋图示法＋示范操作法＋巡回指导法。

课时安排：10 课时。

第一节 模拟制图

为了让初学者能充分地认识立体造型与平面图之间的转换，把各种立体形态与其所对应的平面形状有机地结合起来，充分理解服装结构制图的原理和方法，下面先来作一些与服装结构有关的模拟制图。

一、长方体的展开平面图

1. 设长方体纸箱的长为 10cm, 宽为 5cm，高为 3cm，画好长方体, 如图 5-1 所示。

2. 将长方体分解，展开成平面的纸样模型，如图 5-2 所示。

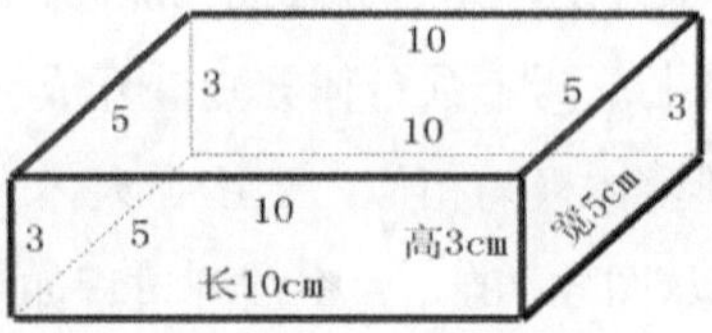

图 5-1

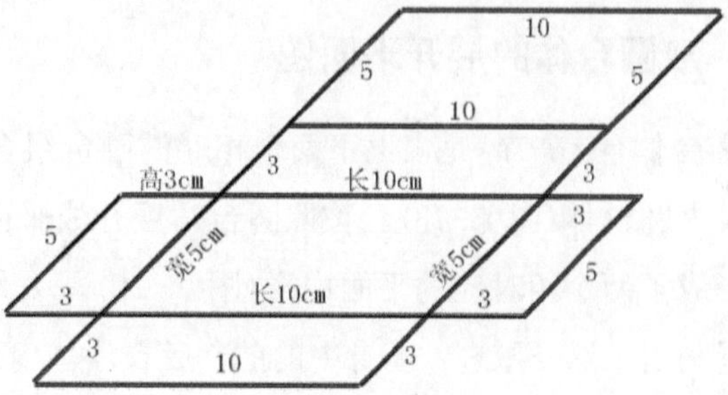

图 5-2

二、圆柱体的展开平面图

1. 设圆柱体高为 5cm，上、下圆周长各为 17cm，画好圆柱体，如图 5-3 所示。

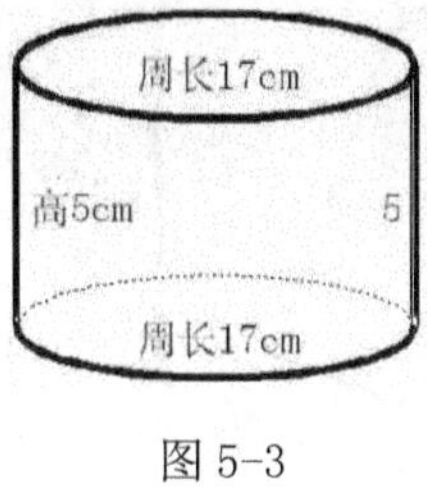

图 5-3

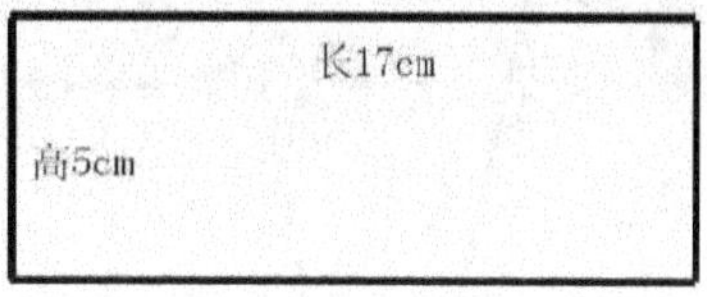

图 5-4

2. 将圆柱体上、下圆台面省掉，圆柱体的表面展开以后形成了长方形的平面纸样模型，如 5-4 图。

三、圆台体的展开平面图

1. 设圆台体侧长为 8cm，上圆周长的二分之一为 8cm, 下圆周长的二分之一为 10.5 厘米，画好圆台体，如图 5-5 所示。

2. 展开成平面图形，如图 5-6 所示。

① 以圆台体侧长 8cm 为展开后平面图的高画好中线，并与地平线保持垂线。

② 以上端引出中线的垂直线，长度为上圆周长的二分之一（8cm）。

③ 以下端引出中线的垂直线，长度为下圆周长的二分之一（10.5cm）。

④ 取上、下垂线的中点，连接成对称轴线。

⑤ 将前中线对称到右侧边的粗实线，并将粗实线上下端点与对称轴上、下端点分别连接，如图5-6所示。

⑥ 按图画顺上、下端弧线。圆台体展开成平面图即完成。

图5-5

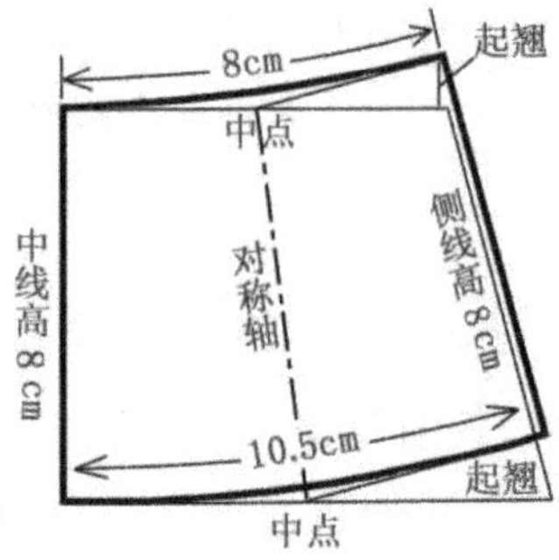

图5-6

四、双圆台体的展开平面图

双圆台体(图5-7A)是由上下两个相对的圆台组合而成，将上下分割开来，则上面的成为倒台体，下面的成为圆台体(图 5-7B)。按照圆台体展开成平面的原理，将上下两个圆台体分别展开成平面图形，则形成了两个相对应的平面扇形(图 5-7C)。人体正身与双圆台体极为相似，裹围在人体表面的服装也是利用了这一原理。上身中的前、后衣片与扇形组合图相似(图5-7D)，整个展开过程如图5-7所示。

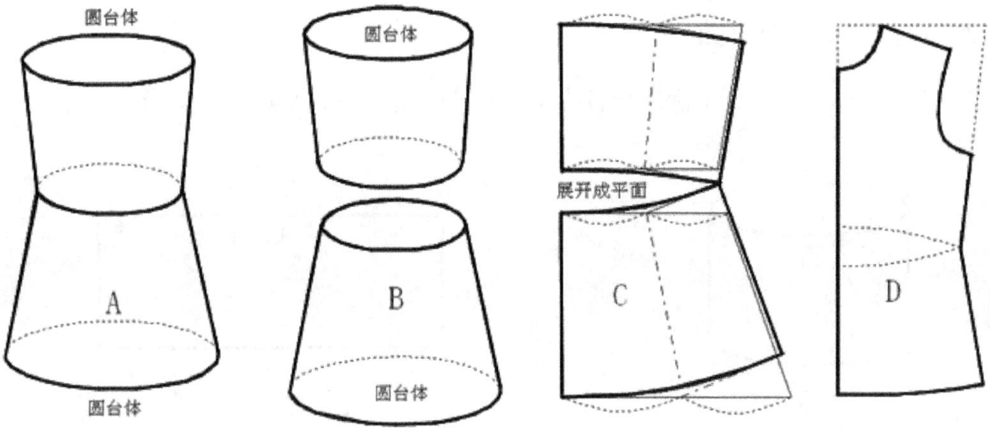

图5-7

五、半球体的展开平面图

1. 如图5-8是半球体的构造立体图,设球体的半径为6cm，则球体周长为38cm，找到半球体上面的顶点O，并将半球体下方的周长六等分，则出现了图5-8中的分割状况。

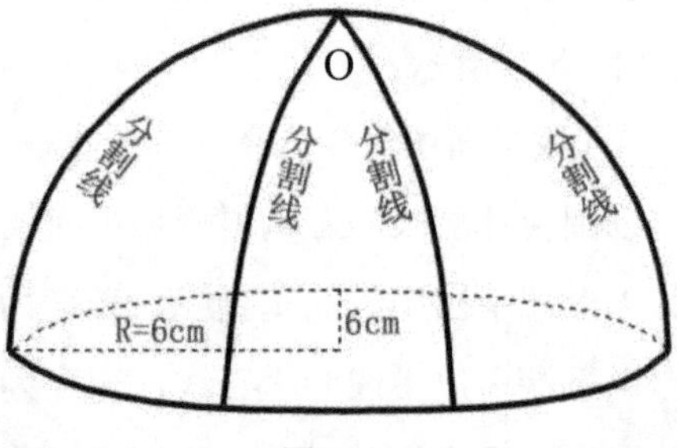

图5-8

2. 剪开图5-8中的分割线保留顶点O不剪掉，则有六片形状相同、面积相等的弧状裁片。分割的片数越多，则弧状片越接近平面。如果将弧状片视为平面的图形，那么，以顶点 O 为中心，半球体则展开成图 5-9 中的平面图。且六片裁片等距离、等面积地摆放在平面圆中。中间的阴影空隙部位为塑造半球体而需要消除的量。这是曲面的半球体与平面之间的转换，生活中帽子结构就是利用这一原理制作而成的。

图 5-9

六、制图特别说明

服装是遮盖在人体外面的外包装，服装的每一个部件，如袖筒、裤筒、大身等基本上是圆台体和圆柱体所构成，而头帽则是以半球体的形式所构成。利用圆台体、圆柱体、半球体展开成平面的制图方法来解读服装结构制图的原理，可以反映服装衣片的结构造型。

在图 5-6 中的右侧有一个起翘，这是圆台体展开成平面后所形成的。这一起翘高是裙子两侧和上衣侧摆结构处理中的起翘量。在图 5-7 中，上下两个相对的圆台体展开成来面以后，形成了两个平面的扇形。服装中的前后衣身就是利用这一原理进行制图。又如图 5-9 中，半球体展开成平面后所形成的阴影空隙量在服装结构中称为省量。

通过对本节模拟制图的学习，我们了解了立体与平面之间的转化关系，基本上学会了将立体形态转化成平面的制图方法，从而为后面的服装结构学习打下了制图基础。

拓展与提高

1. 双圆台体如何转换成服装衣片？请举例说明。
2. 自己用纸板做成一个圆台体，看一看展开以后的形状。
3. 服装上的立领与圆柱体有关吗？请举例说明。
4．通过本节的学习，你对平面与立体转换有什么认识？

第二节　裙子的结构术语

裙子是遮盖在人体腰线以下部位的筒状服饰，也叫半截裙，通常以独立的形式出现，它与裤子组成了女子的下装。但有时也会出现组合的形式，例如：它与裤子组合则成为了裙裤，与上装组合则变成了新颖时尚的连衣裙。

裙子刚出现时是男女都穿用，随着社会的分工和服装行业的发展，裙子成为了女性专用的产品。但作为例外，苏格兰的男子至今还有穿打褶短裙的习惯。

在女性服饰之中，裙子的款式丰富，造型多样，穿着范围极为广泛。从年幼儿童活泼美丽的童裙到妙龄少女新颖别致的时装裙；从成熟女性妩媚动人的淑女裙到中老年女性端庄稳重的套装裙等，这些都充分展现了裙子在不同年龄女性阶段的特有韵味。在重要的场合、各种宴会，女性穿着裙子已经成为一种礼仪。裙子已成为女性服饰中最富有特色和活力的一大品种。

裙子是所有服饰中结构比较简单的一类。说简单，是因为它组成裙装的形式不复杂，但它的结构原理与立体转化成平面的原理是一样的。对于初学者来说，从裙子入手进行结构图学习，比较容易接受。要学习好裙子的结构制图，首先得从基础着手。认识裙子的结构术语，了解裙子各个部位名称，对于学好裙子的结构制图来说很有帮助，以便准确快速地找到制图的部位，如图 5-10 所示。

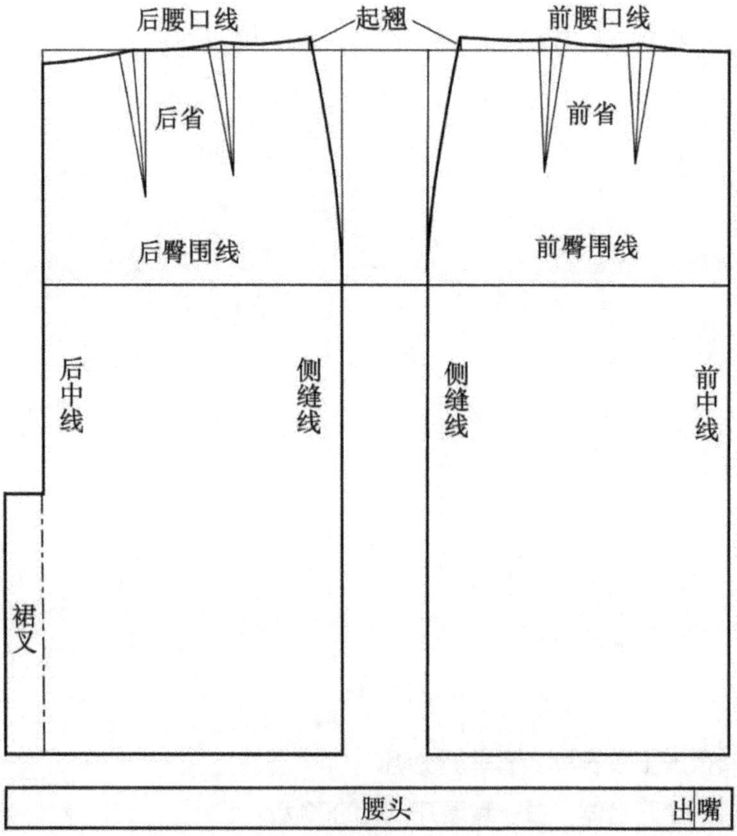

图 5-10

第三节 裙子的分类

由于裙子的品种、款式、造型颇为丰富，应用十分广泛，加之面料的性能、质地、图案，着装的形态、场合和用途等不同，要准确全面地进行分类较为繁杂，这里仅从长度和形态上加以分类。

一、按裙子长度分类

裙子按长度分类：超短裙、短裙、一步裙、中裙、中长裙、长裙和及地裙等。

二、以形态分类

1．按裙子的腰分类，如图 5-11 所示。

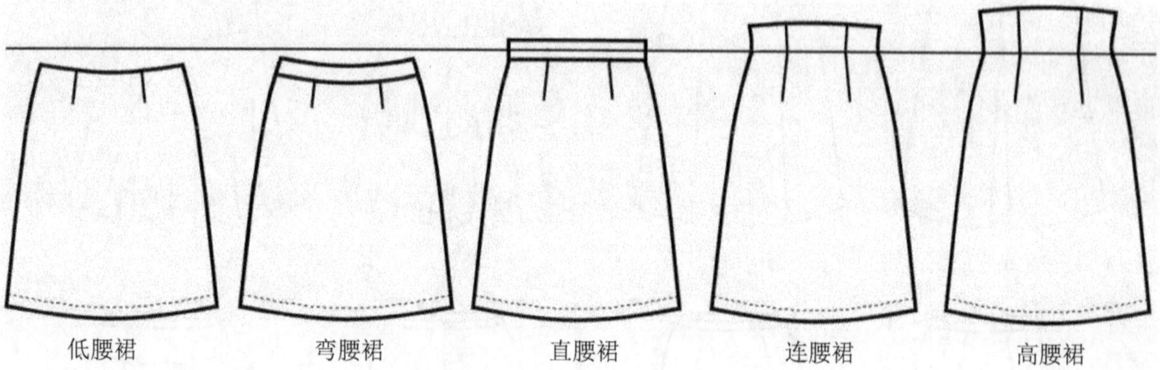

图 5-11

2．按外部轮廓分类，如图 5-12 所示。

图 5-12

3．按分割方式分类，如图 5-13 所示。

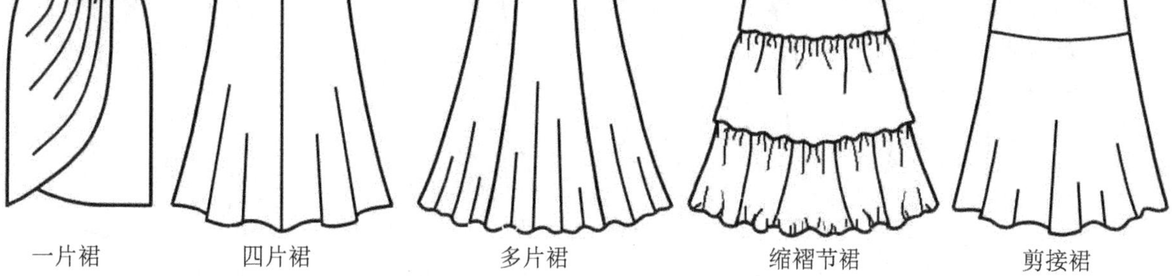

图 5-13

4. 按内部结构分类，如图 5-14 所示。

图 5-14

为了拓展初学者的专业知识面和兴趣爱好，对裙子款式有更多的了解和认识，下面提供一些裙子的款式平面图，以供学习、参考和使用。

第四节　裙子控制部位测量

裙子是女下装的重要组成部分，其造型与结构灵活多变，每一种造型又可变化出若干结构不同、风格各异的裙装款式。但万变不离其宗，都可以在标准基础裙结构的基础上加以变化。而基础裙结构是由“三围一长”的主要控制部位所构成的，即腰围、臀围、摆围和裙长。但有时裙子的控制部位也会利用到膝围和摆围，如鱼尾裙的膝围和窄裙的摆围都是需要控制的。下面是裙子控制部位的测量。

1. 腰围(W)：从腰间最细处水平围量一周，再加1～2cm放松量。基型裙以女子标准中间体为例，选取号型160/68A作为规格设计的依据，从号型表中查知：净腰围是66cm。再加放2cm的放松量，制图腰围是68cm。如图5-15中腰围测量。

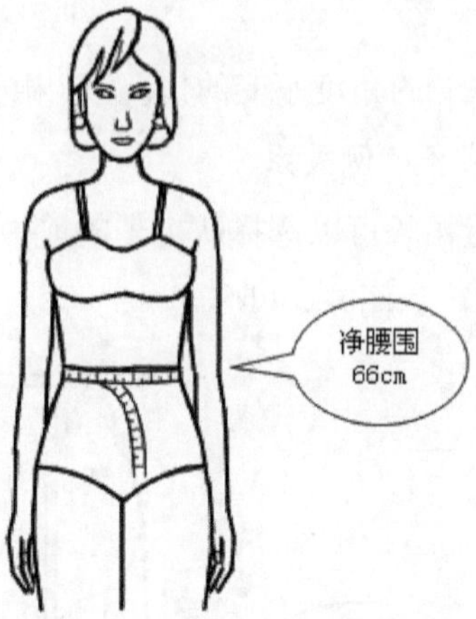

图5-15

图5-16

2. 臀围(H)：臀部最丰满处水平围量一周，净臀围是90cm，如图5-16中臀围测量。根据人体活动和款式的需要再加放4～6cm放松量。面料薄有弹性，放松量还可以减少；面料厚无弹性，放松量还可以增加。基型裙的成品臀围等于净臀围90cm＋6cm(放松量)＝96cm。

3. 摆围：裙子下摆周长，是变化较大的因素。摆围的大小是由款式造型而决定的。如窄裙(V裙)的摆围小于臀围，直裙(H裙)的摆围等于臀围，A字裙的摆围约大于臀围，而斜裙摆围更大，半圆裙的摆围是一个半圆，而整圆裙的摆围刚好为一个圆。穿着后其丝绺顺畅、浪势圆丰、张弛自如、波浪起伏，有飘逸、轻快和舒展的感觉。

利用圆台体表面展开成平面的几何学原理，我们将图5-17中的裙子展开为平面的结构图以后，可以从图5-18的平面图中看出：圆台体的下口弧线向上起翘。这是因为裙子腰口小、裙摆大而造成的。

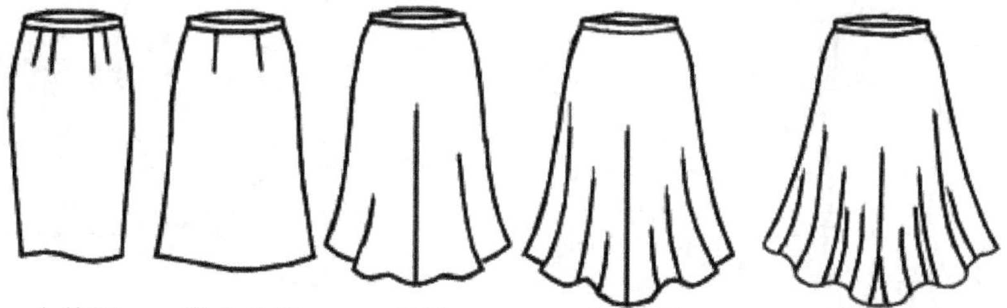

图5-17

从图5-18中可以看出：裙的侧摆越大，腰口线弯曲程度越大，侧缝起翘越高，腰省逐渐消失。裙的侧摆越小，腰口线弯曲程度越小，侧缝起翘越小，必须做腰省。当侧摆逐步增大到一定程度时，则变为半圆裙或圆裙。当摆围小于臀围时，则变为了窄裙，下摆要考虑开裙衩。开衩越高，牵制越小，但也不能太高，以免爆光。衩位最高只能在腰线下 33cm 左右。有时为了款式造型，叉位可依据款式需要而定，比较灵活。

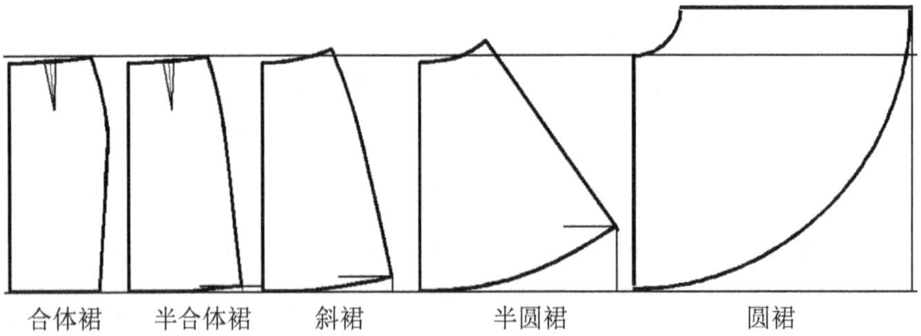

图 5-18

裙摆的大小还与裙子的长度有关，在裙子两侧张开的角度不变的情况下，裙子越长，裙摆就越大；裙子越短，裙摆就越小，裙子的长度与裙子的摆围成正比例关系。

4. 裙长：由腰口线向下垂直量至裙长止端。测量裙长可以选择从裙子的前中、后中、侧边三个方位测量。基型裙长至膝盖或约上一点，约 57cm 左右。如图 5-19 所示。

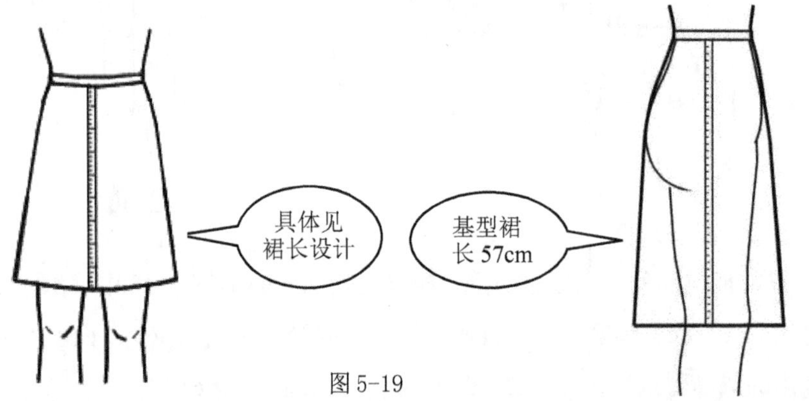

图 5-19

5. 膝围：膝围的运用主要体现在鱼尾裙上，如图 5-20 所示。为了鱼尾裙的造型美观和款式结构的需要，将鱼尾裙的膝围相对于臀围尺寸要收小，通常取加放松量臀围尺寸减去 10～15cm，才能满足造型需要。有的鱼尾裙由于造型需要，收小部位在小腿线附近，这时收小部位的围度还要相应减少许。膝围的运用还体现在喇叭裤子中，具体在裤子章节讲解。

6. 臀高：臀高是指腰线至臀线的高度，是主要的控制尺寸，如图 5-21 所示，经测量，女性标准中间体的臀高是 17～20cm。

图 5-20

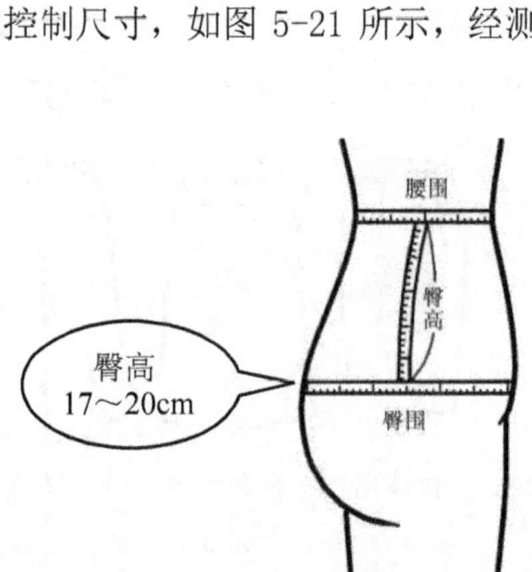

图 5-21

第五节 臀腰差及省量分配

正常人体的臀围大于腰围，臀腰差即为臀围减去腰围的差值。以女子中间体为例，号型 160/68A 中，净腰围是 66cm，加上 2cm 放松量，制图腰围是 68cm，净臀围是 90cm，如果臀围加上 4cm 的松量(即为 94cm)，在结构制图中，臀腰差是 26cm。在女子中间体的制图规格中，其臀腰差是 24～28cm 之间。在下装的制图中，把这一差值作为省量和褶裥量等形式处理，使腰部合体，从而设计出不同风格和不同形态的下装造型，进而解决臀大腰小的结构制图处理方法。如图 5-22 中省的处理形式。

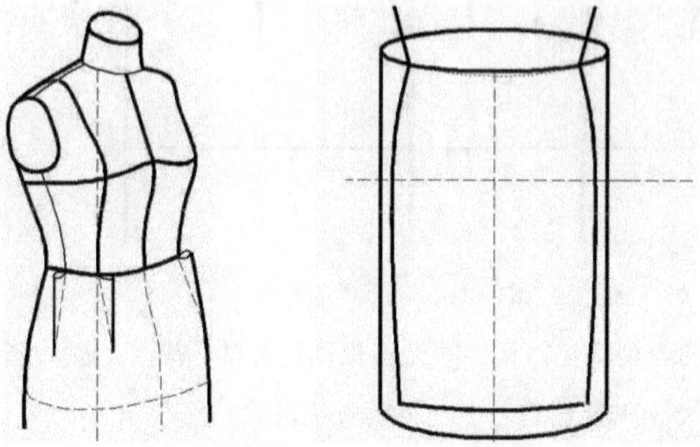

图 5-22

一、收省及省数量的分布

收省的目的是为了满足臀部成品规格以后将腰部多余的衣料部分收去。由于臀腰差的大小变化，导致了省的大小和腰省数量的变化，在结构制图中，通常根据臀、腰差值来设计省量的大小和收省的数量。收省数量的分布可采用四个省和八个省的方法。如果臀腰差在 26cm 以下，四分之一裙片设定一个省，省量确定为 2.5cm 左右较为合适，总的腰口省为四个。如果臀腰差在 26cm 以上，四分之一裙片设定两个省，每个腰省量设计为 2cm，总的腰口省为八个。 臀凸点越高，臀围越大，腰口省量就大；相反，臀凸点越低，臀围越小，腰口省量也随之减小。

二、腰省长的设计

依据标准女体的腹凸点在臀凸点之上，前片腹位偏高，后片臀位偏低，如图 5-23 所示，可以得出前片省要短于后片省。如裙前后腰口共收四个省，则前省长设为 9cm，后省长设为 11cm，后省比前省长 2cm。如裙前后腰口共收八个省，则省长可控制在 9～11cm 之间，靠近前中的省长设为 9cm，靠近侧缝的省长设为 10cm，靠近后中的省长设为 11cm。这样以满足裙装结构纸样符合人体体型的需要。

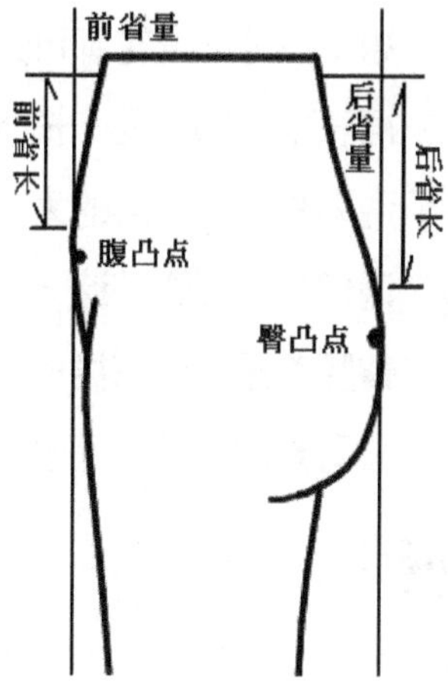

图 5-23

三、腰口省的位置

前面已讲腰省可以是四个，也可以是八个，但有时为了造型和制图的需要，腰口省也可均匀分布在腰部周围，并且一个省也可以分解成几个省进行结构变化设计。

通常省位均以腰口线的大小来作等分，在裙子的结构制图中，四分之一裙片设一个省，省根点在腰口线的中间；四分之一裙片设二个省，省根点可取在腰口线的三等分点。以等分为基础便于分割定位，而且选位准确，式样美观，利于制图，如图 5-24 所示。

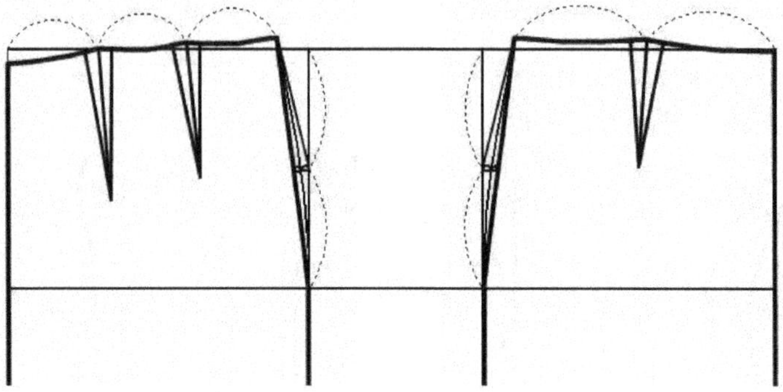

图 5-24

在实际制板中，有时由于裙子的分割变化，省位的处理也比较灵活。裙子的腰口省会随着竖向分割线的变化而变化，此时的腰口省设计在分割缝之中，将其省位消除。

考考你

1．裙子按腰部的高低可分为哪几类？

2．裙子按外部型轮廓可分为哪几类？

3．裙子是由哪三围一长所构成，请举例说明。

4．请列举说明裙摆的大小依据。

5．请你解释臀腰差这一概念。

6．臀腰差量反应在裙子之中，用什么方法来进行结构处理的？

7．腰口省的位置如何确定？裙省长和省宽各是多少？

实践环节

1．找一位“三围”略标准一点学生进行腰、臀围测量，将测量尺寸与 160/68A 号型尺寸比较。

2．实践臀高、膝高的测量方法，并做好记录。

第六节　基础裙结构制图

一、款式特征

H型裙(筒裙)是裙装中的结构基础，任何裙型都可以在此基础上进行变化。其特点是裙身平直，裙的腰、臀部呈曲线体形状，符合人体形态。在后中臀部以上装拉链，后中脚口线以上开衩。装直腰，腰头锁眼、钉钮。裙臀部以下呈筒状结构，摆围约有收小。面料选用很广，可采用棉、绸、麻、呢等料，也可以与上衣组合成套装，适合各年龄段的女性随季节穿着，如图5-25所示。

图5-25

二、号型及规格设置

1. 号型选用160/68A女子标准中间体。

2. 依据号型设置制图的规格尺寸如下。

部位 单位	号型	裙长SL	腰围W	臀围H	腰宽
厘米	160/68A	56cm	68cm	96cm	3cm

三、款式分析与制图说明

1. 裙长至膝盖或约上一点，在54～57cm之间。

2. 为了满足裙子的腰口穿脱方便，在裙腰的后中至后臀点装有隐形拉链或三分拉链，便于穿脱方便。

3. 为了满足裙子穿着后活动方便以及装饰的作用，在裙子的后中缝设计裙衩，其高度止点在腰节线下33cm处最为合适，它既能满足裙子的机能性，又能避免爆光。为了使衩长与裙长有一定比例关系，从视觉上得到整体美的良好状态，有时得依据款式及人体活动需要而进行衩长设计。

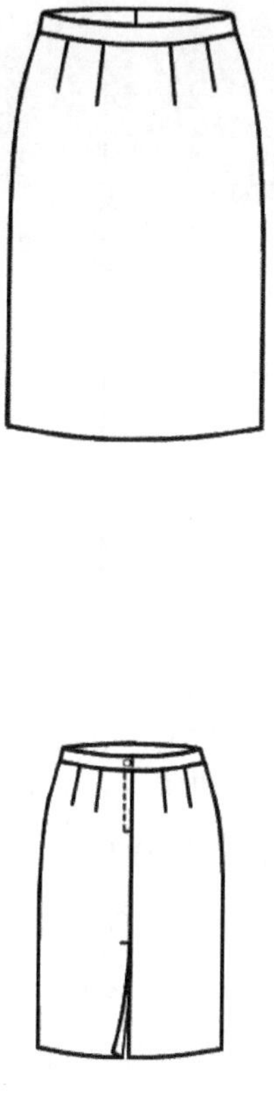

4. 腰围放松量确定：依据160/68A中间女体，从号型表中查得净腰围是66cm，加放2cm的松量，制图腰围是68cm。

5. 臀部放松量的分析：由于基础裙臀部是贴服人体的重点部位，因此，放松量不宜过大，以4～6cm为宜。款式贴体，面料有弹性，放松量约少点，款式宽松，面料无弹性，放松量约多点。依据GB1335—97《服装号型》表中查得160/68A号型的净臀围是90cm，那么制图臀围就在94～96cm之间，本例选用96cm。

6. 臀高确定：腰线至臀线的距离，根据女性标准中间体的测量，成年女性臀高在17～20cm之间。

7. 省大及省的个数确定：根据基型裙的制图规格，得出臀腰差量大于 26cm，因此基型裙设计为八个省，四分之一裁片设两个省，每个省大为 2cm。

8. 基型裙的摆围是以臀围为基准的，摆围等于臀围。也可以小于臀围，用臀围减 4～6cm 即得到摆围尺寸。

9. 既要保持前片整体视觉美感好看，又要便于排料方便，节省用料，通常情况下，把基型裙的前片设计为一片，后片设计为二片，后中破开装拉链或开衩。

四、基型裙结构制图

1. 基础线制图（基础线较细，用笔较轻）。

(A) 前片制图，如图 5-26 所示。

① 前中线(前中对折线、对称线)，长＝裙长－腰宽，为 53cm。

② 下平线。从前中线下端引出垂直线。

③ 上平线。从前中线上端引出垂直线。

④ 臀围线。由上平线向下量 18cm，称为臀高，再作前中线的垂线。

⑤ 前臀围大(画侧缝线)按臀围 H/4 计算，等于 24cm，平行于前中线。

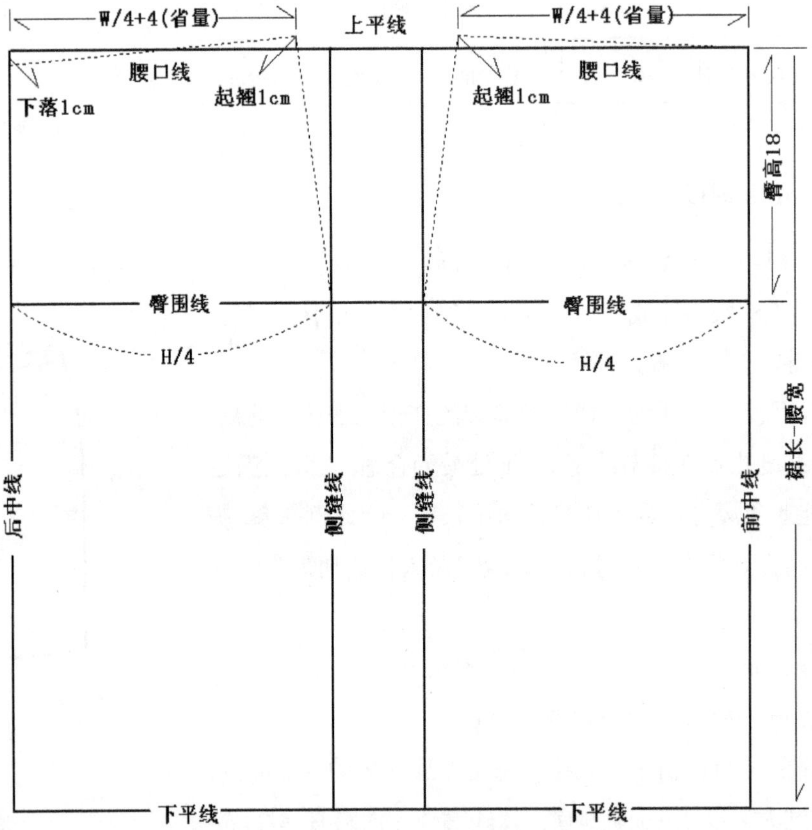

图 5-26

⑥ 前腰口线(虚线)。W/4＋4(省量)＝21cm，侧缝起翘 1cm。

(B) 后片制图，如图 5-26 例。

① 下平线、上平线、臀围线均按前片延长。

② 后中线垂直于下平线和上平线。

③ 后臀围大(画侧缝线) 按臀围 H/4 计算，等于 24cm，平行于后中线。

④ 后腰口线(虚线) W/4+4(省量)=21cm，侧缝起翘 1cm，后中下落 1cm。

2．绘制轮廓线及主要部位说明，如图 5-27 所示。

① 省位：腰口线三等分，即为省中点，再作腰口线的垂线，量取省长，前中省长 9cm，后中省长 11cm，两侧省长 10cm，每个省大 2cm。

② 腰口轮廓线：省尖点不动，将省位两边合并，画顺腰口轮廓弧线。

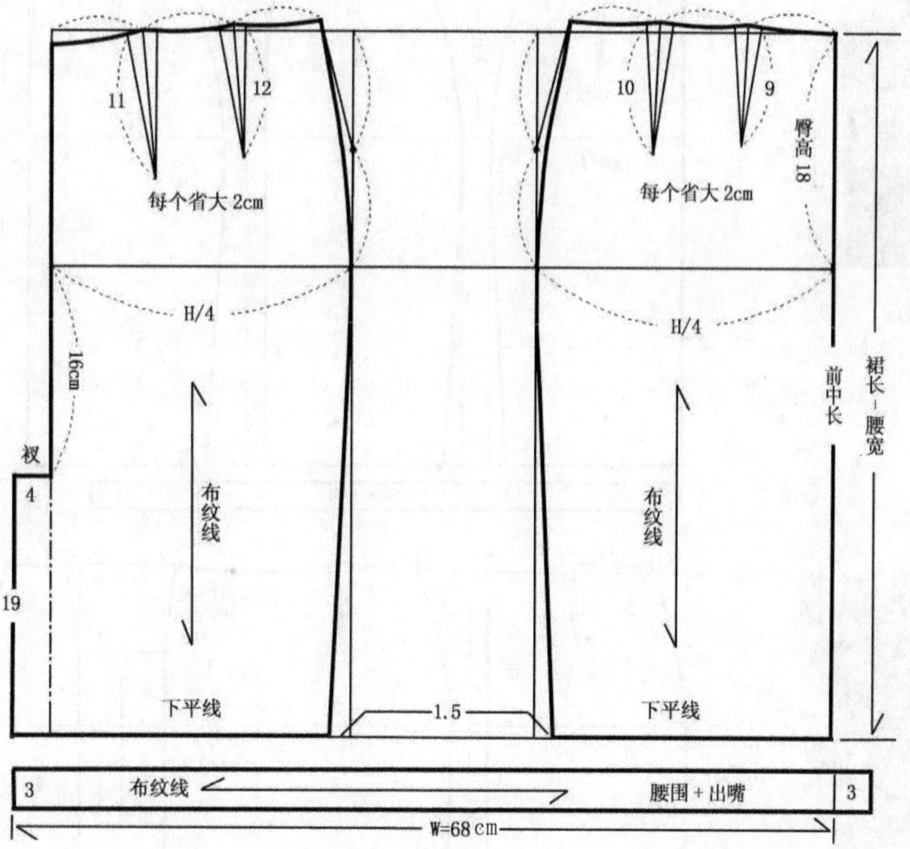

图 5-27

③ 下摆围大：按臀围大(侧缝直线)收进 1.5cm。

④ 侧缝轮廓线：通过腰口定位点、臀侧点画至裙长摆围止点。

⑤ 后衩位：衩止点在臀线下 16cm 处，即腰线下 34cm 处，衩宽 4cm，衩高 19cm 至脚口。

⑥ 前幅左右对称为一片，后中破开为两片，后中腰口至臀线位留口装拉链。

⑦ 裙腰头：腰宽为 3cm，腰长为腰围规格，作长方形，另加 3cm 的正方形作为裙头的出嘴，便于锁扣眼或钉钮。另外直腰头不能破开，应对折制作纸样。

⑧ 上述制图其腰、臀围采用的是 W(H)/4 分配法。另处还可以采用互借 W(H)/4±0.5cm 的方法，前加 0.5cm，后减 0.5cm，目的是使侧缝尽量移后，前片增大，使裙前面更美观。

⑨ 腰口侧缝起翘：人体存在臀腰差，使腰、臀之间出现弧顺状，按照圆台体展开成平面的原理，腰口必须起翘，这样才能使拼缝以后的腰口圆顺，否则，腰口就会产生钝角，也不符合人体形态。

五、学习拓展

通过对基础裙制图的学习，我们对裙子结构有所认识，为了加深和巩固学习，我们对下面图片中的款式进行结构制图。

部位 单位	号型	裙长 SL	腰围 W	臀围 H	腰宽
厘米	160/68A	60cm	68cm	94cm	3cm

前内工褶裙

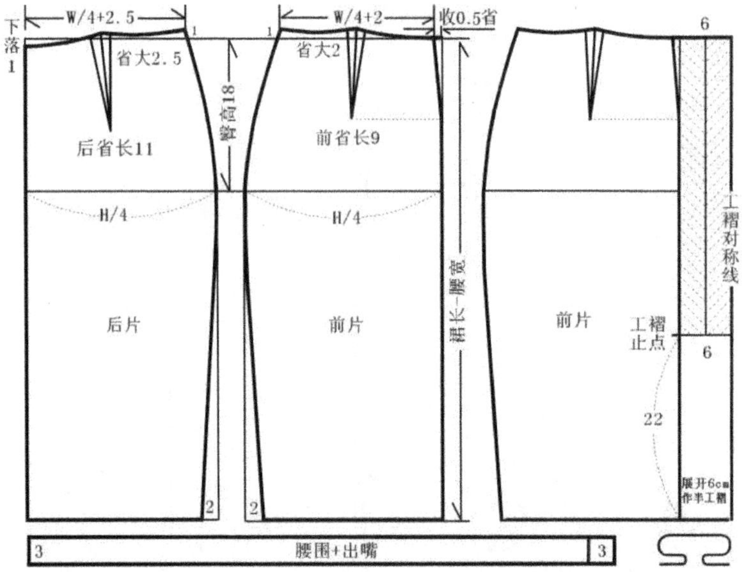

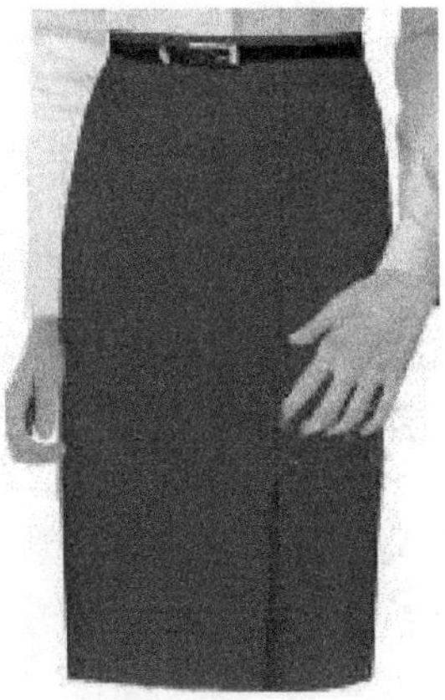

侧倒褶裙

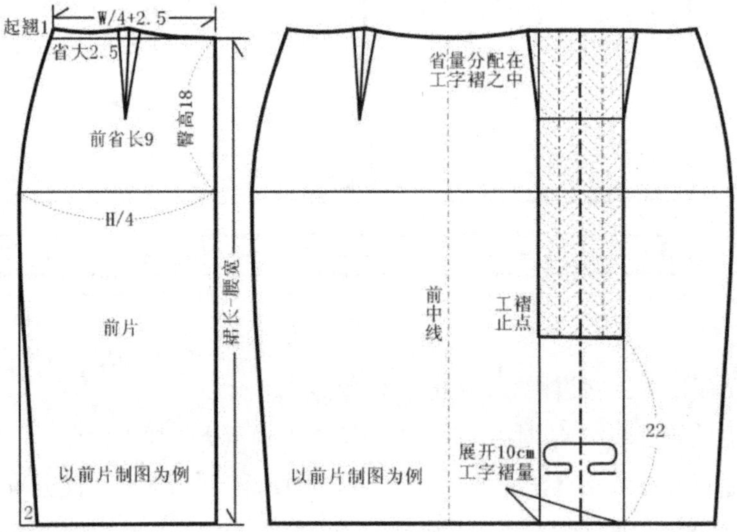

拓展与提高

1．基础裙长在什么范围？其净臀围和制图臀围各是多大？臀高是多少？

2．基础裙的腰省是依据什么原则设计、怎样进行分配的？

3. 怎样确定裙子臀围的放松量？

4．基础裙的腰、臀采取的是几分法制图？

5．内工褶与倒褶有什么区别？

实践环节

1．独立完成基础裙 1：1 结构制图。

2．独立完成工褶裙 1：1 结构制图。

第七节 A 字裙的组合制图

由于人体左右是完全对称的体型，穿在人体外面的 A 字裙也是以前、后中线为对称轴，左右相对称的裙子。加之 A 字裙与基型裙制图基本相同，前后的腰围、臀围可采用 W(H)/4 分配法，因此，我们把裙子的前、后中线重叠在一条线上进行组合制图比较简便快捷。下面以 A 字裙为例，进行结构组合制图。

一、外型概述

A 字裙臀围以上是按照人体的实际形态来设计的，与直裙的造型基本相同。所不同的是从臀部以下开始向下往外逐步增大呈 A 字形状，如图 5-28。A 字裙夸张下摆，修饰臀部，具有活泼、潇洒、充满青春活力的造型风格。本款腰口收省四个，即四分之一裙片收一个省。装直腰头，锁扣眼，钉钮扣，下摆脚口挑三角针。

图 5-28

A 字裙的面料选用很广，可采用棉、麻、毛、皮和各种混纺面料。

A 字裙可以是前、后各一片，并在侧缝装拉链；也可在后中破开装拉链，形成后两片，前一片；还可形成四片在前中破开装裤拉链。

二、测量部位

A 字裙制图测量的部位：腰围、臀围、裙长。

三、号型及规格设置

1．号型选用 160/68A 女子标准中间体。

2．依据号型设置制图的规格尺寸如下。

部位 单位	裙长 SL	腰围 W	臀围 H	腰宽
厘米	70	68	94	3

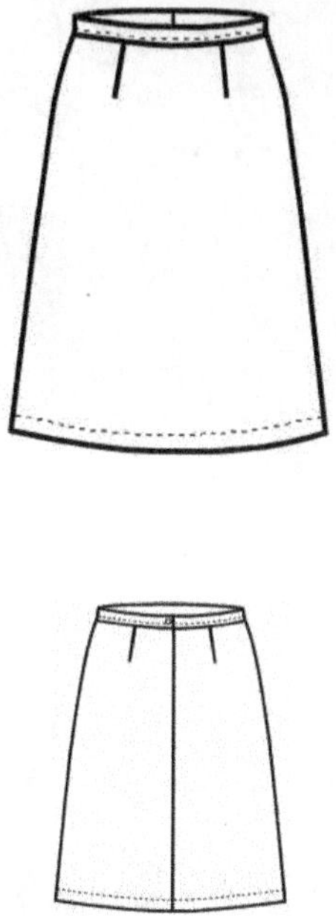

图 5-29

四、款式分析及制图要点

1．臀部放松量的分析。由于 A 字裙的臀部同基础裙的臀部一样是贴服人体的重点部位，因此，放松量不宜过大。本例取 4cm 的放松量，依据号型净臀围是 90cm，那么制图臀围就是 94cm。

2．依据制图规格尺寸，臀腰差是 26cm，满足四分之一裙片收一个省的制图方法。取前、后腰口线中点，再作腰口线垂线，取前省长 9cm，后省长 11cm，省大 2.5cm。画好省位和前后腰口弧线。

3. 臀部以上与基础裙制图相同，请参阅基础裙制图。

4. 臀部以下 A 字造型：以臀侧点为基本点，垂直向下量 10cm，再向外侧过 1.2cm 定点，将该点与臀侧点连接并向下延长，即可得到两侧缝 A 字造型。

5. 摆缝起翘，根据几何学圆台体展开成平面的原理，侧摆缝必须起翘 1～1.5cm 高，这样前后侧位拼缝以后脚口才能圆顺。

6. 将侧摆起翘点与下摆口线圆顺地连接起来，形成裙脚口。

7. 腰头长＝腰围＋出嘴，宽为 3cm。

8. 结构制图，如图 5-29 所示。

注意：下摆起翘线与侧摆线要垂直，侧缝拼起以后，下摆要圆顺。

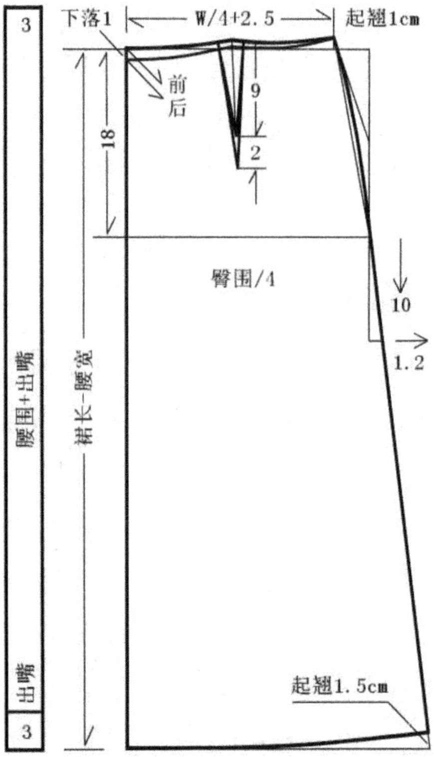

图 5-29

拓展与提高

1．A 字裙侧缝造型在结构中怎样处理？

2．A 字裙的下摆缝为什么要起翘?

3. A 字裙的省量是怎样设计分配的?

4. A 字裙装拉链有哪几种形式?

实践环节

1. 独立完成 A 字裙 1：1 结构制图。

2. 完成 A 字裙 1：5 的缩小比例结构图。

第八节　基础裙型的变化

基础裙通过改变侧缝裙摆角度,可以改变裙的形式。前后幅侧缝线的变化，代表着 H 型裙、A 字裙和 V 型裙三种裙型的式样，如右图。

1.H 型裙。即直裙，臀围与脚围一样大，形成圆柱体。

2.A 字裙。从臀位处开始，向下往外顺 A 字而画，两侧缝与裙脚口保持直角。

3.V 型裙。即窄脚裙，前、后幅两侧缝从臀围线下 6cm 处开始,向裙内圆顺地画入，裙脚收进 2～4cm。

4.基本规格。

（单位：cm）

部位 单位	裙长 SL	腰围 W	臀围 H	腰宽
厘米	63	68	94	3

窄脚裙

5.图解制图如 5-30 所示。

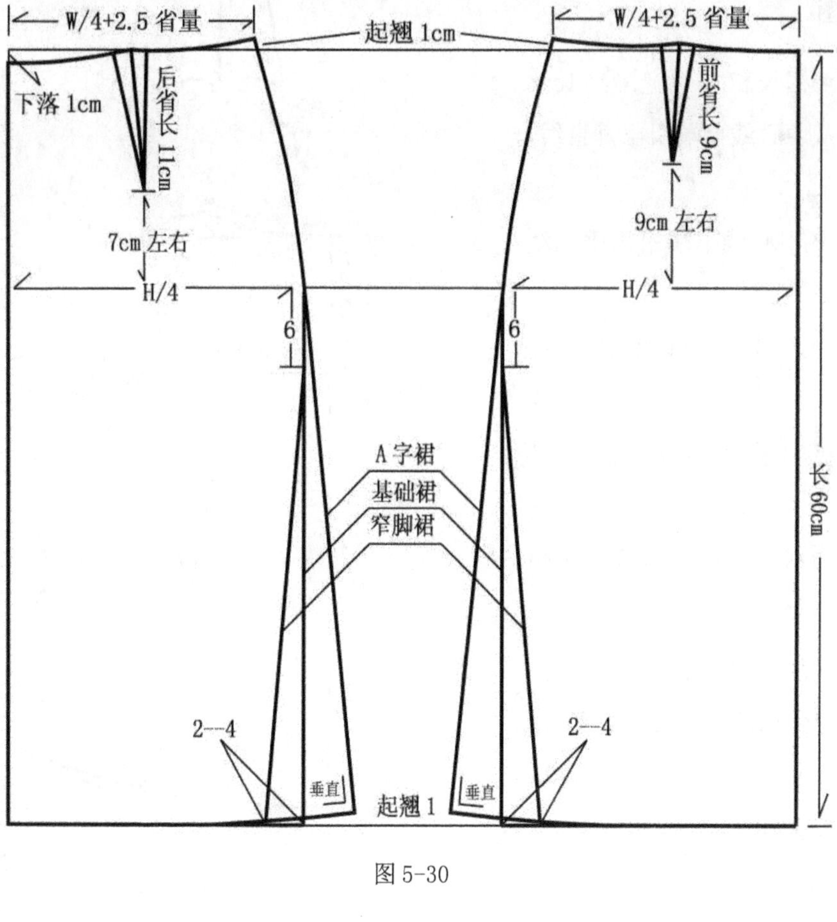

图 5-30

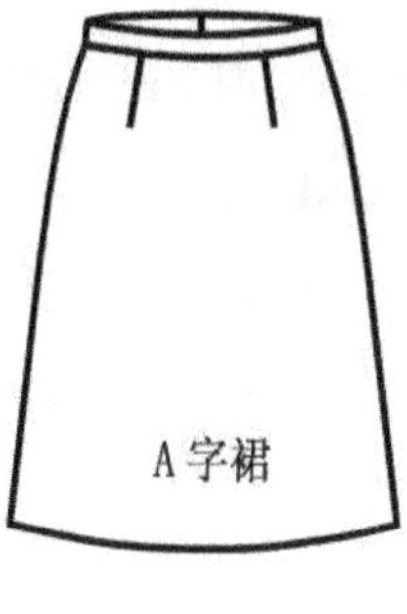

第九节　斜裙的结构制图

一、外型概述

斜裙又称自由角裙，是在A字裙的基础上，通过增加下摆的围度，并将侧缝线变为直线而形成的，斜裙的腰口不收省，但臀围约有增大，多采用装直腰、钉扣的形式出现，下面介绍斜裙的直接制图法。如图5-31。

图5-31

二、测量部位

斜裙制图需要测量三个部位：即腰围、臀围和裙长。

三、号型及规格设置

1. 号型选用160/68A女子标准中间体。

2. 依据号型设置制图的规格尺寸如下。

部位 单位	裙长SL	腰围W	臀围H	腰宽
厘米	74	68	96～98	3

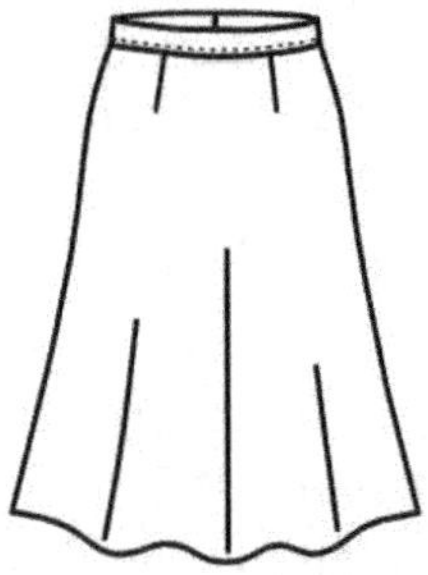

四、斜裙的结构制图

1. 前后中心线。长度＝裙长SL－腰宽，为71cm。

2. 上平线(腰口位)。从中心线上端引出垂直线，长度等于W/4。

3. 下平线(脚口位)。从中心线下端引出垂直线，度与侧摆线相交。

4. 臀围线。垂直于中心线，与上平线相距为17cm，称为臀高，长度等于H/4。

5. 取上平线和臀围线的中点并连接，形成对称轴线，同时相交于下平线。

6. 将前后中心线以对称轴为基础，对称到一侧，形成侧缝线，至此，完成下平线长度。

7. 过上平线中点、臀围线中点、下平线交点作侧缝的垂线，在侧缝线上的交点即为腰侧点、臀侧点和下摆止点。

8. 画顺腰口弧线和下摆弧线。

结构制图如图5-32所示。

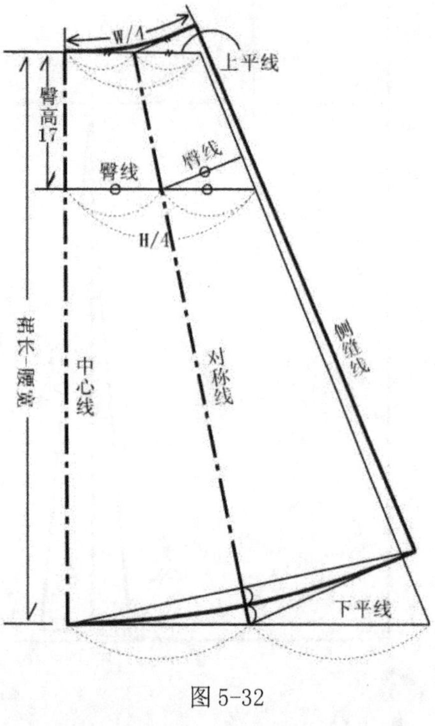

图5-32

第十节 圆裙的结构制图

一、外型概述

圆裙又称为台面裙，是在斜裙的基础上，继续增加裙摆围，随之变化而来的是腰口和下摆逐步增大呈圆弧状。穿着时随着步伐的移动，其面料有自然流动的美感，从腰围向下可形成多个波浪起伏的喇叭状。如图 5-33 所示。

圆裙摆围的大小可以变化，随着摆围逐步递增，其裙子两侧张开的角度开始变化。表现在裙子之中有 90°、120°、150°、180°、270、360°等圆裙。

图 5-33

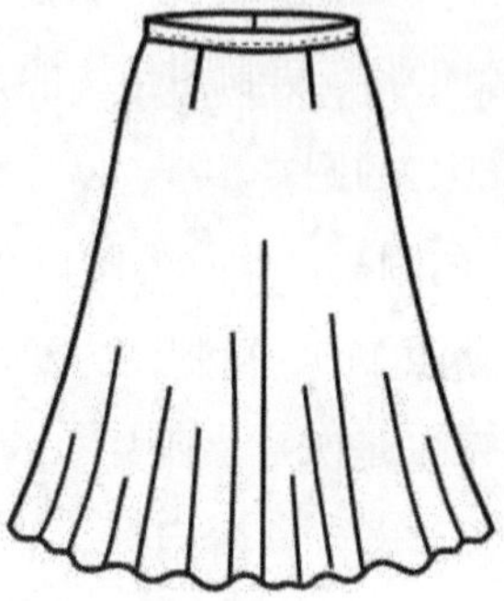

二、测量部位

圆裙制图需要测量腰围和裙长，由于臀围不受控制，因此不需要测量。

三、号型及规格设置

1. 号型选用 160/68A 女子标准中间体。

2. 依据号型设置制图的规格尺寸如下。

部位 单位	裙长 SL	腰围 W	腰宽
厘米	80	68	3

四、制图说明

选用 90°、180°、360°的圆裙为例进行结构制图。无论是 90°、180°，还是 360°的圆裙，其制图方法都是一致的，都是利用圆周率定律，计算出半径尺寸进行制图。

1. 90°斜裙的制图。

90°斜裙的制图，如图 5-34 所示。

① 求出半径： 由于腰围等于圆周的四分之一，依据圆周定律 $C=2\pi R$，得出 $C=4W$(腰围)，因此，$4W=2\pi R$，半径 $R(R3)=4W/2\pi$，R3=43cm（17 英寸）。

② 画两条相交垂线，交点为圆心。用圆规量取半径 R3 的长度，在两条相交垂线上画腰口弧线。

③ 在相交垂线上截取“裙长－腰宽＋半径 R3”的长度，作为新半径长，再用圆规画好下摆弧线。

④ 为了节省斜裙用料，利用对称的方法，将结构图分割成相等的两片，形成前后对称的裙片，至此 90°角斜裙制图完成。

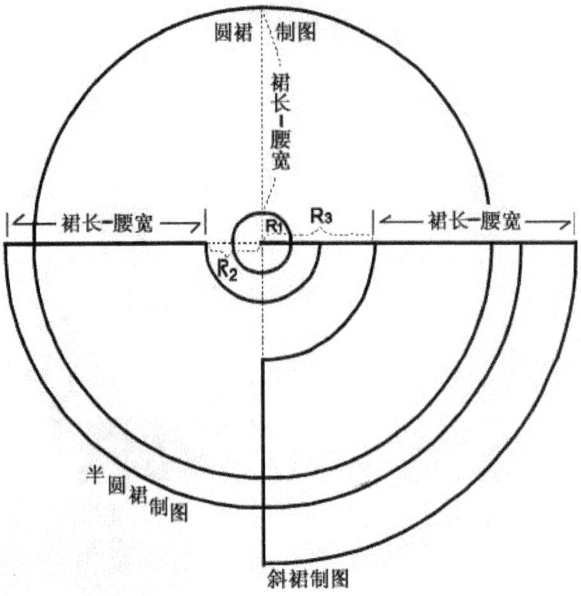

图 5-34

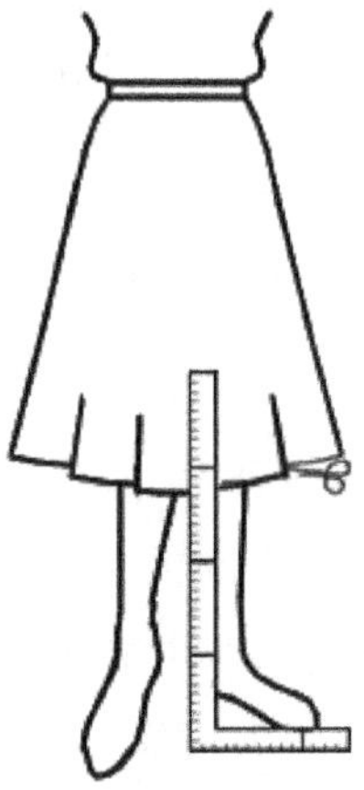

图 5-35

2．180° 半圆裙制图。

180° 半圆裙制图，如图 5-34 所示。

① 由于腰围等于圆周的二分之一，依据圆周定律 C=2π R，得出 C=2W(腰围)，因此，2W=2π R，半径 R(R2)=W/π，即 R2≈W/3－1cm，R2=21.6cm。

② 参照 90° 裙制图结构的方法，完成 180° 半圆裙制图。如图 5-34 所示。

3．360° 的圆裙。

360° 的圆裙，此时的腰口和下摆刚好形成圆形，腰围 W=C=2π R，因此，R(R1)=W/2π，R1=10.8cm。参照 180° 裙制图方法，完成 360° 圆裙制图。如图 5-34 所示。

圆裙可以是两片、四片、六片、八片等组成。例如把 360° 的圆裙分割成八片、四片组成，这样便于排料裁剪和节省用料。把 90° 和 180° 的圆裙分割成前后两片，缝位放在两侧，更为美观。但不管怎样分割，直丝缕都应该作为侧缝比较理想，因为这样有利于增加裙摆的悬垂性。

需要注意：圆裙的下摆会因斜丝缕的弹性而有所伸长变形，使裙子下摆线与地平线不能保持平行。因此在制图中，要将斜丝缕部位减少 2～4cm 的量，同时，裙子在车缝脚口之前，要穿在人台上进行水平修剪脚边，直到下摆线与地平线平行之后才能进行脚口车缝，如图 5-35 所示。

拓展与提高

1．圆裙的制图方法是依据什么原理进行结构制图？

2．请推算出 90°斜裙、半圆裙、圆裙半径 R 的公式？

3．独立完成斜裙、180°裙和 360°圆裙的结构制图。

第十一节　节裙的结构制图

节裙又称为宝塔裙，属于横向分割缩褶裙。它可以是两节、三节、四节或多节组合而成，每节的宽度可随设计而定，但它要符合整体的视觉美感和款式效果。节裙的拼缝位上加饰有节奏的细褶，有时拼缝的中间镶有花边、织带、荷叶等，使裙子的整体外观呈现出宽松的状态。节裙大致可分为两类：一类是腰口不用缩褶的节裙；另一类是腰口缩褶的节裙。

图 5-36　实物照片

一、腰口缩褶节裙制图

（一）外型概述

如图 5-36 是一条腰口装有松紧带的三节裙，前中腰口开两个钮门，并穿绳子固定腰围。外观上像宝塔一样，自上而下以阶梯式递增。下脚口向内返折 6cm 高以后，再与里布拼缝起来。其造型活泼，特别适合中青年女性穿着，面料宜选用较薄的纯棉、真丝、雪纺、府绸等。

（二）测量部位

本例节裙从腰口到下摆部位都有细褶组合，臀部受细褶增多的影响不受控制，因此，不必测量臀围尺寸。腰围是围度方向制图的基础，也是成品后受控制的部位，加之细褶量的分配是依据腰围四周皱褶多少来确定的，故腰围是必不可少的测量部位。裙长是由款式需要而决定的，也是制图中长度方向的依据。

（三）号型及规格设置

1．号型选用 160/68A 女子标准中间体。

2．依据号型设置制图的规格尺寸如下。

部位 单位	裙长 SL	腰围 W	松紧宽
厘米	70	68	4

款式图

（四）款式分析

1．裙长设置。由于节裙的整体外观呈现宽松状态，因而裙子不宜太短，其长度一般在膝盖以下，本例裙长取 70cm。

2．缩褶量分析。缩褶量多少影响到节裙的外观效果。过多会臃肿，过少又达不到缩褶要求，具体要依据面料的厚薄和款式造型而定。面料越薄，缩褶量较多；面料越厚，缩褶量较小。款式设计上也讲究缩褶多少，这要依据款式造型而定，要灵活运用，不能千篇一律。本例取缩褶量为该部位长的二分之一。

3．节裙分割长度分析。节裙的分割长度可以是相等的，也可以是不相等的。分割长度不相等，就决定了分割部位之间长度的比例状态。要注意利用黄金比例和视觉美感来审视节裙的分割比例和缩褶的外观效果，没有固定的模式。本例节裙分割，第一层分割长取 SL/3～7cm，第二层分割长取 SL/3，第三层分割长取 SL/3＋7cm。

（五）制图步骤（以四分之一裙片制图，如图 5-37）

1. 画裙长线 SL 等于 70cm。

2. 第一层：在裙长线上端作垂线，并取 W/4 长度作为腰口位。将腰口位二等分，并延长一等分长度作为第一层的缩褶量，高度 SL/3－7＝16cm。

3. 第二层：将第一层宽二等分，并延长一等分长度作为第二层的缩褶量，高度 SL/3＝23(cm)。

4. 第三层：将第二层宽分成二等分，并延长一等分长度作为第三层缩褶量，高度为 SL＋7＝31(cm)，即为裙长－(第一层高＋第二层高)。

5. 由于腰口需用 4cm 宽松紧带，因此腰口位上方加 4cm 宽作为松紧带返折位宽。

6. 由于裙子的下摆皱褶向内返，且与里布相连接，因此下摆返折加宽至 6cm。

需要注意的是：由于裙子每一层缩褶，下摆围度比较大，因此，可以将第三层视布幅宽度而定，可以分成两片、四片等。

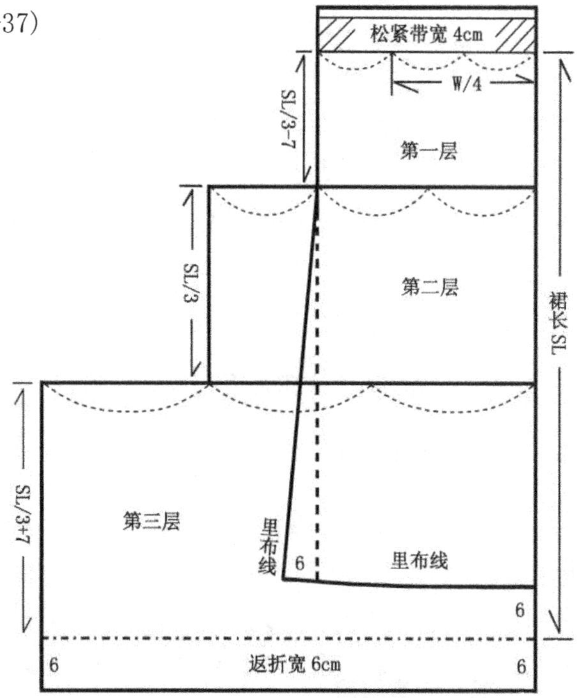

图 5-37

二、腰口不用缩褶节裙制图（需要臀围尺寸控制）

1. 先画好 A 字裙四分之一裁片结构。
2. 对裙片进行三节分割。
3. 加出二、三节缩褶量。
4. 第一节进行省位合并。
5. 画好腰头和出嘴纸样。
6. 结构制图如图 5-38。

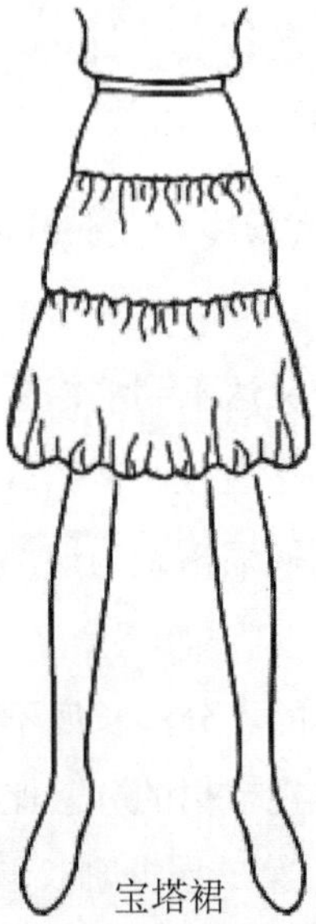
宝塔裙

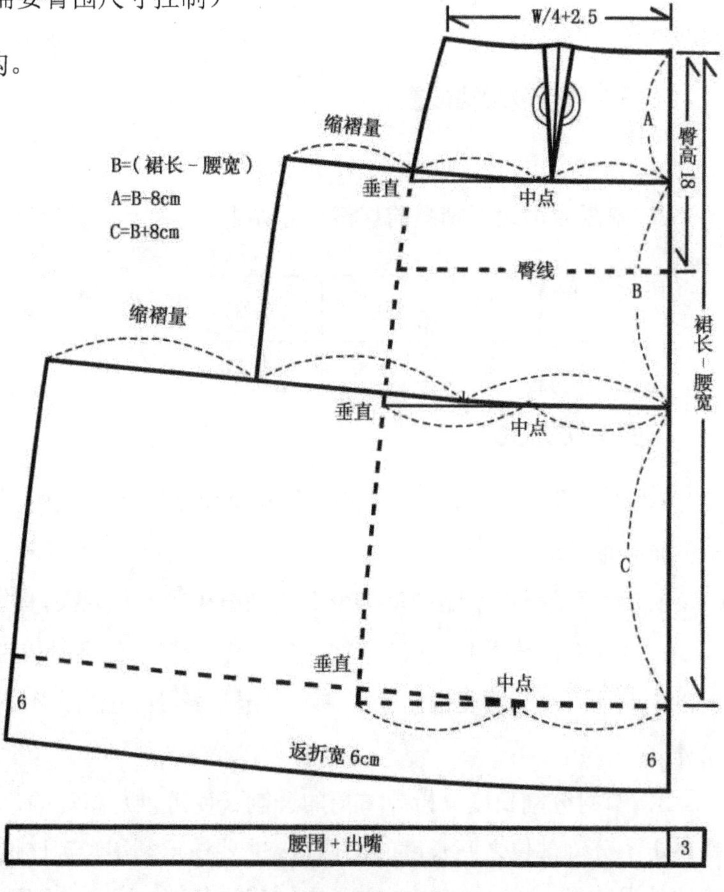

图 5-38

拓展与提高

1．基础裙的控制部位主要由哪些构成？

2．为什么 A 字裙侧摆要起翘？

3．正确理解臀腰差的概念，并列举事例说明裙省分配。

4．裙子的臀部放松量如何确定？

5．裙衩开口止点以臀线为基准如何确定？

6．斜裙和圆裙的下摆出现长短现象时，应该怎样进行处理？

7. 节裙可分为哪两种形式？有何共同特征？

8．节裙的控制部位有哪些？其表现形式有哪几种？

9．腰口不用缩褶的节裙，其腰省怎样处理？

10．脚口有缩褶的节裙，其下摆结构怎样处理？

11．缩褶量多少是制图中较为灵活运用的。一般情况下，节裙的缩褶量怎样取值？

实践环节

自行选定号型、设置规格，完成如下图片的结构制图。

小 A 裙

直裙

无腰节裙

斜裙

有腰节裙

太阳裙

第六章　裙子的部位设计

本章说明

裙子是女士下装中花色品种与款式变化最为丰富的一类，其造型层出不穷、千姿百态，但只要我们把握住裙子的外形轮廓，再进行内部的各种分割、剪接、拉展、抽褶、合并、修饰等结构处理，就能设计出款式新颖、时尚流行的裙装来，因此，掌握裙子各部位的结构设计非常重要。

课程内容：裙子的长度设计/裙子开衩的设计/裙子腰位的设计/裙省的合拼转移/裙子廓形变化设计/裙子分割变化设计/裙子褶裥变化设计/裙子里布的构成。

训练目的：掌握裙子各部位结构变化的规律，能依据裙子的款式特征，利用分割、剪接、拉展、抽褶、合并、修饰等方法进行结构制图处理。

教学方法：讲授法＋图示法＋示范操作法＋巡回指导法＋案例分析法。

课时安排：10 课时。

课余课时：10 课时。

第一节 裙子的长度设计

裙子的长度要依据款式而定，这是设计造型所必须领会的。基础裙是其他裙子结构变化设计的基础，其长度有一定的固定性。基础裙的裙长至膝盖或略上一点，一般取 57cm 左右。这是依据女下肢是以膝盖为肘点，考虑下肢穿着裙子后的活动状况，并兼顾长裙、短裙的长度经归拼而设置的。至于其他裙子，其长度以如图 6-1 所示尺寸作为考虑。

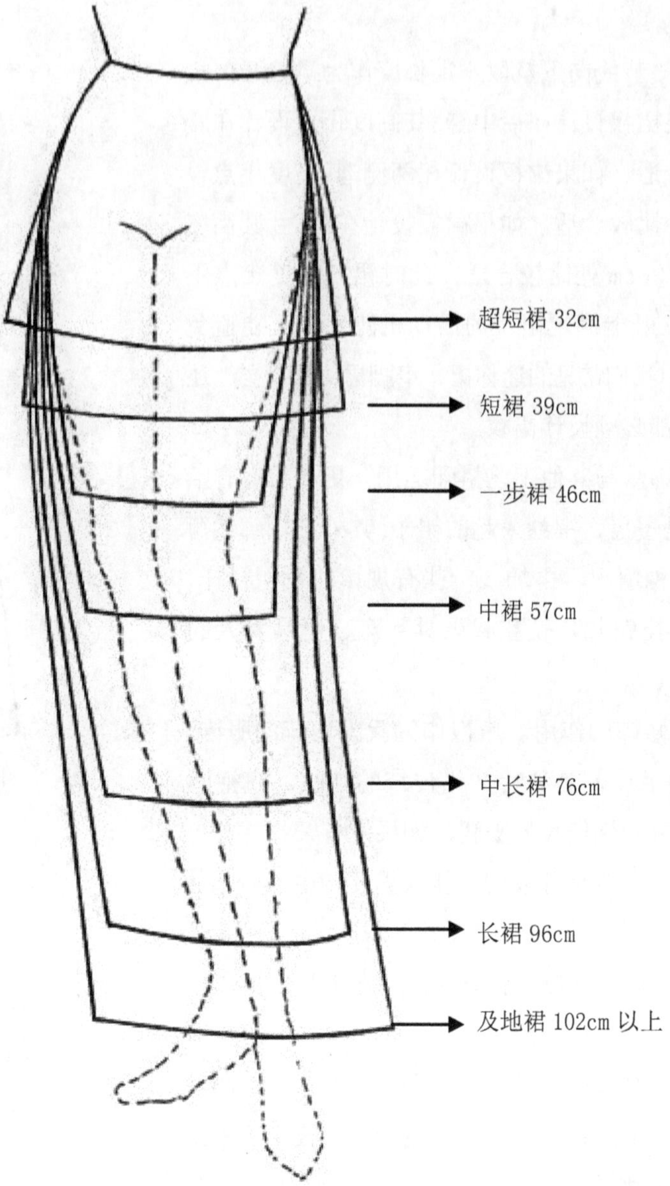

图 6-1

考考你

1．留心身边的事物，看一看迷你裙的尺寸取多长？

2．牢记各种裙子的长度。

第二节　裙衩的设计

裙衩位置的高低在短裙中非常重要，它的功能性有三个方面：其一必须满足下体的遮羞功能；其二必须满足裙子的装饰功能；其三必须满足穿着裙子以后人体的活动功能。当裙摆围小于人体的一般行走步幅时，下肢的行动就会受到牵制，行走不便，有控制感，这一现象随着裙子长度的增加而更为明显，针对这种情况可采用设计开裙衩的方法来解决。裙衩开得越高，牵制就越小。但也不宜过高，以免走光不雅。在结构制图中，只要是紧身裙或者半紧身裙，则一定要考虑开衩，这是人体活动必要的机能性所需。

裙衩设计应该从腰节线向下量取一定长度作为裙衩开口止点，其规律如下：如果裙衩设计在后中缝，其高度止点设计在腰节线下 34cm 处比较合适。如果裙衩设计在两侧，其高度止点设计在腰节线下 32cm 处比较合适。如果裙衩设计在前面，其高度止点设计在腰节线下 36cm 处比较合适。此时裙衩高度止点不能再上，为极限值。它既能满足裙子的活动机能性，又能避免不雅现象发生。生活中我们常见的迷你裙、窄脚裙、紧身裙，还有连衣裙中的旗袍等都必须设计裙衩。

窄脚裙后中开衩

有时裙衩作为装饰，与其他工艺搭配运用，更显得青春活力。例如围裹裙，它是覆盖、围卷束起的裙子，其外形轮廓线可以是紧身和半紧身两种情况，再加上一些有规律的百褶衬托，在上面订上一排或二排钮扣，使款式更具新意、更具女人的魅力。

围裹裙前面开衩

有时裙衩也起到修饰的作用。旗袍作为我国传统的服饰，自清朝以来一直延续至今，是独特文化传统的结晶。旗袍两侧的开衩，它可以展现女性修长的美腿，如果没有开衩，旗袍说不定早已被人们遗忘。旗袍开衩的功能很重要，由于旗袍的摆围小于臀围，加之旗袍较长，走起路来很不方便，为了满足人体活动的机能所需，在旗袍两侧设计开衩，这在美学上更具可塑性和联想的氛围。

生活中我们见到的窄脚裙，几乎是每个女性都想尝试的短裙。不知你是否注意，窄脚裙后中缝一定设计有裙衩。一来是因为窄脚裙的摆围小于臀围；二来是由于款式功能性所需；三则是展现女性的美腿。窄脚裙是青春的体现，也是年轻的张扬，是一种性感，也是一种诱惑。它能最大限度地展示女性曲线的身材，最大限度地满足女性爱美之心！

裙衩的设计还有很多，如裙衩在西裙、A 字裙中的运用等，这里不再阐述。总之裙衩设计一般会体现如下情况：前面开衩的是休闲裙，两侧开衩的是传统裙(旗袍)，后面开衩的是时装

旗袍两侧开衩

裙（迷你裙）和职业裙（西裙）。这些情况有时也会因个人的爱好而有所不同。

衩长与裙长虽然有一定的配比关系，但需要从视觉上得到整体美的良好状态，没有千篇一律的规律。我们需要依据裙长和款式的需要自己去审美和观察，从而设计裙衩的长度和位置。

特别注意：裙衩在前后中缝，一定要考虑是否容易走光，避免不雅现象的发生。

窄脚裙开衩

裙衩的构成（如图 6-2 所示，全部为反面视图）

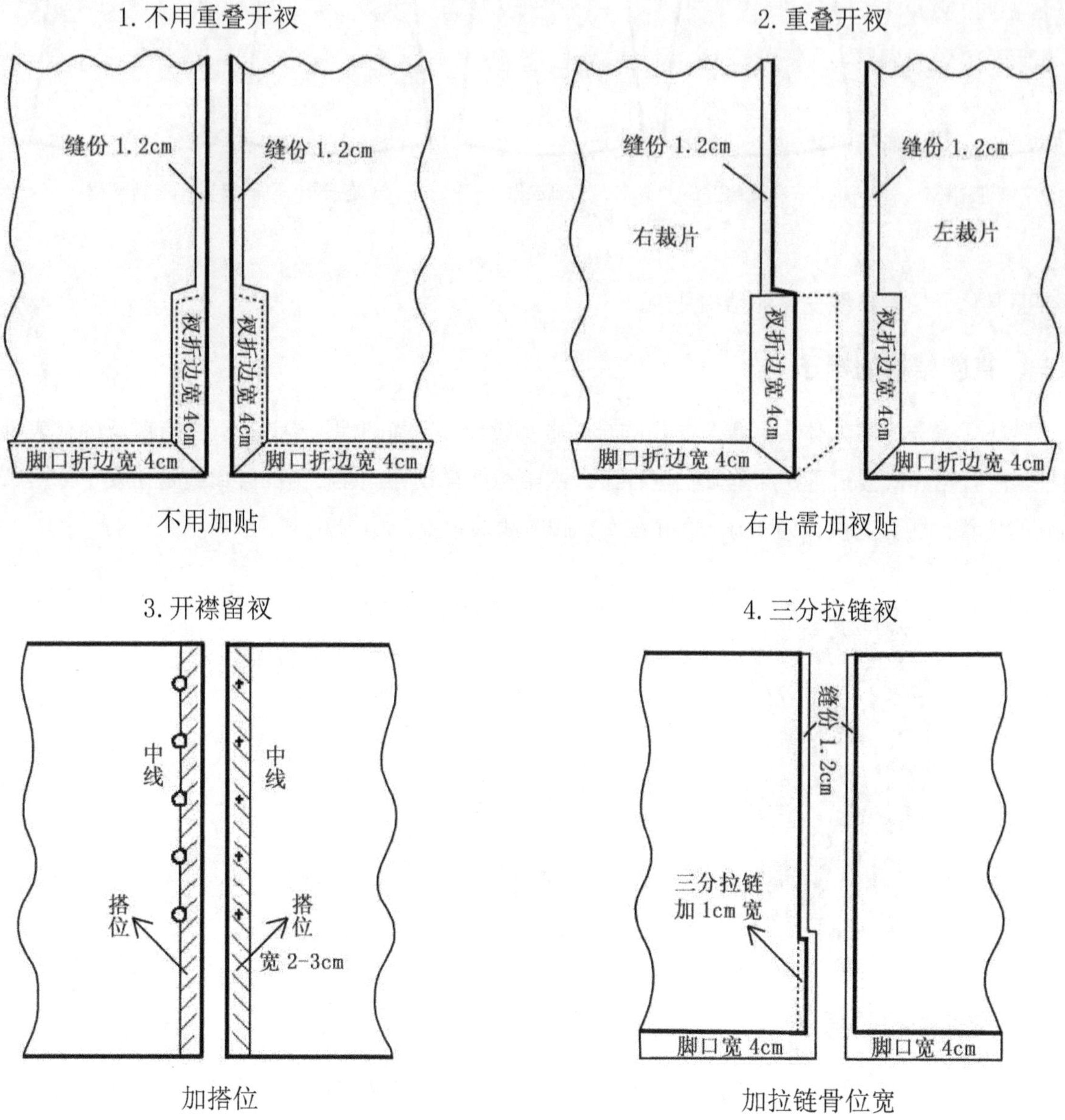

图 6-2

第三节　裙子腰位的设计

腰位在裙子的款式构造中非常重要，是裙子款式设计的重要组成部分，腰口线高低的变化是裙子结构纸样设计的又一关键技术，只有完全领会和深刻把握结构制图方法，才能够形成制图的灵活性和多样性。

裙子腰口线的高低，代表着五种不同的腰部形态，属于横向分割变化设计。以标准腰口线位置为准，把腰口作上下移动，可产生低腰裙、弯腰裙、直腰裙、连腰裙、高腰裙等五种形式的裙子。如图 6-3 所示。

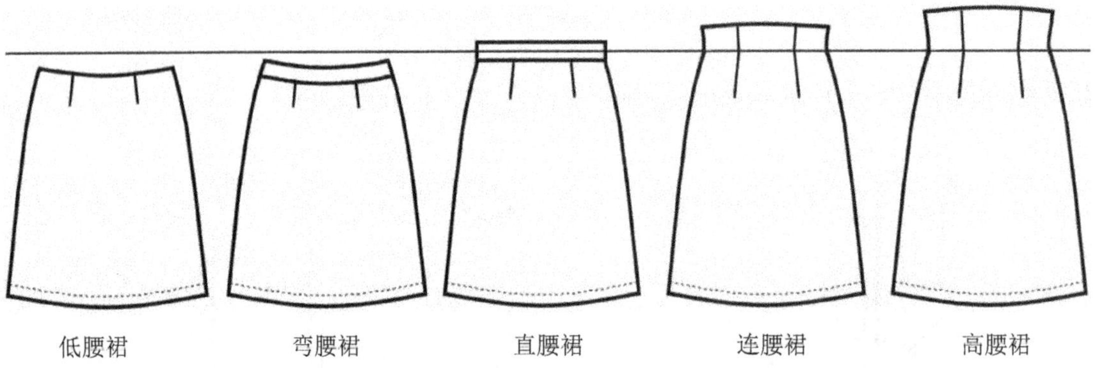

图 6-3

下面具体介绍腰口线变化的结构处理。

一、直腰结构的裙子

这种裙子是与标准人体实际腰节高相吻合的腰头设计，属基础性结构设计，具有广泛的代表性和应用性。高腰裙和低腰裙可在此基础上进行第二次结构纸样设计。直腰裙的腰口线是在女子体腰节线下 2cm 的位置，腰头宽设计为 4cm，恰好在女体腰节线的中央，如图 6-4 所示。

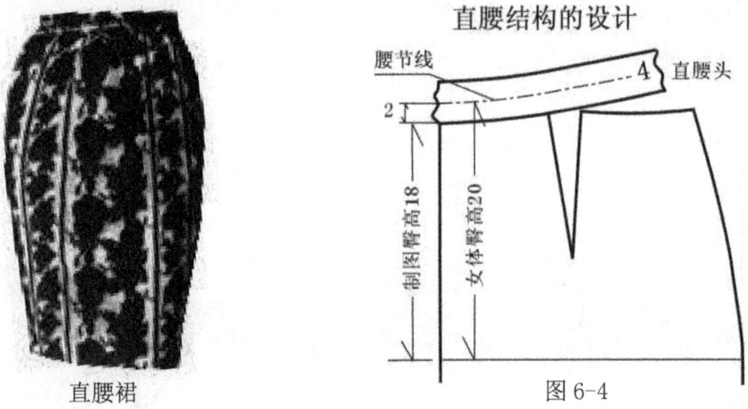

图 6-4

二、弯腰结构的裙子

弯腰结构裙在 20 世纪 90 年代初运用较多。它是在直腰结构裙的腰口线不变的情况下，去掉直腰头，在腰口线下分割一定腰头宽度，当合并腰头中的省位以后，其腰头很自然就形成了弯腰形状。这种弯腰设计，由于腰口线不变，因此，腰围的尺寸与实际腰围的大小相符。它可以装弯腰头，也可以装弯腰内贴（在裙腰口内加上一片弯腰内贴，外表看不见腰头），结构设计如图 6-5 所示。

装腰头的弯腰裙

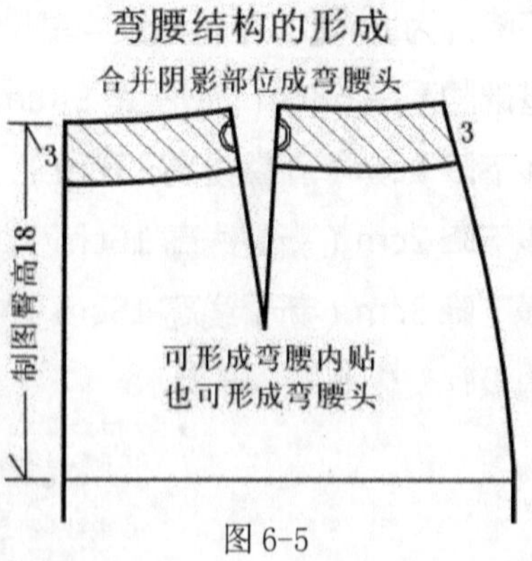

图 6-5

三、低腰结构的裙子

低腰裙是在直腰结构裙的基础上，将腰口线下移 2～4cm 的高度作为新的低腰口线。此时由于腰口线下移，因此，其制图低腰围尺寸会随着腰口线的下移而逐步增大。但是，腰、臀部与人体的腰、臀体型相吻合，不会影响人体实际腰围。这一低腰结构可以装弯腰头，也可以装弯腰内贴，如图 6-6 所示。低腰结构裙在 20 世纪 90 年代后期开始流行，一直沿用至今，是女性中常见的短裙，深受广大消费者所欢迎。

装弯腰头的低腰裙

装弯内贴的低腰裙

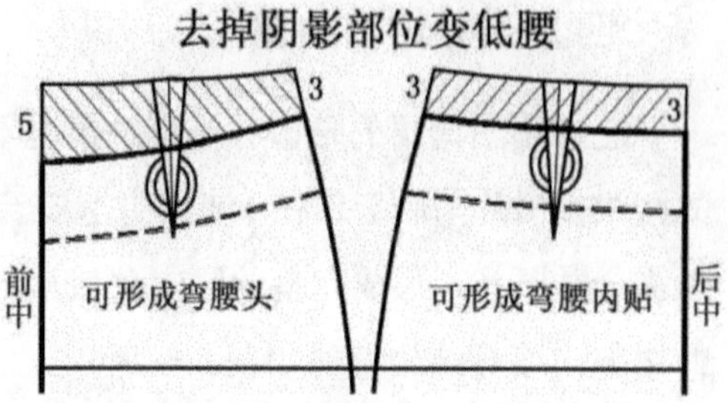

图 6-6

值得注意：弯腰结构和低腰结构腰围的度量方法，一般的教材只讲直度法，即水平测量腰围，比较简单。但在企业纸样制作中，为了追求制图的精度和腰围控制的需要，常常采用弯度法（“V”量），即将裙子腰位摆放平整，顺着腰口弯量腰围，如图 6-7 所示。

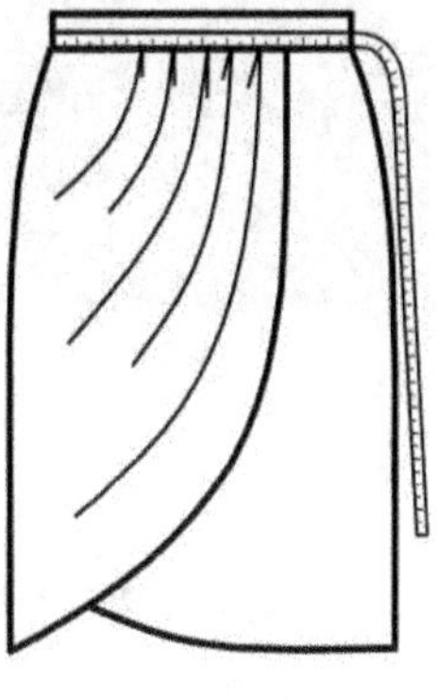

直度法

图 6-7

弯度法

弯度法在结构纸样设计中运用难度较大，因为腰位线的高低不同会造成腰围的变化，制图时腰围尺寸把握不准，新的臀线高也无法确定，给结构纸样设计带来了麻烦。为了解决这一问题，笔者通过多次实践，得出如下规律。

设腰线下降高为 r，那么，弯腰围 = 基础腰围 W + 2r。

例如：基础腰围是 68cm，臀围是 94cm，臀高是 18cm 时，则低腰围与臀高变化如下：

①当腰线下降 1cm（新臀线高 17cm），制图腰围增大 2cm（制图弯腰围为 70cm）。

②当腰线下降 2cm（新臀线高 16cm），制图腰围增大 4cm（制图弯腰围为 72cm）。

③当腰线下降 3cm（新臀线高 15cm），制图腰围增大 6cm（制图弯腰围为 74cm）。

低腰裙的结构设计变化如图 6-8 所示。

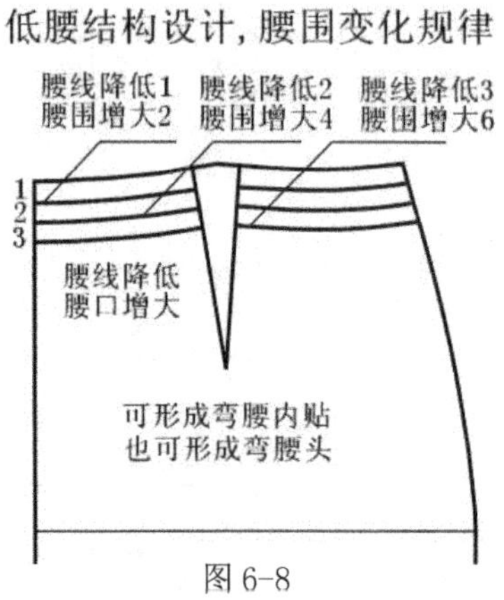

图 6-8

四、连腰结构的裙子

在直腰结构裙的腰口线不变的情况下，不设计直腰头，而是在裙片腰口线的上方，自带有 4cm 宽的腰头，裙片与腰头连在一起，并且在裙子表面看不见腰头，而是在裙的腰口内装有内贴，内贴的处理需合并腰省，形成完整的腰内贴裁片。连腰结构裙在 20 世纪 70～80 年代初运用较多，是当时流行的裙装。连腰结构处理如图 6-9 所示。

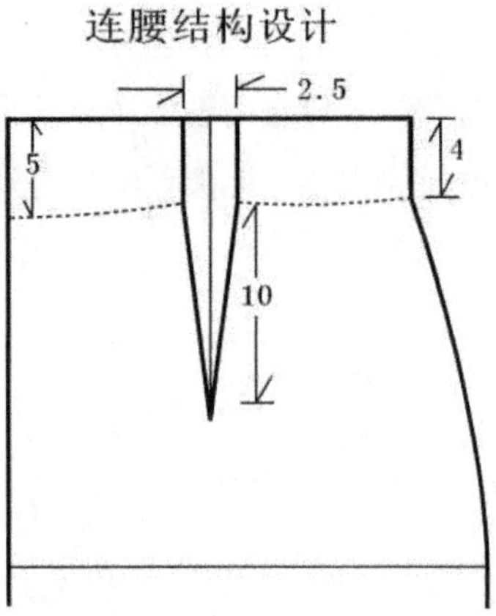

图 6-9

连腰裙

五、高腰结构的裙子

高腰结构的裙子是在连腰结构裙的基础上，再次将腰口线上移，腰头宽度有所增加，一般取 5～6cm 宽，这时标准的腰位线没有发生移动。由于腰口线上移，因此，其腰口尺寸会随着腰口线上移而逐步增大，这是为了符合女子体形腰位线以上逐步增大的情况而设计的，实际腰围尺寸不会发生改变。它可以制作成装腰结构，也可以制作成内贴结构，还可以是变化结构。高腰结构裙在 20 世纪 80 年代中期运用较多，也是当时的流行裙装，其结构设计如图 6-10 所示。

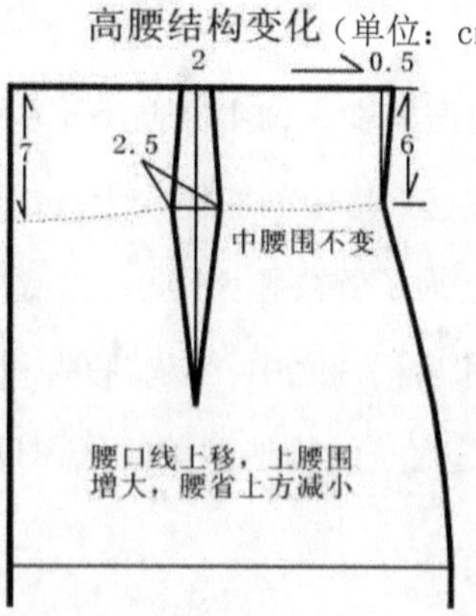

图 6-10

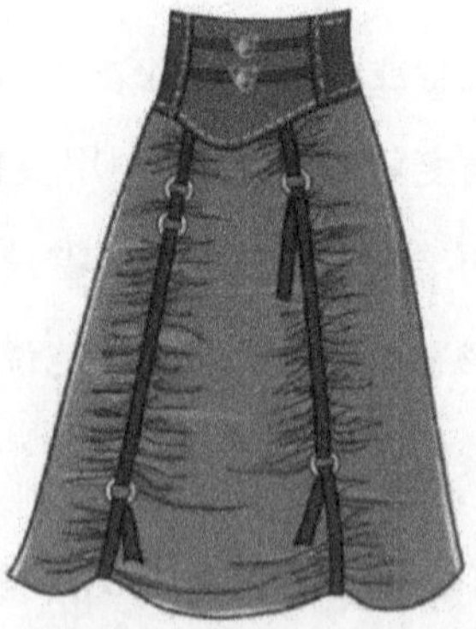

高腰裙

在上述裙子结构设计中，可以观察到高腰裙的省量大小处理是不同的，收省量最大处应该是腰部最细处，但是如果是连腰结构，连腰宽不超过 4cm 时，省量可以处理成一样大；如果宽超过 4cm，省的形状为橄榄型。低腰裙实质上就是在设计好直腰裙结构基础之上将腰部位分割掉一定宽度，注意低腰是有一定限度的，即分割掉的部分的宽度不能太宽，以免腰位过低产生不雅现象。如果用直接制图法进行低腰位的结构设计，需要注意几点：①臀高比人体实际臀高要降低；②腰围的成品规格不是基本腰围的尺寸，是降低腰口线以后人体的实际尺寸。

在现实生活中，低腰结构裙是目前最为流行的。无论在大街小巷，还是在乡村郊外；无论在中学、大学，还是在企业、工厂；无论是中青年女性，还是不区分年龄段的女童，低腰结构裙都是每一个女性必备的时尚短裙，并一度风靡世界。穿上它具有活泼、潇洒、充满青春活力的造型风格，因此，深受女性喜爱。

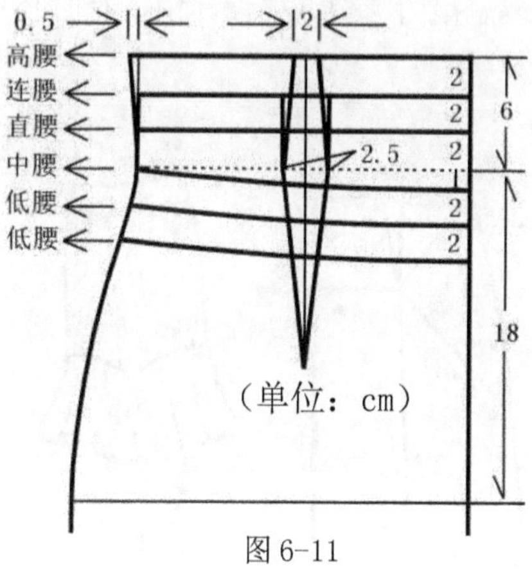

图 6-11

六、腰位变化结构总图（如图 6-11）。

拓展与提高

1．裙衩有何功能？

2．高腰的腰省如何处理？

3．裙子按腰线分类有哪几种形式？

4．设计低腰结构时，低腰围有何变化？

5．设计低腰结构时，腰线和臀线都可以上下移动吗？

6．现实生活中的低腰裙非常流行，其腰位线如何处理？腰头如何处理？

7．以腰线为基准，裙衩开口止点如何确定才能避免不雅现象发生?

第四节　裙省的合并转移

省是服装行业特有的专业术语，它的主要功用是解决服装在人体中凹凸不平的起伏面。尤其是女性人体的曲面变化特别突出，利用收省的方法来解决服装在人体中的曲面，塑造立体的服装形态效果。

在下装的结构设计之中，裙省是很有代表性的。它是为了解决臀大腰小、塑造臀部以上腰部以下裙子的立体形态而设计的。具体地说，它存在于前裙片和后裙片之中，有前腹省和后臀省两类，省的合并与转移变化出来的褶、裥是裙子实用的基础，是塑造裙子结构造型美的纸样设计方法。

一、裙省的变化

省无论设计在裙子的哪个部位，都是由两条相等的弧线所构成，并形成一个焦点即省尖，所谓裙省的变化均反映在结构纸样的局部变化当中，例如图 6-12 所示。

① 腰省合并后使腰部或者腰头发生变化。

② 腰省转移到下摆使下摆发生变化。

③ 腰省转移到腰侧使侧边发生变化。

④ 腰省转移到前中使前中发生变化。

在时装短裙的结构纸样设计中，有时还可以运用新的省缝，塑造部件的结构纸样设计。

图 6-12

二、裙省的制板方法

1. 合并转换法。

合并转换法是先将裙省的其中一条边剪开，然后剪开新的省根线，两者的省尖点保留不剪，最后将原省两边线合二为一，可以看到新省根线张开，形成新省，如图 6-13 所示。这一方法适用于初学纸样的人士，剪开后合并转换非常直观，仔细观察操作方法及制作流程就会明其原理。图 6-13 所示是把前裙省转至侧边。

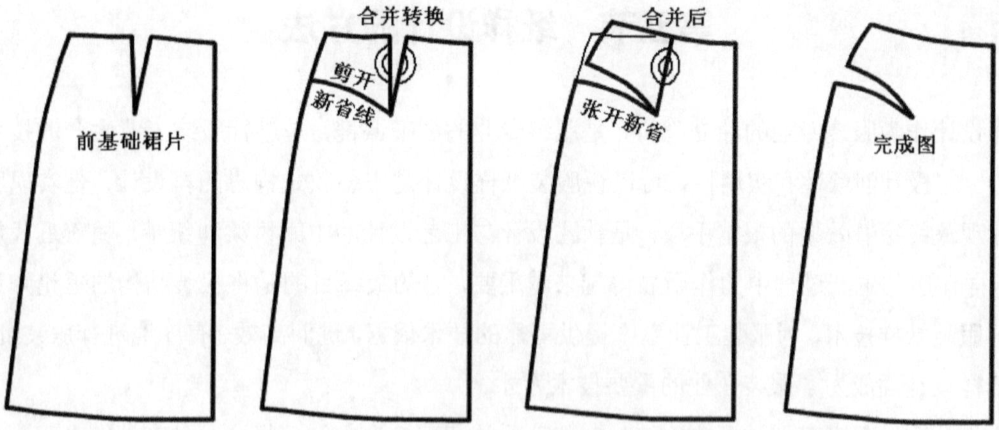

图 6-13

2. 转动移位法。

转动移位法是在基础裙片上盖一张制图白纸，画好所需部位结构线，然后用锥子的尖点压在裙省尖点，转动基型结构图，使原省两边线合二为一，最后画好新省位的结构变化图即可，如图 6-14 所示。这一方法适用于熟练的技术人员操作，它需要对制图有较好的基本功和空间想像能力。

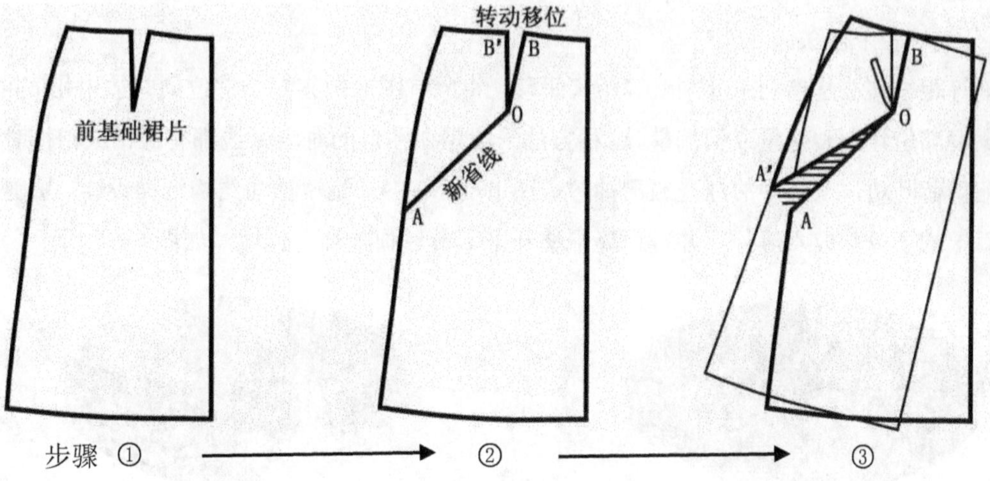

图 6-14

裙省的运用设计范围不限于此，如果充分理解了省的变化原理及操作技巧，再结合各种形式的分割线及皱褶设计，并勤于实践，可迅速提高裙子的结构纸样设计能力和水平。

拓展与提高

1．请举例说明裙省转移的部位。

2. 省在裙子中起到什么作用?

3．解释：合并转换法　　转动移位法

4．请自找裙例，进行上述两种方法的练习。

第五节　纸样设计的方法

纸样设计作为服装专业的独立学科，是服装专业的主干课程，是进行服装工业生产的技术依据和技术核心。它极具创意性和实用性，可以说服装纸样设计是服装款式构思的再设计，是实现服装设计意图和体现最终穿着效果的根本手段，是款式设计与工艺设计的中间桥梁和纽带。随着近代加工业的发展，纸样在服装生产过程中的作用显得越来越重要，它的最终目的是将服装结构的理论知识转化为产业性的服装纸样技术，为服装工业生产提供可靠的技术依据，进而高效、有序地进行服装批量生产。因此，纸样设计师成为了服装企业的重要技术人才。

纸样设计归纳起来有两种基本方法：展放分开法和剪叠合并法。将这两种方法结合起来，加上分割变化的配合，会产生多种多样的时装衣片纸样。

一、展放分开法

所谓展放分开法就是利用分割线使图形的某部位展开，通过增加一定宽度或面积的方法，达到在服装上形成各种褶饰的目的，如图 6-15 左所示。展放分开法又可分为三种，即分割等距平移法、不等距移动法和旋转法。

1．分割等距平移法。

分割等距平移法是指利用分割线等距离平移，将原有图形的某两个部位同时放出相同的宽度，而增加的宽度部份作为皱褶量或褶裥量。这种方法一般是在图形的对应两边都有皱褶或褶裥时使用。如：裙脚的缩褶荷叶边，上装中的灯笼皱褶袖等。图 6-15 右中灯笼短袖的结构纸样设计，先画好基础短袖，然后把袖子分割成六等分，并等距离平移开来，最后画顺袖山弧线，如图 6-16 所示。

荷叶边

图 6-15

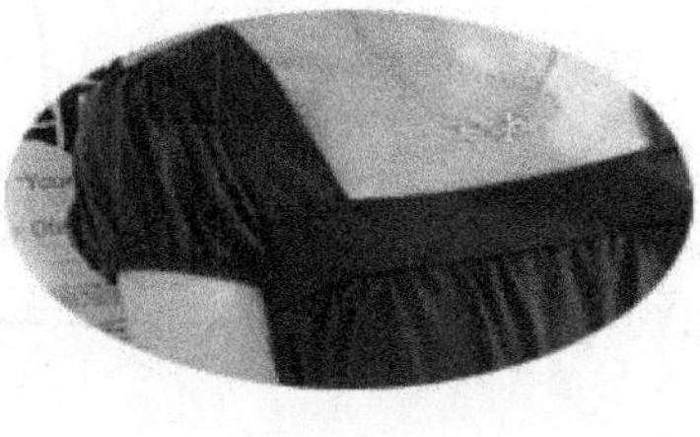

夏装灯笼短袖

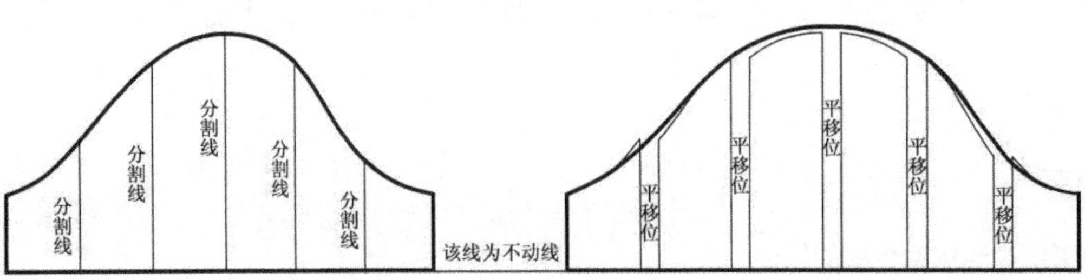

图 6-16　等距平移法

2．不等距移动法。

不等距移动法是指利用分割线不等距离平移，使原有图形的某两个部位所放出的宽度不相等，而增加的宽度作为图形各自部位的皱褶量，这主要是满足图形各部位的皱褶量多少不一致而采取的方法。例如：女上装中的泡泡袖，其袖山皱褶量较多，而袖口的皱褶量较少，结构纸样设计方法如图6-17。

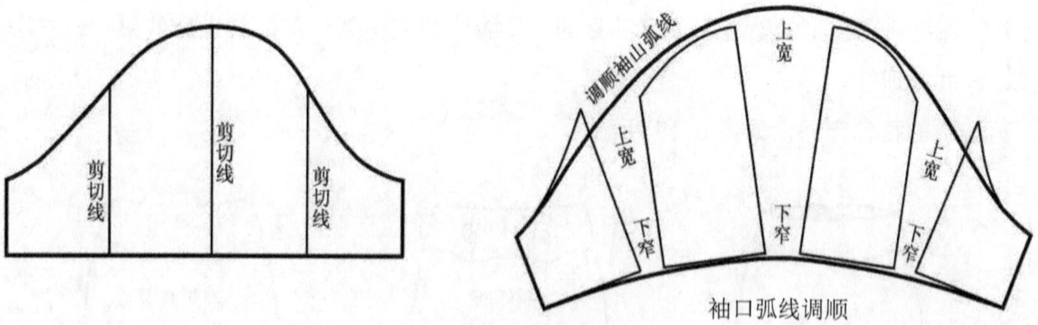

图 6-17 不等距移动法

3．旋转法。

旋转法是先在原有的结构图形上画好剪切线，需要皱褶的一边剪切开来，所对应的一边不需要皱褶，则保留一点不用剪断，皱褶一边以该点为圆心逐步旋转张开来形成三角平面图形，直到满足张开部位的皱褶量为止。这种方法主要用于波浪形褶纹效果。例如：上装的喇叭袖、喇叭荷叶边，下装的太阳裙等。图 6-18 中是喇叭袖和裙子荷叶边的结构纸样设计的方法。

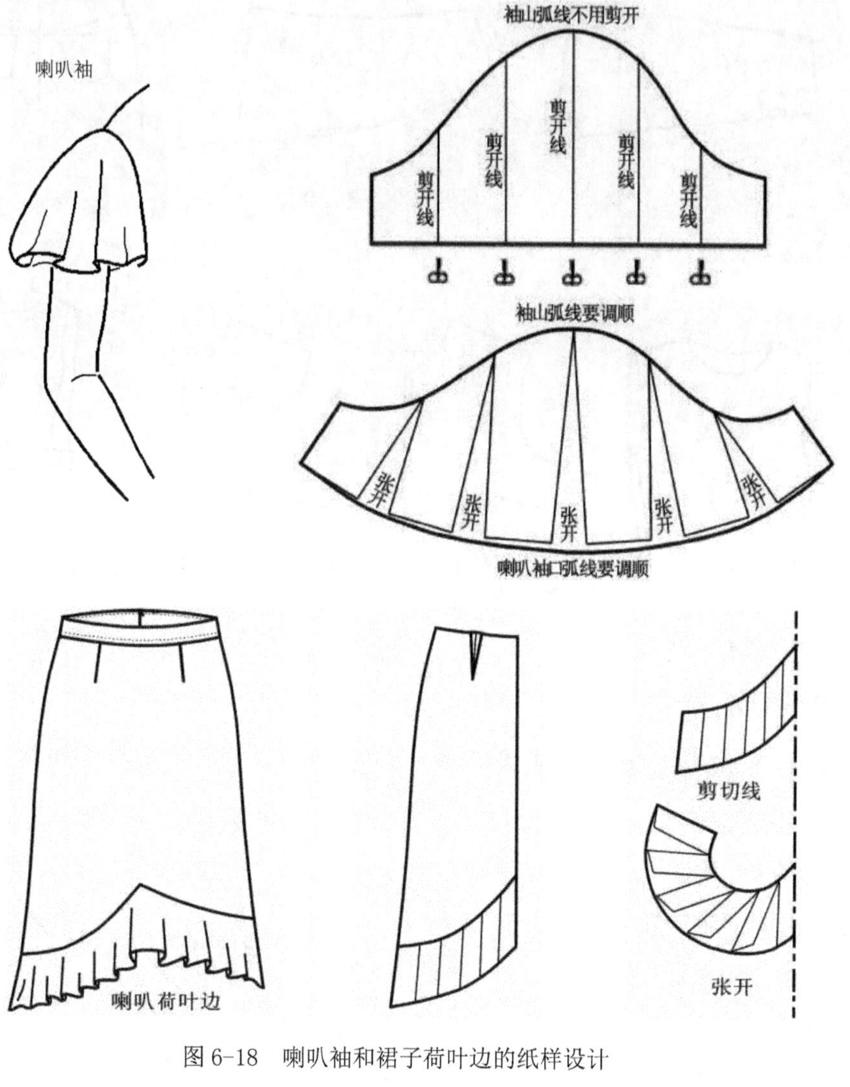

图 6-18 喇叭袖和裙子荷叶边的纸样设计

二、剪叠合并法

所谓剪叠合并法就是在图纸上剪开某一处的同时再合并折叠另一处，使剪开部位展放出一定宽度，既达到能保持原有图形的造型不失真的目的，又能达到变化某一部位的设计效果。该方法多用于省道转移、合并处理等。

1．裙装中的腰省合并，如图 6-19 所示。

图 6-19　腰省合并

2. 牛仔裤中的飞机头合并，如图 6-20 所示。

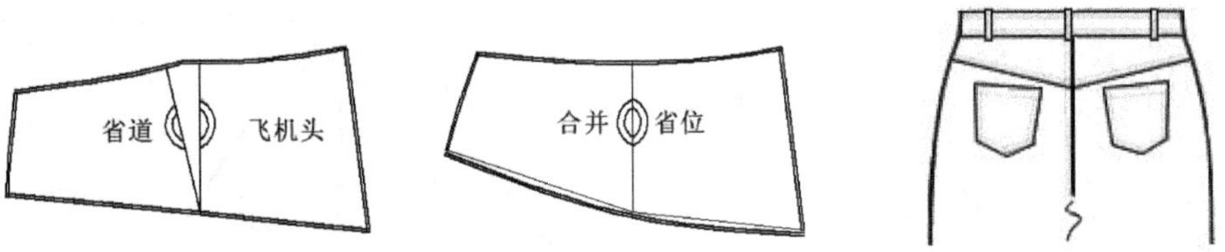

图 6-20　腰省合并

3. 上装中的腰省转移，如图 6-21 所示。

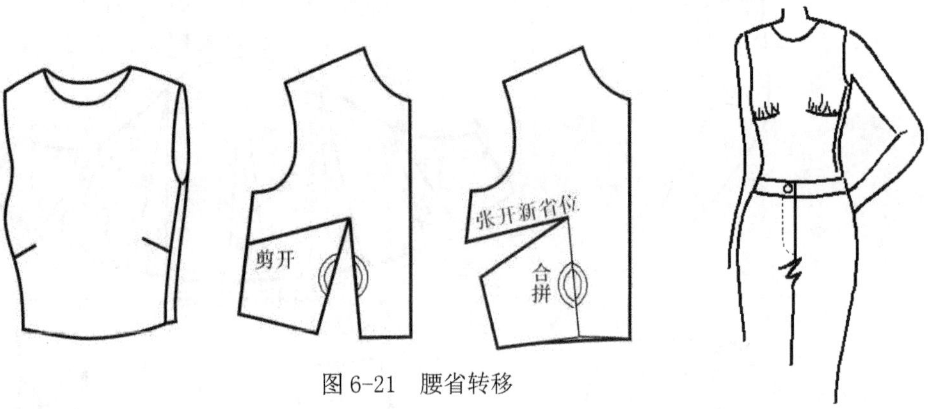

图 6-21　腰省转移

三、组合设计法

所谓组合设计法就是把展放分开法、剪叠合并法和分割变化结合，它不但改变了原有图形的基本结构，而且产生了具有款式特征和效果的时装纸样。它是服装纸样的综合设计，也是纸样设计难点。

1．剪叠合并法与展放分开法的组合纸样设计，如图 6-22 所示。

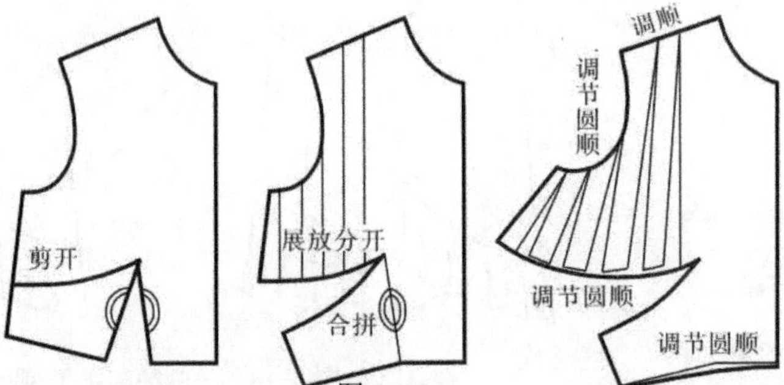

图 6-22

2．剪叠合并法与分割法的组合纸样设计，如图 6-23 所示。

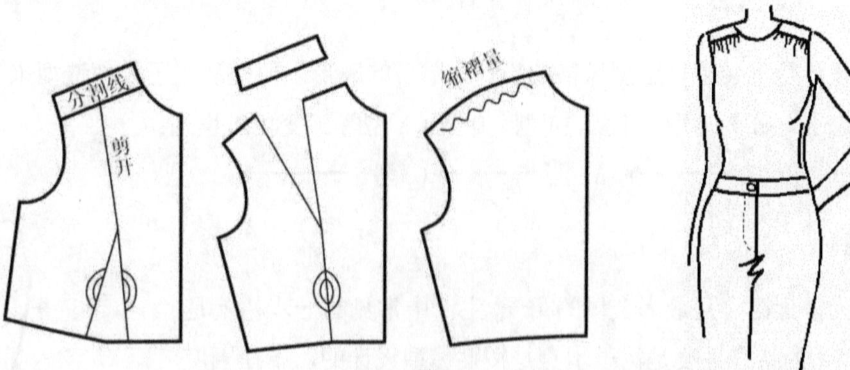

图 6-23

3. 展放分开法与分割法的组合设计，如郁金香袖的结构设计，如图 6-24 所示。

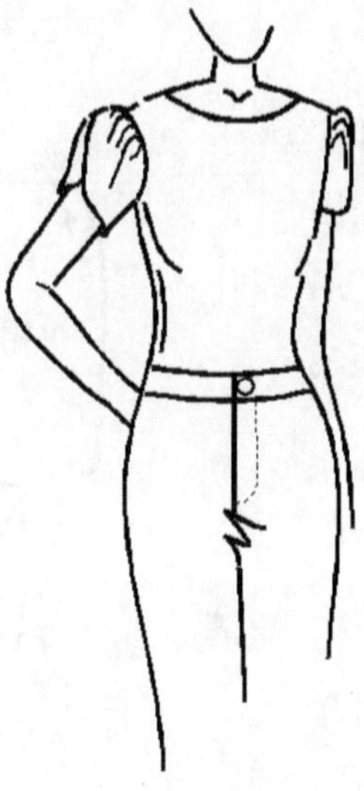

郁金香袖款式图

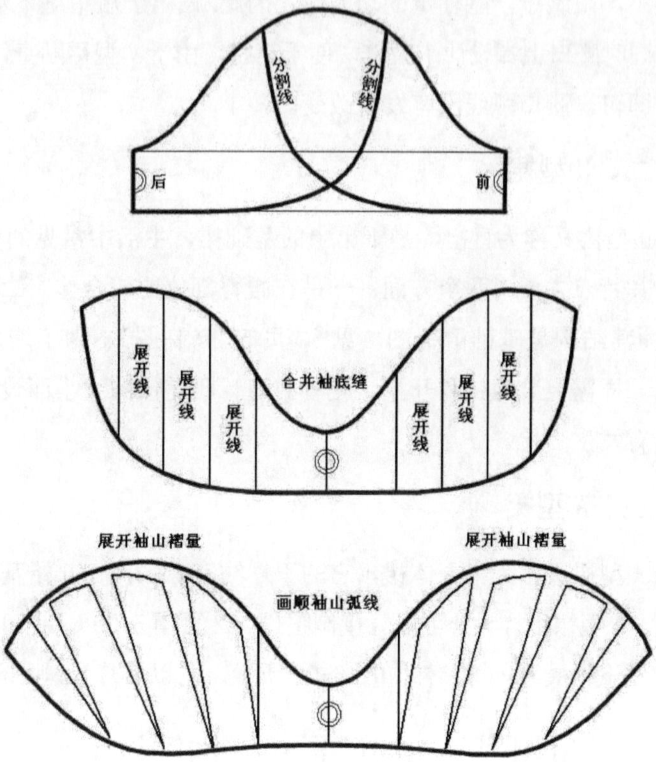

图 6-24

4．剪叠合并法、展放分开法、分割法的组合设计，如图 6-25 所示。

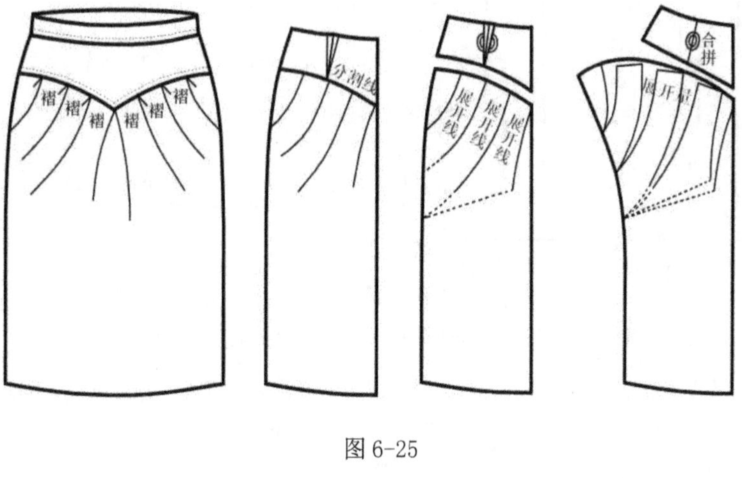

图 6-25

第六节　裙子廓形变化设计

裙子廓型的设计是下装整体造型风格的设计，裙子的廓形主要是从裙子外部造型来划分，通常表现在裙侧缝的形态上，分为 V 型、H 型、A 型、O 型、X 型等。变化过程为：

V 型 ⟵ H 型 ⟶ A 型 ⟶ O 型 ⟶ X 型。

一、V 型裙

V 型裙又称为紧身裙，是最为合体的裙子，生活中常见的一步裙就是很好的例证。V 型裙的特点主要是裙子本身是按贴体型设计的，下摆围度比较小，其结构是将基础裙的下摆围度改小（见 79 页 5-27 制图）。由于下摆小，限制了一些行走的功能性，因此，在裙子后中缝下端设有开衩或褶。同时腰口上端设计了拉链，便于穿脱。由于 V 型裙贴身，腰口省设计四个即可，腰口弧线没有发生改变。

二、H 型裙

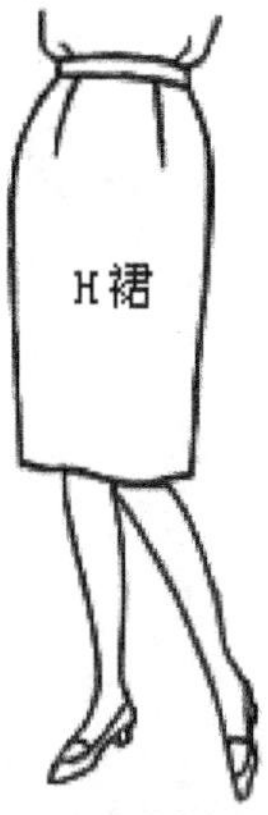

H 型裙又称为直裙，是下裙中的基础裙，生活中常见的有西裙，旗袍裙。其特点主要有两个方面：一是在腰臀部位比较合体，二是臀围与摆围相等，其结构是基础裙制图（见 83 页 5-30 制图）。为了增加功能性，与 V 型裙一样需要装拉链和开衩，腰省数随臀腰差值的大小而设计，腰口弧线也没有发生变化。

三、A 型裙

A 型裙又称为半合体裙，它的下摆约有夸张，在 H 裙基础上，增大了摆围，A 型裙纸样设计可以直接作图（见 82 页图 5-29），也可利用基础裙合并省道下摆展开的方法。如图 6-26 所示，它以后片为例，前后制图方法相同。

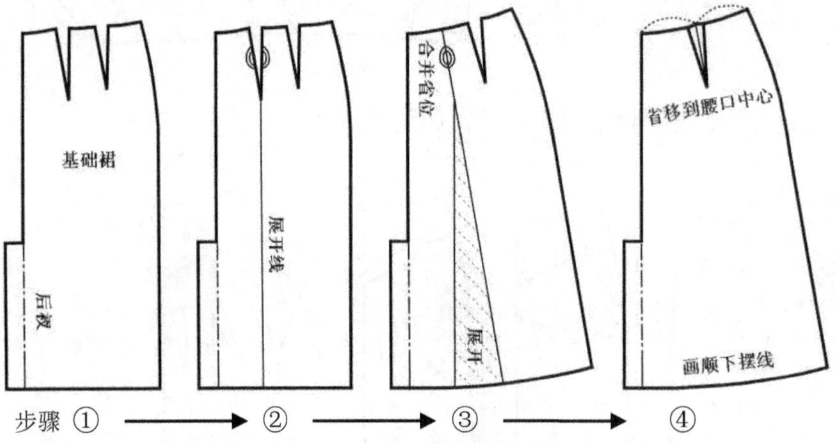

图 6-26

制图中不难看出：随着腰口省的合并，侧缝起翘点增高，腰口线弯曲程度增大，下摆线的弧度也随之增大，进而引起摆围递增。从中得出：裙摆围大小是受腰省的制约，实际上是受腰口线弯曲程度的制约，即腰口线曲度越大，裙摆围越大，这一规律同样适合于斜裙、半圆裙和整圆裙。

四、斜裙

斜裙是在 A 型裙的基础上，腰口线弯曲程度进一步增大，侧缝起翘点继续增高，裙摆围度增大，这时裙子造型只是腰部合体，其他部位相应比较宽松，下摆出现了飘逸的风格。由于增大下摆围，侧缝线可以转化为直线。制图方法可以是直接制图法（如 84 页 5-32 斜裙制图），还可以将基础裙的两个省道合并转移至下摆，以此来增大摆围，如图 6-27 所示。

斜裙

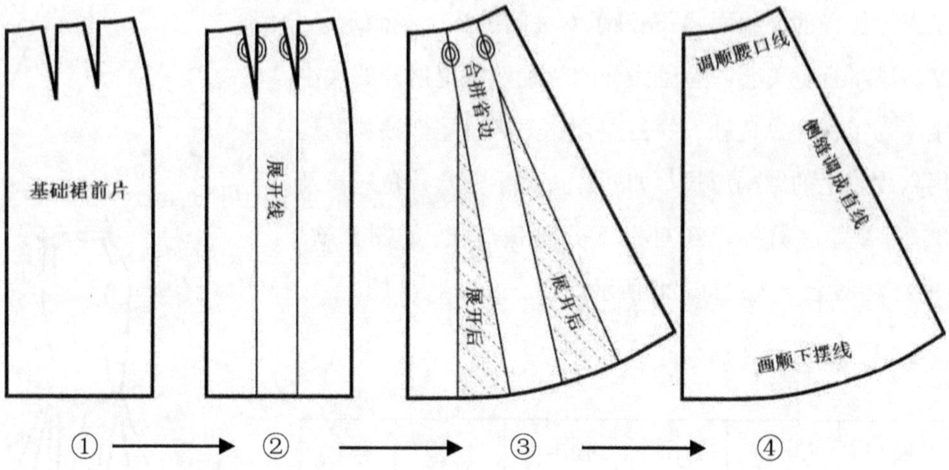

图 6-27

五、半圆裙和圆裙

半圆裙是指裙摆围度正好是整圆的一半，即为 180°；而圆裙的裙摆围度恰好是一个整圆，即为 360°，也称为太阳裙。通常情况下，圆裙的裙摆是裙子整体结构设计的极限。这两种款式的裙摆围大，因而臀围不受限制，充分体现了裙子的飘逸风格，在这种情况下省道的功能消失，侧逢调整为直线，而腰口线和下摆线的弯曲程度更大，形成半圆和整圆。

半圆裙

半圆裙和圆裙可以利用斜裙的裙摆作均匀展开，展开线越多，腰口线和裙摆线就越圆顺。半圆裙的每个裙片腰围以 1/8 圆作分割，圆裙的每个裙片腰围是以 1/4 圆作分割。这种方法从理论上比较容易理解，但是制图比较烦琐，只能用于理解参照。实际制图时一般采用直接制图法，如 78 页的制图。另外在设计这两种裙型的纸样时，涉及了 45º 角斜丝面料的运用，斜丝面料长度很容易拉长，为了保证裙摆处于同一水平位置，在斜丝方向上裙长适当减少 2～4cm。

通过观察分析上述 H 型裙、A 型裙、斜裙、半圆裙的几种不同廓型裙子的纸样设计，可以得到如下纸样设计的基本规律。

1. 随着裙摆的递增，腰口线逐渐由直线变为弧线，侧起翘点也随之递增，腰口线弯曲程度越大，裙摆越宽松，因而，腰口线是制约裙摆的关键因素。

圆裙

2. 侧缝线的上段在合体裙子的纸样设计中起到了收省作用，当裙子在臀部逐渐变得宽松时，收省的作用消失，侧缝由曲线变为直线。

A 款

六、X 型裙

X 型裙又称为鱼尾短裙，它的外部轮型呈现鱼体状，显著特点是膝线以上属于 V 型裙结构，非常合体；而膝线以下逐步展开成充满韵律动感的波浪鱼尾状，比较夸张，属于圆裙结构。体现了 X 型裙合体与张扬的个性，塑造了人体优美的曲线面感，充满了女性的韵味，既满足了裙子的功能性，又增添了视觉美感。鱼尾张开的位置及鱼尾展开的大小根据个人需要而定。为了保证"鱼肚"的三围合体与"鱼尾"浪势的均匀，鱼尾裙多采用六片以上的结构形式，如六片鱼尾裙、八片鱼尾裙及十二片鱼尾裙，如图 A 款。另外，还有上下分割鱼尾裙，如图 B 款。

B 款

A 款鱼尾裙的结构设计，如图 6-28 所示。

选用 160/68A 号型，规格设置如下。

（单位 cm）

部位 / 单位	裙长 SL	腰围 W	臀围 H	膝围 K	摆围	腰宽
厘米	94	68	96	81	3 倍 W	3

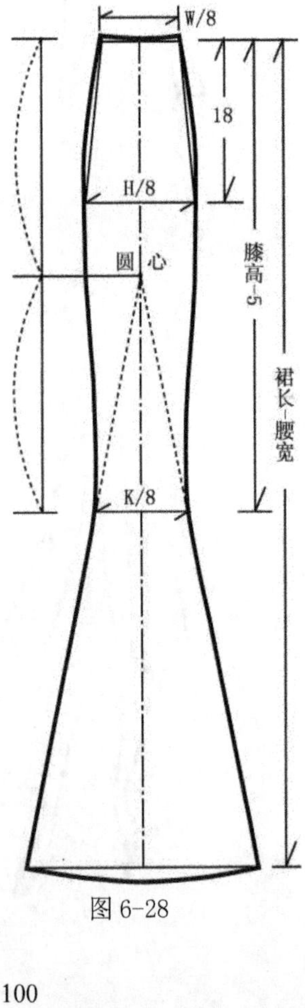

图 6-28

结构分析如下。

①鱼尾裙膝部以上属 V 字造型，因此，膝围小于臀围。利用臀围减 15cm 来确定膝围尺寸，从视觉效果上符合 V 型裙造型的需要，穿着上可以感受到女体曲线美的良好视觉效果。

②鱼尾裙摆围设计比较灵活。但裙长设计在 94cm 的情况下，他的摆围可以确定为三倍腰围尺寸，这一设计符合大众化鱼尾裙规格设计的需要。

③由于该款是由八片相同、左右对称的裙片组合而成，因此，只需划好其中一片结构图即可，腰、臀、膝围均可采用八等分计算。

④下摆张开设计：在腰至膝的对称轴上取中点为圆心，连接圆心与膝线交点并延长至裙长线，至此得到下摆张开宽度，此时张开宽度恰好是摆围的八分之一，摆围尺寸刚好是三倍腰围尺寸，这一规律同样适用于其他多片鱼尾裙的结构制图。此方法是波浪鱼尾状结构造型设计的最佳方法。

⑤臀高确定为 18cm，膝高为 57cm，新的膝线高＝膝高－5cm，略提高膝线，利于造型需要。

⑥腰口两侧上翘 0.3cm，划顺腰口线，并划顺两侧弧线即可。

B 款鱼尾裙结构设计，如图 6-29 所示（以前片为例，后片制图方法与前片相同）。

①从该款式图中可知，B 款鱼尾裙分割成上下两段，上段为 V 型裙，下段为喇叭鱼尾状。

②结构设计时，上段按 V 型窄脚裙的制图方法，下段结构先处理成长方形，然后再切展下段，使下摆围增大，形成太阳裙喇叭状，当制作好裙子并穿在人体以后，下摆由于悬垂的作用，裙子下摆形成尤如鱼尾的形状。

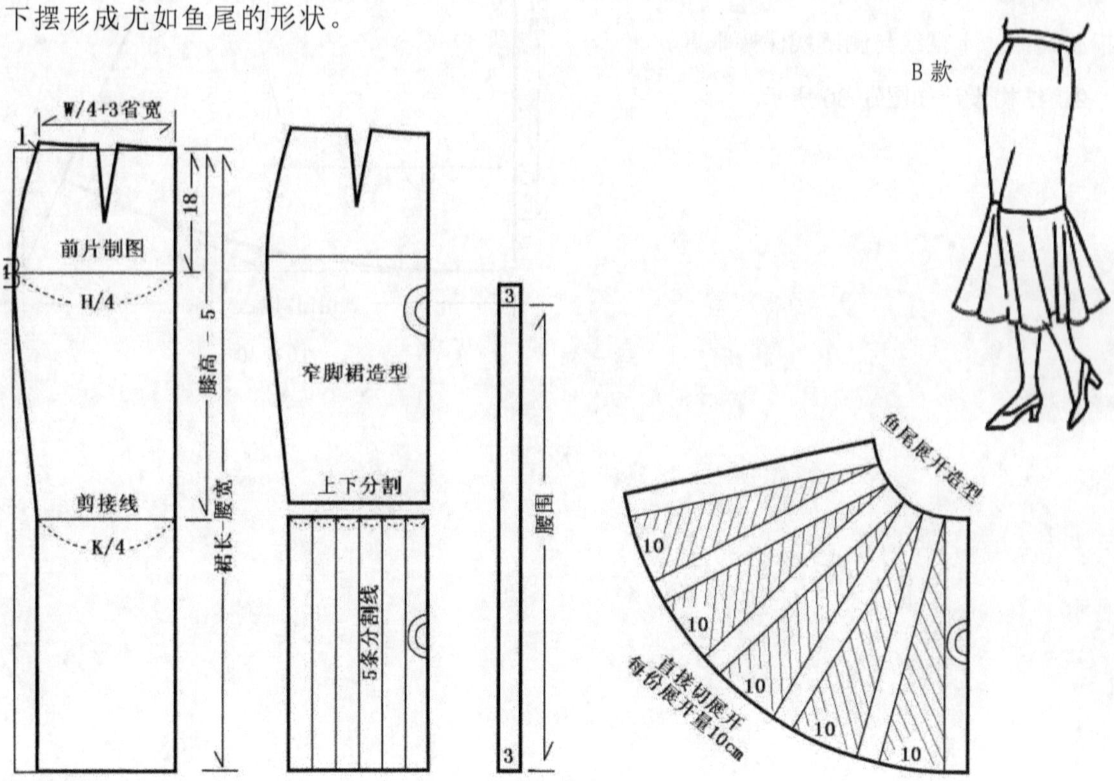

图 6-29

七、南瓜裙结构设计

南瓜裙又可称为“O”型裙、气球裙，很有趣味性。裙子由面、里组合而成，面层裙的下摆大而长，里层裙的下摆小而短，面层裙下摆缩褶后与里层下摆缝合在一起，使面层的下摆呈现出自然皱褶状。整个裙子可采用丈根收缩腰围。由于裙子上下部位都有缩褶，中部尤如南瓜外凸，因此而得名。

O 型裙

特别提示：南瓜裙面层下摆的大小可以视面料幅宽进行调整。公式为：面料幅宽/2～3（cm）。

南瓜裙制图说明。

1．制图规格。（单位 cm）

部位 单位	裙长 SL	制图腰围	内里摆围
厘米	56	68	120

丈根长 58cm，宽 4cm。

全腰口缩褶量为 80cm。

面料幅宽设为 120cm。

面裙长加 7cm，里裙长减 7cm（互借）。

腰口线、下摆线与侧缝线保持垂直。

2. 结构设计如图 6-30 所示。

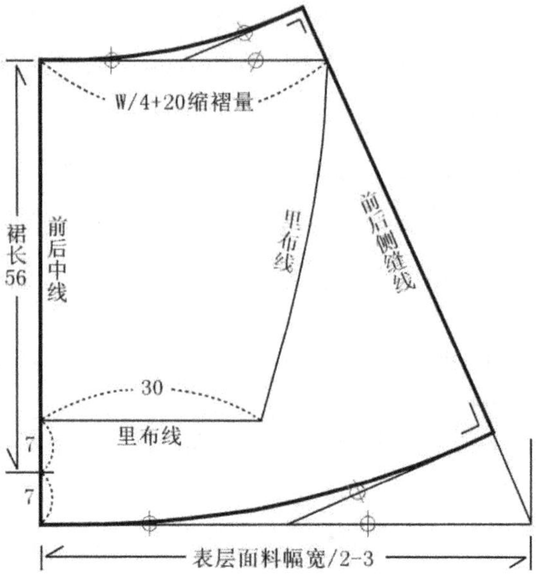

图 6-30

拓展与提高

1．等距平移法与不等距移动法有何区别？

2．名词解释：旋转法　剪叠合并法　展放分开法

3．纸样设计的方法和步骤？

4. 裙子廓型怎样划分,可分为哪几种类型?

5．窄脚裙为什么一定要开衩？

6．腰口线与裙摆有何关系?

7．鱼尾裙的膝线为什么要提上？

实践环节

1. 请用直接制图法，画好 V、H、A 裙子的结构制图。

2. 动一动手,作出斜裙、半圆裙、整圆裙的结构制图。

3．请画出六片鱼尾裙的结构制图。

4．动一动手,看一看南瓜裙缝制后穿着的效果。

第七节　裙子分割变化设计

分割裙是带有分割线的裙子。而分割的目的是为了改变裙摆、分解裙片，使吻合部位更加合体。分割线按作用主要可分为功能性分割和装饰性分割，在分割裙纸样设计中，首先要分析分割线是否带有功能性，如果是，一定要注意分割线位置的设定；如果是装饰性的分割线，要遵循合体、运动、形式美的原则进行设计，特别强调裙子的外观艺术造型美。

根据分割线的方向，裙子的分割线变化主要有横向分割、竖向分割、斜向分割和横竖斜组合分割。几种变化得到不同的款式风格和造型特点，使款式变化无穷，时尚新颖。

一、横向分割裙

(一)节裙结构设计

节裙是比较简单的一种款式，在腰口线或每节之间采用缩褶的方法处理。因为节裙属于比较宽松的款式,分割线不是功能性的分割线，节裙的分割基本是属于款式的需要，属于装饰性艺术分割，每节的高度可由款式的不同而变化确定，具体见 87 页节裙结构制图。

(二)育克分割裙结构设计

裙子的育克是指在裙子腰臀部设计有横向分割线而形成的上下中介线。育克线设计带有很强的功能性，要保证符合人体的体型，因此育克线的分割位置一定要经过腹、臀凸点附近。不像节裙的分割位置是由款式来决定作出上下调整。如右图所示是一条横向育克低腰裙。这类裙子有一个共性,当育克线确定以后，裙子的上半部分可以合并省线，从而省位消失，形成一块完整的裙上片。

右图是一款横向分割中腰育克裙，小 A 型，后中装隐形拉链，裙长在膝盖约上，臀线以上有一条横向分割线经过腹、臀点附近，下摆返折挑脚 3cm 宽,运用合并省线的方法进行纸样设计，结构如图 6-31。

育克分割裙

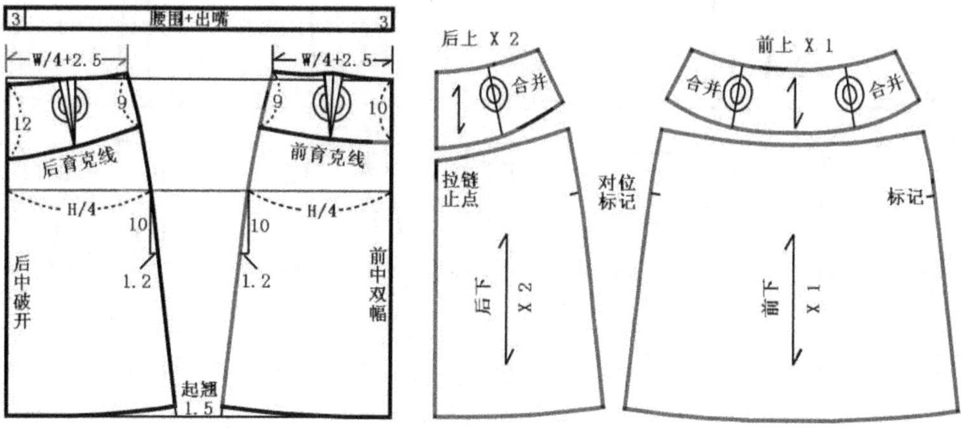

图 6-31

1．选用 160/68A 号型，规格：SL＝55cm，H＝94cm，W＝68cm。

2．纸样设计步骤及要点：①依据横向分割线要经过腹、臀凸点附近的原则，在小 A 裙基础上设计出前后育克线。②合并上段腰口省线，调顺腰口线和育克线。③分解裙片，得到各部位裙片图。

(三)功能与款式结合分割

由功能和款式的需要而设计的横向分割线，如右图的鱼尾裙。这里不再讲解，由学生通过 X 型裙结构的学习自己进行结构纸样设计。以此来检验学生学习的情况。

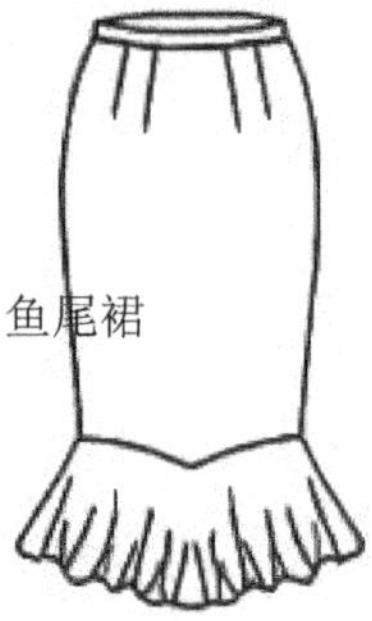

鱼尾裙

二、竖线分割裙结构纸样设计

生活中我们见到竖线分割裙很多，如四片裙、五片裙、六片裙、七片裙、八片裙、九片裙、十片裙、十二片裙等，裙子的竖线分割有较强的功能性，竖线分割尽量与人体凹凸点保持平衡。

无论是几片裙，它们都有一个共性，在作均衡分割线的同时，一定要将臀腰差量（即省量）均匀地分配并隐藏在分割缝之中。

如右图片是一条六片分割直腰裙，属于 A 字基础裙变化，从外观看不见腰省，其实腰省已经融入到两侧和前后竖线的分割缝之中。

竖线分割裙

1．制图规格如下，结构纸样设计如图 6-32 所示。

SL＝65cm　W＝68cm　H＝94cm　腰宽＝3cm

2．纸样设计分析及要点：①该款属于 A 型裙，可以利用 A 字裙基础结构图进行第二次纸样设计，前后各进行两条竖线分割设计；②采用四分之一裙片设立一个省的方法，将前后省量隐蔽在腰口的竖线分割缝之中；③缝边：折边宽 3cm，其他部位缝份 1cm。

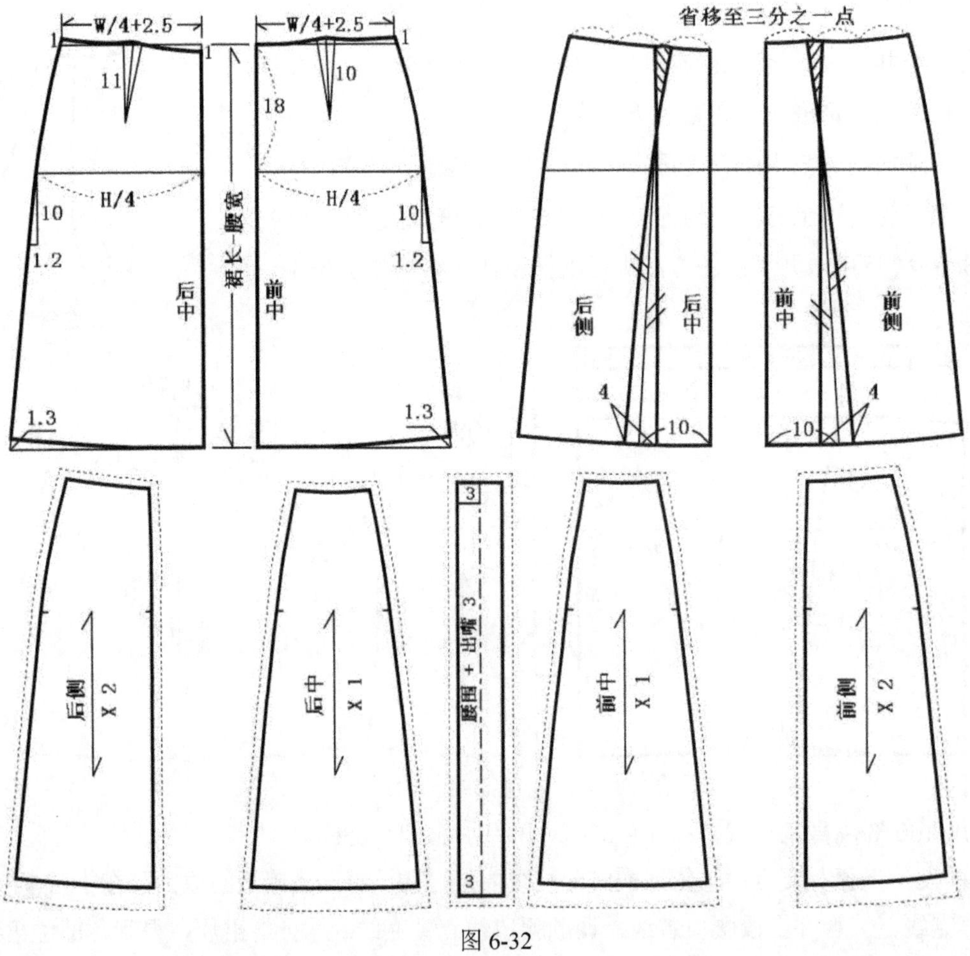

图 6-32

三、斜线分割裙的结构纸样设计

螺旋裙

斜线分割裙在生活中有很多，以右图螺旋状分割裙最为典型，下摆飘逸和垂感极强，凸显女人的妩媚和婀娜多姿，是女性十分喜欢的款式之一。选用 160/68A 号型，制图规格如下。

（单位 cm）

部位 / 单位	裙长 SL	腰围 W	臀围 H	腰宽
厘米	70	68	94	3

制图分析如下。

1. 从款式外观看，属于装直腰的斜裙，并在前后作斜向分割，因此，可直接利用斜裙的基础结构图进行第二次纸样设计。

2. 整条裙子是由六片相同且倾斜的裙片所构成，不区分前后片。

3. 画好斜裙前片结构，腰、臀、摆作三等分，并画好斜向分割线。对其中完整的裙片下摆作展开处理，以增大下摆围度，从而形成蓬松的荷叶喇叭状。

4. 裙片缝合时，后中接缝上要装一条斜向的拉链，便于穿脱。

5. 由于裙片是斜向的，加之下摆展开处理，因此，拼缝好裙片以后要将裙子吊挂，对下摆进行修剪平顺处理，使下摆与地面平行。纸样设计如图 6-33 所示。

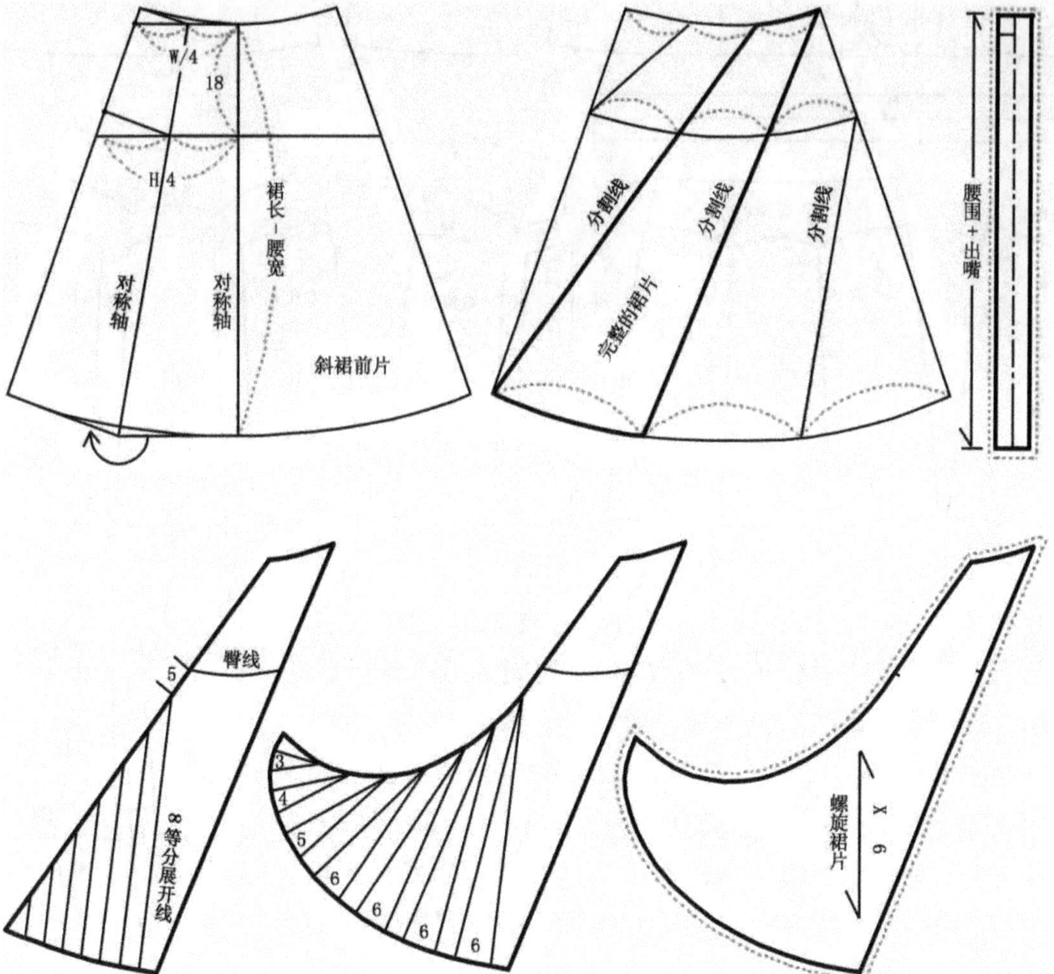

图 6-33

四、育克与竖线交叉分割裙结构纸样设计

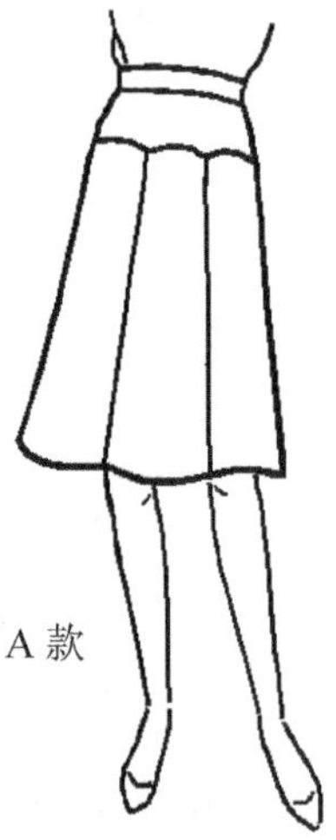
A 款

这种形式的分割裙综合了横、竖线分割裙的制图原理，并结合款式的造型特点，可以非常灵活地进行结构纸样设计。这种设计强调了功能性和装饰性的统一。下面两款非常有代表性，可以作为我们学习的引导。

A 款 此款的特点是竖线分割与育克弧线分割相结合，臀部以上比较合体，育克线呈现月芽状，臀部以下属小 A 型，前后作六片裙竖线分割。既满足了人体行走功能性，也体现出合体与艺术曲线装饰性。月芽育克线要考虑比例、造型及省位处理，竖线分割要考虑均衡、协调、形式美统一。

1. 号型选用 160/68A 女子标准中间体。

2. 尺寸：裙长 SL=65cm　腰围 W=68cm　臀围 H=94cm　腰宽=3cm

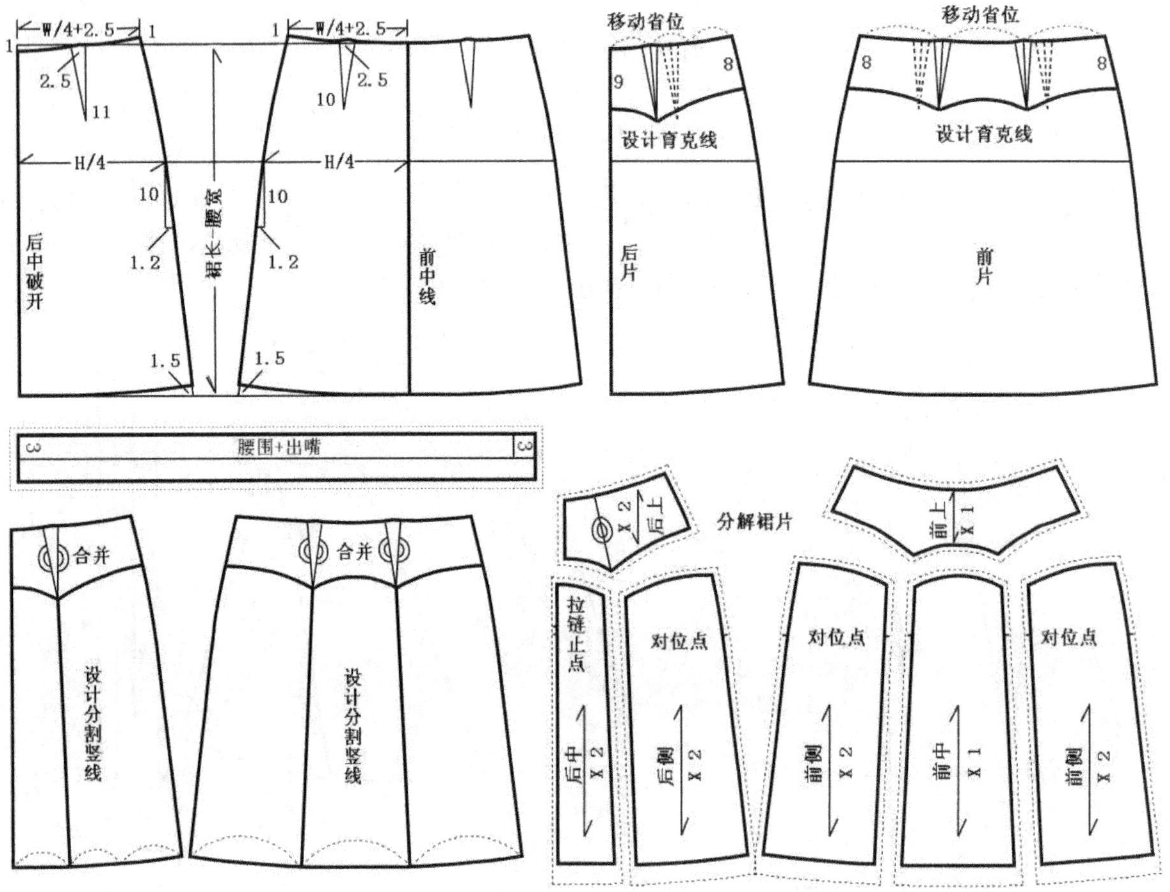

图 6-34

3. 纸样制作步骤：①画 A 裙基样；②设计月芽育克线；③移动省位；④设计分割竖线；⑤合并省位；⑥分解纸样。纸样设计如图 6-34 所示。

B 款

B 款 如若不看两侧的育克分割线，B 款是一条六片分割裙，中间的分割线是前后裙片的中间媒介线。很显然腰省要分配在竖线分割缝之中，从而解决臀部以上的合体性。而两侧片的育克线分割，是为了达到款式的外观造型，以形式美原则设计的，同样达到了功能性与装饰性的有效结合。

实践环节：通过对 A 款的学习，由同学们自己设计 A 款裙子号型及规格，并作出 1∶1 结构纸样来。

第八节　裙子褶裥变化设计

褶裥处理是裙子结构设计中常用的一种手法，褶裥造型会产生立体感强、动感性真、装饰功能好的效果，运用得当会使人们产生造型上的视觉效应和丰富的联想空间，使裙子造型更加丰富多彩。褶裥的种类很多，有自然褶、规律褶；自然褶又分为波浪形褶和缩褶，规律褶裥又分为单褶裥、工字褶裥、百褶等。褶裥可以运用在裙子的任何部位，如腰部、裙摆、前中以及侧缝等多处。

一、自然褶裙结构设计

（一）缩褶裙的结构设计

生活中我们见到的塔裙、缩褶节裙、南瓜裙都属于缩褶裙这一类。

缩褶裙有一个共性，就是要将腰省量转换为缩褶量。右图是在裙子前中缩褶的例子。表面上看不见腰省，实际上腰省量已经转移到前中缝变为缩褶量，从而隐蔽了腰省。如转移后缩褶量不够，可再次展开以增加缩褶量，以右图缩褶裙为例进行纸样设计，见图 6-35 所示。

1. 号型选用 160/68A 女子标准中间体。

2. 依据号型设置制图的规格尺寸如下：

裙长 SL＝57cm　腰围 W＝68cm　臀围 H＝94cm　腰宽＝3cm。

3. 制图步骤：①画好基础直裙结构；②设计新省线；③合并腰省，新省口张开；④设计展开线，增加展量，以作为前中的缩褶量。

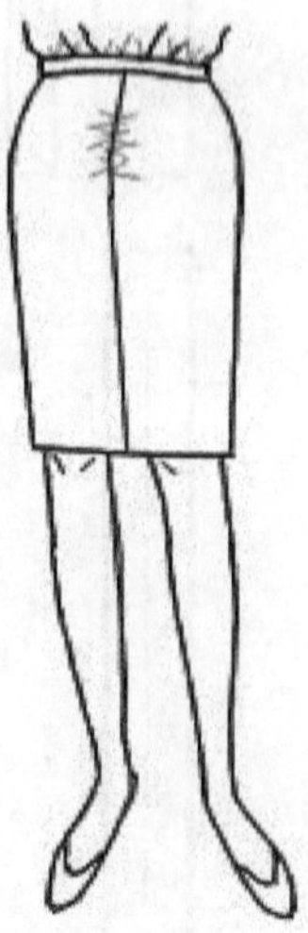

缩褶裙

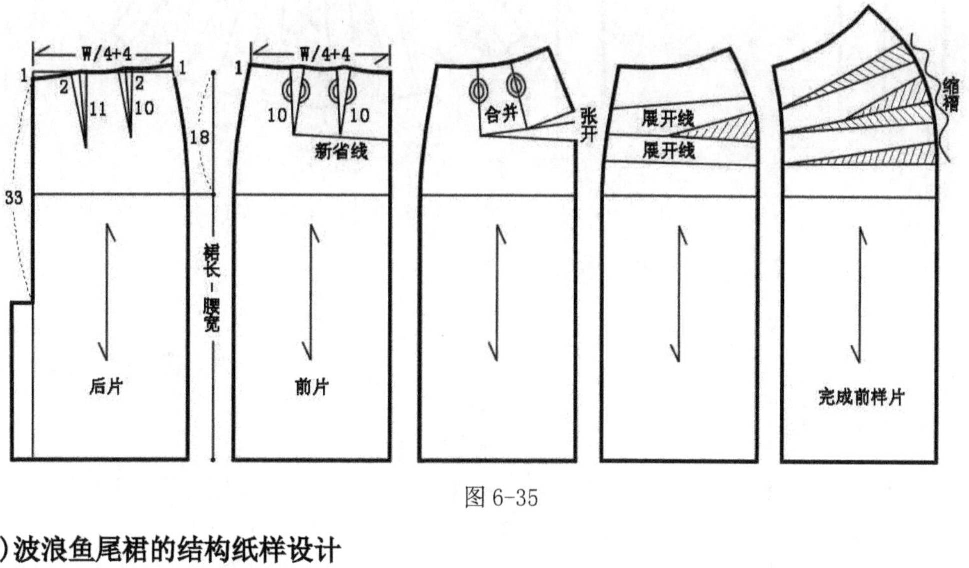

图 6-35

(二)波浪鱼尾裙的结构纸样设计

波浪裙变化实际与裙子廓型变化时的原理一样，结构线的弯曲程度要增大，不单纯是将下摆围度增大的问题，还可以将波浪部位组合形成一块裙片，再作展开波浪设计。图 6-37 是波浪裙纸样设计的一个例子，在裙子下摆侧缝处将一块方型的面料通过切展原理展开，使其成为波浪型的下摆，增加了裙子行走的功能性。实际上我们在前面讲述过的斜裙、半圆裙和整圆裙也属于波浪裙的一种。

选用 160/68A 号型，制图规格尺寸：SL＝84cm，W＝68cm，H＝96cm，腰宽＝3cm。

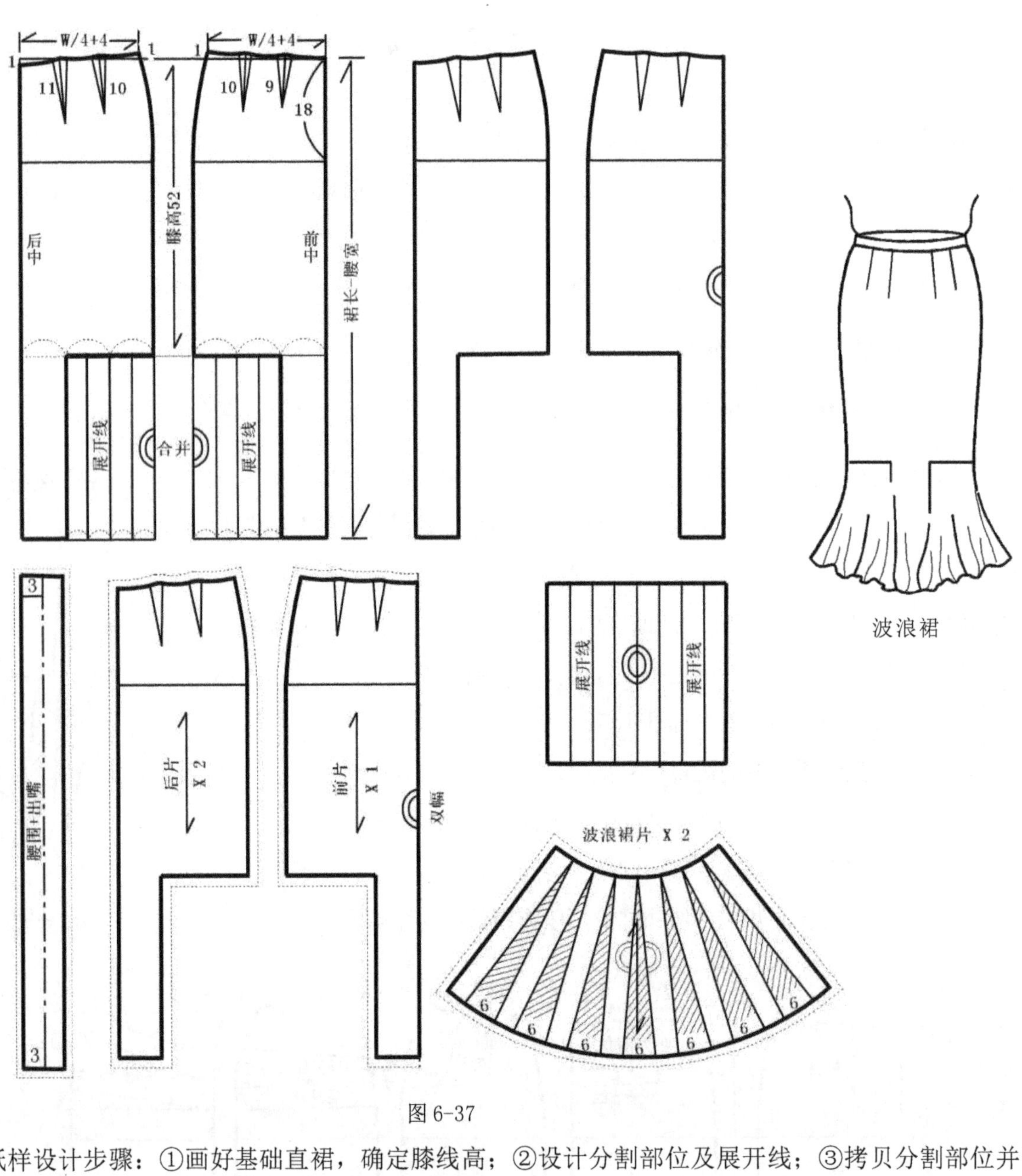

图 6-37

纸样设计步骤：①画好基础直裙，确定膝线高；②设计分割部位及展开线；③拷贝分割部位并合并两侧；④展开分割部位的下摆，使其形成波浪状。

实践环节：上面三款短裙与学习的结构知识和打板技法有关，同学们想一想，画出 1∶5 结构图。

二、规律褶裙结构设计

规律褶裙的种类很多，如工字褶裙、倒褶裥，还有褶裥有序的百褶裙等。如果我们细心观察，规律褶裙的结构纸样设计方法有一些共性如下。

1．腰省可以随腰口线四周移动。

2．凡是腹、臀部以上的规律褶，必须把腰省量均匀地分配在褶裥之中，这样才能使腹、臀部位更加合体、平整。

3．腰省量均匀分配必须是从上至下、上大下小，平行追加到每个规律褶之中，从而使布丝方向与褶向保持一致，对于条格面料更应如此，否则无法对格。

4．规律褶裥具有运动有序的立体感，需要保持长时间褶裥效应，因此需要对面料熨烫定型，以保持外形美观。面料宜选用涤纶混纺织物或薄型毛料等。

（一）百褶裙的结构纸样设计

百褶裙又称为普力特裙，褶裥顺倒一个方向且褶距相等，褶数可多可少，褶多更显立体感、韵律感，褶少给人以青春、活泼之气。百褶裙平铺在桌面外形似直裙，但穿着后随人体活动，褶自然张合，越到下摆褶张开程度越大，形成看似小A字的百褶裙。结构如图6-38所示。

1．制图规格：SL＝68cm　W＝68cm　H＝96cm　腰宽＝3cm。

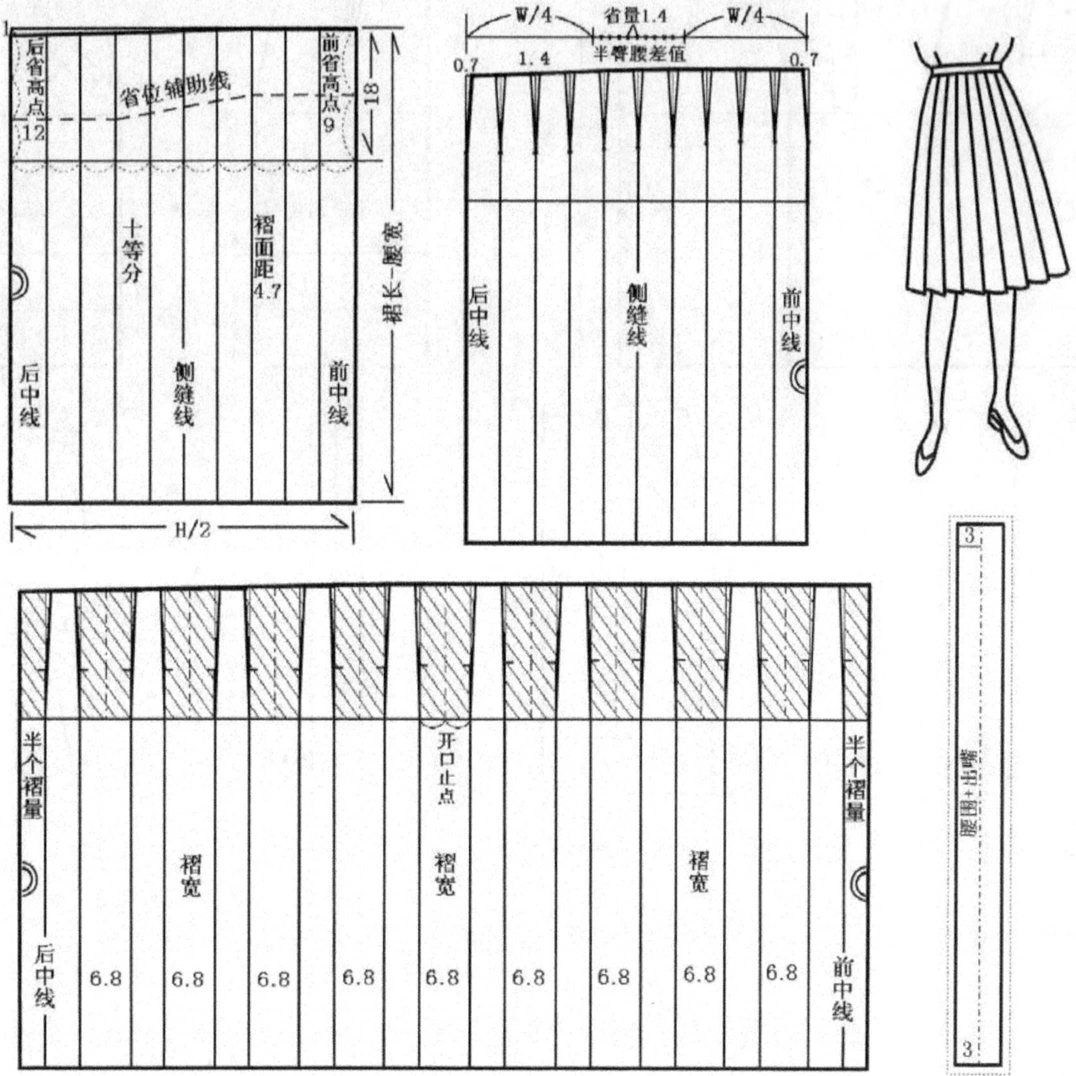

图6-38

2．百褶裙结构设计步骤：①采用前后围度的一半裙片作图，并在此裙片上收 10 个褶；②画一长方形，宽为臀围/2＝48cm，长为裙长－腰宽＝65cm；③后中腰线下落 1cm，再连接至侧点；④确定前后省尖点，引出省线位置辅助线；⑤画臀高线，距上平线 18cm，并作 10 等分，褶面距为 H÷20＝4.7cm；⑥由臀线等分点引出垂线，将腰口线平分成 10 等分，交界点看成是省根中点，省量由此两边分配，省量为 1.4cm，半个省量为 0.7cm；⑦省量计算每个省量为臀腰差÷20＝1.4cm，画好省边线；⑧展开褶裥，使每个褶裥量为 W/20×2＝6.8cm；⑨放缝、作标记，至此完成百褶裙的结构纸样。

（二）倒褶裙的结构纸样设计

此款廓形为直身裙，下段设计有横向倒褶，褶距相等，褶数量可根据爱好和款式风格而定，臀部以上比较合体，腰省发生了改变，而且与袋口相连，装直腰，后中装有拉链。作好基础直裙结构以后再作第二次纸样设计。

1．制图规格：SL＝57cm　　W＝68cm　　H＝94cm　　腰宽＝3cm

2．结构纸样设计如图 6-39 所示。

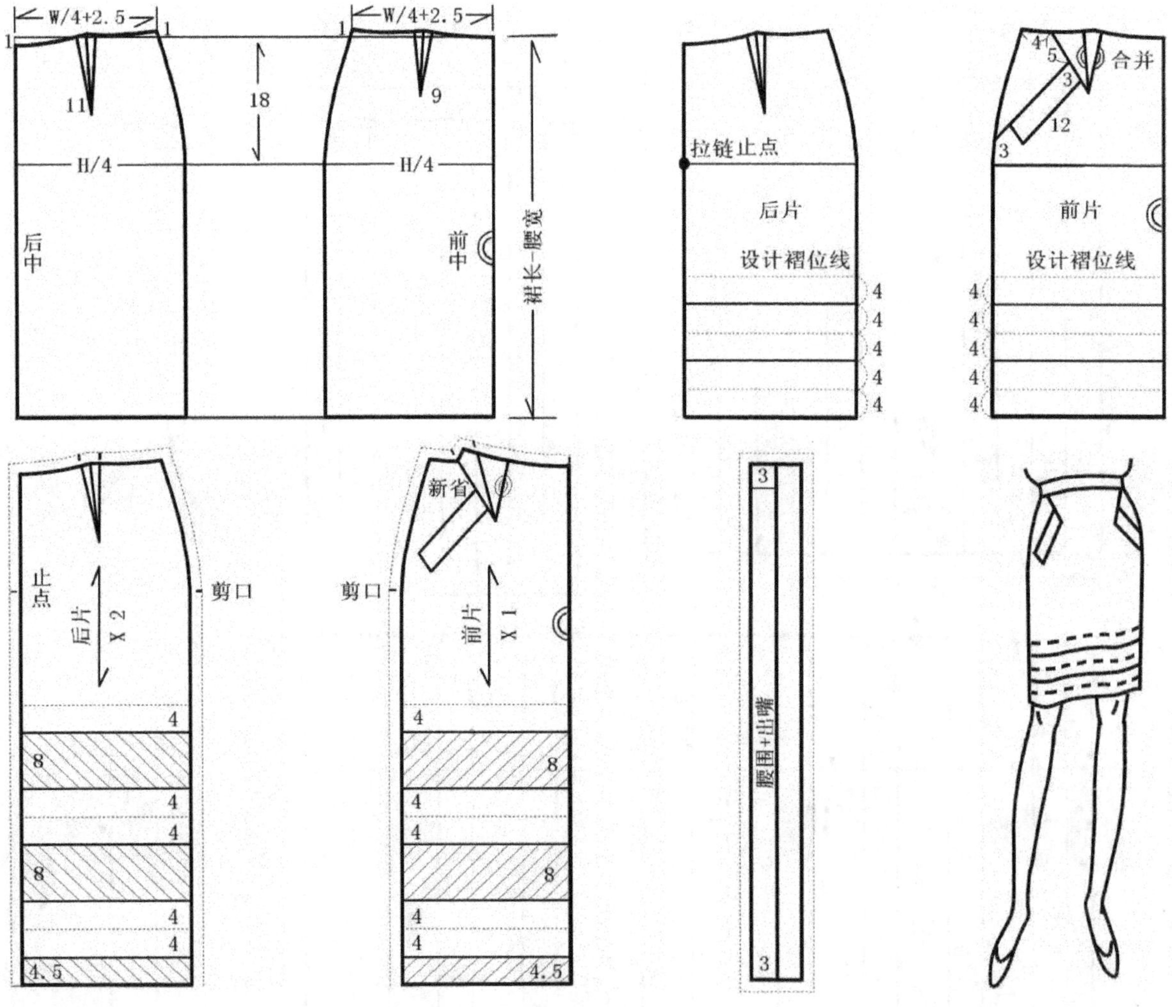

图 6-39

制图步骤：①画好基础直裙结构；②设计新省根线和褶位线；③画好袋口位；④转省；⑤展开倒褶；⑥放缝、作标记；⑦标注布纹向及文字说明。

（三）工字褶裙的结构纸样设计

此款是一条小 A 型工字褶裙，左右育克线不对称，致使工字褶不在前中。后中缝破开，左侧缝装有拉链，挑脚边，装直腰。工字褶一来有装饰性，二来兼有功能性，满足了活动的方便自如，很适合作为学生的制服，面料宜选择薄型毛料和混纺织物等。

工字褶裙

1. 号型及规格选择。

① 号型选用 160/68A 女子标准中间体。

② 依据号型设置制图的规格尺寸如下。

部位 / 单位	裙长 SL	腰围 W	臀围 H	腰宽
厘米	60	68	94	3

2. 制图分析及步骤。

① 画基础 A 字裙结构。

② 设计前面育克分割线。

③ 设计前面工字褶位置。

④ 合并前上育克腰省，形成前上片。

⑤ 平行展开工字褶，褶量为 10cm，形成前下片。

⑥ 分解上下结构纸样，标注布纹线及文字说明。

⑦ 放缝、作对位剪口标记。

3. 结构纸样设计如图 6-40 所示。

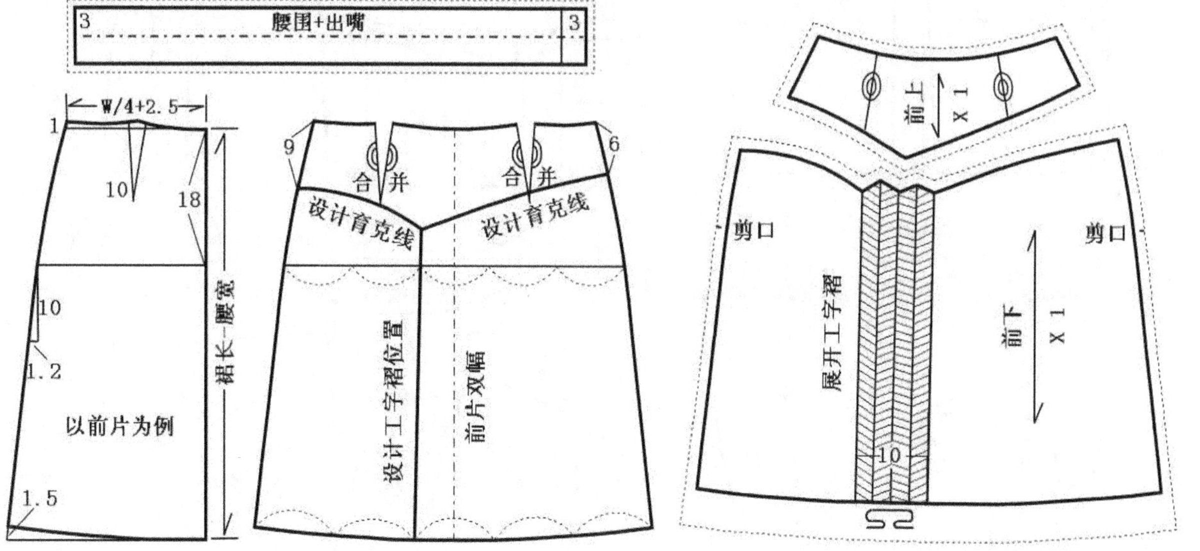

图 6-40

三、 组合裙子的结构设计

生活中结构上属组合类的裙子很多，运用手法上也是变化无穷，它们不是简单的拼凑，而是结构的综合利用。通常组合裙是由各种分割线和各种褶裥方式的组合，即分割线与自然褶、规律褶、倒褶组合等，在设计纸样的过程中要分析、总结其结构特征，综合运用所学的结构知识，选择行之有效的纸样设计方法进行制图打板。下面我们再通过几个组合裙款式的结构纸样设计来具体介绍一下组合裙子的制板方法。

（一）分割线与自然褶、波浪边的组合裙纸样设计

下图 A 款是一条低腰组合裙，臀部两侧有自然褶，下段设有分割线，摆围形成波浪边，前后一样，由于中间没有破开，因此在腰口左侧装有拉链。

制图分析：低腰结构腰口降低 2.5cm，新的制图腰围增大至 73cm，腰省转移至两侧剪开，两侧缩褶需展开增加缩褶量，下段分割需按造型及比例设计分割线，摆围需展开增大波浪围度，形成波浪边。结构纸样设计如图 6-41 所示。

部位 单位	裙长 SL	腰围 W	臀围 H	低腰围	腰宽
厘米	63	68	96	73	3

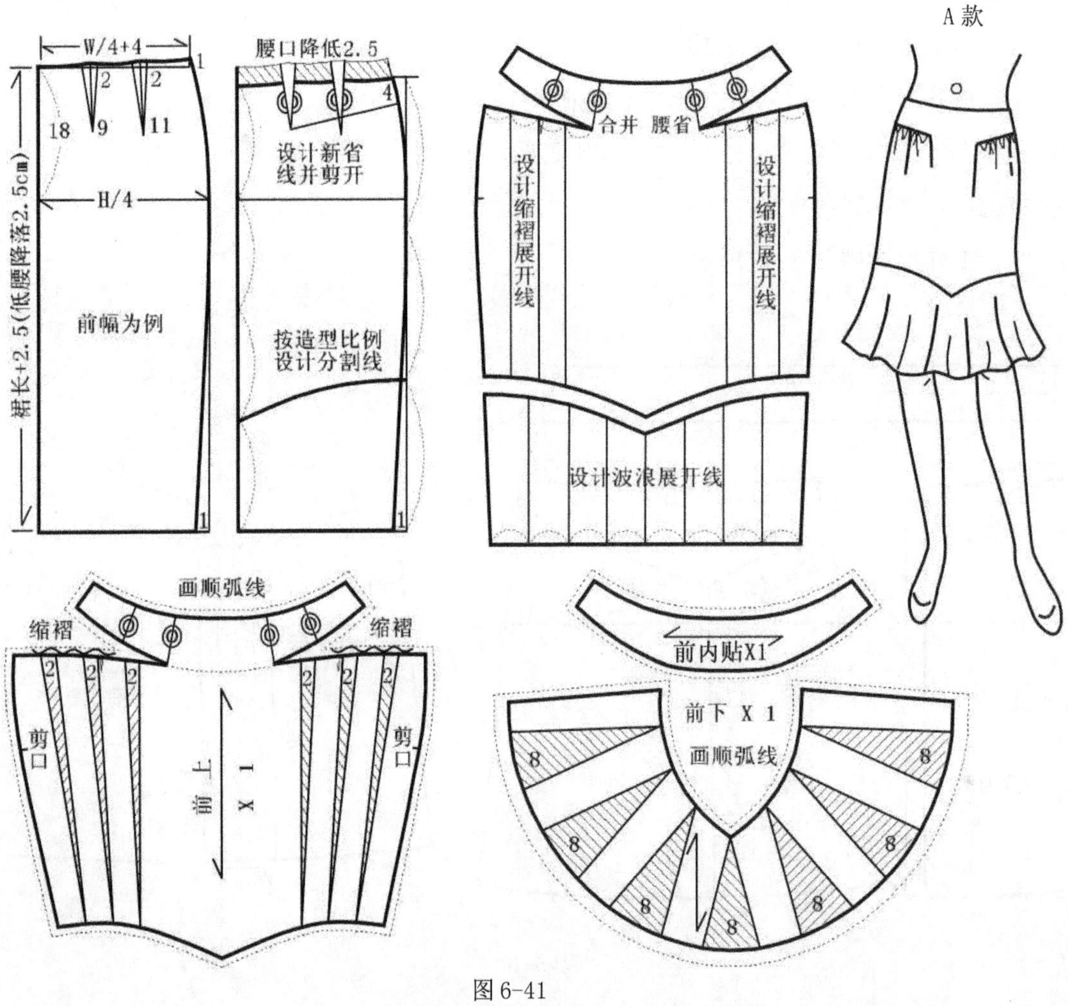

图 6-41

（二）育克与规律褶的组合裙结构纸样设计

B款采用横向育克分割与竖向规律褶组合，褶裥可以是倒褶，也可以是工字褶，视爱好而定，款式青春活泼，利于行动方便，面料应选择较挺实的薄型毛料和易于定型的混纺织物。

B款

1．号型及规格设置。

单位＼部位	号型	裙长SL	腰围W	臀围H	腰宽
厘米	160/68A	60	68	96	3

2．制图分析。

①外观廓形看似A型，但实属直裙基础。下摆工褶撑开后自然形成A字廓形。

②臀以上有育克分割线，且下段有规律褶，后中不宜装拉链，只能装左侧。

③规律褶视喜好，褶量要大点，本例取12cm。

④有育克分割线，因此要合并腰省，育克线位置要恰好设计在腹、臀凸点附近。

3．制图步骤。

①按款式图育克线设计在省尖点附近，利于合并腰省。

②按款式图前后共有8个均匀分配的工褶，按比例设计工褶展开线。

③工褶宽设计为12cm，将腰省余量均匀分配在工褶上段之中。

④缝份处理：下摆加放4cm，其余放缝1cm。

⑤结构纸样设计如图6-42所示。

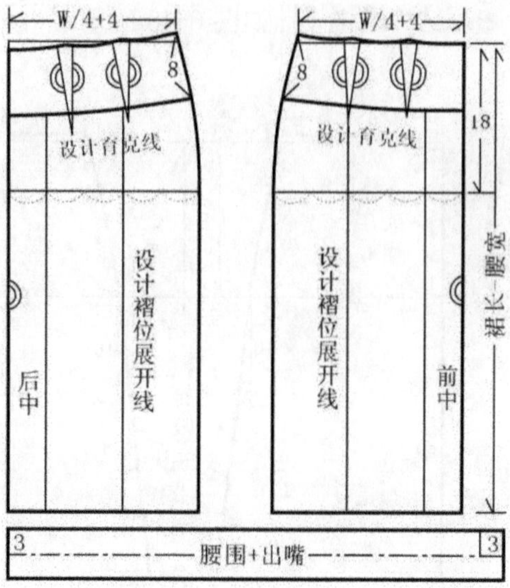

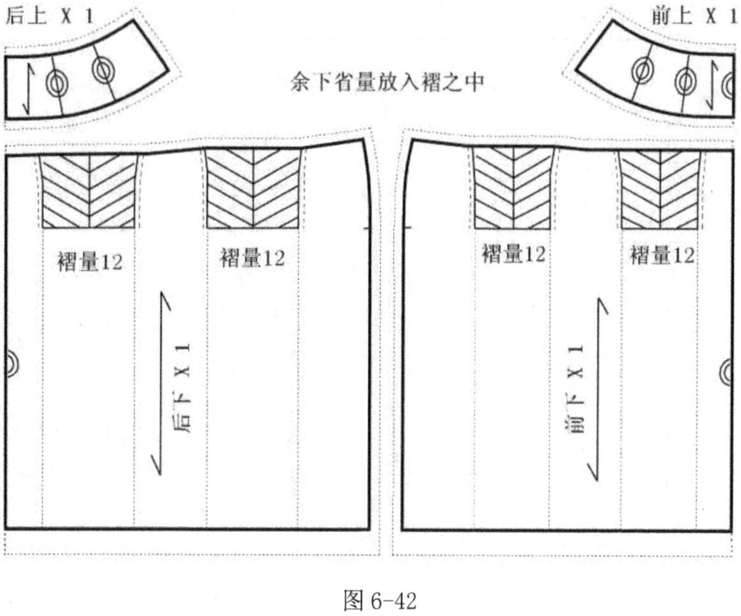

图6-42

（三）斜线分割与裙衩、搭位的组合裙结构纸样设计

组合裙 C 款

C 款的后面是基础 A 字裙结构，分左右两片，后中装有拉链，而前面进行了多条斜线、弧线分割，并且分割缝中装有三个排衩，以增加下摆活动功能，由于衩位钉了三排钮扣起到装饰效果，因此需增加衩搭位。

1. 号型及规格设置。

部位 单位	号型	裙长 SL	腰围 W	臀围 H	腰宽
厘米	160/68A	57	68	94	3

2. 制图分析及步骤。

①画好 A 字基础裙；②按比例设计分割线；③设计衩位、搭位、扣位；④合并前腰省，画顺腰口线和育克线；⑤分解裁片做好标记、布纹线；⑥制图关键：按比例设计分割线，处理衩位和搭位，分解裁片。

3. 结构纸样设计如图 6-43 所示。

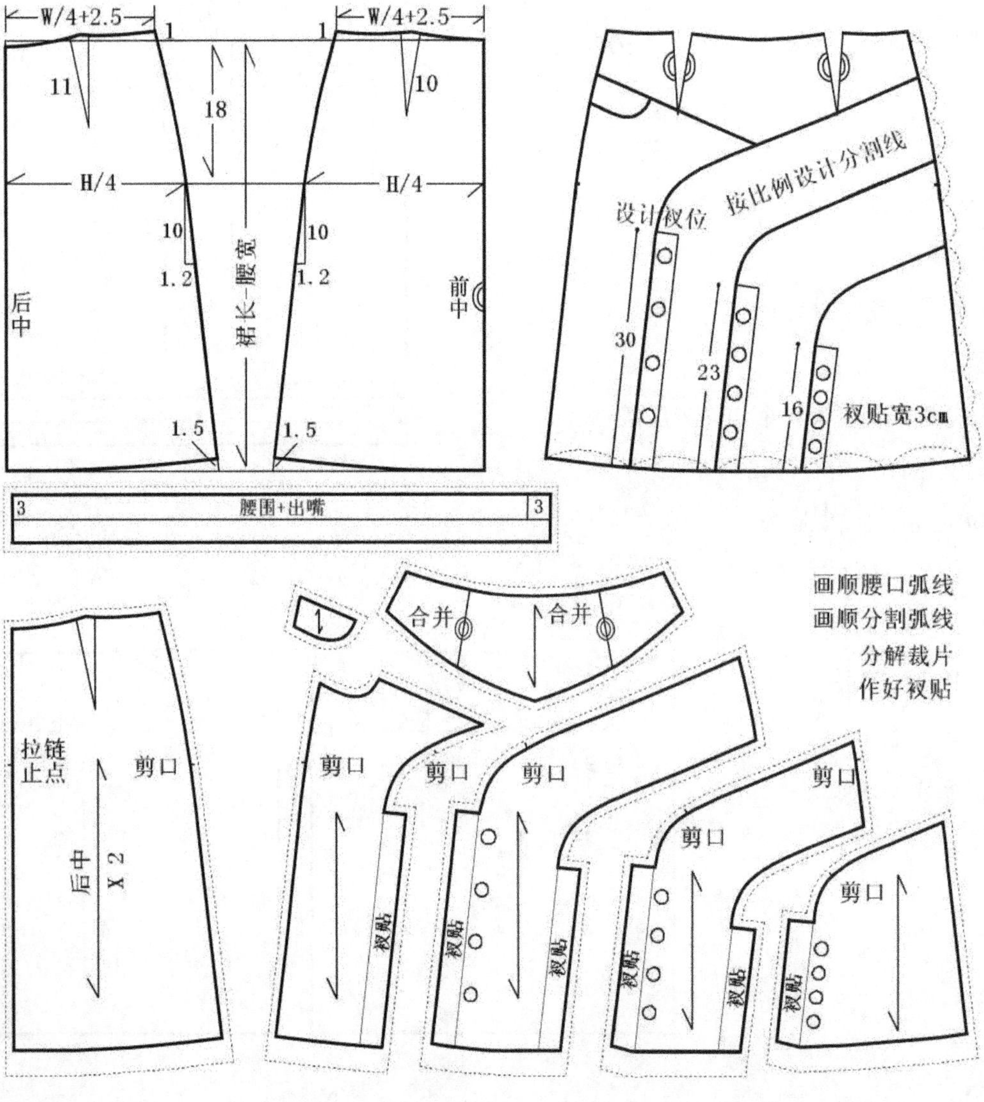

图 6-43

（四）立体褶袋鼠裙的结构纸样设计

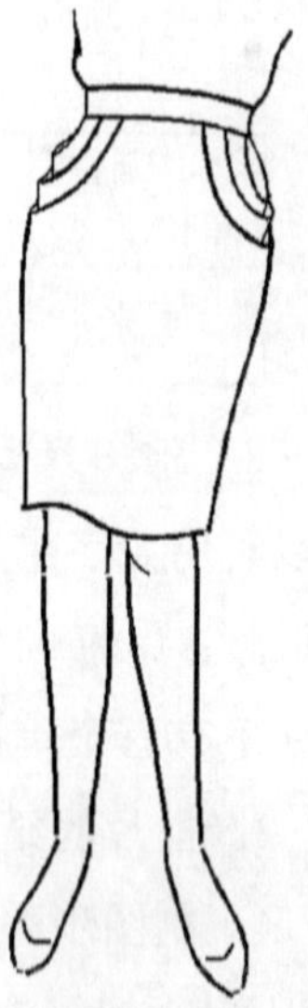
袋鼠裙

袋鼠裙是立体褶裙中最具代表性的短裙。为了追求独特效果，设计师们常常会设计一些特殊造型的裙子，这类裙子在结构纸样设计时，要认真分析其结构特征，利用基础裙进行第二次结构设计，以此得到所需的结构图。下面以袋鼠裙为例进行制图说明。

1. 号型及规格设置。

部位 单位	号型	裙长 SL	腰围 W	臀围 H	腰宽
厘米	160/68A	57	68	96	3

2. 制图分析及步骤。

①画好基础直裙结构，并将锥形省改为弧线省，将省尖移至两侧；②两侧缝合并再展开 14cm(臀部量)；③利用剪切法将省道展开处理，使省量加 3cm 变为立体褶量；④腰口前后中点为基线提高 20cm，中点处左右水平各过 18cm，定点为前后裙腰侧点；⑤调节立体褶量，并画顺各部位弧线。

3. 制图关键。如何处理立体褶，构思立体空间感。纸样设计如图 6-44。

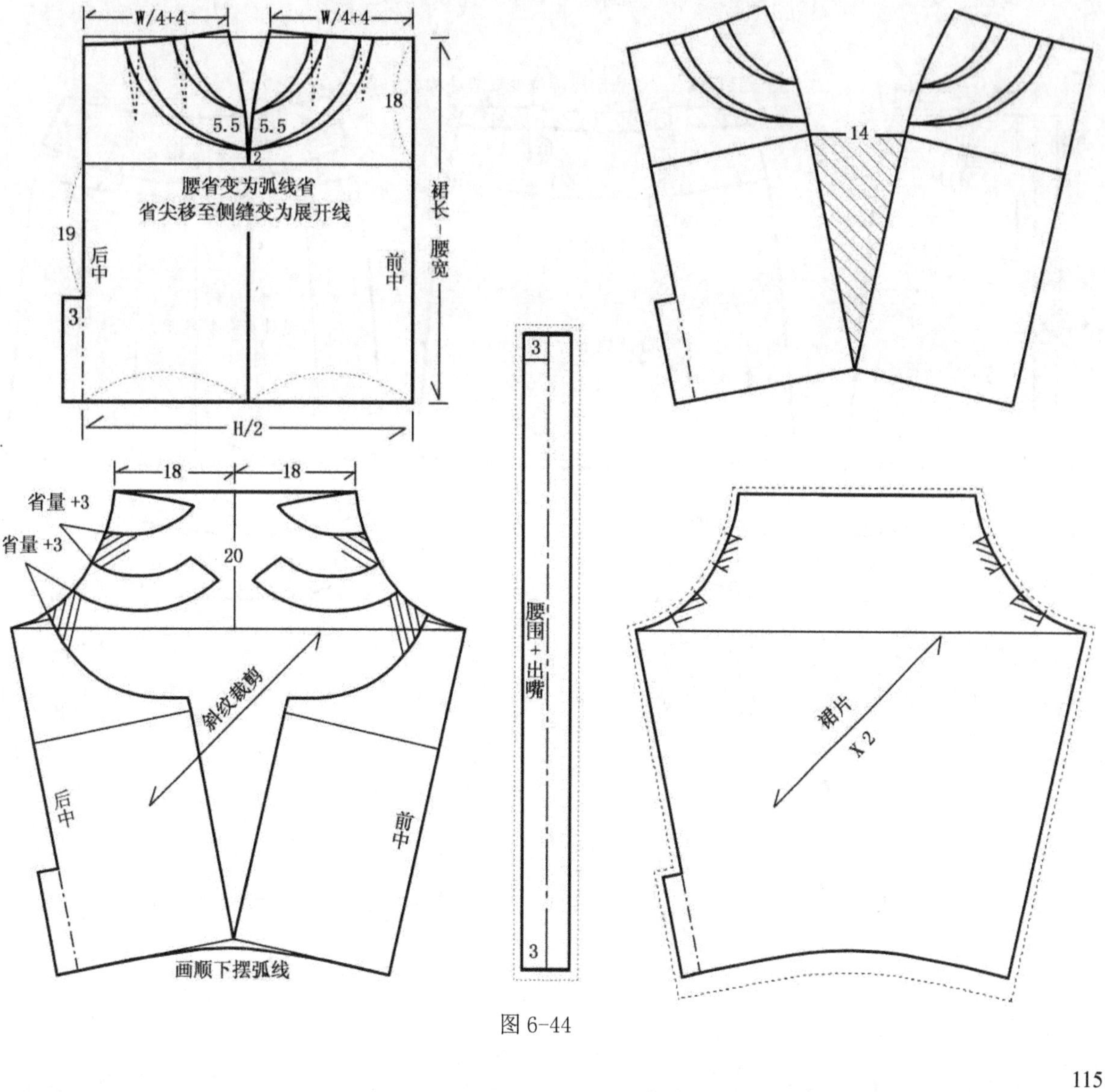

图 6-44

（五）育克、褶裥组合低腰裙结构纸样设计

1．号型及规格设置（160/68A）。

部位 单位	裙长 SL	腰围 W	低腰围	臀围 H	脚围 SB
厘米	45	68	73	94	104

低腰组合裙

2．制图分析：①该款是一条装有内贴的低腰 A 字育克短裙，因此可以利用 A 字裙的基础纸样进行第二次设计，将腰口线下移 2.5cm 变为低腰；②横向分割线必须经过腹、臀点附近，以此合并腰省；③分割线下有五个单褶，要考虑展开设计处理，同时要考虑下摆围度。

3．前片的结构纸样设计如图 6-45 所示。

4．制图步骤：①画基础 A 字裙，前幅为一整片；②降低腰口线，变为低腰，设计育克线；③合并腰省，设计 5 条展开线；④上段展开处理使每个褶量为 5cm；⑤分解上下裁片，放缝、标记、布纹线、文字说明等。（前、后片方法相同，不再制图）。

5．制图关键在于处理低腰结构，给定脚围尺寸、育克褶怎么处理等。

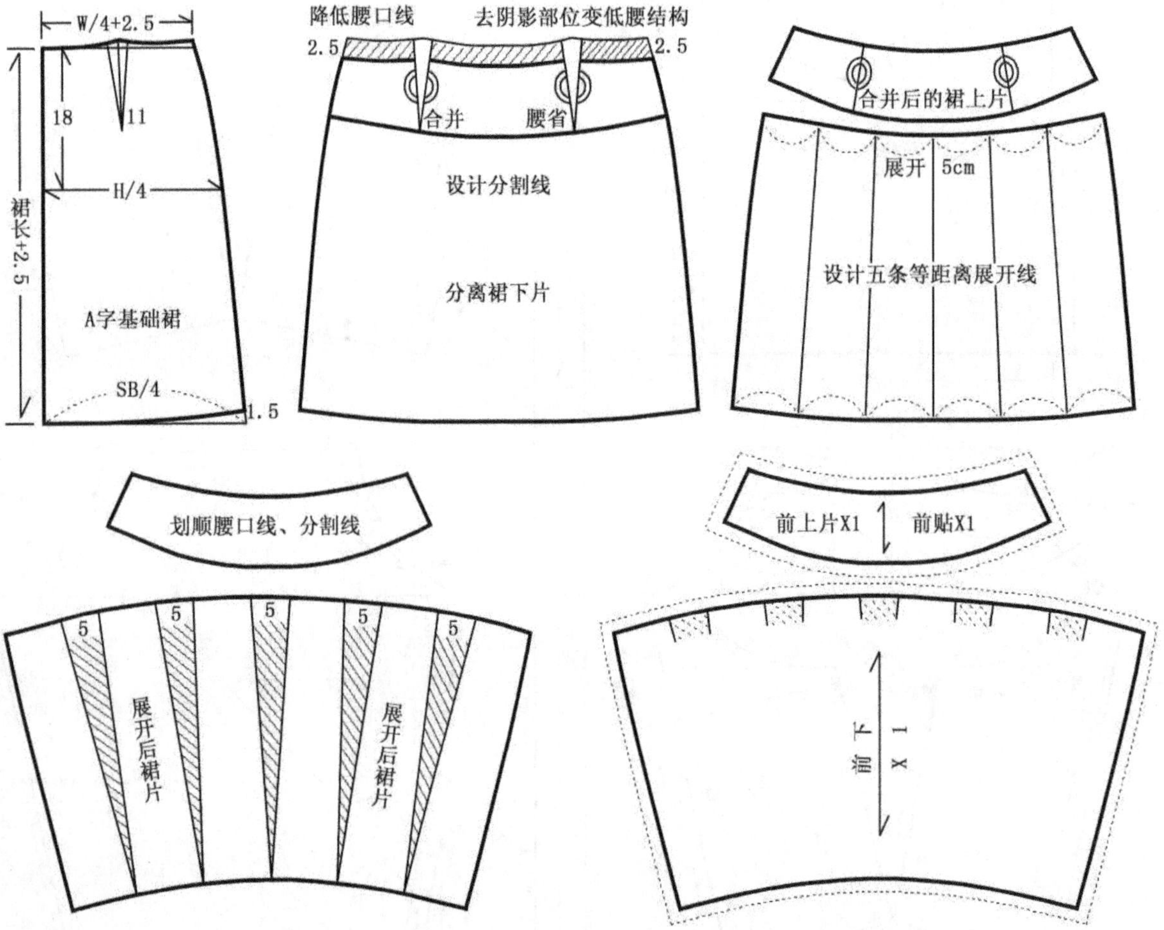

图6-45

（六）高腰结构与分割插片的组合裙结构设计

右图是一条竖向分割裙，有三个显著特点：①外观尤如鱼尾裙。②腰口属于连体高腰结构。③膝至下摆的分割缝中有三角插片。

因此，制图时可以考虑鱼尾裙的制图方法，连腰结构的处理，插片的构成等，从而进行结构设计。

1．规格设置。

裙长 SL=94cm　　　　高腰宽=7cm

腰围 W=68cm　　　　臀围 H=96cm

2．制图分析及步骤。

①利用竖线分割裙的制图方法画好鱼尾裙八分之一裙片，膝围比臀围小，膝线以下为长方形。

②画连体高腰，腰宽为 7cm，两侧各放 0.25cm。

③以插片宽 24cm，膝线以下的高度为半径画好插片。

④整个裙子的插片需 8 块，裙身也是 8 片。

3．制图的关键在于如何处理高腰结构，如何处理插片。

4．结构设计如图 6-46 所示。

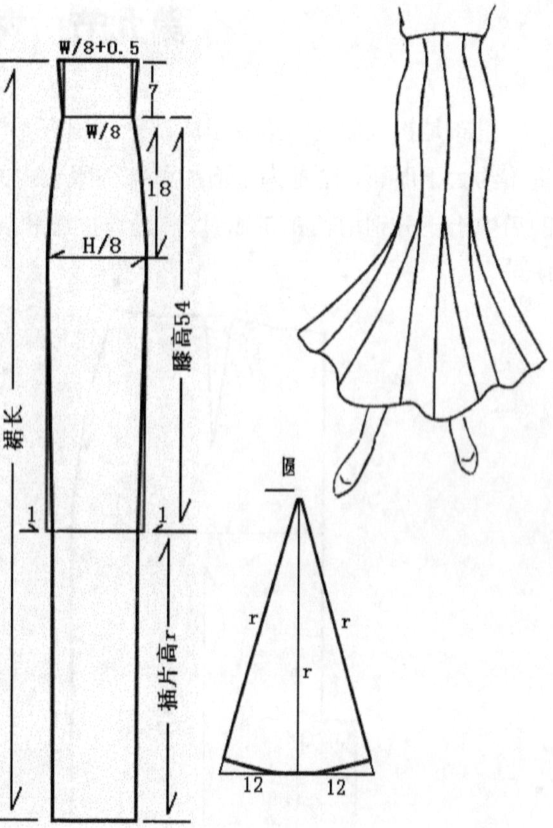

图 6-46

（七）变体的组合鱼尾裙结构设计

右图是一条变体的鱼尾裙，他的下摆比通常的鱼尾裙下摆大很多，为了达到这一目的，在结构设计中，可以按照如下的方法来解决。

1．结构设计。

①膝围比臀围小 16cm。

②膝线以上按竖线分割裙的制图方法。

③膝线以下按圆裙的制图原理来处理，当裙片缝合后，下段的圆摆下坠，人体活动时形成了像图中有飘逸感、又有波浪起伏状的下摆。

2．制图的关键在于如何处理下坠后的摆围，并能将上下的结构联系起来制图，结构设计如图 6-47 所示。

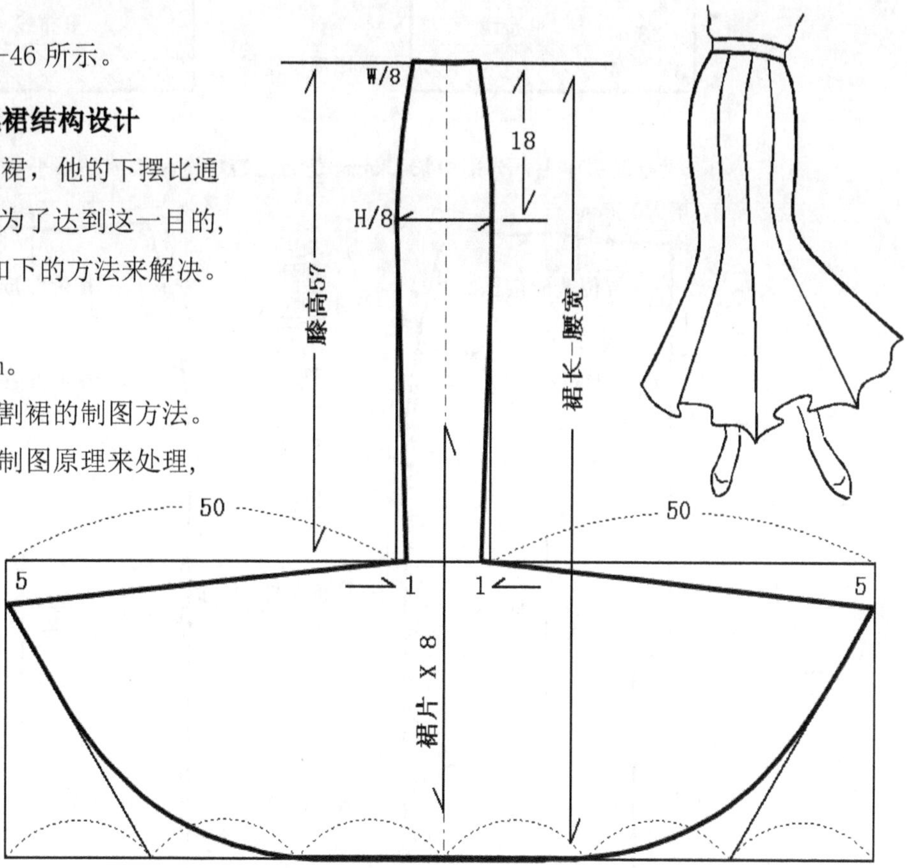

图 6-47

第九节　裙子里布的构成

里布是构成服装的重要组成部分，稍有不慎就会导致成品服装起皱、起吊等毛病。一般情况下，里布约大于面布，这是为了增加里布在服装内的活动松量，以免里布因人体活动而撕破烂。另外里布的后中上下分别增长 0.5cm，以满足装拉链和装衩贴后里布有活动松量。裙子里布的构成，如图 6-48 所示。

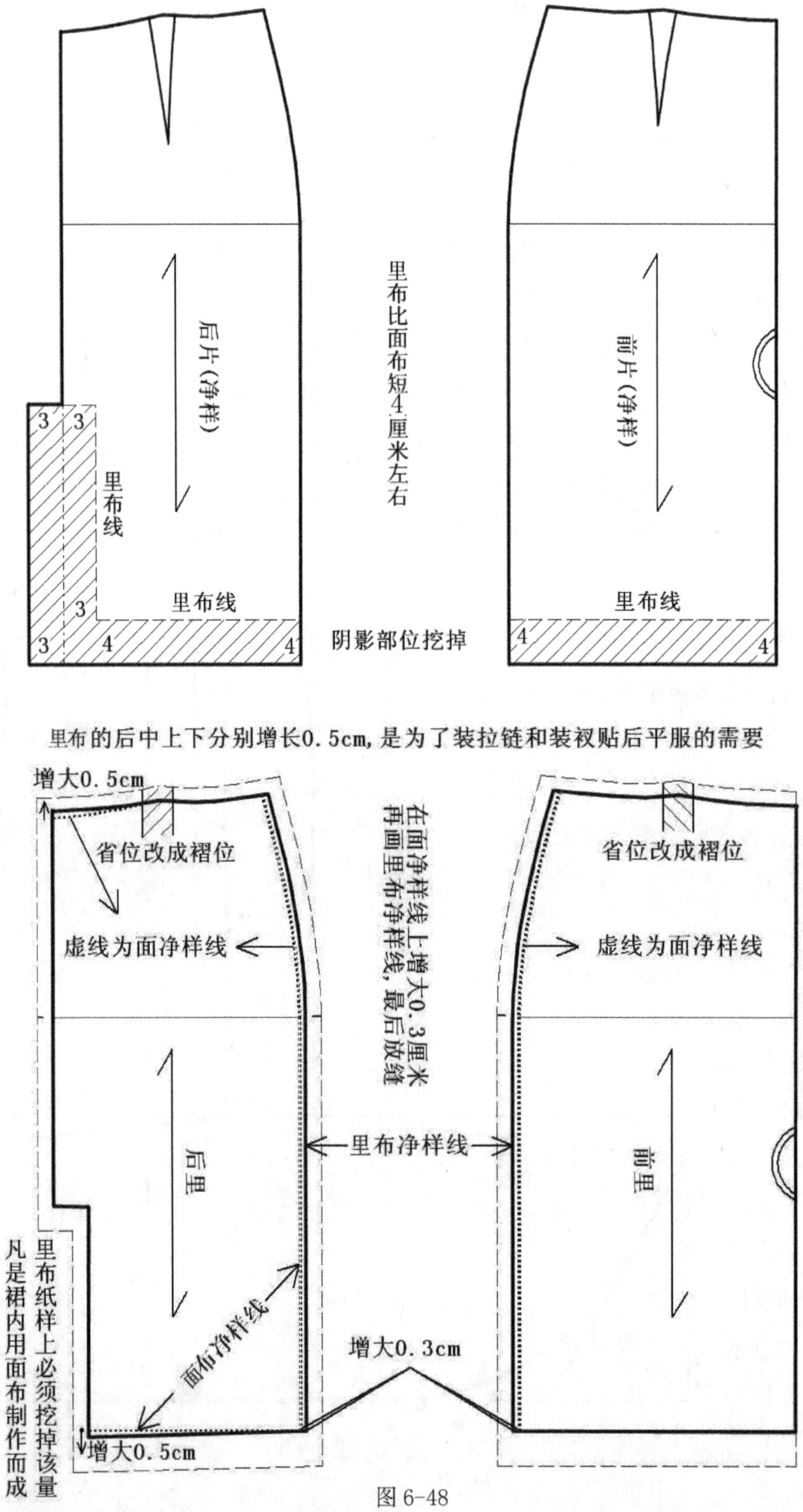

图 6-48

生活中我们经常看到一些弄潮儿，穿着超短的迷你裙，露出修长的美腿，性感、时尚、前卫，较好地展示出女性苗条的身姿，充分体现了女性特有的迷人魅力。这一类裙子有个共同的特点，那就是必须在裙内加里布，而且里布结构是由裤子结构所构成，否则裙底就会走光不雅观。怎样绘制里布结构呢？看一看图 6-49 中的结构制图。

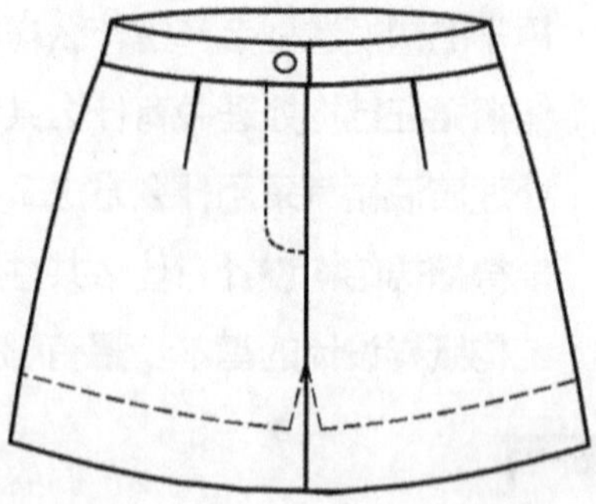

参考规格

腰围 W	臀围 H	裙长 SL	腰宽
68cm	94cm	38cm	3cm

内里直裆深为 25cm。

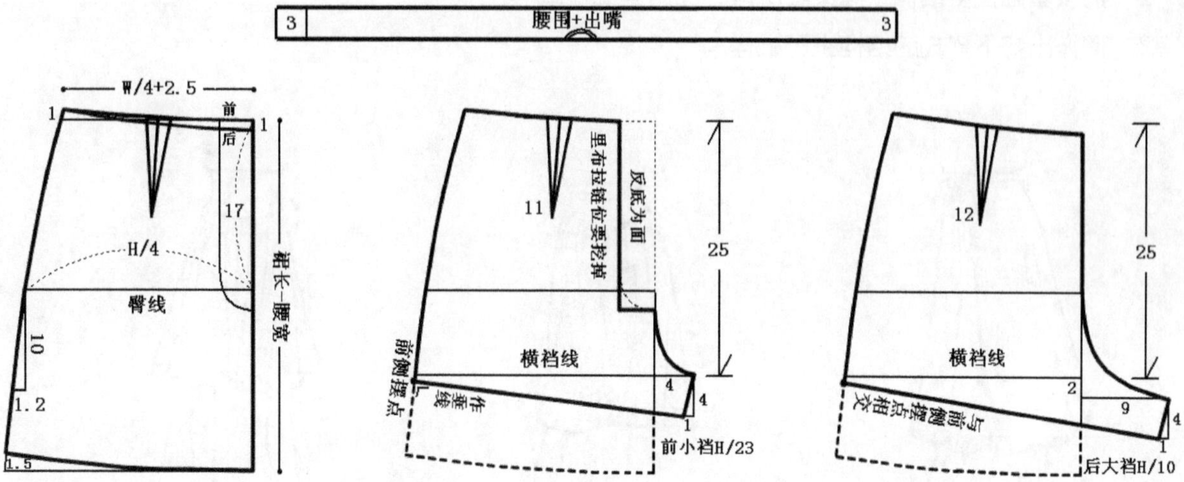

图 6-49

通过本章节的学习，总结出裙子结构纸样设计的步骤：

1. 认真审视款式图或效果图，确定裙子的造型，如 A 型、H 型、V 型、X 型、O 型等，明确制图的重难点，正确把握规格设计。按照裙子廓型绘制基础结构图，并在此基础上绘制出小部件、分割线、省线、褶位等。

2. 整体分析和检查裙子结构制图的合理性和科学性，复测制图规格。

3. 在结构图中分解拷贝裙片，使之成为新结构的分解或展开形式。

4. 对裙片进行放缝，并做好布纹线、纱向线、剪口标记、缉线标注、文字说明等处理，使之成为裙子工艺的纸样模板。

5. 按照纸样试制样衣，并依据服装款式图或效果图，逐一审核服装样衣的结构造型和外观效果，直到最终确定标准样衣和标准纸样为止。

拓展与提高

1. 裙子的分割线按方向可分为几类？按作用又怎样分类？
2. 裙子育克线设计有什么要求？育克裙有什么共性？
3. 如何设计裙子的竖线分割，竖线分割有何共性？
4. 裙子的褶裥造型会产生什么样的效果？褶裥如何分类？
5. 缩褶裙在结构处理中有什么共性？
6. 处理波浪裙常采用什么方法？
7. 规律褶裙结构设计有什么共性？
8. 结构纸样设计的基本步骤有哪些？

实践环节

1. 自选一条迷你裙，设计规格并制图，拷贝出所有的面、里生产纸样。
2. 请按基础直裙结构，拷贝出所有的面、里生产纸样。
3. 请作出如下款式的结构生产纸样。

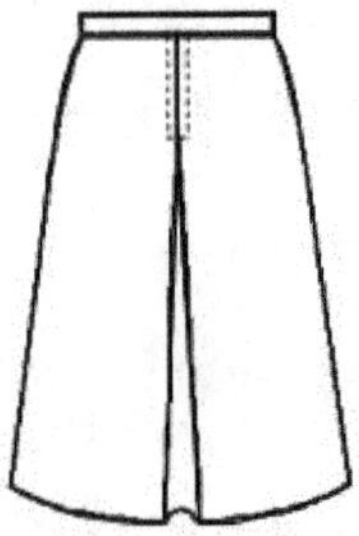
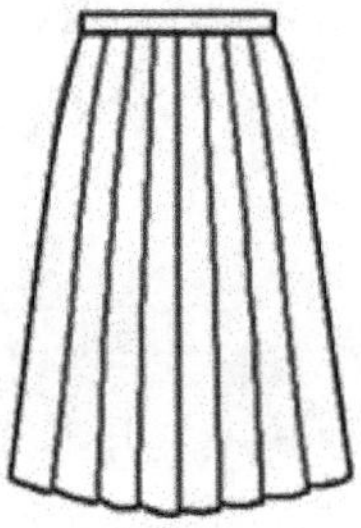
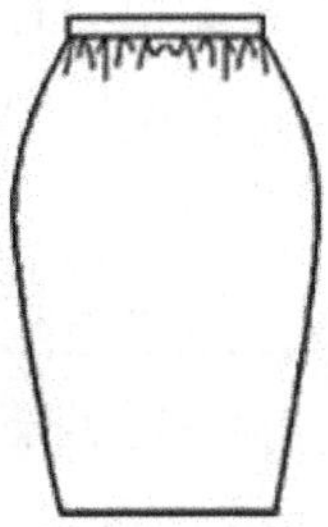
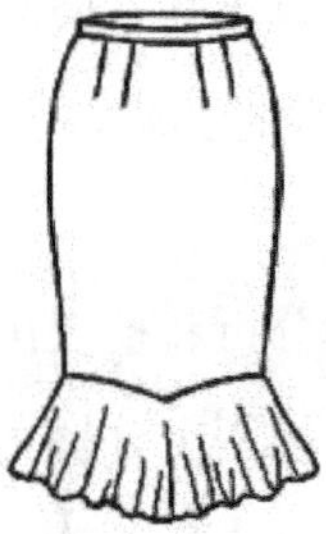

第七章　裙子结构实例

本章说明

通过前面对裙子结构制图和部位结构设计的学习，为学生学习裙子的变化结构打下了基础，再加上本章对裙子实例应用的学习，就更加加深了学生对知识点的理解，充分运用裙子制图实践，帮助学生进行理论与实践的结合，培养学生实际专业技能点，提高学生的动手操作能力。

课程内容：各种具有代表性、最典型的裙子结构纸样设计。

训练目的：拓展学生结构纸样设计知识面，帮助学生理论与实践结合，培养学生的专业技能和动手能力。

教学方法：讲授法＋图示法＋示范操作法＋巡回指导法＋案例分析法。

课时安排：8 课时（有选择性地学习案例内容）。

课余作业：12 课时。

1. 不对称裙结构设计之一

裙长 SL＝48cm　　基础腰围 W＝68cm　　弯腰围＝73cm　　臀围 H＝94cm

重点提示：①如何变化处理低腰结构；②裙衩高度取舍不能爆光；③右腰省与竖线分割缝存在什么关系；④如何处理裙长与低腰结构。

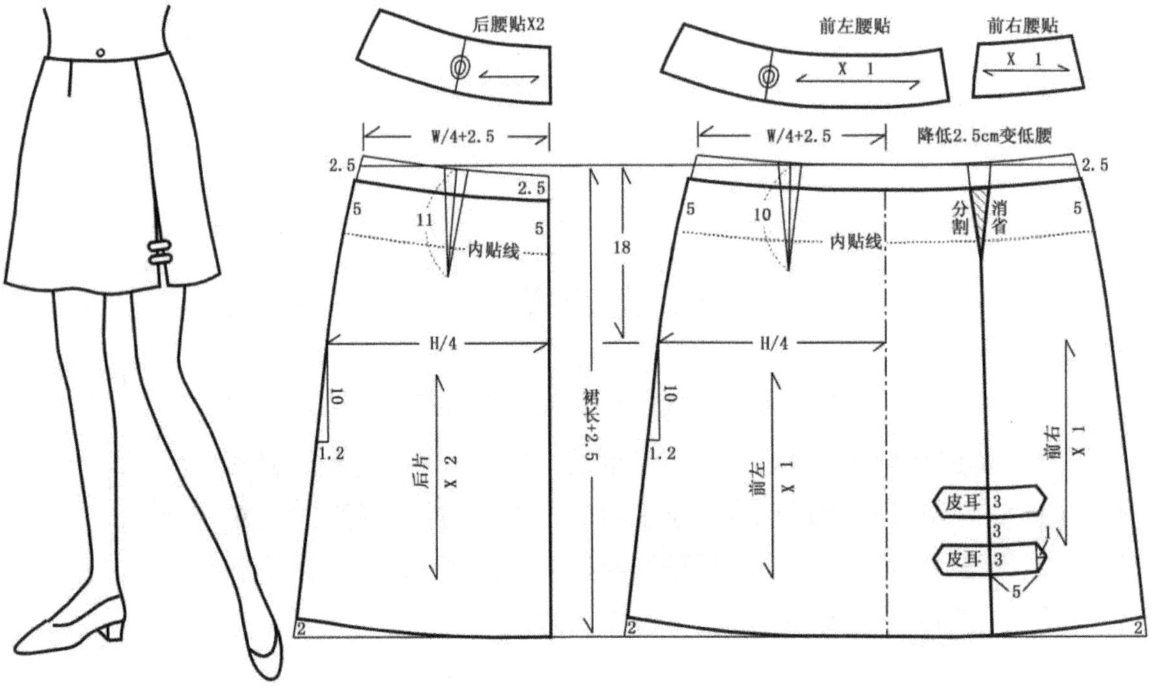

2. 不对称裙结构设计之二

左侧长＝37cm　右侧长＝57cm　基础腰围 W＝68cm　弯腰围＝74cm　臀围 H＝94cm

重点提示 ：①如何变化处理低腰结构；②裙长左右不一如何处理；③前面左右大小不对称怎样处理重叠位,弧线搭位设在什么位置最合理；④复制纸样时，裁片要区分左右及正反面。

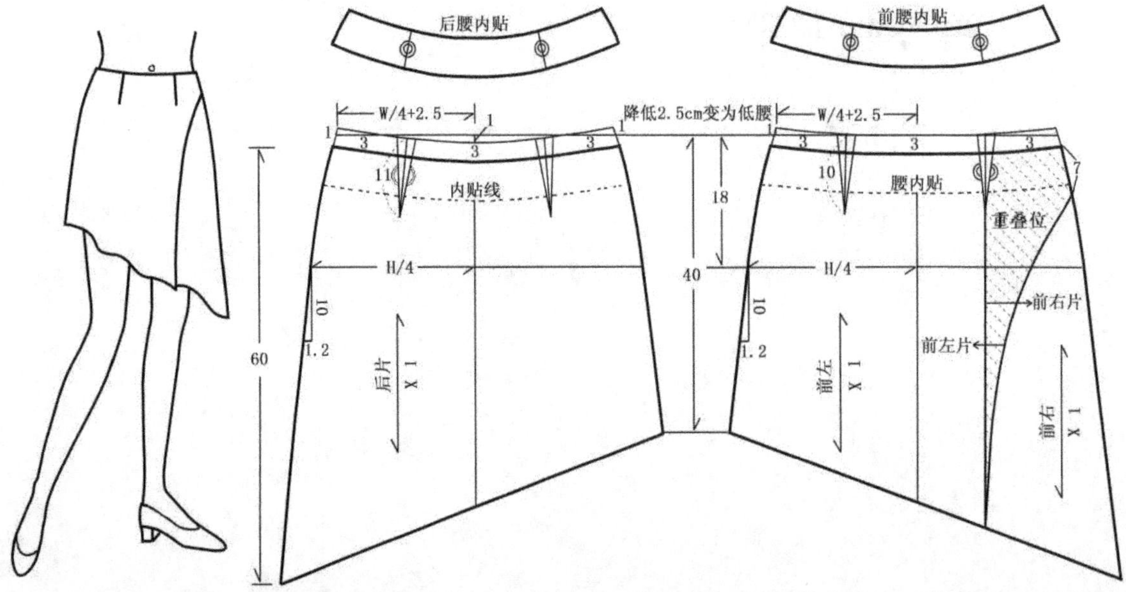

3. 弧线分割裙结构设计之一

裙长 SL=80cm　臀围 H=94cm

腰围 W=68cm　　袋高 20cm

重点提示：

①弧线分割并设置前衩高度；

②左侧袋移小部分在后片上；

③左腰省转移到袋下遮住；

④右腰省合并。

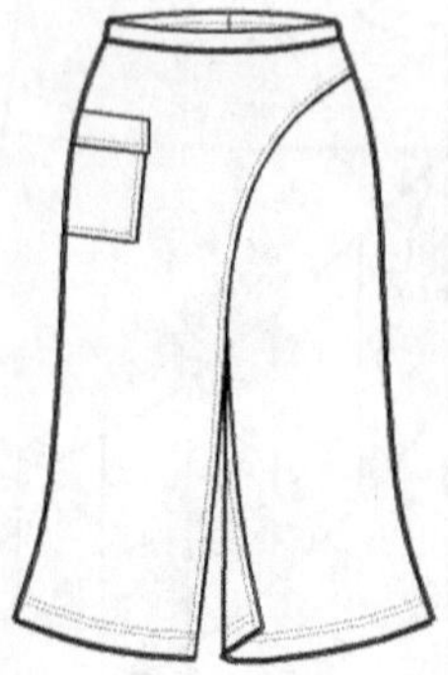

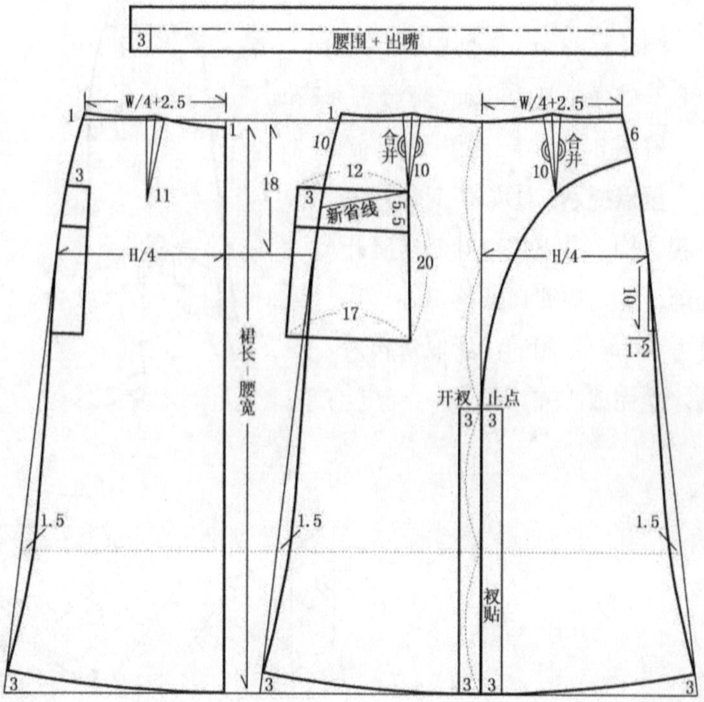

4. 弧线分割裙结构设计之二

重点提示：以前片制图为例，后片与前片方法相同，只是后中需下落 1cm。①无腰结构画好基础 A 型裙；②设计好两侧弧线的分割位置，弧线经过省尖点；③合并腰省，下摆张开，增大下摆；④调顺腰口和下摆弧线；⑤分解裁片时要注意取弯腰内贴，否则工艺制作无法处理。

裙长 SL=65cm

腰围 W=68cm

臀围 H=94cm

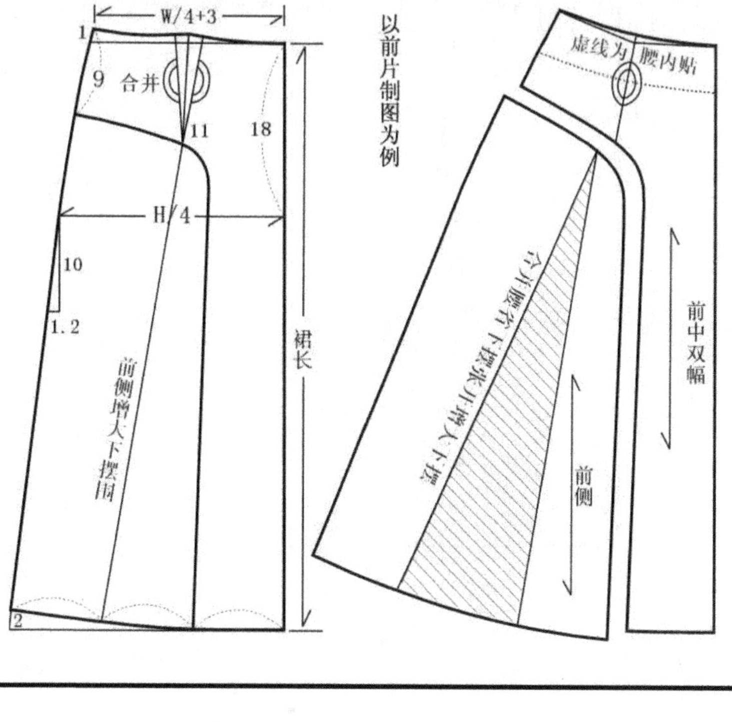

5. 荷叶下摆裙结构设计

侧长＝83cm　　前中长＝63cm

基础腰围 W＝68cm　弯腰围＝72cm

臀围 H=94cm　　腰内贴=5cm

重点提示：①如何变化处理低腰结构；②下摆荷叶怎样展开处理；③后中腰口低落 1cm，制图方法与前片相同；④取弯腰内贴才能完成工艺。

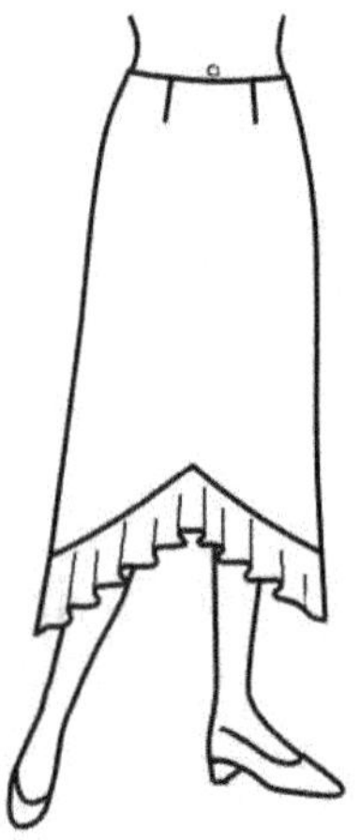

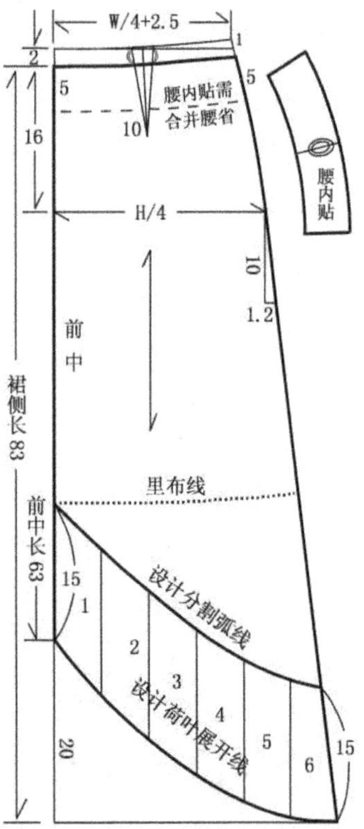

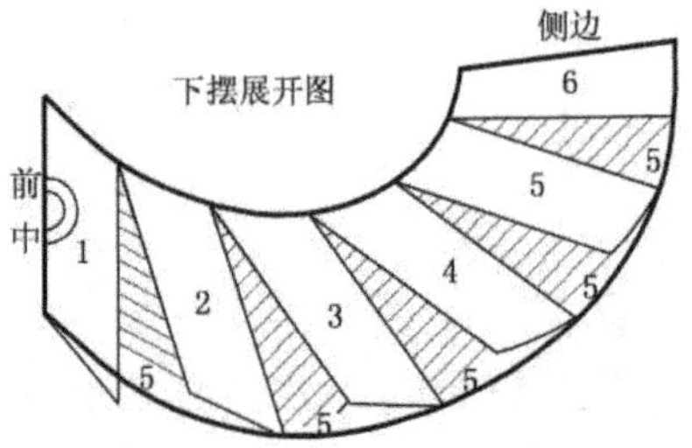

6. 手巾裙结构纸样设计

侧长=85cm　　前中长＝70cm　　基础腰围 W＝68cm　　弯腰围＝72cm　　臀围 H＝94cm

重点提示：①处理好低腰和育克线位置；②两侧下坠的手巾边在结构上如何形成；③拉链需装侧缝；④分解裁片时要取弯腰内贴，否则工艺制作无法处理。

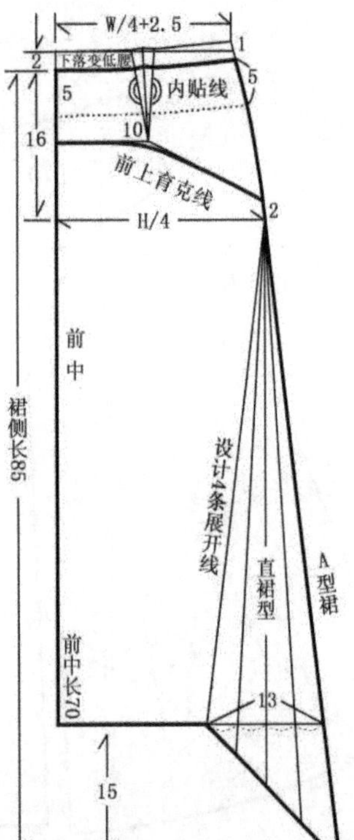

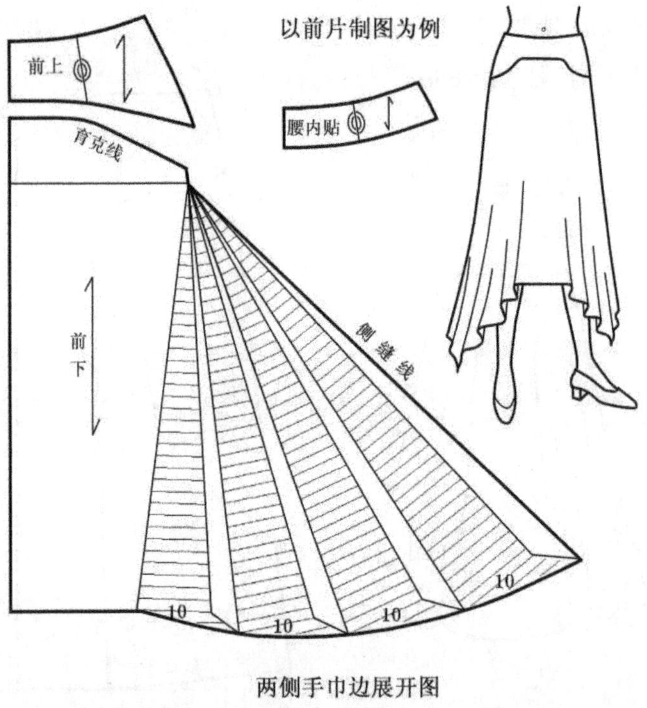

7. 脚口缩褶裙结构设计

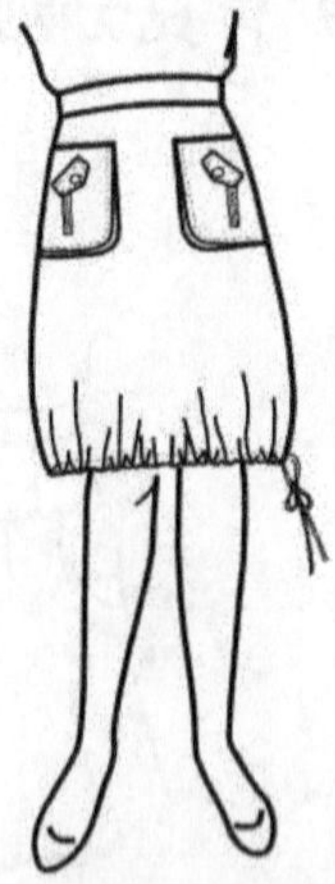

重点提示：①画好基础 A 型裙结构图；②设计好袋造型及位置；③设计新的转省线；④将前腰省量转移到下摆；⑤侧摆缝再次增加5cm，以满足下摆隧道抽绳量。

裙长 SL＝63cm　　腰围 W＝68cm

臀围 H＝94cm　　腰宽＝3cm

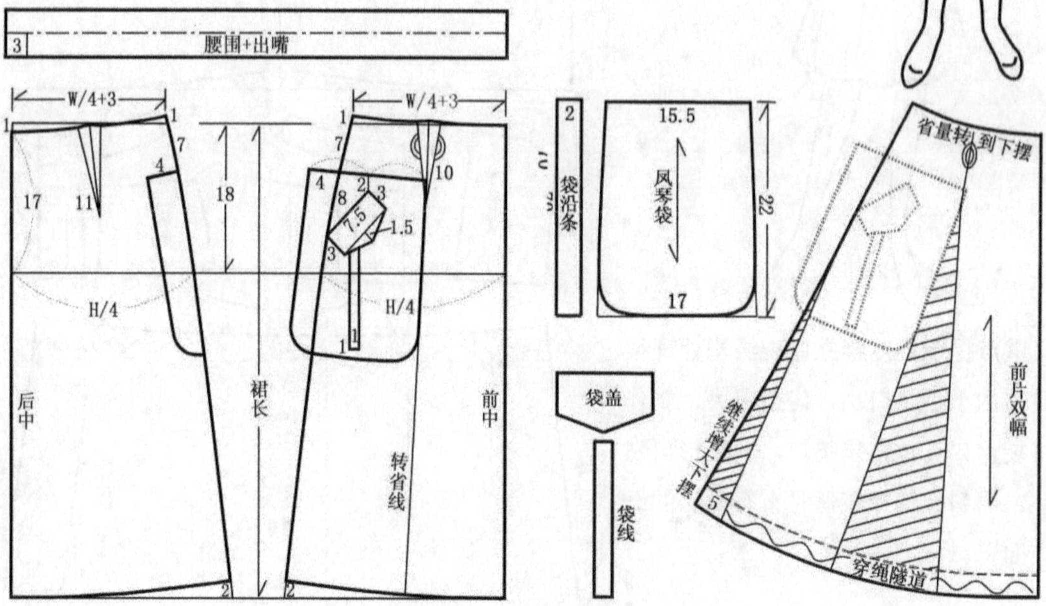

8. 高腰裙结构设计

重点提示：①画好基础 A 字裙结构；②上移腰口线 9cm 变为高腰结构；③腰口省宽上段要逐步减小至 1.6cm，腰侧向外倾 0.6cm 增大腰口；④设计前上双排搭位和上下分割线。⑤下摆展开增大摆围；⑥取高腰内贴才能完成工艺。

裙长 SL＝70cm

腰围 W＝68cm

臀围 H＝96cm

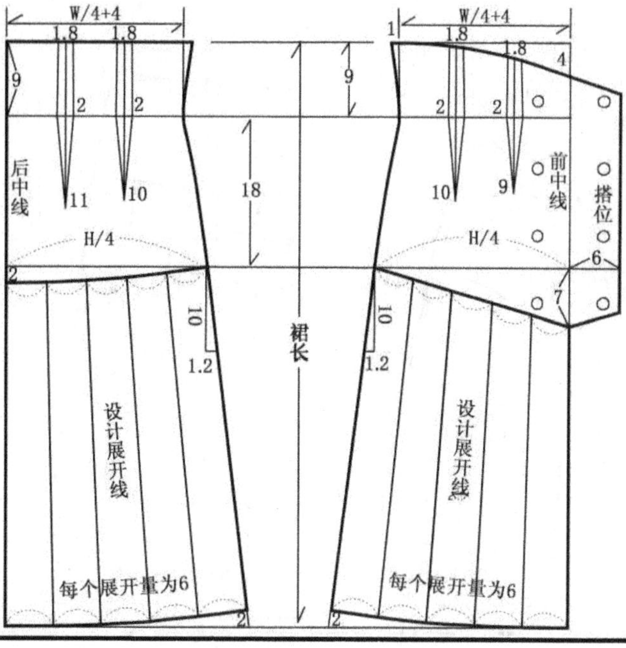

9. 育克分割裙结构设计

腰围 W=68cm　　臀围 H=94cm

裙长 SL=62cm　　腰宽=4cm

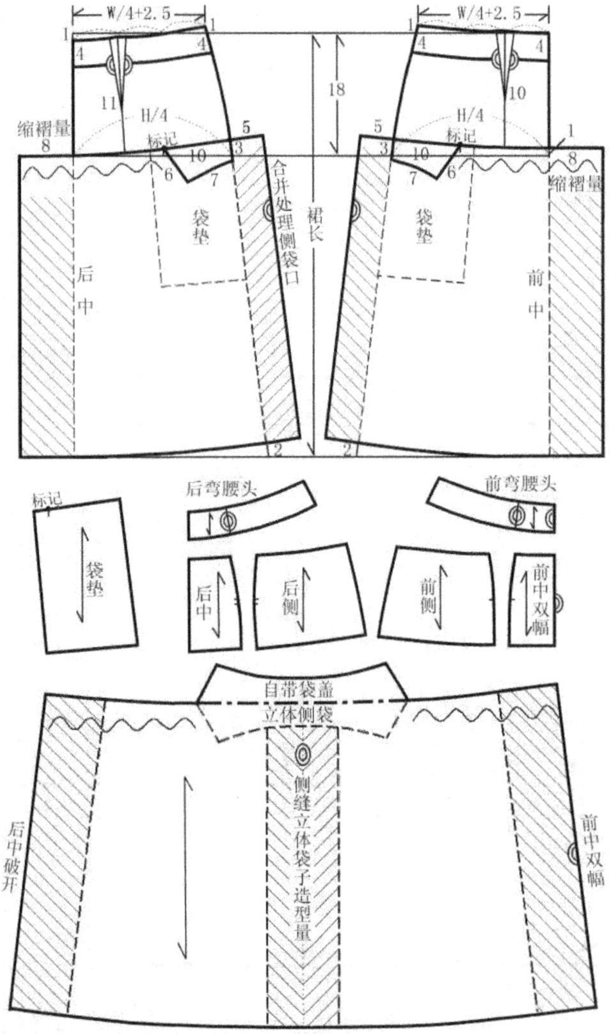

重点提示：侧缝立体袋结构处理很关键，由于袋垫口小，袋盖口大，制作时将袋盖口订位在袋垫口，其袋形自然下坠。面料宜选择较薄且富有垂感的纤维类面料。

10. 双牌育克裙结构设计

重点提示：①画好基础 A 型裙结构图；②设计好双排位和育克线分割位置；③育克上段合并腰省调顺腰口弧线；④展开下摆增大摆围，调顺下摆弧线；⑤分解裁片时要注意取弯腰内贴。

裙长 SL=65cm

腰围 W=68cm

臀围 H=94cm

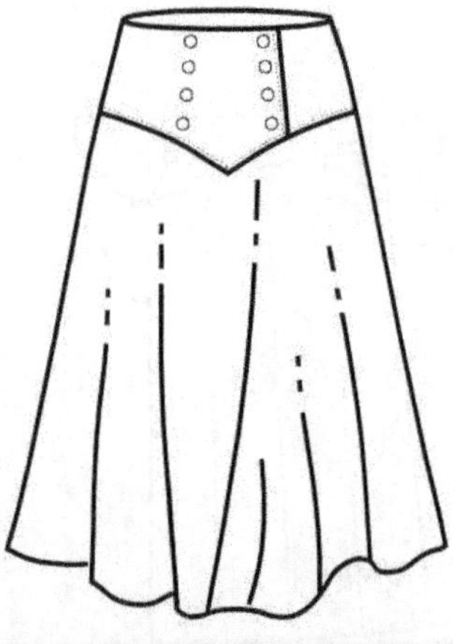

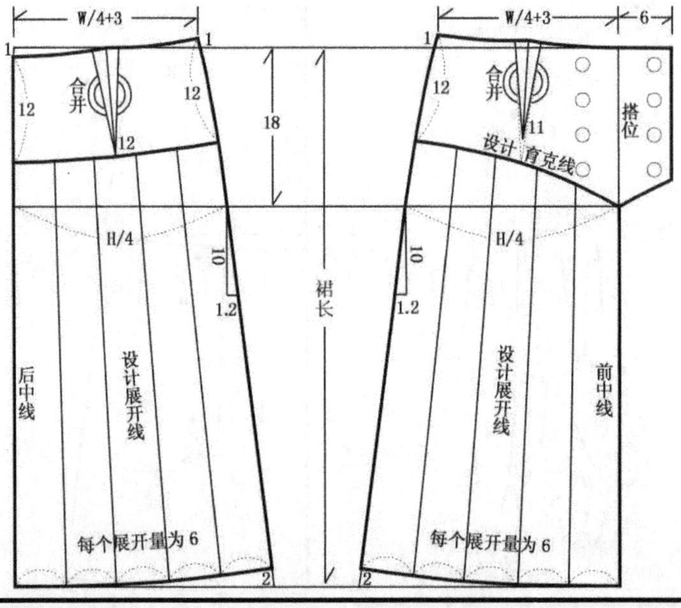

11. 插片分割裙结构设计

重点提示：①画好基础 A 裙结构图；②设计育克线和竖线分割位，竖线下摆两边各放出 2cm；③育克上段合并腰省；④选择插片高度止点；⑤以插片止点高度为半径画好下摆插片。

裙长 SL＝65cm　腰围 W＝68cm

臀围 H＝94cm　　腰宽 3cm

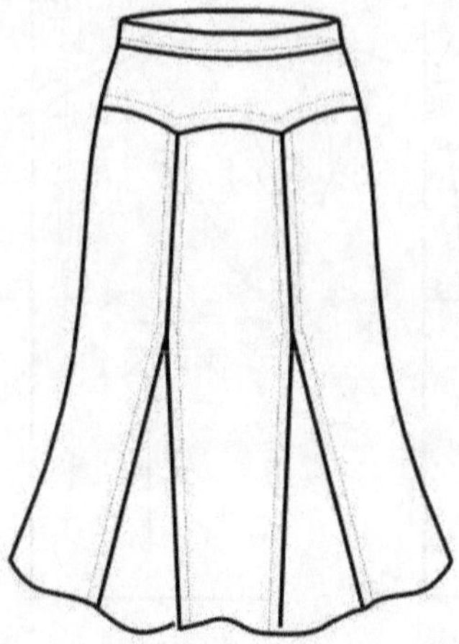

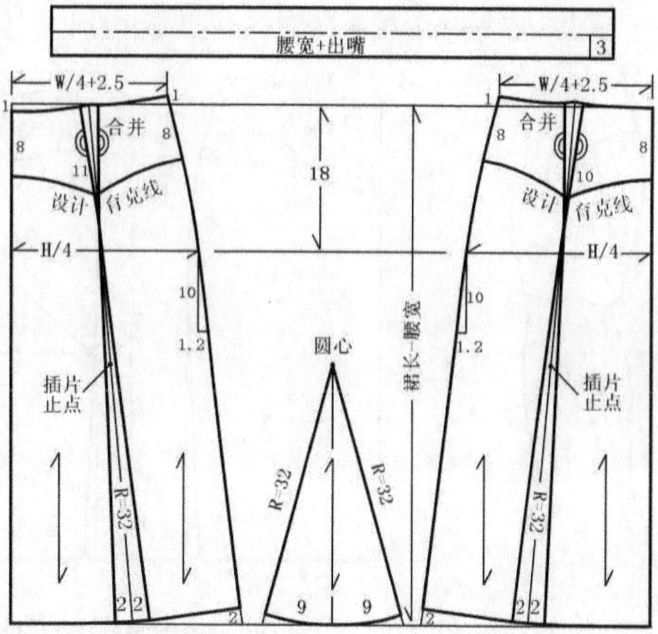

12. V 型连腰裙结构设计

重点提示：后为正腰，前为低腰。①画好基础窄型裙结构；②设计好后腰宽分割线；③前中下落 7cm 变为前低腰，并画好腰宽分割线；④设计两侧三角片，注意省位的合并；⑤设计前下弧线分割位置；⑥窄型裙需开后衩；⑦前后腰头合并腰省，前腰在前片上自带，并取前腰内贴才能进行工艺处理。

腰围 W＝68cm　臀围 H＝94cm

腰宽 6cm　　　裙长 SL＝70cm

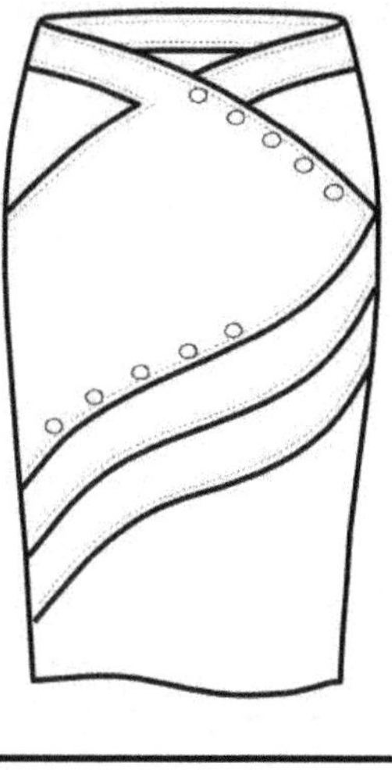

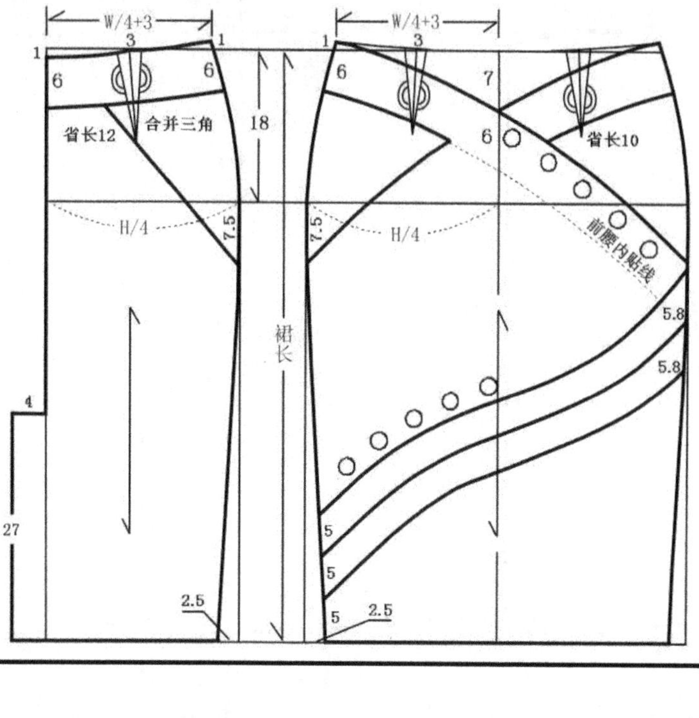

13. 袋鼠裙结构设计

重点提示：①画好基础窄脚裙结构；②设计好育克线和展开褶位线；③处理好腰内贴；④育克线上段合并腰省；⑤展开前下段变褶裥；⑥调顺展开位弧线。

裙长 SL＝55cm　腰围 W＝68cm　臀围 H＝94cm　摆围 SB＝88cm

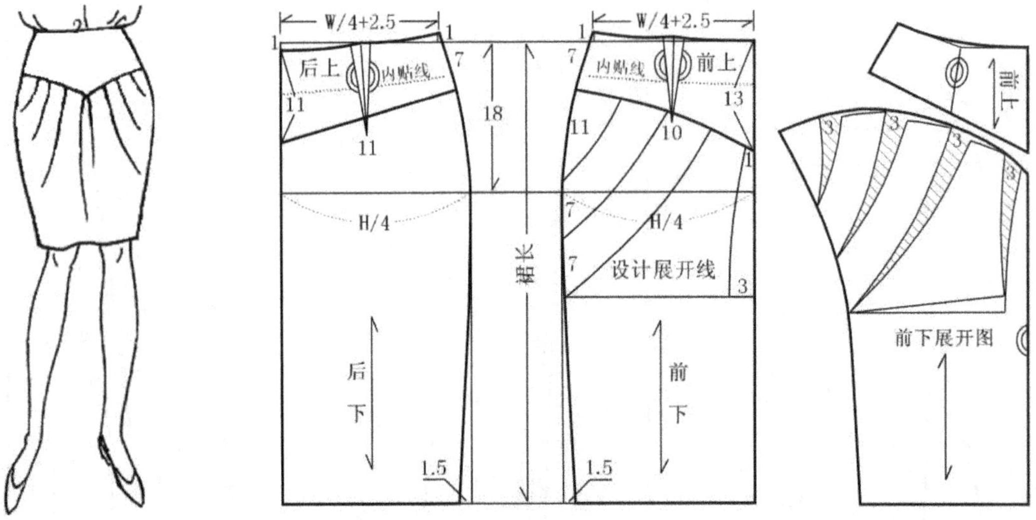

14. 前中开襟裙结构设计

重点提示：

①如何设法将前中上段破开，并能加钮搭位；

②款式图中不见前省，省转移到哪个部位；

③前面的缩褶从何而来，怎样加上缩褶量。

SL＝80cm　W＝68cm　H＝94cm

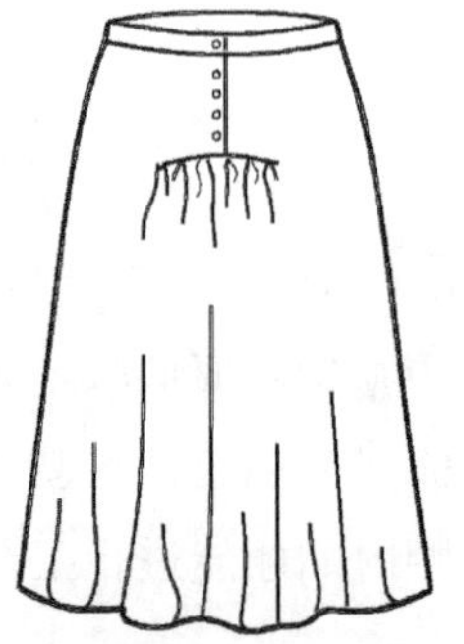

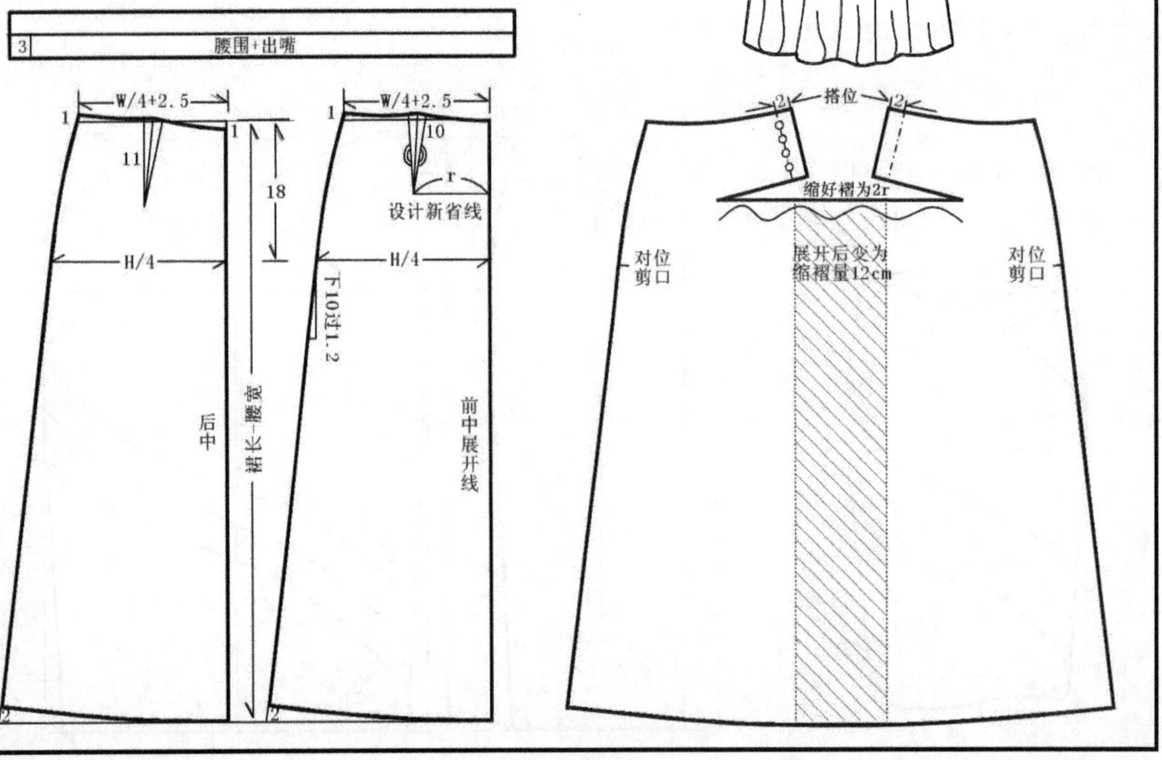

15. 缩褶节裙结构设计

裙长 SL=40cm　　腰围 W=68cm　　上臀围 H=88cm(第一节分割位)　　腰宽=3cm

重点提示：以前片为例：①画好基础 A 型裙结构；②设计好横向分割线位置；③合并腰省形成第一节；④三、四节按比例加放缩褶量和上下层叠位量；⑤注意三四节需车缝在里布上，因此要处理好里布的长度和与面布车缝的位置。(以前片制图为例)

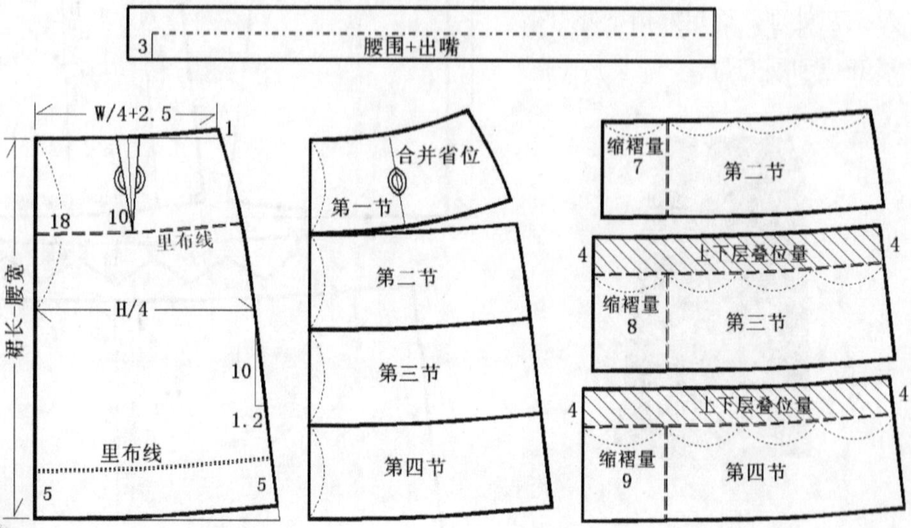

16. 喇叭节裙结构设计

重点提示：①画好基础斜裙结构图；②分割弯腰头；③按比例设计横向分割线；④展开下摆增大围度；⑤处理好上下层叠位；⑥二、三层需车缝在里布上。(前后制图相同)

裙长 SL=40cm
腰围 W=68cm
基础臀围 H=94cm

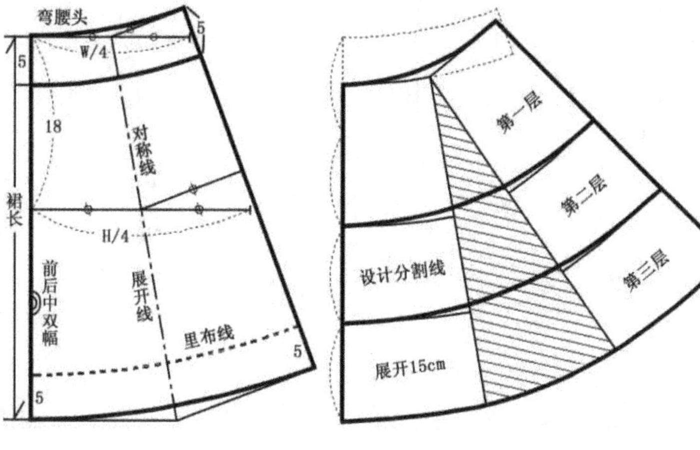

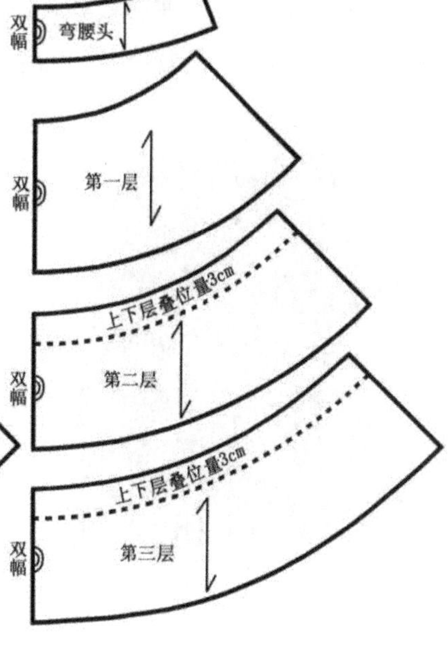

17. 褶裥裙结构设计

裙长 SL＝62cm　内贴宽＝4cm

腰围 W＝68cm　　臀围 H＝96cm

重点提示：关键处理好裙上育克线分割，把握好锯齿条造型及工艺处理，确定好裙下外工褶展开位和展开量。

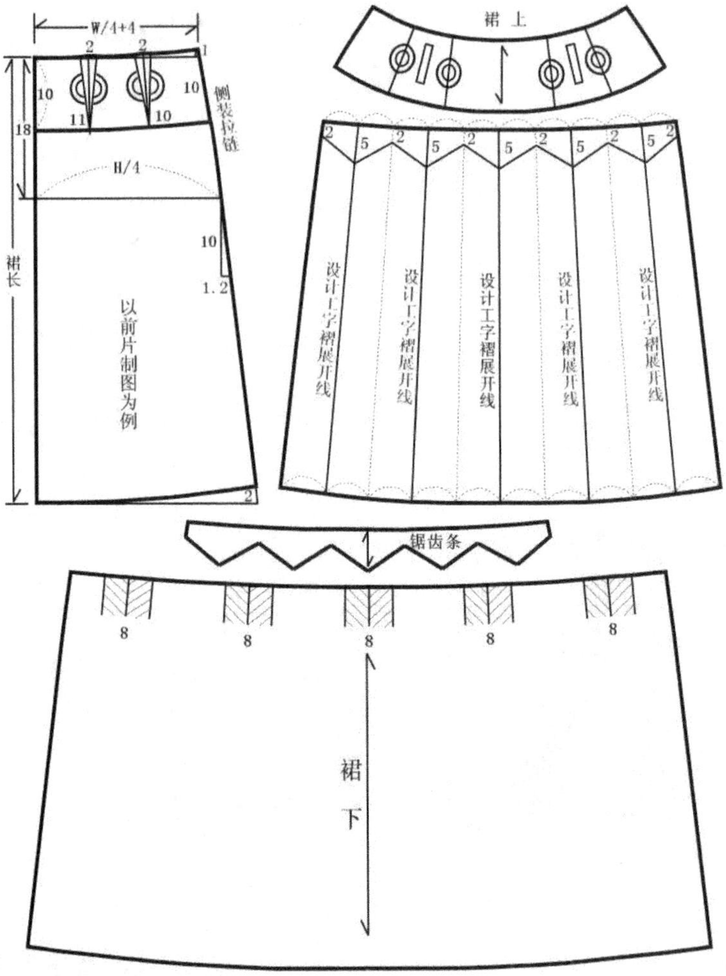

18. 弯腰褶裥裙结构设计

重点提示：以后片为例：①画好基础 A 型裙结构图；②设计好弯腰分割线；③合并腰省形成弯腰头；④余下省量作为倒褶量；⑤设计好倒褶展开线；⑥按图示展开，使每个倒褶量为 5cm。(以后片制图为例)

裙长 SL＝60cm　　弯腰宽＝4cm

腰围 W＝68cm　　臀围 H＝96cm

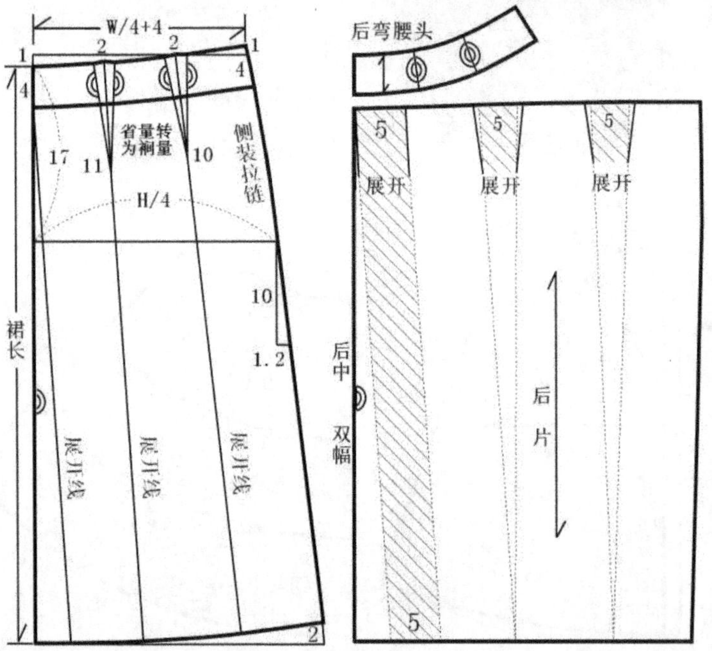

19. 低腰裙结构设计

重点提示：该款属低腰结构超短裙，前低后平形成弯腰，注意前腰口结构处理。前中装有拉链、两侧有盖，分解裙片时，不能忘了袋盖和拉链门襟里襟裁片。下段装有工字褶，可以在纸样上展开，也可直接画长方形，做出中间工字褶。

前中长 FL＝35cm　基础 W＝68cm

后中长 BC＝37cm　臀围 H＝94cm

弯腰围 W＝76cm

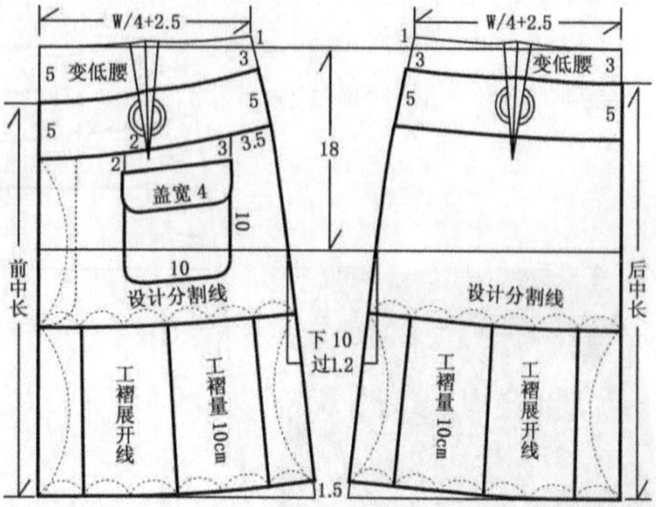

20. 规律褶裙结构设计

重点提示：①画好基础 A 字裙结构，腰口线下降 3cm 变低腰结构；②设计育克分割线和倒褶线；③分解裙上片；④裙子下段的每条倒褶线展开 3.5cm 量，形成 12 个倒褶。（以前片制图为例）。

裙长 SL＝42cm　　基础 W＝68cm，

弯腰围＝74cm　　臀围 H＝94cm。

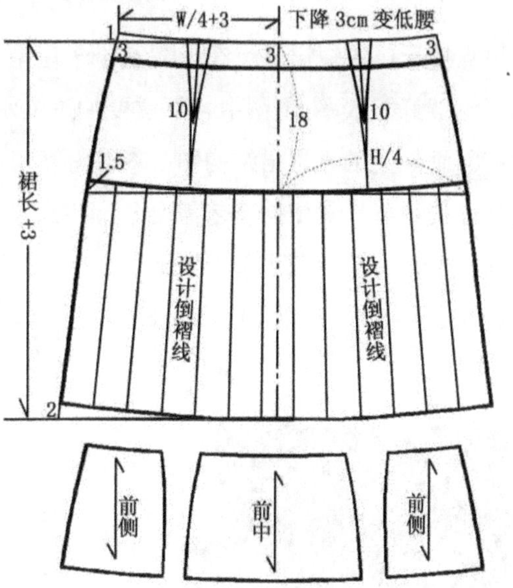

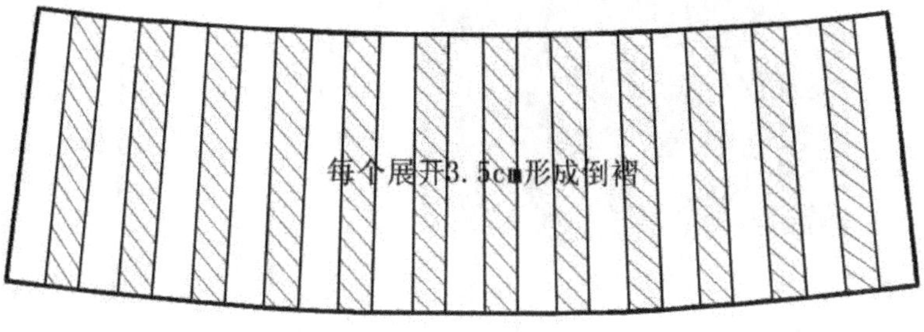

21. 插片低腰裙结构设计

重点提示： 该插片低腰裙的特点在于它将腰省转移到下摆，然后再插入一块撞色的三角裙片，属牛仔类，需要洗水，测试好缩水率，在制图中各部位加进缩水率。步骤：①画好基础 A 型裙结构；②前后腰口下降 2.5cm 变低腰结构；③画好腰位线和后幅飞机头分割线；④设计好袋子的结构造型；⑤转前腰省至脚口，形成撞色插片结构；⑥后中下摆同样处理撞色插片结构。

裙长 SL＝40cm　臀围 H＝94cm

基础 W＝68cm　弯腰宽＝4cm

弯腰围 W＝73cm

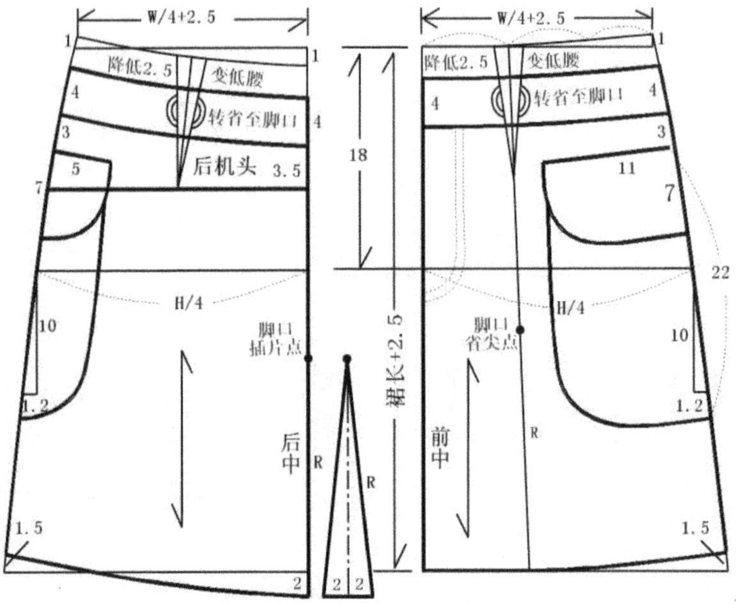

22. 低腰洗水短裙结构设计

重点提示： 该短裙重点在分割及袋子造型，要把握住造型比例及尺寸大小，短裙需要洗水，测试好缩水率,制图中各部位要加进缩水量。①前后中破开,可在前后中腰口收半个省量；②画好基础 A 型裙结构图；③画好弯腰线和前幅分割线；④合并腰省形成弯腰头；⑤设计贴袋造型；⑥依据工艺需要分解裙片。

腰围 W＝68cm　弯腰宽＝4cm

裙长 SL＝45cm　臀围 H＝94cm

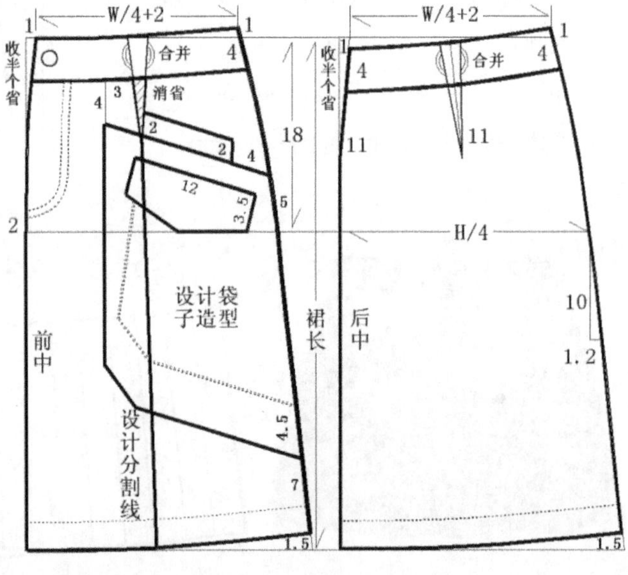

23. 南瓜裙结构设计

A 款

腰围 W＝68cm 裙中长 SL＝45cm

直腰宽＝3cm 基础臀围 H＝94cm

重点提示：该款属于南瓜裙要考虑结构和工艺的处理。①画好 A 型裙结构；②将前腰省转移到侧袋口；③设计袋口及下摆展开线，形成褶量；④下摆缩褶后需返折与里布兜缝一起，才能形成图片中的南瓜状。

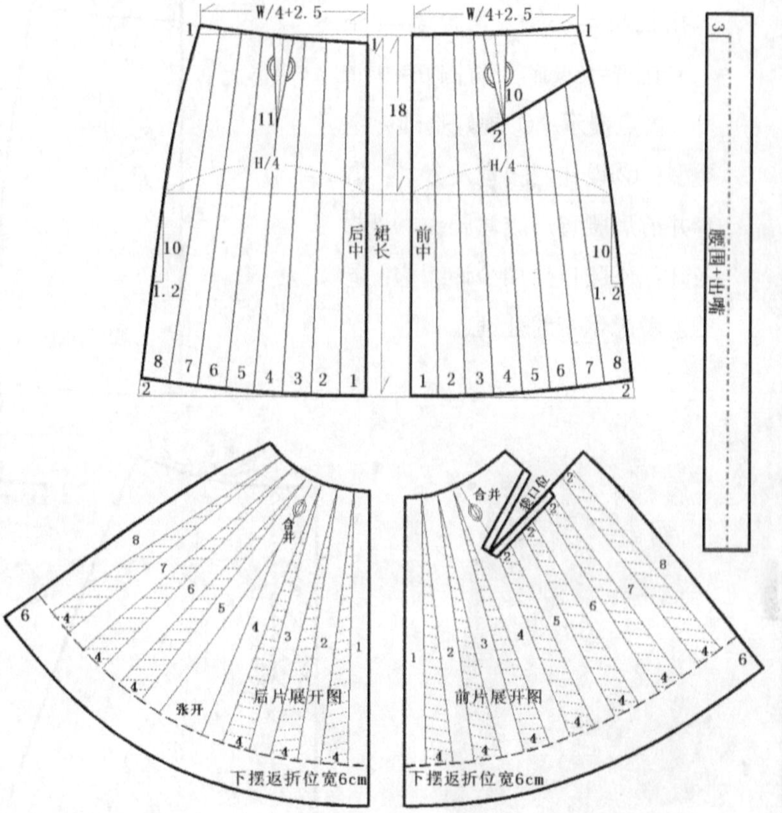

B 款

裙长 SL＝45cm 腰围 W＝68cm

基础臀围 H＝94cm 腰宽＝5cm

重点提示：

①设计育克线；

②合并腰省；

③处理风琴袋；

④裙下展开；

⑤脚口处理；

⑥下摆与里；

布兜缝处理。

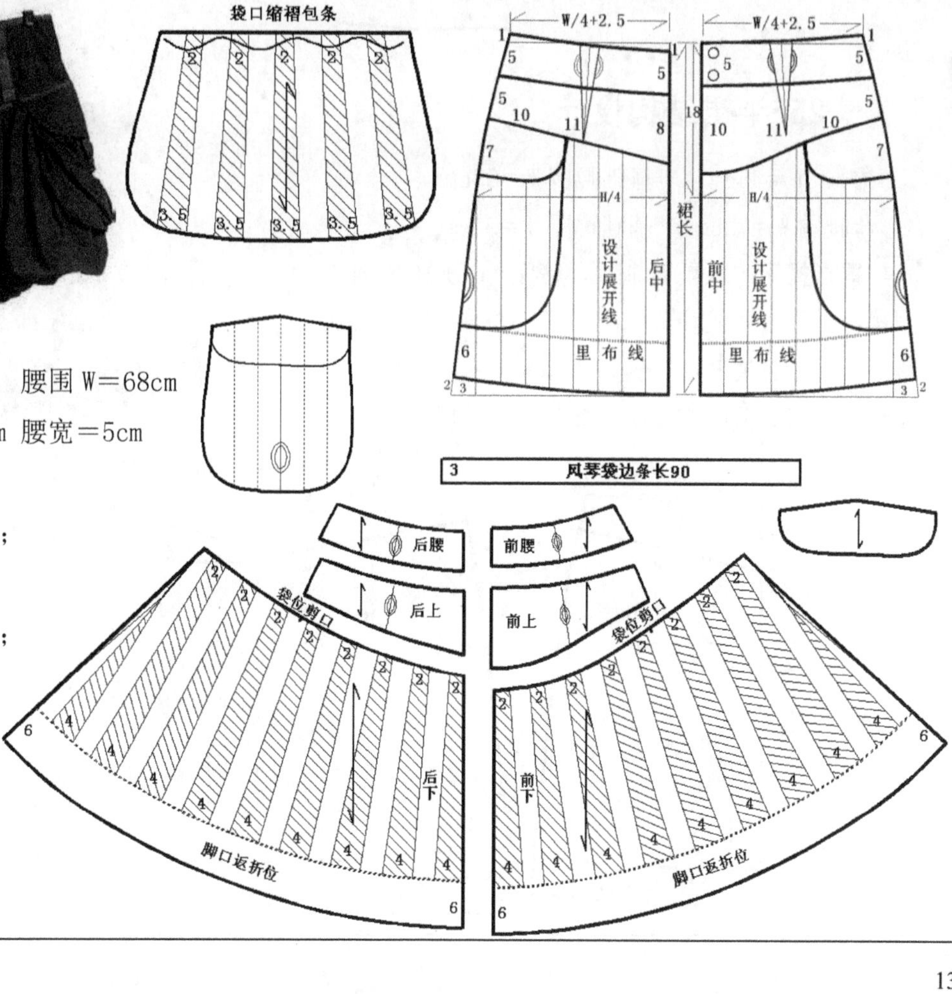

24. 飘带裙结构设计

裙长 SL=65cm　弯腰宽=6cm

腰围 W=68cm　　臀围 H=94cm

重点提示：①画好基础 A 字裙型；②设计弯腰宽及分割；③合并前后腰省形成弯腰头，下摆张开；④腰口位加少许缩褶；⑤工艺考虑飘带的处理。

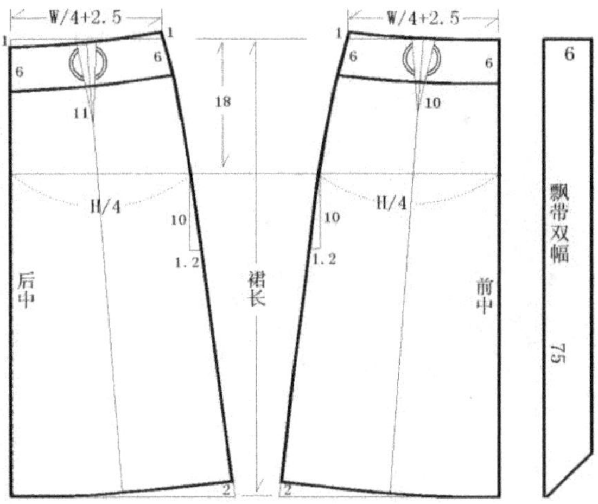

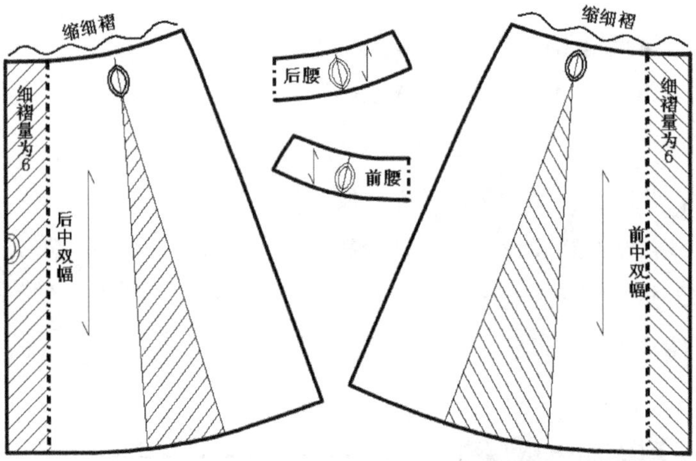

25. 半裙结构设计

裙长 SL=45cm　　基础腰围 W=68cm

弯腰围 W=73cm　　基础臀围 H=94cm

重点提示：以前片制图为例：①画好基础 A 型裙；②降低腰线和分割腰头线；③合并腰省形成腰头；④设计展开线，展开增加缩褶量，划顺上下弧线；⑤脚边荷叶宽 4cm，长度=1.5 倍脚围。

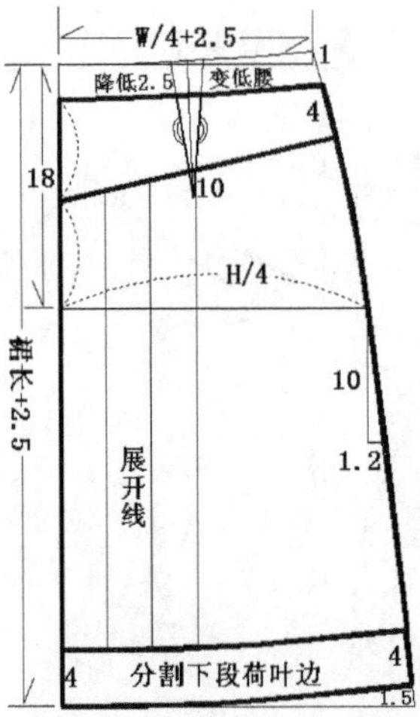

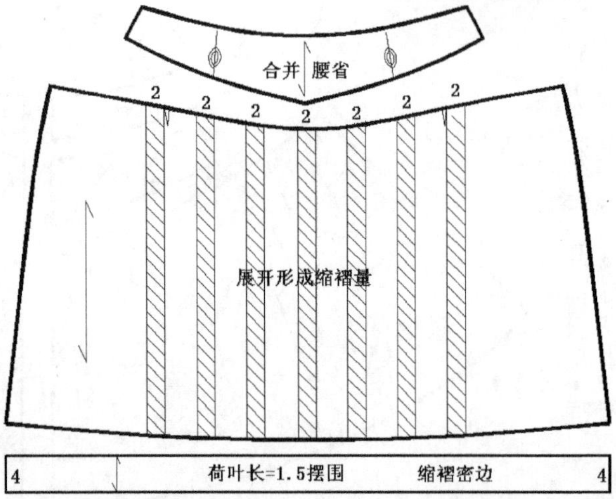

26. 内工褶裙结构设计

裙长 SL＝40cm　　腰围 W＝68cm

臀围 H＝94cm　　内贴宽＝5cm

重点提示：该款属无腰短裙，腰口装有内贴。其育克线分割设计在省尖附近，裙上合并腰省形成裁片。裙下前中有工字褶。需展开 10cm 的工字褶量，前侧装盖钉扣加以修饰，也可装真袋。

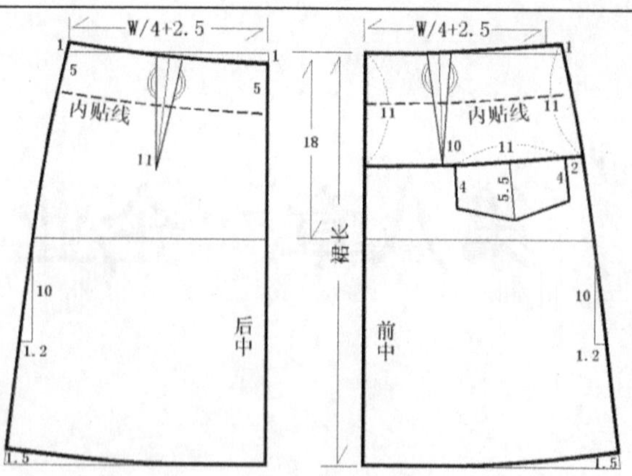

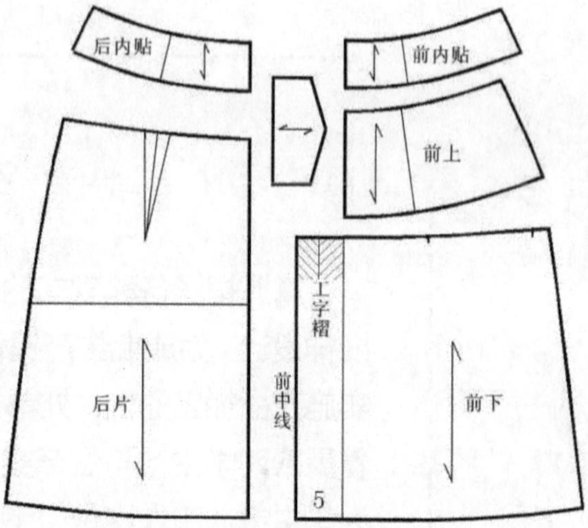

A 款

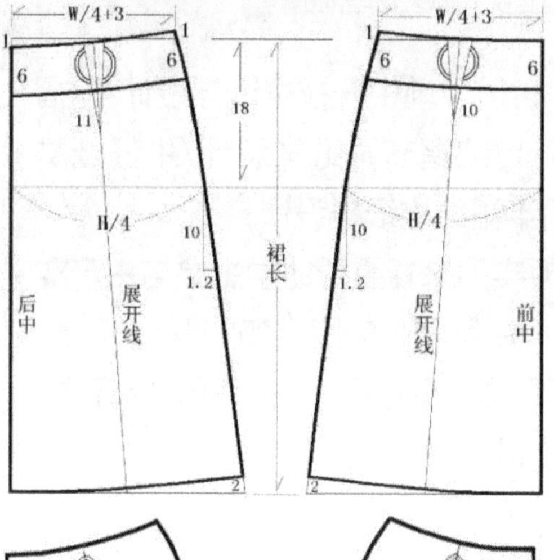

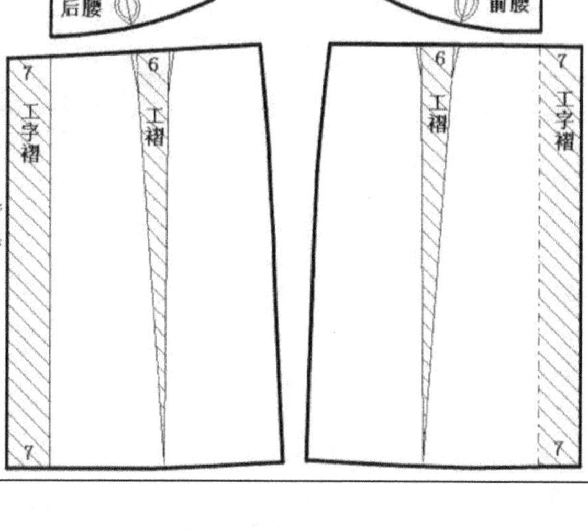

裙长 SL＝55cm　　弯腰宽＝6cm

腰围 W＝68cm　基础臀围 H＝94cm

重点提示：①画好基础 A 字裙型；②设计弯腰宽及分割；③合并前后腰省形成弯腰头；④展开前后工字褶。⑤由于后中不破开，拉链只能装在两侧。

B 款式

第八章 企业裙子制板应用

本章说明

掌握裙子各种款式的结构制图方法，目的是完成裙子工业纸样设计，为成批生产提供可靠的技术依据。本章引以企业中实施产品加工的内、外单裙子制板，作为教材的典型案例，来着重帮助学生参与生产实践，解决工业制板中所遇到的难题，为学生进入工作岗位打下了坚实的专业基础。

课程内容：南瓜半裙结构纸样设计/前中开衩裙纸样设计/缩褶半裙结构纸样设计/缩褶节裙纸样设计/牛仔低腰裙纸样设计/压褶半裙结构纸样设计。

训练目的：通过企业裙子制板实例来着重帮助学生参与生产实践，解决工业制板中所面临的困难和问题。

教学方法：讲授法+巡回指导法+示范操作法+案例分析法。

课时安排：8时（有选择性的学习案例内容）。

课余作业：12时。

诺美时装有限公司生产工艺单

NO.0120318　　　　年 3 月 18 日（cm）

款号 080318	款式：南瓜裙	客户：南亚
数量：1680 条	洗水方法：	

款式平面图

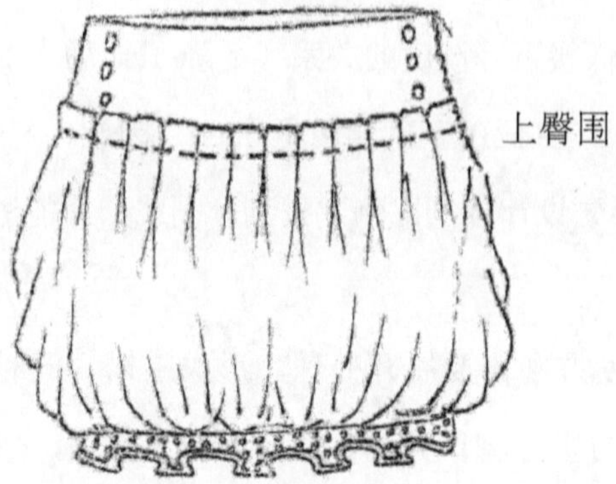

工艺说明：

1．左侧装隐形拉链 15cm；
2．密边包缝后做工褶 24 个；
3．蕾丝花边做荷叶，外露 5cm；
4．2cm 宽丝带与蕾丝花边拼缝；
5．面料缩褶后与花边和里布脚口车缝；
6．上臀围指裙子上下分割位（弯度）；
7．前两侧各订三粒装饰钮。

名称＼尺码	S	M	L
前衣长			
后中长			
肩宽			
胸围			
低腰围	70	74	78
摆围			
袖长			
袖口			
领围			
夹直			
袖裨			
裤侧长			
裙长	38	39	40
前浪			
后浪			
内浪			
上臀围	85	89	93
裨围			
膝围			
脚围			

面料用量		纸样总数	
里料用量		面料纸样	3 块/码
辅料用量	对色隐形拉链、对色钮扣、对色线	里料纸样	1 块/码
撞色用料	丝带、蕾丝花边（宽 7cm）	实样模板	

裁床注意：裁剪前对面料、里料进行缩水处理，纤维稳定后再裁

工艺要求：腰口平顺无高低，拉链服贴不暴口，工字褶均匀自然，蕾丝宽窄一致，面里布适宜，脚口缩褶均匀，控制尺寸准确，缝份按纸样处理

熨烫要求：自然缩褶位不能烫死，腰口平服贴身，不能有烫黄、烫焦、迹光等现象

包装注意：线头干净，外观整洁，吊牌与商标一致，尺码不错，挂装出货

一、结构纸样设计

选择 M 码为制图的规格依据（单位 cm）

制图说明：

该短裙为气球裙造型，属低腰结构，并在中臀部位有横向育克分割，在分割位做规律排褶，下摆口缩细褶与蕾丝花边拼接。当穿着以后，排褶自然撑开，形成状似气球的裙子。

①该裙为前后组合制图。依据腰围与低腰下降高度的关系（下降 1cm 增大 2cm 的腰围），将标准腰口线下降 3cm 后，则腰围增大 6cm，M 码的基础腰围是 68cm。因此，弯腰围是 74cm。

②上臀围指上下分割位，因此，需要先设计分割比例，找到分割线，才能进行上臀围值计算。

③为了使气球裙外部凸出造型，围度方向需要展开处理，形成工褶，同时面料需加长 5cm，而里布不需加长，面料脚口缩褶后与里布脚口兜缝，成品后内吊外鼓，形成自然的南瓜状。

二、分解裙片

前后组合制图

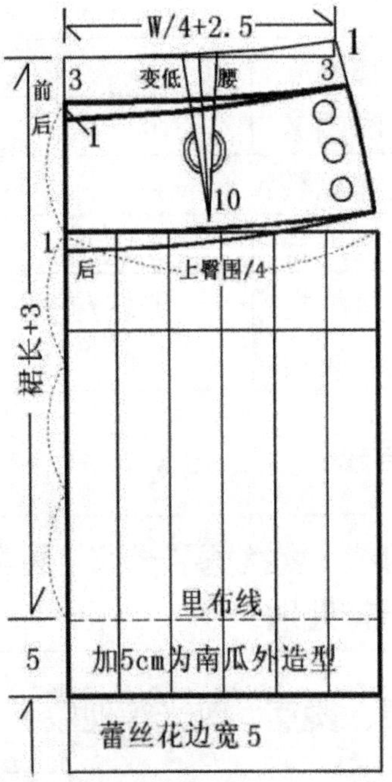

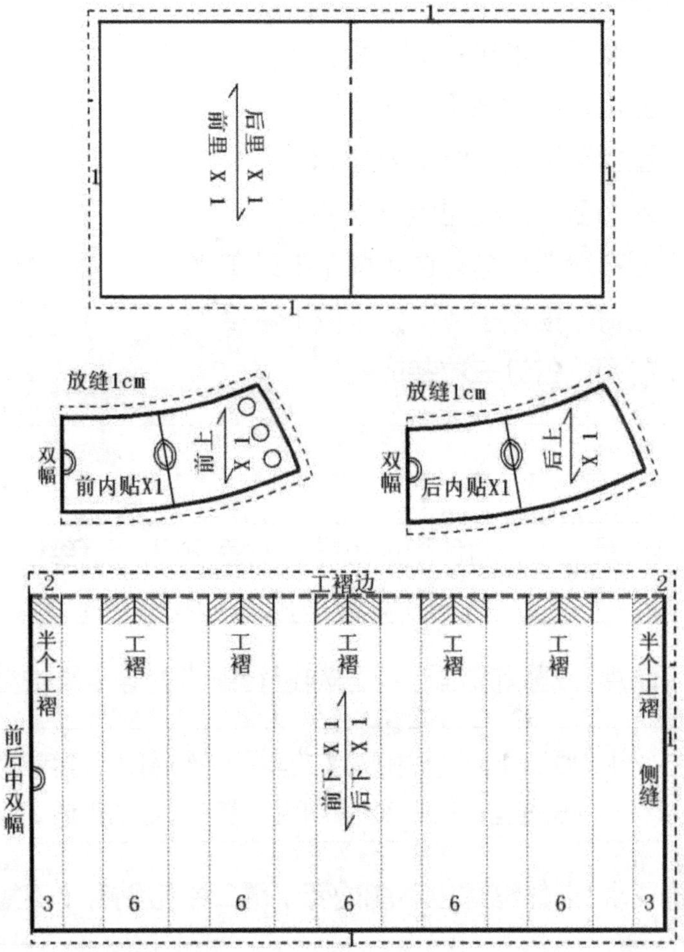

诺美时装有限公司生产工艺单

NO. 0120328　　　　　年 3 月 28 日（cm）

款号:080328	款式:压褶半裙	客户: 南亚
数量:650 条	洗水方法:	

名称＼尺码	S	M	L
前衣长			
后中长			
肩宽			
胸围			
低温腰围	70	74	78
摆围			
袖长			
袖口			
领围			
夹直			
袖髀			
裤侧长			
裙长	52	53	54
前浪			
后浪			
内浪			
上臀围	81	85	89
髀围			
膝围			
脚围	96	100	104

款式平面图

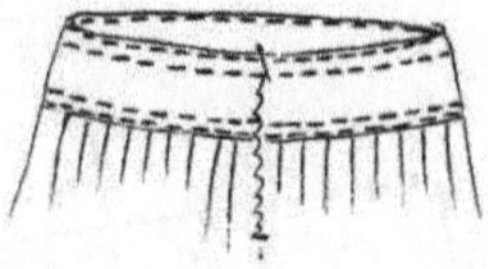

工艺说明：

1．腰头缉 1cm 宽双线；
2．本布包钮六粒；
3．细芽花边缩褶；
4．芽签褶上窄下宽；
5．芽签褶不能压到脚口；
6．后中装隐形拉链 15cm 长；
7．脚口用花边拼接，注意控制尺寸；
8．上臀围以后面上下分割位直度，前参考后。

面料用量		纸样总数	
里料用量		面料纸样	5 块/码
辅料用量	对色隐形拉链、花边、包钮、线	里料纸样	2 块/码
撞色用料		实样模板	

裁床注意：裁剪好裙片后先压褶再交车间，面料和里料要进行缩水处理

工艺要求：压褶位约归缩缝制，腰口平顺无高低，拉链服贴不暴口，控制尺寸准确，拼接脚口花边时要注意脚围尺寸的大小，缝份按纸样处理

整烫要求：压褶位不能烫开，腰口平服贴身，不能有烫黄、烫焦、迹光等现象

包装注意：线头干净，外观整洁，吊牌与商标一致，尺码不错，挂装出货

结构纸样设计

选择M码为制图的规格依据（单位cm）。

制图说明：

①前后组合制图。依据正腰与低腰高度的关系（下降1cm增大2cm腰围），将标准腰口线下降3cm后，腰围增大6cm，M码基础腰围是68cm因此，弯腰围是74cm。

②上臀围以后上下分割位测量，前后制图都要注意。设计分割线时，特别强调前斜线分割位处理，不能偏离款式图本身的造型。

③为了使裙下段有牙签褶量，围度方向需要展开处理，同时面料需加长少许，因为压褶经过高温，会产生一定的热缩。同时压褶是上细下宽，形成自然喇叭状。

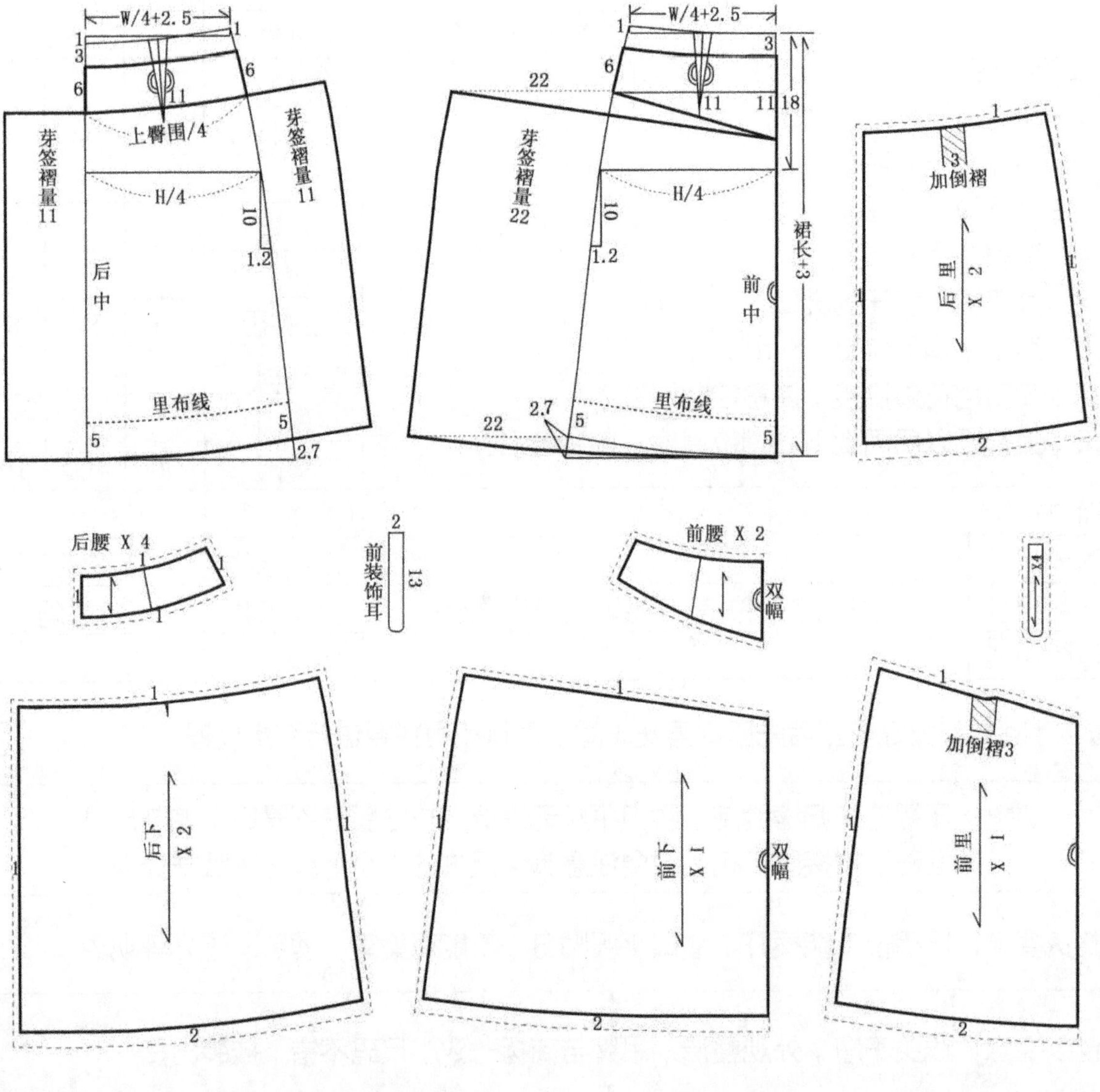

诺美时装有限公司生产工艺单

NO.0120418 年 4 月 18 日（cm）

款号:080418	款式:缩褶半裙	客户：南亚
数量:680 条	洗水方法:	

款式平面图

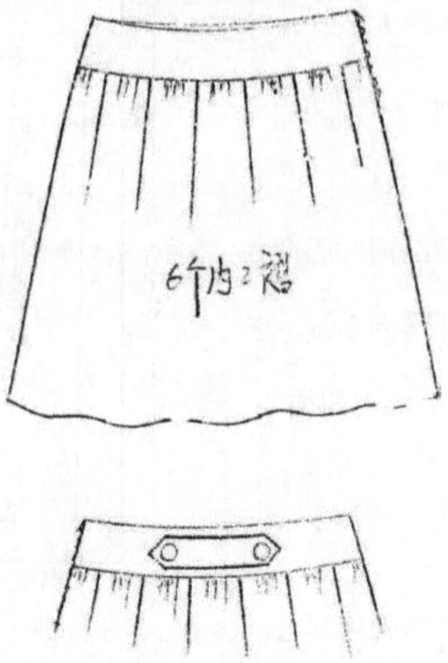

工艺说明：

1．腰装暗线；
2．左装隐形拉链 15cm；
3．工褶中间再缩细褶；
4．腰牌订装饰扣两粒；
5．挑脚 3cm 宽。

名称＼尺码	S	M	L
前衣长			
后中长			
肩宽			
胸围			
低腰围	70	74	78
摆围			
袖长			
袖口			
领围			
夹直			
袖髀			
裤侧长			
裙长	58	59	60
前浪			
后浪			
内浪			
基础臀围	90	94	98
髀围			
膝围			
脚围	104	108	112

面料用量		纸样总数	
里料用量		面料纸样	5 块/码
辅料用量	对色隐形拉链、装饰扣、线	里料纸样	1 块/码
撞色用料		实样模板	

裁床注意：面料里料缩水后裁剪

工艺要求：腰口平顺无高低，拉链服贴不暴口，缩褶均匀自然，
工字褶排列整齐，控制尺寸准确，缝份按纸样处理

熨烫要求：缩褶位不能烫死，腰口平服贴身，不能有烫黄、烫焦、迹光等现象

包装注意：线头干净，外观整洁，吊牌与商标一致，尺码不错，挂装出货

1. 结构设计

选择M码为制图的规格依据，以后片为例制图说明（单位cm）。

①以基础臀围和基础腰围画出A字造型结构图，再作低腰调整；

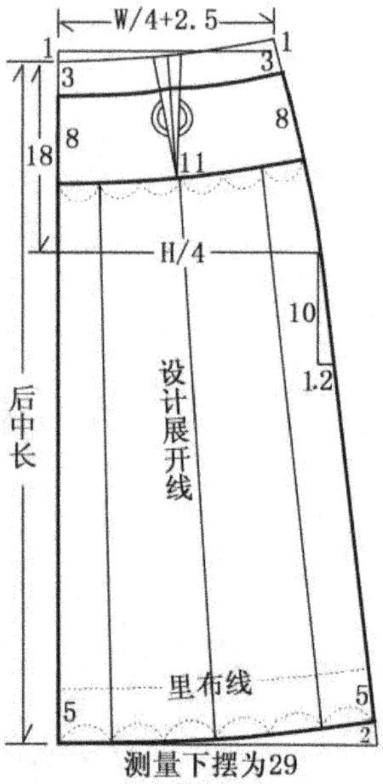

②依据腰围与低腰下降高度的关系（下降1cm增大2cm的腰围），将标准腰口线下降3cm，则腰围增大6cm，M码的基础腰围是68cm。因此，弯腰围是74cm；

③从款式图中可知，裙下段既有小工褶又要缩细褶，因此，展开量必须是小工褶量加缩细褶量，本例设计展开量为9cm，小工褶量为6cm，则细褶量为3cm，要注意的是：小工褶和缩细褶完成以后，其围度要与上臀围相等；

④腰头要合并腰省，形成完整腰头；

⑤由于前后中不破开，拉链需装在左侧。为了节省用料，里布可以分开裁剪，里料要加内褶，使内里有活动余地。

2. 分解裙片

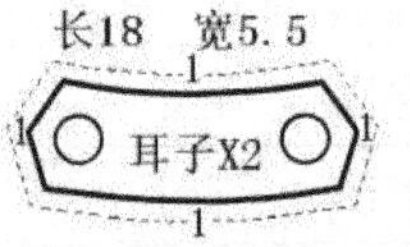

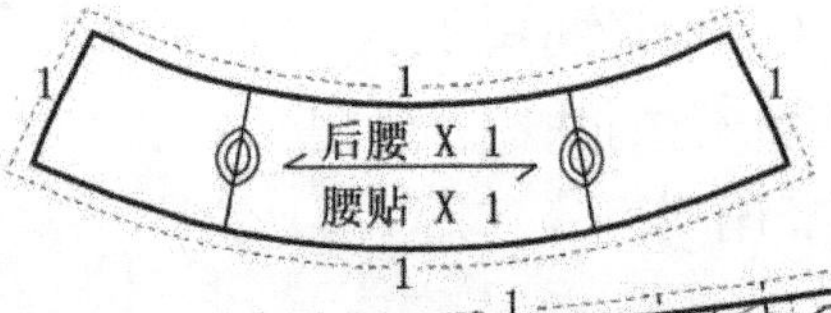

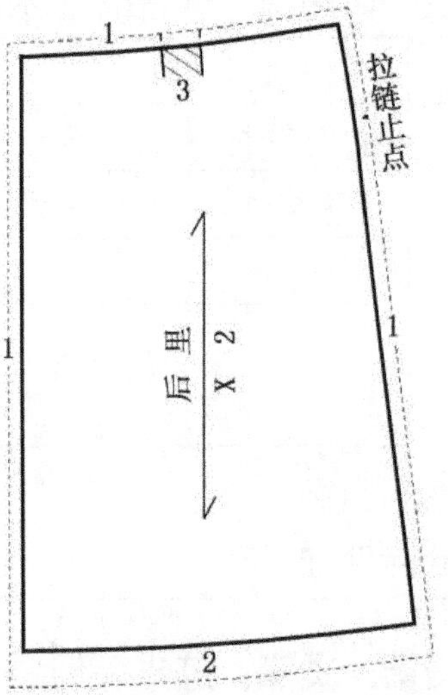

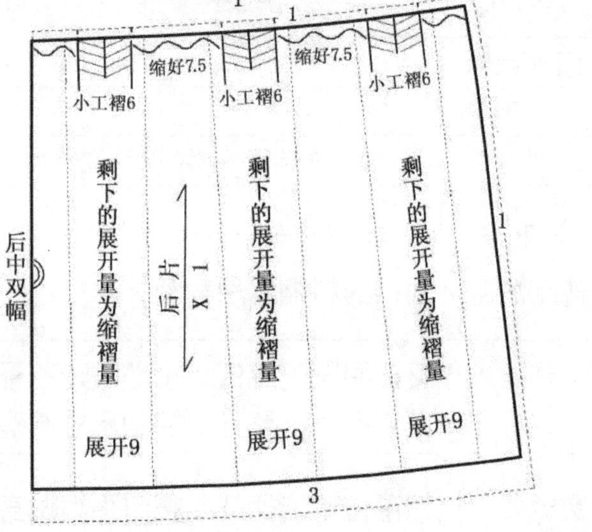

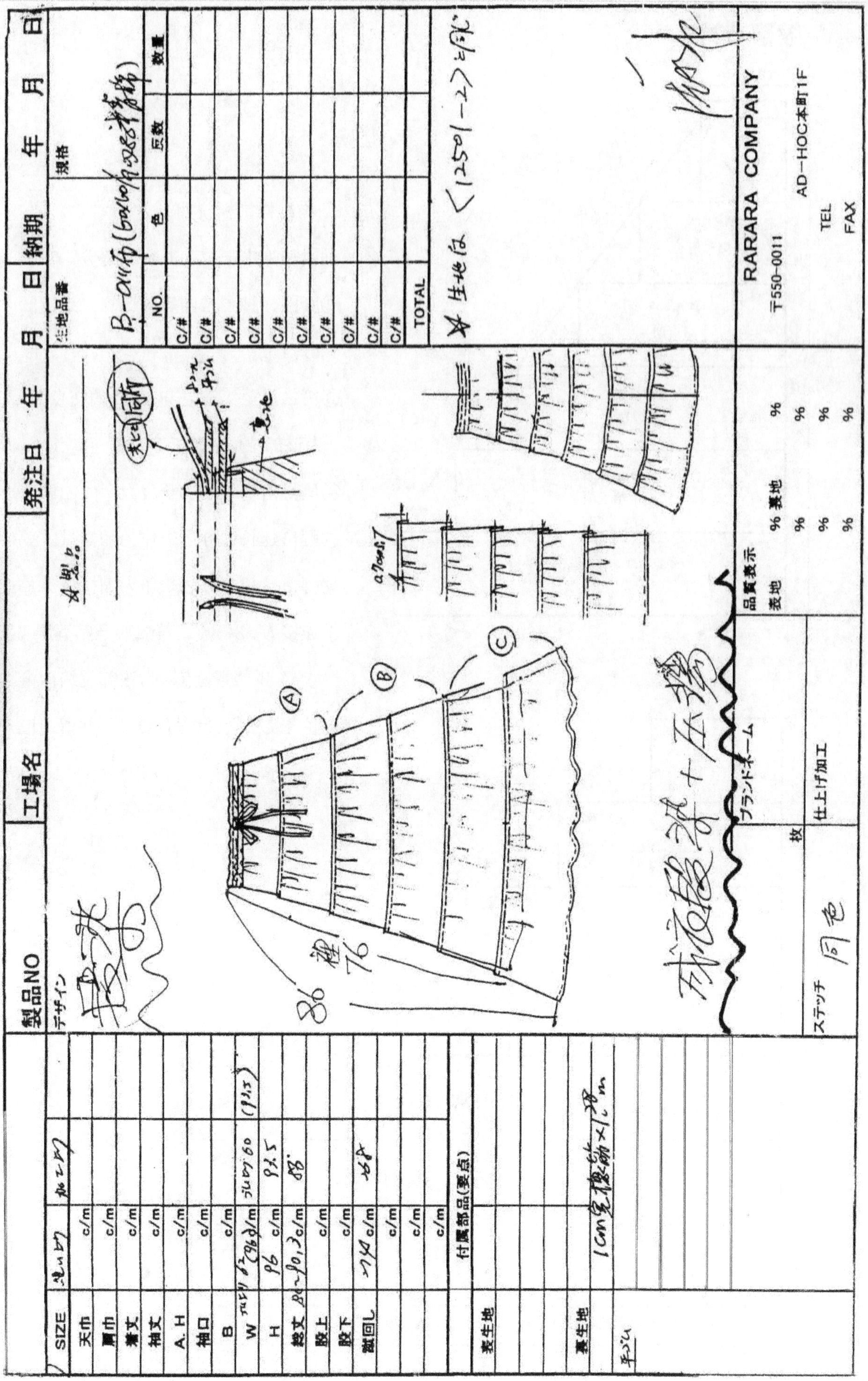
縫製指示書
工場名
製品NO
発注日 年 月 日
納期 年 月 日
デザイン
生地品番
規格
NO.
色
反数
数量
C/#
TOTAL
☆ 生地は〈12501-2〉と同じ
品質表示
表地 %
裏地 %
ブランドネーム
仕上げ加工
ステッチ 同色
枚
RARARA COMPANY
〒550-0011
AD-HOC本町1F
TEL
FAX
SIZE
天巾
肩巾
着丈
袖丈
A. H
袖口
B
W
H
総丈
股上
股下
裾回し
c/m
付属部品(要点)
表生地
裏生地

缩褶节裙

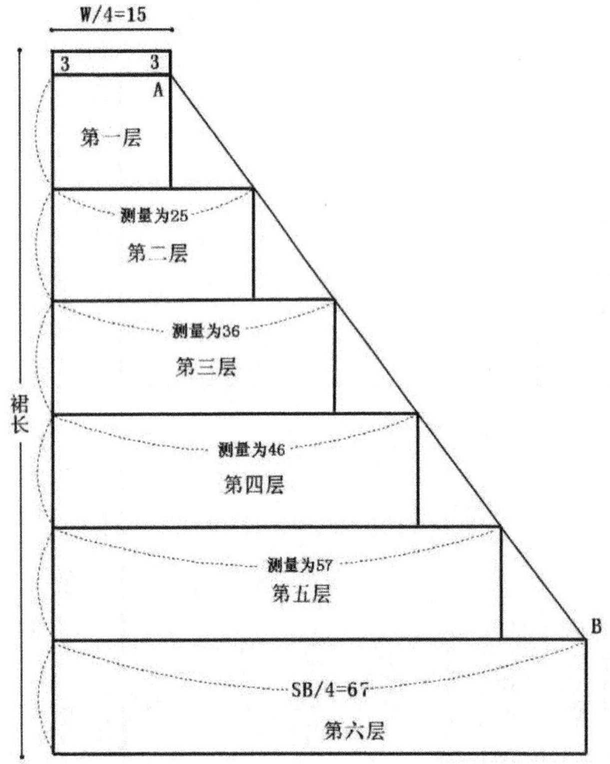

结构纸样制板说明：

①裙长除去腰宽，其余六等分。

②腰围、脚围按四等分计算，连接AB点。

③第二层至第五层与AB线的交点即为该部位的长度。

④测量出每一层的长度。

⑤腰口延长二分之一作为缩褶量。

⑥脚口延长二分之一作为缩褶量。

⑦连接A’B’点。第二层至第五层与A’B’线交点即为该部位缩褶量。

⑧腰内装松紧带缩好60cm，并留遂道穿绳子。

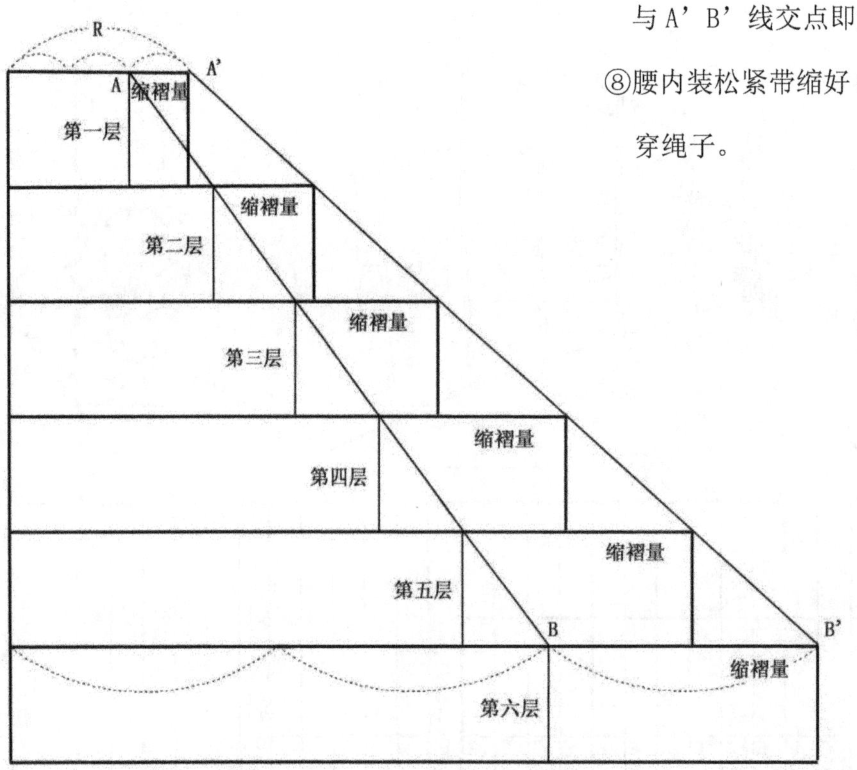

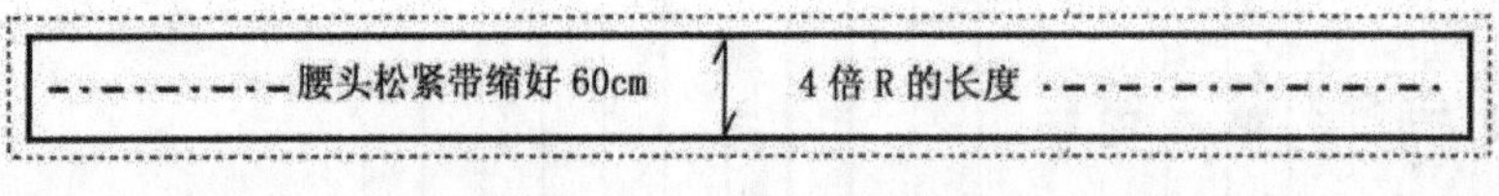

分解纸样及放缝：

①第一层、第二层、第三层、第四层前后中不用破开；

②第五层、第六层前后中必须破开，因为面料幅宽不构；

③各部位放缝 1cm，上、下层为搭接缝子，需密边包缝。

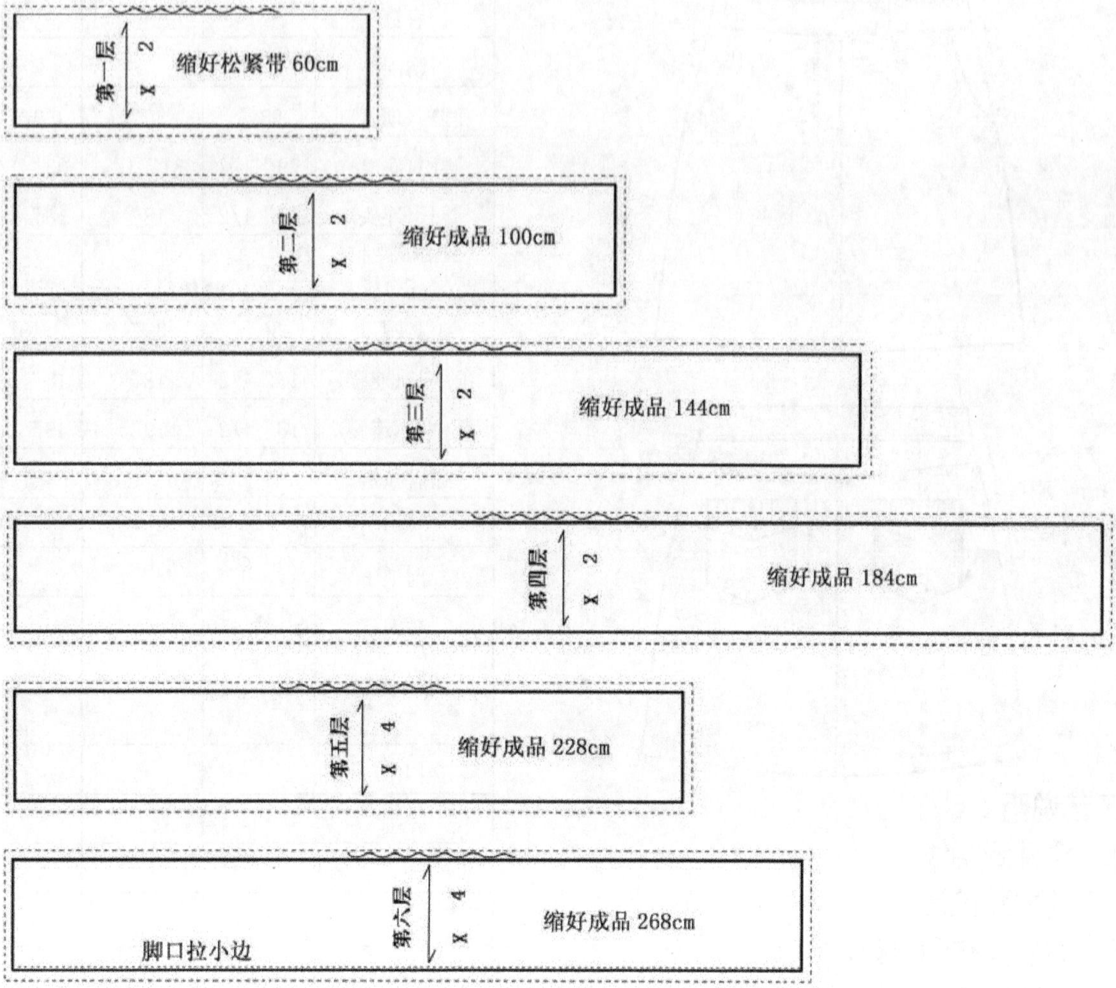

诺美时装有限公司生产工艺单

NO. 0120438　　　　　　　　　　　　年 4 月 38 日（单位：英寸）

款号:080438	款式:牛仔低腰裙	客户:
数量:1280 条	洗水方法:酵磨+染色	

款式平面图

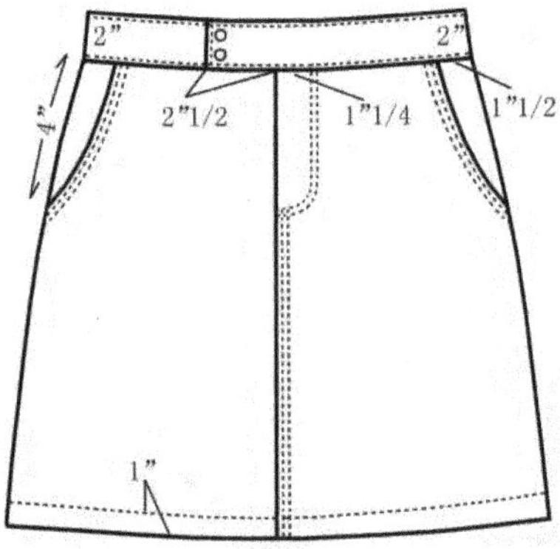

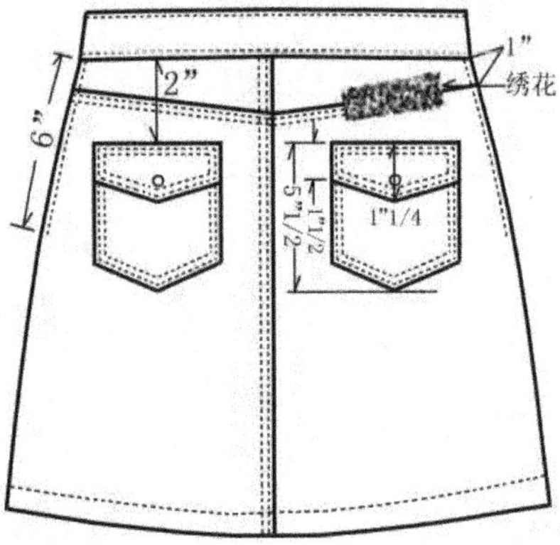

工艺说明：

1．全件缉明线。
2．前中装拉链。
3．后机头右侧绣花。
4．右腰向左伸搭位。
5．腰顶直度，腰底弯度

名称 \ 尺码	28	30	32
前衣长			
后中长			
肩宽			
胸围			
腰围(顶度)	28”	30”	32”
腰围(底度)	29” 1/2	31” 1/2	33” 1/2
外长(连头)	17” 1/2	18”	18” 1/2
坐围(腰下7” 寸直度)	33”	35”	37”
脚围	36”	38”	40”
前中长(连腰)	17” 1/2	18”	18” 1/2
后中长(连腰)	18” 1/2	19”	19” 1/2
钮牌拉链	5”	5” 1/8	5” 1/4
前浪			
后浪			
内浪			
裡围			
膝围			

面料用量		纸样总数	
里料用量		面料纸样	**12 块/码**
辅料用量	铜芽对色拉链、钮扣、牛仔线	里料纸样	
撞色用料		实样模板	

裁床注意：分色、分批、均码裁剪

工艺要求：腰口平顺无宽窄、无高低，拉链服贴不露口，装袋端正不偏斜，控制尺寸准确，缝份按纸样处理，洗水前测量准确规格

熨烫要求：不能有烫黄、烫焦、迹光等现象

包装注意：线头干净，外观整洁，吊牌与商标一致，尺码不错，挂装出货

结构及纸样分解

选择30码的作制图案例，纸样不含缩水率。

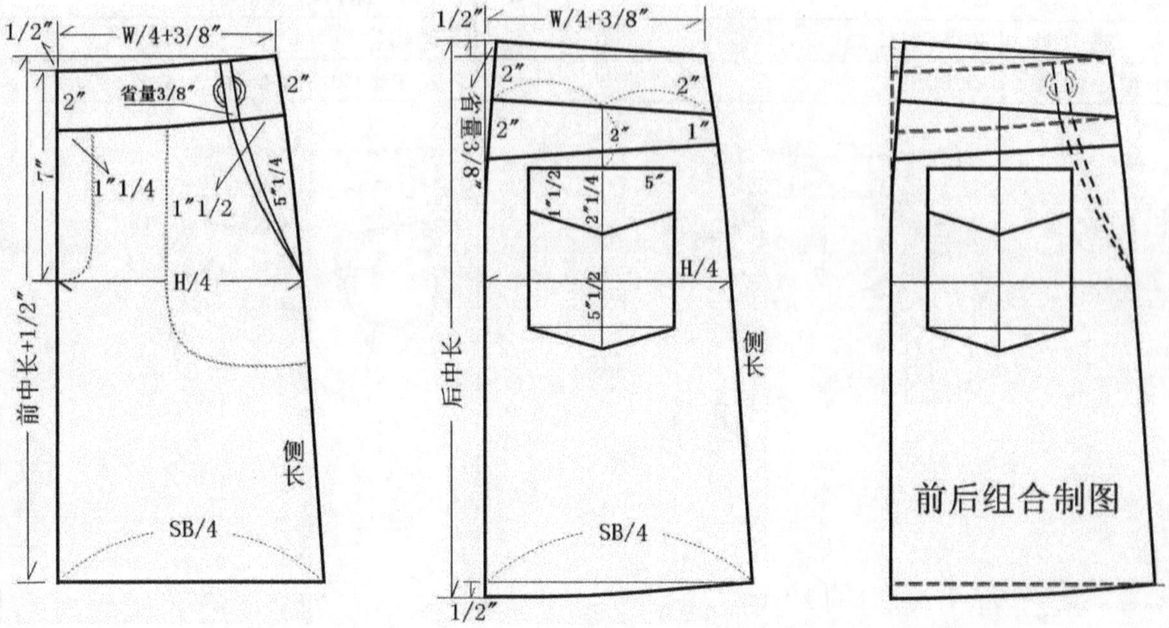

腰头、袋盖、腰口、前袋口放缝3/8″　脚边放缝1″1/2　其余放缝1/2″

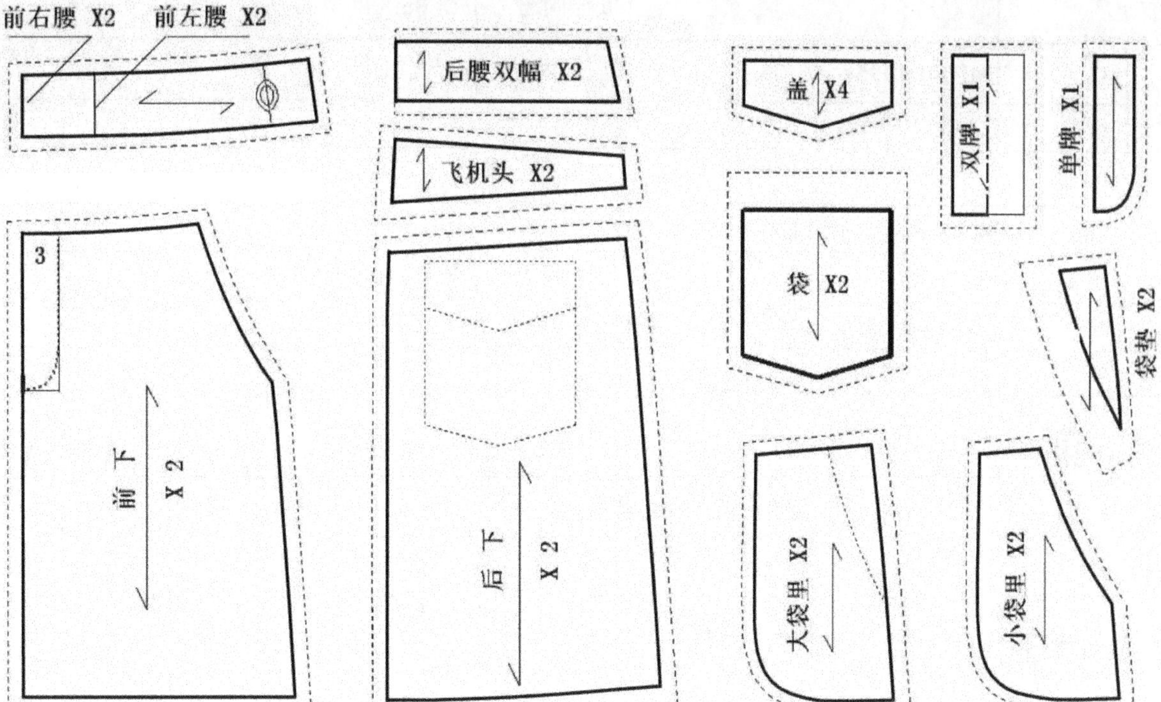

开叉裙纸样设计

制　　造　　单

制表人：

柯　打	MOF05/0358	数　量	211PCS
客　户		款　号	WTOT 2611-35053-01
客船期	ETD-HK	款　式	女装短裙
作实办单号	0768/05	洗　水	生化+手磨+扫白+磨烂+烂洞+猫须+手针猫须

图样

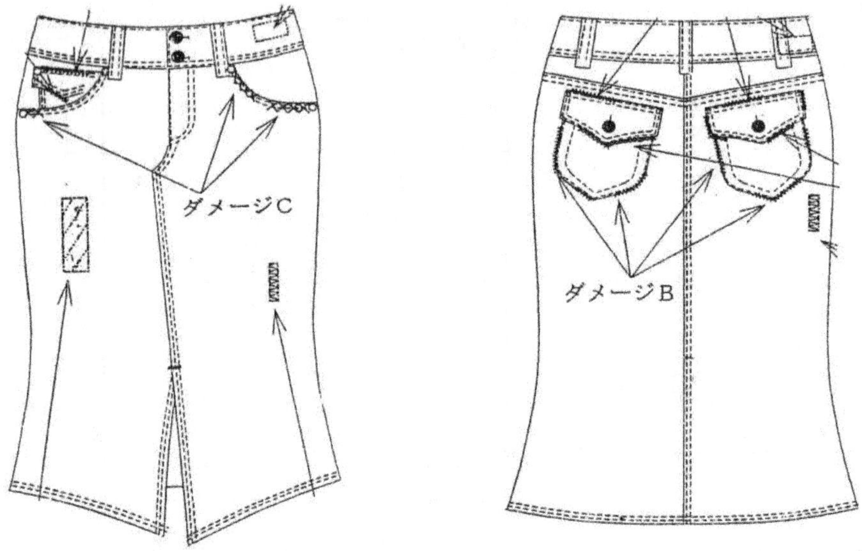

面布	#ST8411ZFT 99%COTTON 1% SPANDEX STRETCH DENIM		
布　厂	茂丰	布合同号	FCF0500236
F.P.O	MRF05/0358	预计用量	51"X11.4Y
布组织	81x57 8+10x10RS(70D)		
袋　布	65% POLYESTER 35% RAYON		
布　厂	VER	布合同号	FCH0400054(57/8")
F.P.O	MRF05/0358	预计用量	55"X1.05Y
布组织	80X60 28X28 57/8"		

成品规格

(单位 cm)

部位	后中长 BCL	前中长 FBC	裙侧长 SL	低腰围 W	臀围 H	膝围 K
尺寸	76	83	76	74	94	94

小部件规格

(单位 cm)

部位	腰宽	前袋	后袋	前衩	耳仔	后盖
尺寸	6	7.5 × 11	15 × 19	31	2 × 6.5	5×7×15

WING TAI JAPAN 御中

11. スカート	スカート

縫製仕様書

発注用

品番	261135053-01	品名	クロススラブデニムLSボタンキリカエSK	ブランド	Viaggio Blu	パターン枚数	19枚	作成日	2005/5/27	パタンナー	小林

ダメージ加工箇所

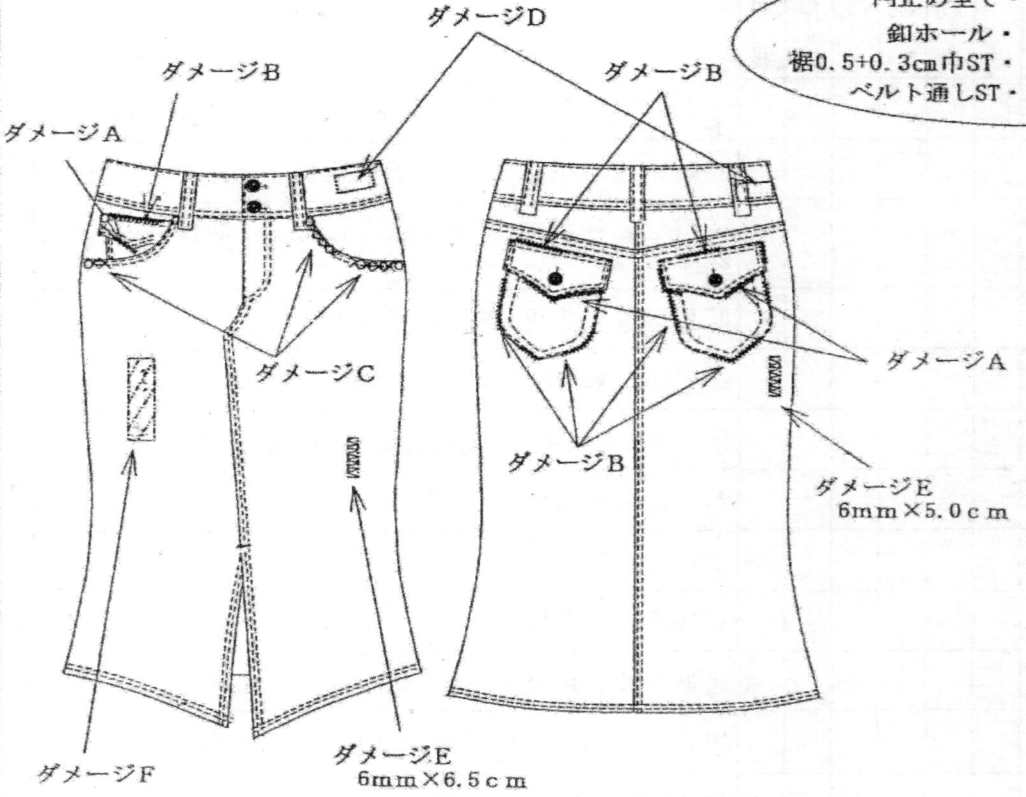

ステッチ糸色

門止め全て・・・ベージュ系C#~~353~~ C#221
釦ホール・・・ 金茶系C#~~1079~~
裾0.5+0.3cm巾ST・・・ 金茶系C#~~1079~~
ベルト通しST・・・ 金茶系C#~~1079~~
} C#807

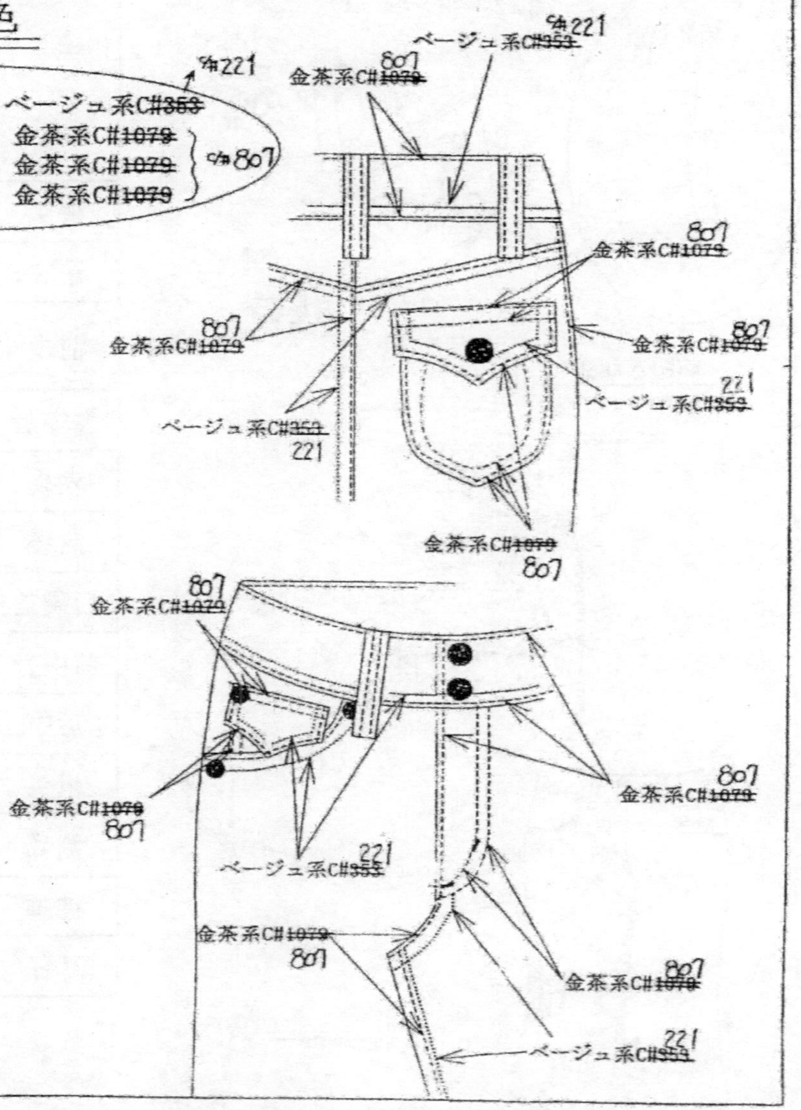

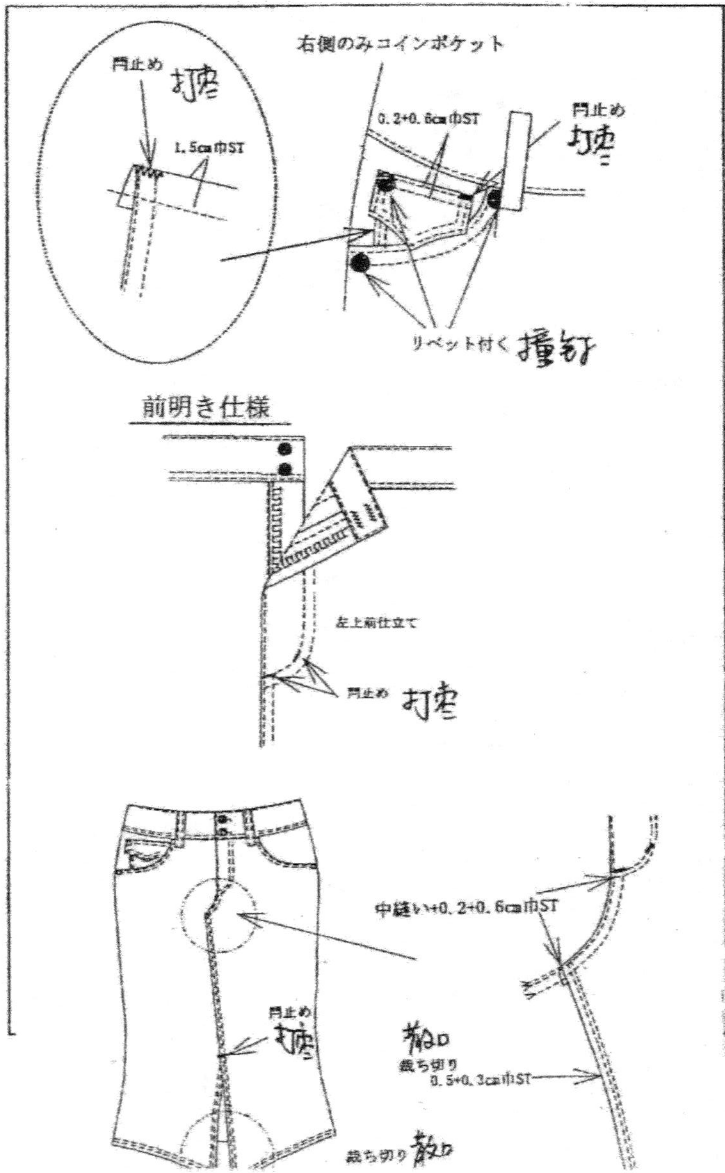

MOF05/0358 车 缝 指 示

	单线	双线	级三线	级五线	埋双线	级间单线	级间双线	说明
裤头								手上六片裤头6CM高,平车底,上裥边线,下裥双线
钮牌								面裥边线及3.6CM单线(线到边),钮子底运返
前袋								袋口运返裥双线,袋衬级散,袋底级散运返裥0.6CM单线.
表袋盖								两片运返裥双线,双线明钉袋盖
表袋								袋口还口裥双线,双线装表袋
后袋								还口车2.5CM单线,双线装后袋,双线的形状跟纸样
后袋盖								两片运返裥双线
前中骨								做法跟办OK
后中								级裥双线于左幅
机头								级裥双线于裙身
侧骨								级五线,前幅为面,面裥13CM长边线于后幅
裤脚								脚边散口,车0.5+0.3CM双线
耳仔								机拉网底耳子,上下明钉,上下打枣

结构纸样设计(纸样中暂没有考虑缩水率)

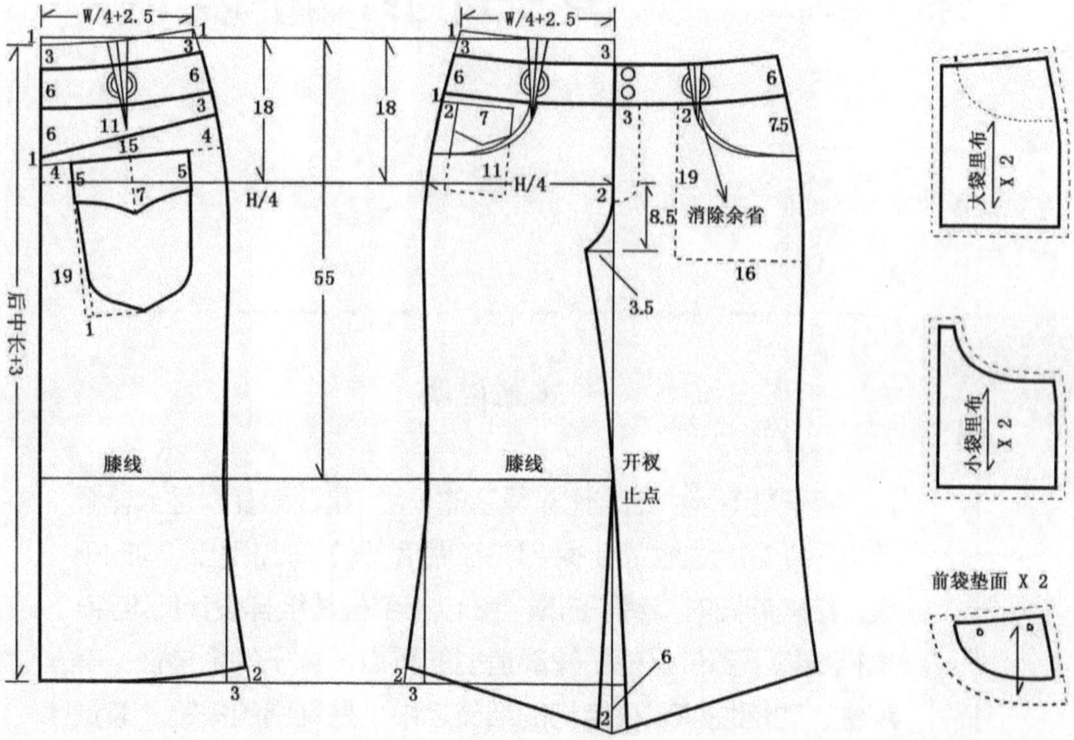

腰口位、前袋口位、腰头放缝1.2cm　下摆位、后袋口位、表袋口位3cm　其余放缝1.2cm

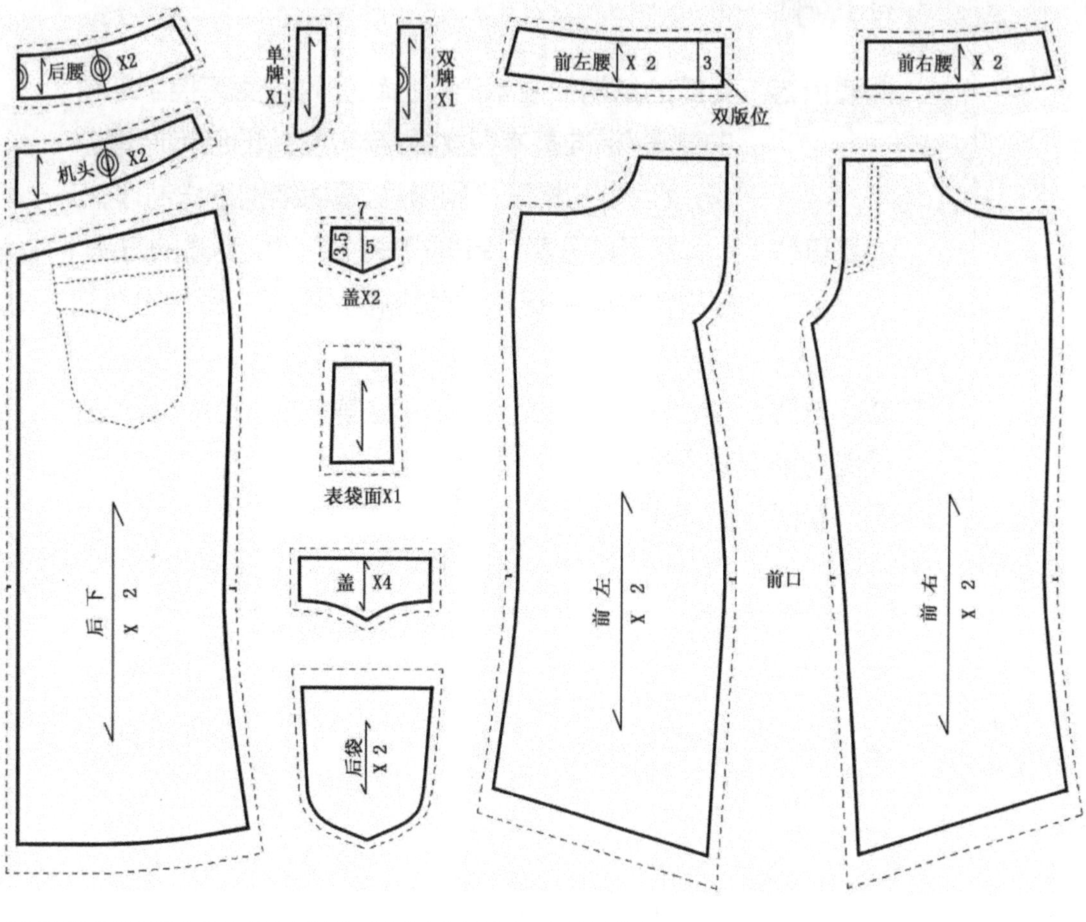

第九章　女裤结构纸样设计

本章说明

裤子是下装中结构比较复杂的一类，是覆盖在女性人体腰节以下，贴合女性腰、臀部并在髋底部位构成横裆结构的下装。结构制图时，裤子的横裆线以上部位是纸样设计的难点，横裆线以下部位是裤子轮廓造型的重点。裤子的合体性、美观性、功能性体现在结构的细节之中，是制图的关键。掌握好裤子的结构制图原理和方法，为裤子的变化结构纸样设计打下基础。

课程内容：女裤的结构线及术语/女裤的分类/女裤控制部位的测量/标准基本型女裤结构/女裤的结构原理分析/女西裤结构纸样制作/女短裤结构纸样制作。

训练目的：了解裤子的分类，掌握裤子控制部位测量的方法，能根据女裤的结构原理进行女西裤、短裤的结构制图。

教学方法：讲授法＋图片展示法＋示范操作法＋巡回指导法。

课时安排：10 课时。

课余学时：4 课时。

第一节 女裤的结构线及术语

女裤是覆盖在女性人体腰节以下，贴合女性腰、臀部并在髋底部位构成横裆结构的下装。女性的下肢、股沟、腹部、臀部构成了复杂的立体曲面。结构制图时，裤子的横裆线以上部位是纸样设计的难点，横裆线以下部位是裤子轮廓造型的重点。裤子的合体性、美观性、功能性体现在结构的细节之中，是制图的关键。为了系统地学习裤子的结构设计，我们先从认识裤子的线条名称开始。

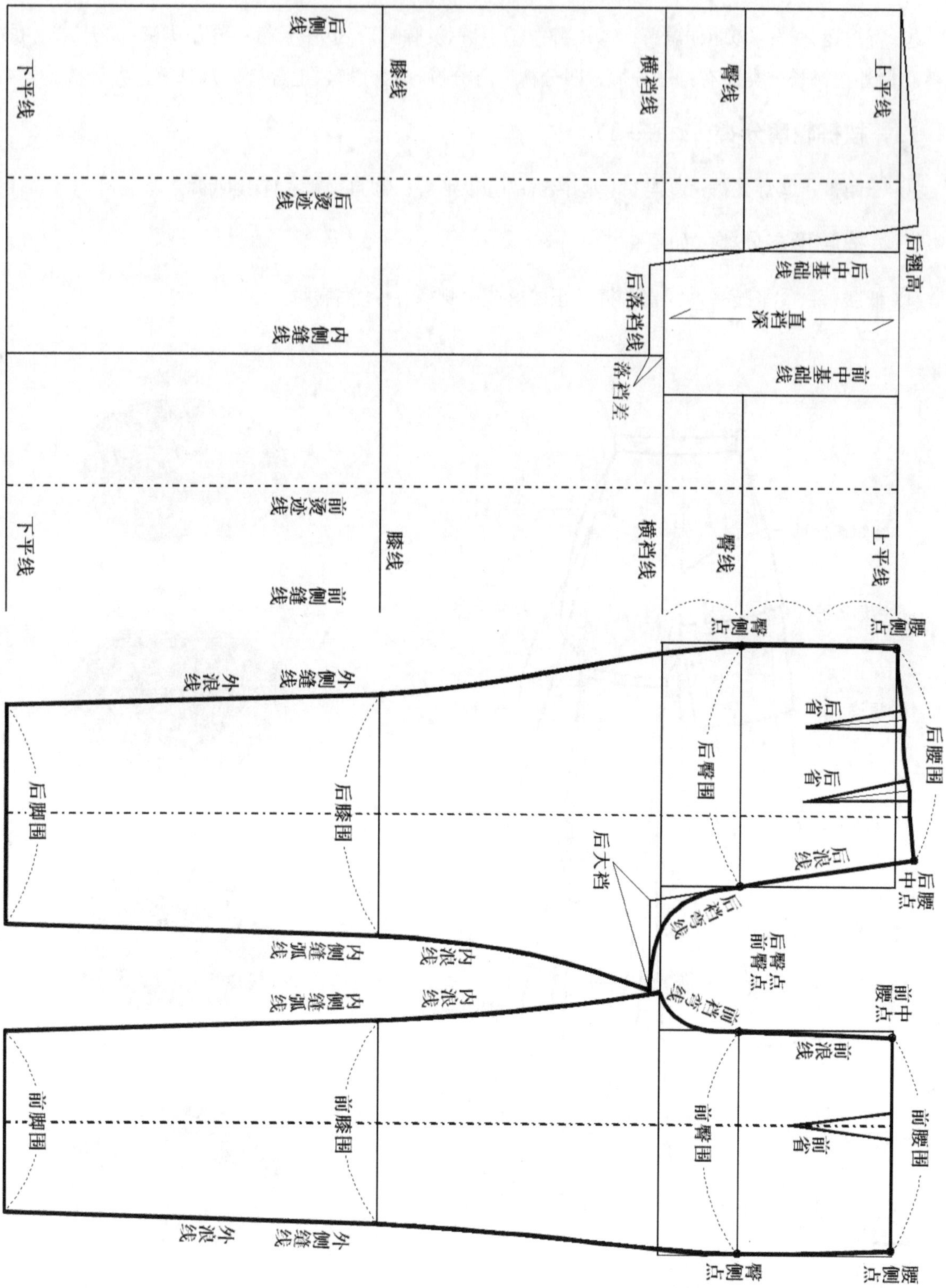

第二节 女裤的分类

随着设计理念的创新、工艺技术的进步、加工设备的现代化，裤子的款式变化也越来越复杂多样，特别是在追求轻便化、功能性的女士下装中，女裤具有无可替代的位置。要准确地给予女裤的分类比较困难，这里仅从以下几个方面进行分类，供学习参考。

一、按裤长度分类（如图 9-1）

① 特短迷你裤；②迷你短裤；③短裤；④中裤(及膝裤)；⑤中长裤；⑥吊脚裤；⑦长裤；⑧及地裤。另外按裤长分类还有：三分裤、四分裤、五分裤、六分裤、七分裤、八分裤、九分裤。

二、按裤轮廓分类（如图 9-1）

① 三角裤；②灯笼裤；③马裤；④裙裤；⑤锥形裤；⑥直筒裤；⑦喇叭裤。

三、按腰形态分类（如图 9-2）

① 低腰裤；②平腰裤；③直腰裤（正腰裤或中腰裤）；④高腰裤。

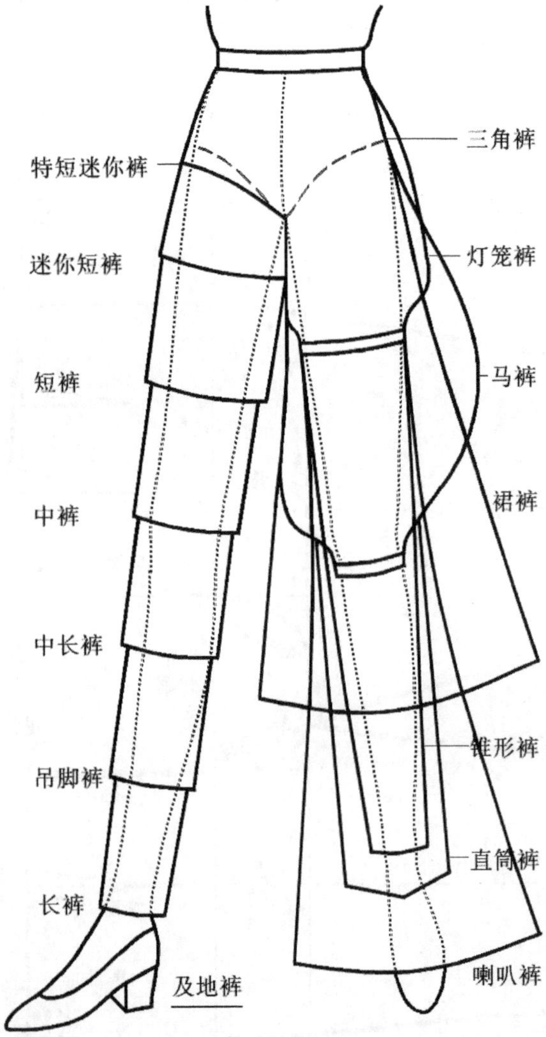

图 9-1

图 9-2

四、按裤功能分类（如图 9-3）

① 睡裤；②健美裤；③罗马裤；④运动裤；⑤工人裤。

睡裤　健美裤　罗马裤　运动裤　工人裤

图 9-3

五、按宽松程度分类（如图 9-4）

① 贴体风格裤；②合体风格裤；③宽松风格裤。

六、按脚口造型分类（如图 8-4）

① 采脚裤；②锥形裤；③直同裤；④喇叭裤；⑤外翻脚口裤；⑥罗纹脚口裤。

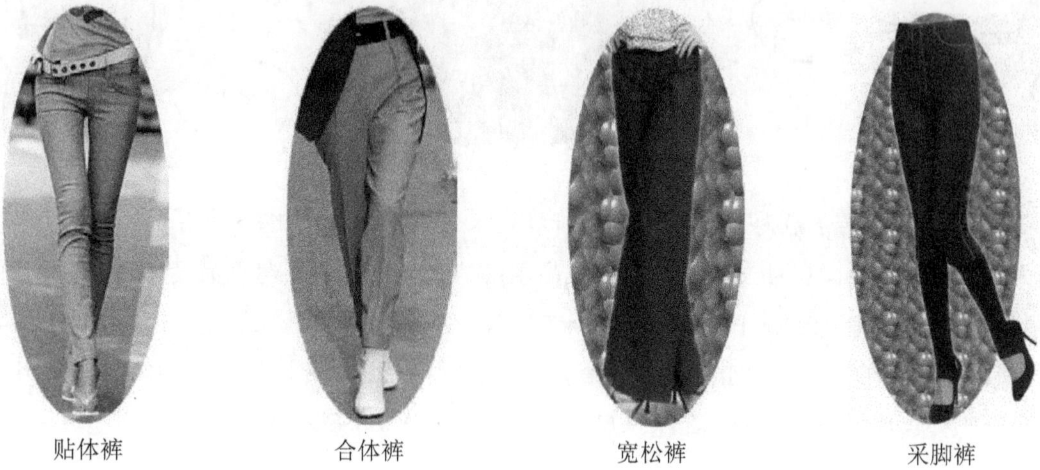

贴体裤　合体裤　宽松裤　采脚裤

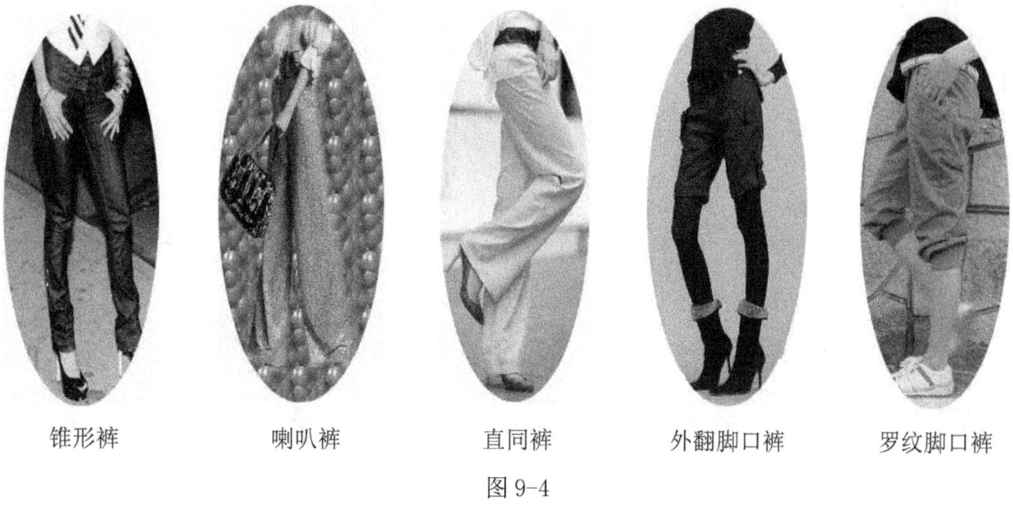

锥形裤　喇叭裤　直同裤　外翻脚口裤　罗纹脚口裤

图 9-4

第三节 女裤控制部位的测量

女裤变化丰富，款式各异，但万变不离其本。它的结构设计是依据标准基本裤结构的基础上，按照造型和功能的需要在局部作出合理的变化处理而成。因此，学好标准基本裤结构是初学者的关键。基本裤与基本裙的控制部位相近，但它更细节化、更趋近于合体。女裤结构绘制需要腰围、臀围、踝围、裤长、股长，即构成了“三围”、“两长”的控制部位。制作出富有机能性，好穿又美观的女裤，精确测量女体的控制部位是必不可少的，下面是裤子下体控制部位的测量。

1. 腰围（W）。以腰部最细处、肘关节与腰部重合点为基准，软尺水平测量一周（如图 9-5），再加 1～2cm 放松量，这是标准腰围。如果降低腰线的测量部位，则称其为低腰围，裤子变为低腰裤。高腰裤是增宽了标准腰线以上的宽度，不需要测量高腰口尺寸，依据人体体形，直接采用标准腰围再增加适当的量。标准女裤基本结构的腰围依据国家号型 160/68A 而设计的。

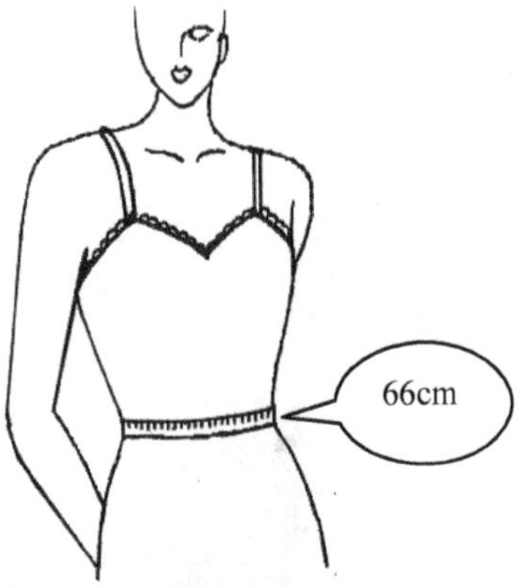

图 9-5

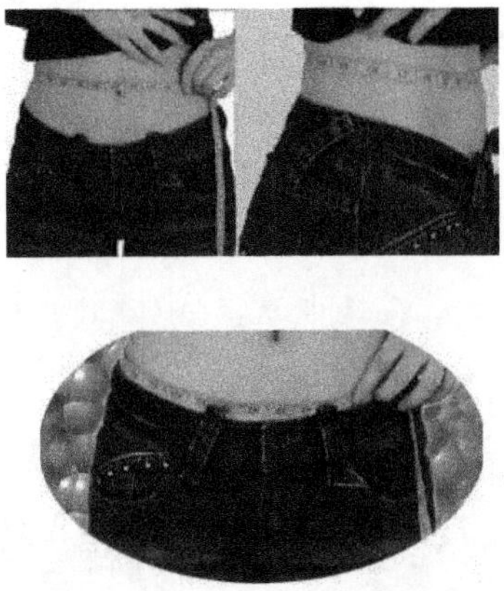

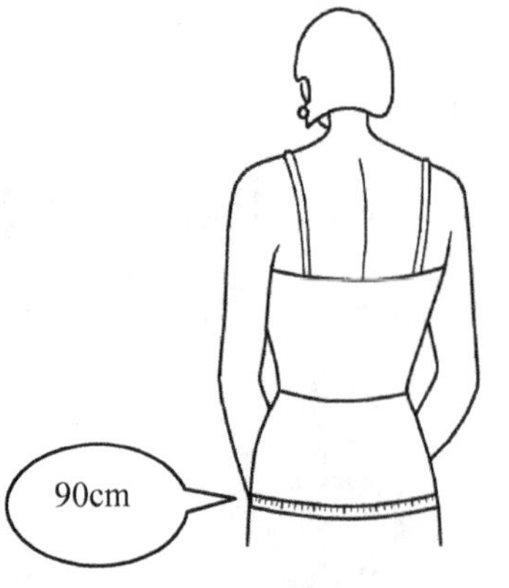

图 9-6

2. 臀围(H)。以大转子点为基准,沿臀部最丰满处水平测量一周，如图 9-6 所示。标准女裤基本结构依据人体活动的需要再加 4cm 的放松量。成品规格是依据 160/68A 号型而设计确定的，净臀围是 90cm，制图臀围是净臀围 90cm＋4cm(放松量)＝94cm。

3. 裤长（L）。侧面从腰围线量至脚外踝骨点的距离，见图 9-7 裤长测量。160/68A 号型中，标准中间体量至脚外踝骨的长度为 94cm，这一尺寸作为女裤标准基本型的裤长。

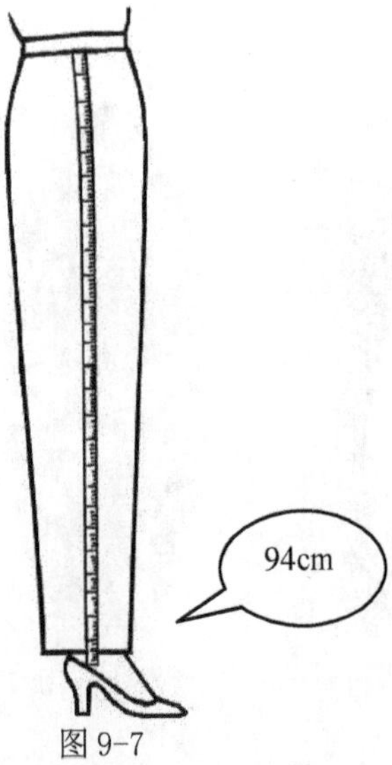

图 9-7

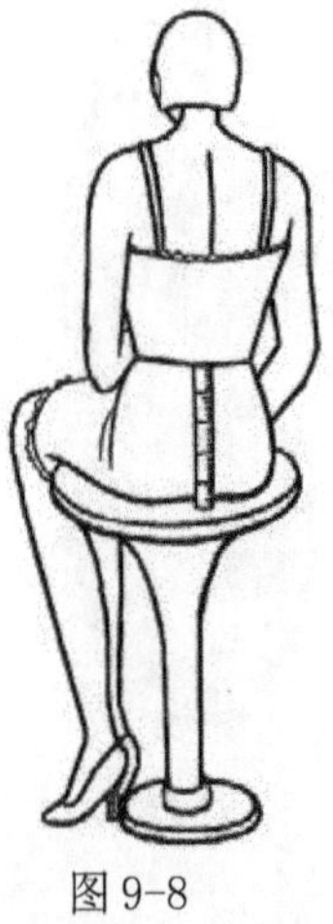

图 9-8

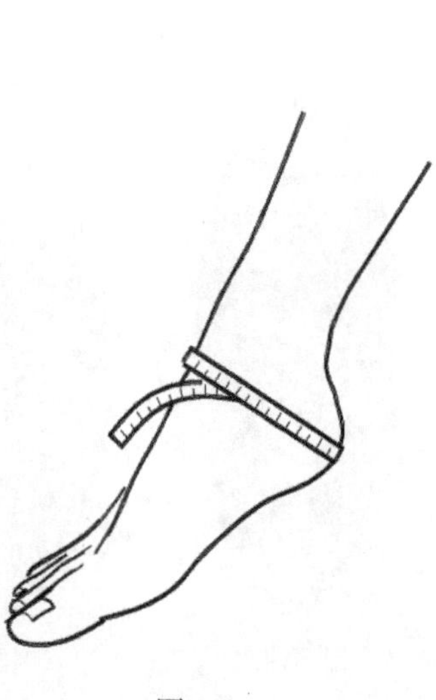

图 9-9

4.股长（与裤子上裆长 BR 有关）。腰围线至大腿根部的距离，如图 9-8 中是股长测量。由于裤子上裆长要加放一定高度的松量才能满足穿着需要，因此，制图时股长要另加 1～2cm 松量。

5.踝围（与脚口 SB 有关）。受测者脚掌登直，用软尺沿足后跟至脚掌转弯处测量一周，如图 9-9 所示。脚口取值是在踝围基础上最少加放 2cm 以上松量。具体要看脚口造型和款式流行而定，如锥形裤加 2cm，西裤加 10cm，而喇叭裤、裙裤要多些。

女裤控制部位除主要的“三围”、“两长”以外，还有一些局部的地方也会受制图的影响，如中臀围、大腿围、膝围、小腿围等，这些围度要视款式的宽松程度而定。例如：宽松裤不需要控制这些围度，如裙裤、太子裤等。而贴体裤、喇叭裤等，则要依据测量的围度，再加放一定的放松量。其测量方法如下。

1.中臀围。用软尺在腰线至臀线距离的二分之一处水平测量一周，再加松量，如图 9-10 所示。

2.大腿围。在大腿部位用软尺的上沿与臀线齐平环绕测量一周，便可得大腿围的净体尺寸，视款式再加松量，如图 9-11 所示。

3.小腿围。在小腿部位用软尺沿小腿的最粗部位水平测量一周，便可得小腿围的净体尺寸，视款式再加松量。

4.膝围。用软尺沿膝关节中央水平测量一周，视款式再加松量。

5.下裆长。裆底水平线以下至内侧脚口线的长度。

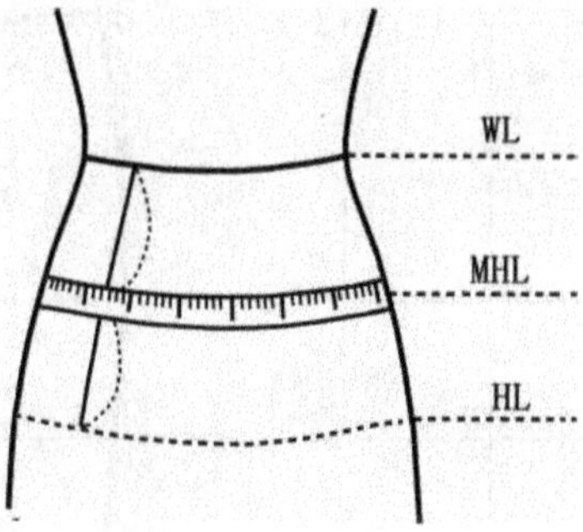

图 9-10

图 9-11

考考你

1．牢记裤子结构术语，利于快速制图。

2．女裤按长度分类有哪些？

3．女裤按腰形态分类有哪些？

4．女裤按宽松程度分类有哪些？

拓展与提高

1．女裤的“三围”、“两长”指的是哪些部位？

2．腰围怎样测量，松量取值在什么范围？

3．臀围怎样测量，标准基本型女裤臀围的放松量是多少？

4．企业的服装生产经常用到中臀围，如何进行中臀围测量？

5．裤长怎样测量，标准基本型女裤长是多少？

第四节 标准基本型女裤结构

女裤结构标准基本型具有广泛的适应性和灵活性，符合人体的基本生理和活动机能的需要。它以特定的标准女体尺寸为依据，依照女体的体型特征，运用立体转换成平面的设计原理绘制而成。学好女裤结构基本型，可以根据该结构的变化原理，设计出时尚的女裤板型，它是服装纸样设计师把握服装款式造型的基本途径和手段。

一、标准基本型女裤结构参考规格

臀围加 4cm 松量，腰围加 2cm 松量，裤长腰头除外。

部位 单位	号型	裤长 SL	腰围 W	臀围 H	上裆长	脚口 SB
厘米	160/68A	94	68	94	25.5 不包腰宽	43

二、标准基本型女裤结构纸样设计

1. 前片制图步骤。

画前片基础线：

① 作长方形，宽度为 H/4，高为上裆长。

② 作臀位线，上裆长 2/3，平行上平线。

③ 作小裆宽，横裆线上，延长 H/24。

④ 作烫迹线，总横裆宽的 1/2 作垂线。

⑤ 画脚口线，取裤长 94cm。

⑥ 画膝位线，横裆线至脚口线二分之一处再上 4 厘米，距离横裆线 30cm。

作前片轮廓线：

① 作前腰围线，在前腰辅助线上，从前腰点起落 0.7cm，向左撇进 1cm 后确定前腰中点。从前腰中点向左量取 W/4＋3cm 的长度，侧腰点上翘 0.7cm，相交于侧腰点，微调并画顺腰围线。

② 小裆弯线，按如 9-12 图中的虚线比例，画顺小裆弯线。

③ 前脚围，等于全脚围/2-2cm。

④ 前膝围，等于前脚围＋2cm。

⑤ 前省，省宽 3cm，长等于 10cm（上裆长的三分之一加 1.5cm）。

按图 9-12 画顺前腰口线，前小裆弯线，前内侧缝线，外侧缝线，脚口线。

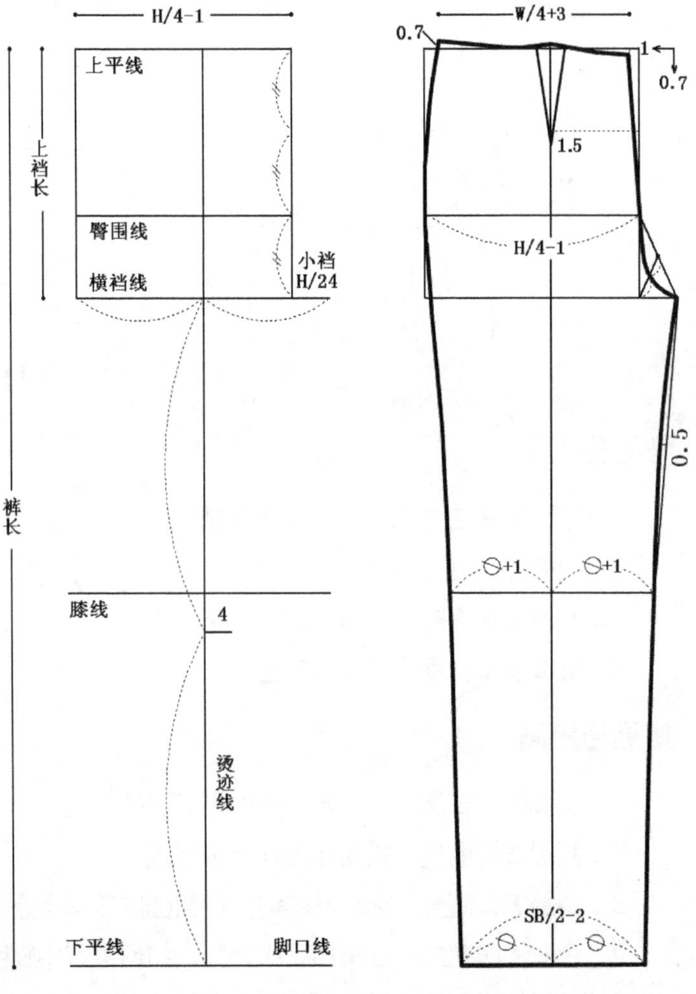

图 9-12

2. 后片制图步骤。

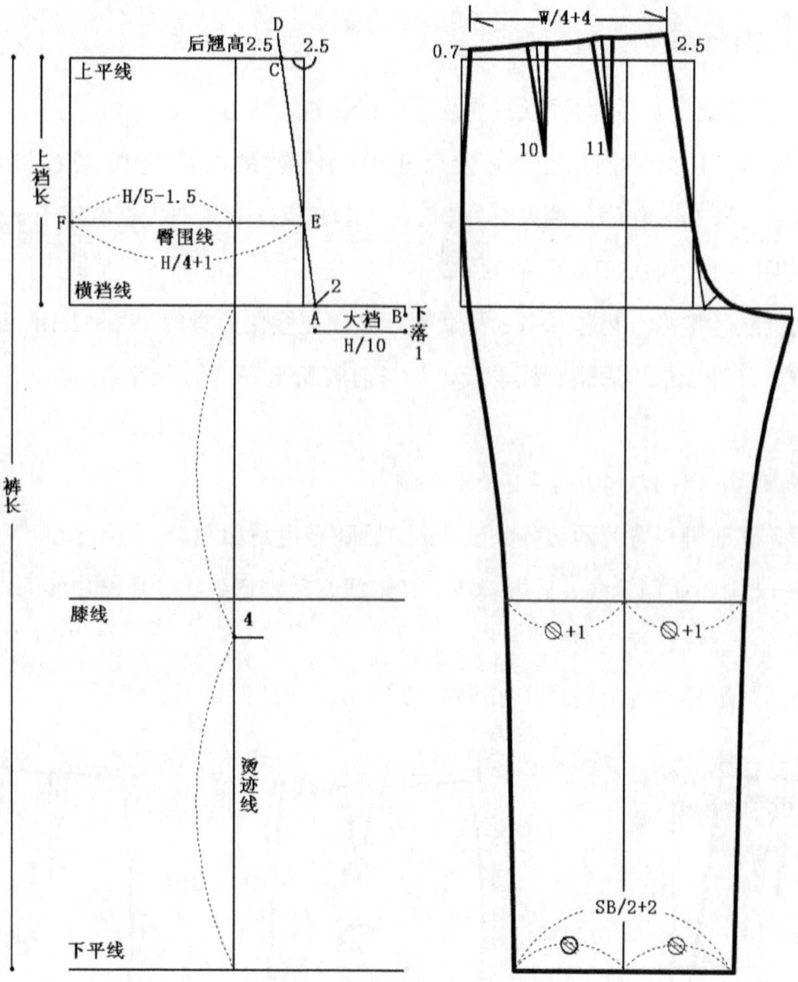

图 9-13

画后片基础线：

① 作长方形宽度为H/4＋1，高为上裆长。

② 作臀围线上裆长三分之一。

③ 作后裆斜线后中进 2.5cm，定点 C，连接 CE 并两端延长交横裆线于 A 点，上段延长 2cm 的起翘，交于 D 点。

④ 作后大裆由 A 点水平过 H/10 的长度，再下 1cm 定点 B。

⑤ 作烫迹线由臀侧点 F 向右水平量 H/5－1.5cm 的长度作为烫迹线的垂线点。

⑥ 画脚口线。取裤长。

⑦ 画膝位线。横裆线至脚线中点再上 4cm（距横裆线 30cm）。与前膝线平齐。

作后片轮廓线：

① 作后裆弯线。由 A 点作 45 度斜线，长为 2cm，按图 9-13 所示，画顺后裆弯弧线。

② 作后腰围线。腰侧点起翘 0.7cm 从后翘点 D 向左腰侧点量取 W/4＋4cm，并三等分。

③ 作后省。三等分点作后腰围线垂线，前省分别为 10cm，11cm，每个省大为 2cm，画好省线，同时画顺后腰口线。

④ 后脚围。等于 SB/2＋2，烫迹线两边定点。

⑤ 后膝围。等于后脚围再加 2cm。

⑥ 按图 9-13 画顺后侧缝线、后内缝线、脚围线、后裆弯弧线、后腰口线。

3．前、后片组合制图。

在前片轮廓线基础上画后片轮廓线(前片轮廓线影视为虚线)

① 作后裆弯线。由 A 点向左过 1cm 定点 B，在前腰辅助线上，由烫迹线与前中辅助线之中定 C 点，连接 BC 线并延长 2cm 作为后翘高,并定 D 点，由 B 点向右量取大档宽等于 H/10 的长定后裆底点并下落 1cm，按图 9-14 所示，画顺后弯弧线。

② 作后腰围线。腰侧点起翘 0.7cm 从后翘点 D 向左腰侧点量取 W/4＋4cm，并三等分。

③ 作后省。三等分点作后腰围线垂线，长与前省长平齐，每个省大 2cm，画好省线，同时画顺后腰口线。

④ 后臀围。由 E 点向左量 H/4＋1 长定臀侧点。

⑤ 后脚围。在前脚口宽的两边各外出 2cm，后膝围也是如此。

⑥ 按图 9-14 画顺后侧缝线、后内缝线、脚围线、后裆弯弧线、后腰口线。在前片廓线基础上画后片轮廓线(前片轮廓线影视为虚线)

4．分解前后片纸样与缝份处理（如图 9-15 所示，小部件暂不分解）。

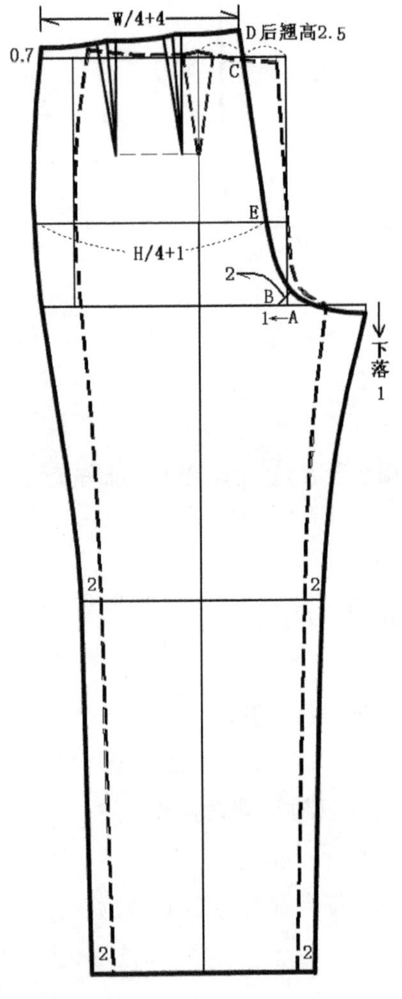

图 9-14

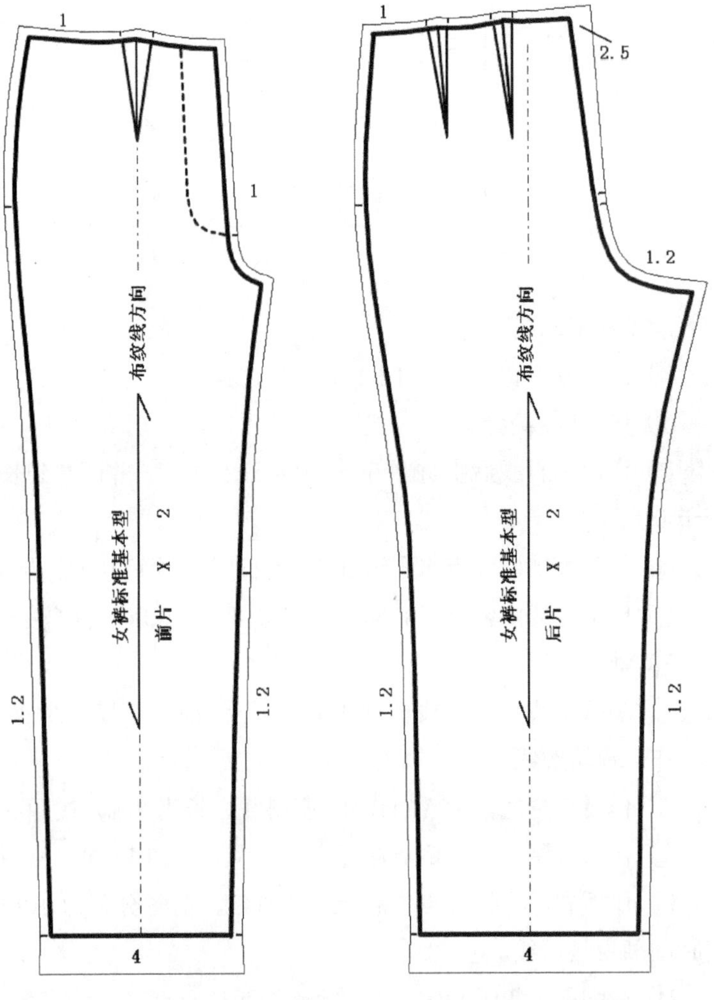

图 9-15

第五节 女裤结构原理分析

一、女裤的结构组成

依据人体腰部以下的体型特征，女裤的结构是由长度和围度组成。女裤的长度是由上裆长和下裆长两部分组成，上裆构成圆台体，对应横裆线以上的臀、腹、腰部位，下裆构成管状体，对应横裆线以下的下肢部位。女裤的围度是由腰围臀围、横裆、膝围、脚围五部分组成，形成女裤轮廓设计造型的关键，如图 9-16 所示。但值得注意的是：由于女裤富于变化，如高腰裤它们的结构组成还应加上腰节线以上的部位。

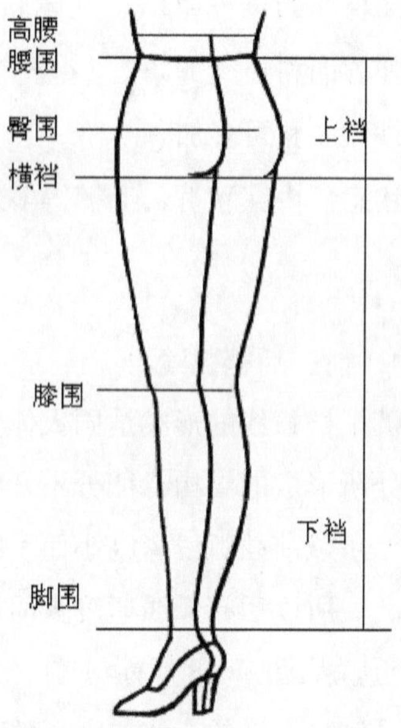

图 9-16

二、女裤主要部位的结构原理分析

（一）上裆部位分析

上裆部位是指横裆以上到腰节之间的部位。它覆盖女体的腹部、臀部、髋骨两侧以及前腹股沟和后臀股沟等，是女裤结构设计的重点和难点。

1．上裆长。

基本型女裤的上裆长是由股上长加 1cm 左右松量组成。松量多少要视裤子的宽松程度而定，贴体裤少而宽松裤多。但不能过少或过多，过少会出现兜裆（后裆缝夹在股沟之中）不舒适，过长会出现吊裆不美观，甚至上裆过长裤子的裆部受到横向牵制作用而无法增大活动范围。公式：中腰裤上裆长＝臀围/4＋(1～2cm)左右（不包腰）。在女裤标准基本型中，上裆长为 25.5cm，它不含腰宽。下表是从实践中总结出来的中码体型上裆尺寸（不包括腰头宽），供参考。

款式	上裆长	款式	上裆长
高弹力裤	23.5cm	休闲裤	25cm
贴体裤	24cm	女西裤	25.5cm
牛仔裤	24cm	宽松裤	25．5cm

2．前、后腰线。

裤子的前腰中点下落 0.7cm，裤子穿上以后前腰线处在人体腰节线的同一水平线上，前裤管向前微倾，利于人体活动。而后腰线却明显不同，裤子由于后翘的影响使后腰线呈斜线，这主要是横裆产生了牵制需增加的活动量。人体越胖，活动量越大，其后翘就越高。腰口基本公式计算为 W/4＋省(褶)量。

3．腰、臀放松量。

测量的腰、臀围净体尺寸是固定值，而放松量是变量，它是决定裤子制图和成品规格的关键，腰围的放松量是依据饿、饱肚子的收缩以及裤腰里塞入内衣而设计的，一般加放 1～2cm。臀围的放松量设计是依据女裤的宽松程度而确定的。面料薄的可少加；面料厚的可多加；弹力面料可少加；纱硬面料可多加。为了便于掌握女裤臀围放松量的多少，根据实际经验得出下表参考数据，供大家学习。

面料薄的可少加。

面料厚的可多加。

弹力面料可少加。

纱硬面料可多加。

注意：内穿秋裤、毛裤得多加 2cm。

	净臀围 H	放松量
紧身裤（高弹力）	90cm	H -（2～4）
贴体裤(有弹力)	90cm	H +（2～4）
牛仔裤(有弹力)	90cm	H +（4～6）
休闲裤	90cm	H +（6～8）
女西裤	90cm	H +（8～10）
宽松裤	90cm	H +（10 以上）

4．前、后裆弧线。

裤子裆弧线的形成是同人体的腰、腹、臀部与下肢联合处所形成的结构特征分不开的，由于腹凸靠上且不明显，所以前裆弧线弯度小而平缓；由于臀凸靠下而明显外凸，所以后裆弧线弯度大而急，它们的接合点在耻骨附近，如图 9-18 所示。前、后裆弯弧线可以互借，前提是满足女裤的合体与活动的需要。

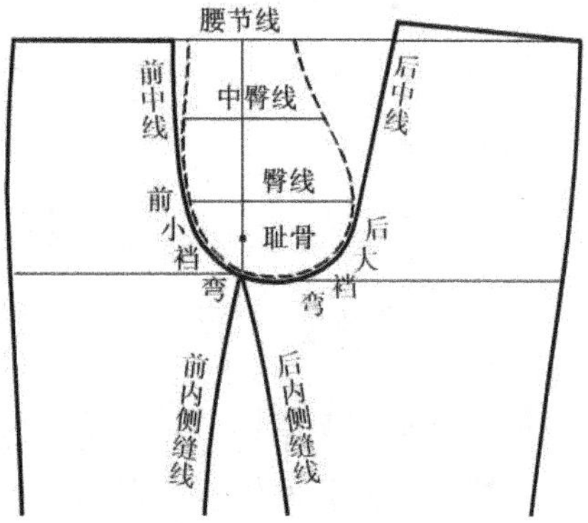

图 9-18

5．后翘与后裆斜线。

后翘是指后腰中点的抬高量,它是为了满足女体蹲、屈等活动的需要而设计的，一般在 2.5cm 左右。后翘不宜过长，否则女性站姿时后腰中部出现余量。后裆斜线的倾斜程度是由臀大腰小而决定，臀部越外凸，其倾斜越大，后翘也越高。后裆缝拼合以后，要满足左右的腰口线拼合部位圆顺，如图 9-19 所示。

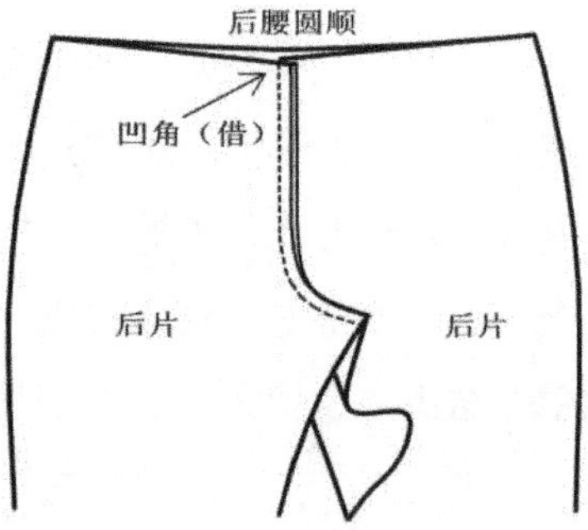

图 9-19

6．臀、腰差及省量分配。

女体的臀大腰小，形成臀、腰差。为了使女裤合体，就必须收省。因此，臀腰差的形成是裤子的省、褶量设定的依据。从图 9-20 中女体腰、臀部形态特征看，臀腰差在后腰口大且斜度长，两侧次之，前面最小。基于这一原则，裤子的收省应该是前省量小于后省量，且前省短而后省长。臀、腰差越大则省量越大，相反臀、腰差越小则省量越小。由于后省量大于前省量，因此，裤后省可平衡分解成两个省。裤省的分配准确地说还应该有后中省、前中省、两侧省，只不过它们在缝子之中，已经分割掉了。从图 9-21 中我们可以看出：裤子立体构成与平面构成的三角转换关系。①三维空间的圆柱体转换成裤子前、后片的上裆部位平面结构图；②平面结

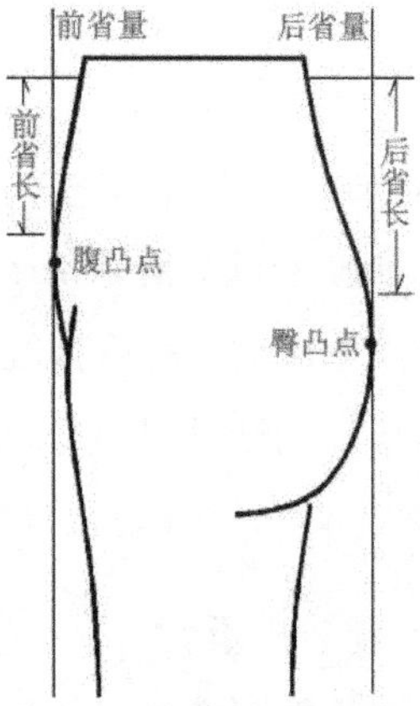

图 9-20

构图经工艺加工以后形成臀、腹、腰部的裤子圆台体；③圆台体返原成三维空间的圆柱体。

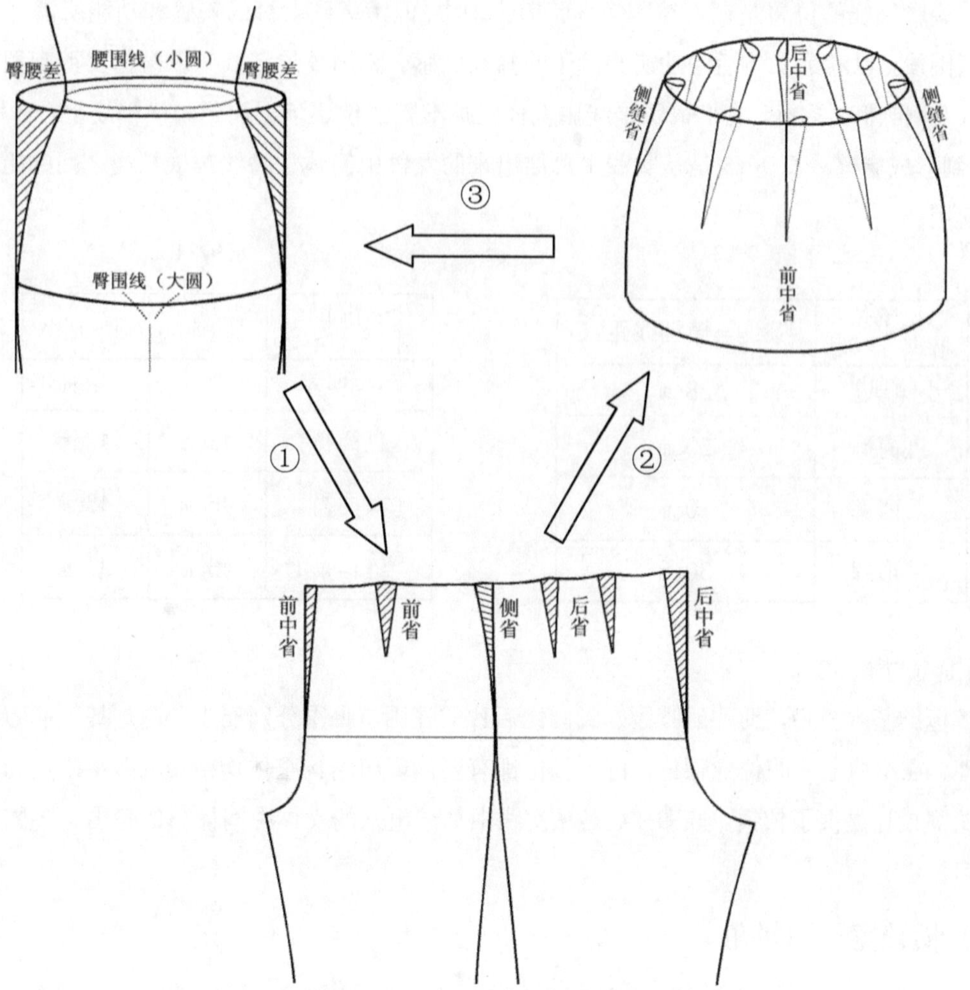

图 9-21　前、后裤片臀腰差及省量分配

从图 9-21 中看出臀腰差及省量分配的状况，看出省是可以在腰口位平行移动的，但它必须遵循后省大，前省小的原则，否则就会脱离人体体形，收省就无意义了。省在女裤中富于变化，有时以裥、褶等形式出现，有时以袋口省的形式隐藏，有的女裤从表面上看无省，如牛仔裤、贴体裤等，这是因为省被转移、合并掉了，是结构设计的主要方法。无论如何它们都必须遵循女体的体型特征以及满足女裤的活动功能和装饰美感。

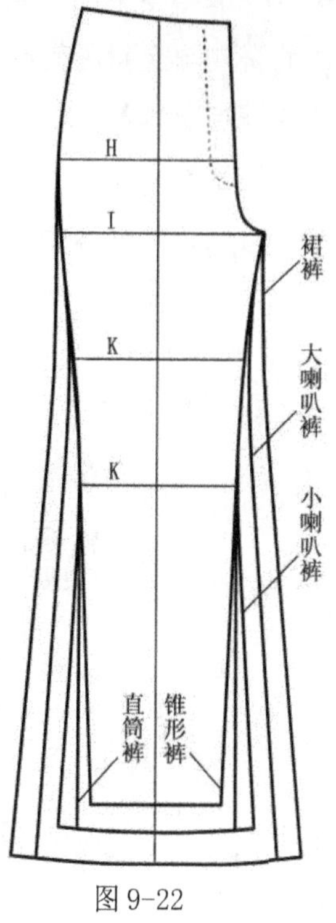

图 9-22

（二）下裆部位分析

下裆部位是指横裆线以下到脚口之间的部位，称为裤筒，它覆盖女体的大腿、膝部、小腿和踝围等下肢部位，是女裤结构轮廓造型设计的关键。

1．下裆长。

裤子的长度是上裆长与下裆长之和，因此可用裤长减去上裆长得到下裆长。还可以直接测量，由臀股沟底至裤口处。很多的外贸服装也强调下裆长的控制，要引起注意。

2．膝围线。

准确地说膝围线的位置是在女体髌骨（膝盖）中央,但考虑到女裤的美感和功能所需，制图时约向上提高膝围线，以满足女体活动功能和裤子的修长之感。膝围线的高低可以根据女裤廓型而定，如小喇叭裤、大喇叭裤、裙裤，它们的膝围线由人体的标准膝线位逐渐上调至与横裆线重合，如图 9-22 中所示,直到形成裙裤。表 9-23 是从实践中总结出来的女体中间体型膝线与横裆线之间的距离，供学习参考和使用。

表 9-23

部位 / 裤名	膝线与横裆线距离
小喇叭裤	28cm
直筒裤	29cm
女西裤	30cm
锥形裤	30cm

表 9-24

部位 / 裤名	膝围 K	脚口 SB
小喇叭裤	40cm	48cm
直筒裤	44cm	42cm
女西裤	46cm	43cm
锥形裤	46cm	34cm

3．膝围宽与脚围宽。

在女裤标准基本型中，前片的膝围、脚围比后片的膝围、脚围分别要小，这是基于前腹部比后臀部小的原理，在结构上从腹位到膝位，再到脚位都有要体现出结构整体均衡美的效果。它们的围度变化为女裤轮廓设计提供了依据。表 9-24 是从实践中总结出来的女体中间体型的膝围、脚围成品尺寸表，供学习参考。

（三）横裆宽与裆拼角

横裆宽是指后中缝臀点至前中缝臀点之间的距离，是由女体的臀侧厚度决定的,如图 9-25 所示。在女裤标准基本型中，横裆宽约占全臀围的六分之一，前小裆宽占 H/24，后大裆宽占 H/10，这符合女体的臀侧与全臀围的比例。而臀围计算运用了 H/4 的基本公式，这没有考虑臀围的前小、后大的实际情况。在女体臀部特征中，实际上前臀围约占全臀围的 H/2－2cm，后臀围约占全臀围的 H/2＋2cm。这在结构制图的实际工作中常常会用到。如图 9-26 中是女裤前臀围、后臀围、前小裆、后大裆、总裆宽（横裆宽）的分配状况，需要牢记这一要领。

图 9-25

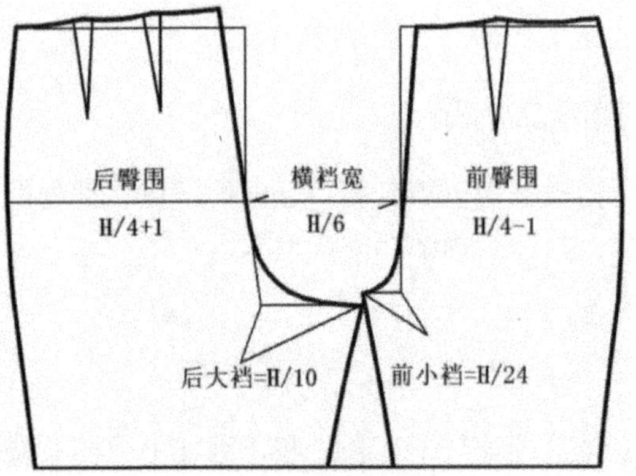

图 9-26

在实际生活中，女裤的款式变化千姿百态，横裆的宽度要依据款式具体而定，灵活掌握，表 9-27 是从实践中总结出来的横裆宽计算，供参考和使用。

表 9-27

部位	比例（普通类）	比例（最贴体）
前小裆	H/24	H/32
后大裆	H/10	H/12
后烫迹线确定	臀侧点开始量：H/5－1.5	臀侧点开始量：H/5－2.5
总裆宽	西裤不少于 H/6，牛仔裤不少于 H/7，贴体裤不少于 H/8，	

前后底裆拼角。拼角是指裤子的前、后裤片在小裆和大裆之间的内侧缝拼合处理，如图 9-28 所示，目的在于检验前、后裆弯弧线的拼角状况必须圆顺，这是纸样检验的关键。初学者经常出现拼角不圆顺的纸样毛病，请大家在结构纸样设计中一定要留心此问题。

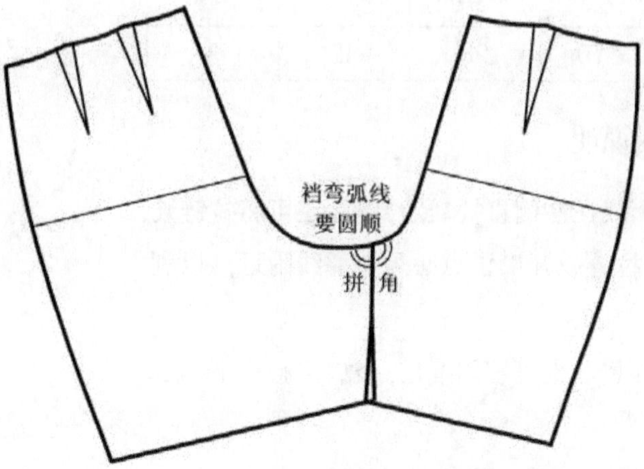

图 9-28

拓展与提高

1．简单论述女裤的结构组成？
2．裤子的前、后腰线有什么不同？
3．为什么前裆弧线弯度小而后裆弧线弯度大？
4．后翘是怎样形成的？
5．为什么要收省？为什么后省大而前省小？
6．横裆宽是由什么决定的,前小裆和后大裆怎样计算？
7．横裆线以下的变化是裤子造型的关键，请例举裤子廓型变化的种类？
8．横裆线以上是裤子结构的难点，请牢记中码体型上裆长的参考尺寸。

第六节 女西裤结构纸样制作

通过对标准基本型女裤结构原理的分析，我们对女裤结构有了认识，为了巩固和加深理解，下面我们对女西裤用直接制图的形式进行结构设计。

一、款式特征

女西裤属于散腿裤类，也可做成直筒型，适合各年龄层次的女性在不同季节都可穿用。如图 9-29 为绱直腰的女西裤，前中装拉链钉扣，两侧直插袋，前腰口设计四个活褶，后腰口收四个腰省，腰部装串带六根。女西裤原料选用范围较广泛，如毛料、纺毛、化纤、高密斜等各种面料。

二、号型及规格设置

1．号型选用 160/68A 女子标准中间体。

2．依据号型确定制图规格如下。

部位 单位	裤长 SL	腰围 W	臀围 H	脚口 SB	腰宽
厘米	98	70	98	42	3

图 9-29

三、款式分析与制图说明

1．女西裤前中装拉链，或在左侧直插袋边开襟,还可将拉链装在后腰中缝。但必须注意：拉链或开襟止点必须在臀线附近，以利于穿脱方便。

2．女西裤两侧可装直插袋，也可装斜插袋,袋口离腰线下 3cm，袋口长 15cm。

3．放松量分析：女西裤较为宽松,腰内可套毛裤、秋裤，因此，腰围加多 2cm 的放松量。臀围放松量在净臀围基础上加放 8～10cm。

4．西裤脚口平齐鞋帮，因此，裤长需在基本型结构基础上加 4cm，取 98cm。

5．由于股长测量不方便，因此，上裆长直接利用公式 H/4+1 计算（不包腰）。

6．西裤较宽松，前腰中点与标准基本裤型相比不用下落 0.7cm，腰侧点也不用提高 0.7cm。

7．制图基本公式（前减后加，单位 cm）。

部位	前片	后片
腰围 W	W/4－1＋6cm(褶)＝22.5	W/4＋1＋4cm(省)＝22.5
臀围 H	H/4－1＝23.5	H/4＋1＝25.5
横裆 I	H/24＝4.1	H/10＝9.8
上裆长	H/4＋1＝25.5	不包括腰宽
脚口 SB	SB/2－2＝19	SB/2＋2＝23
裤长 SL	SL－3(腰宽)=95	H/5－1.5 确定后片烫迹线

四、前片结构制图

1. 画前片基础线(图 9-30)。

① 作长方形。宽度等于前臀围 H/4－1cm，高为上裆长 H/4＋1cm。

② 作臀围线。上裆长的三等分，并与横裆线平行。

③ 画小裆宽。等于 H/24。

④ 画烫迹线。横裆宽两等分,作对称轴并垂直于横裆。

⑤ 脚口线。裤长减腰宽作下平线。

⑥ 作膝位线。横裆至脚线中点上 4.5cm，或横裆线下 30cm。

2. 画前片轮廓线(图 9-30)

① 作前腰围线。在前中辅助线的交点上，向左撇进 0.5cm 后，确定前腰中点。从前腰中点向左上平线量取 W/4－1＋6cm（褶）的长度，定前腰侧点。

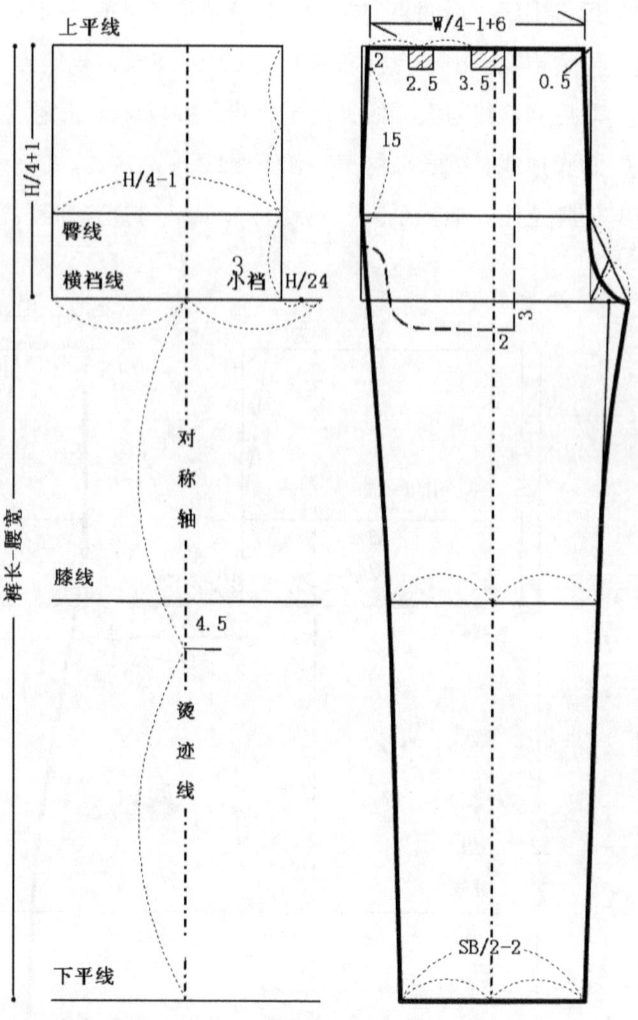

图 9-30

② 前裆弯线。从前腰中点——前中臀点——前裆弯底点，按图 8-28 虚线比例，圆顺地画好前裆弯弧线。

③ 前脚围。SB/2－2＝19cm，对称轴两边各取 9.5cm。

④ 内侧缝线。小裆宽取中点与前脚口内侧点连接直线，按图画顺上段弧线。

⑤ 外侧缝线。利用对称轴将内侧缝线对称到外侧边，然后把前腰侧点与前臀侧点和膝点、脚口点连顺。

⑥ 确定前活褶位置。烫迹线靠前 1cm，取第一个褶宽为 3.5cm，第二个褶位于侧中宽为 2.5cm，褶定位高 2cm。

按 9-30 图中各部位比例、弧线圆顺度、线条粗细等情况进行整体检查。

五、后片结构制图

1. 画后片基础线（如图 9-31）。

① 作长方形。宽度等于 H/4＋1cm，高为上裆长＝H/4＋1cm。

② 作臀位线。上裆长的三分之一，画横裆平行线。

③ 画烫迹线。后臀侧点向右量取 H/5－1.5cm 的长度再作垂线。

④ 作后裆斜线。后腰与后中辅助线交点向左取 2.5cm 定点，再与后中臀点连接成斜线，交横裆

线上于A点，上段延长2cm作为后翘高。

⑤ 后腰围线。后翘点向左(上平线)量取H/4＋1＋4（省）定后腰侧点并连接。

⑥ 作大裆宽。由A点向右量取H/10＝9.8cm，裆底点下落1cm。

⑦ 取后裆斜线与大裆线夹角平分线，并以2cm长定点。

⑧ 画脚口线。裤长减腰宽，作下平线。

⑨ 作膝位线。横裆至脚线中点上4.5cm（与前片膝线平齐）。

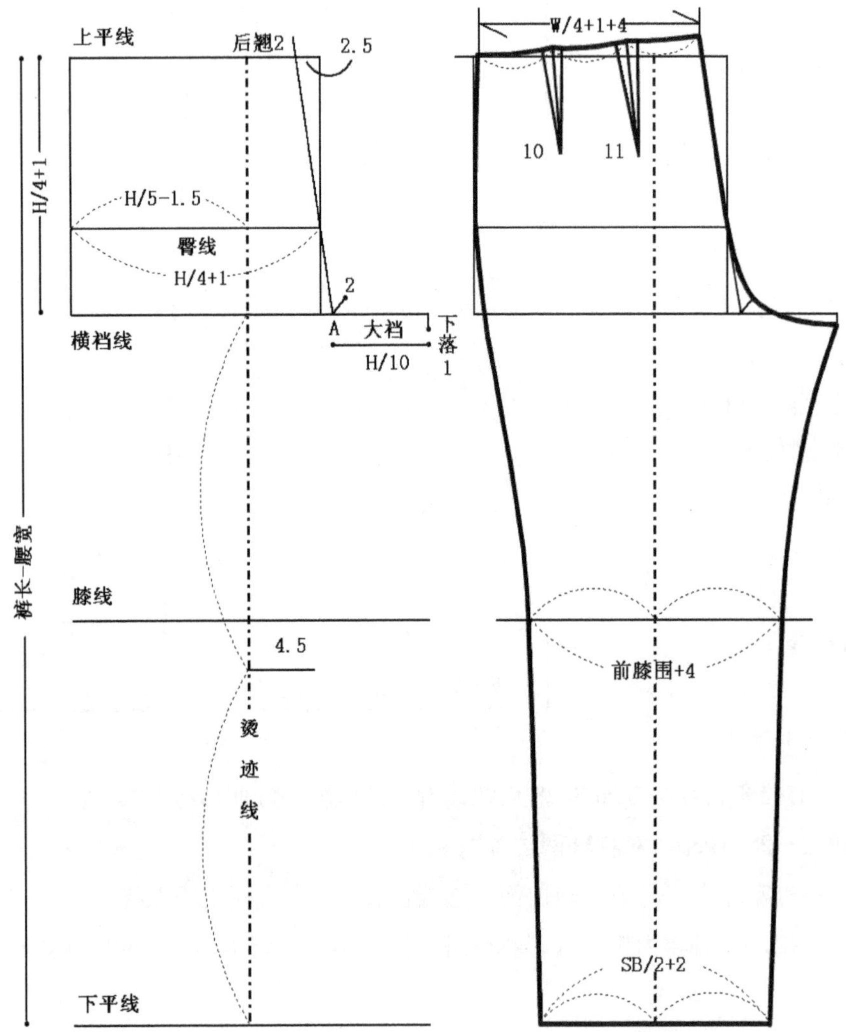

图9-31

2. 画后片轮廓线（如图9-31）。

① 后省线。后腰围线三等分作垂线,省长分别为11cm和10cm，省宽取2cm。

② 后腰口轮廓线。将后省合并，画顺后腰口线。

③ 后裆弯线。从后翘点—后中臀点—后裆弯底点，按图8-29中画顺裆弯线。

④ 后脚围。SB/2＋2＝23cm，烫迹线两边各取11.5cm。

⑤ 后膝围。在前膝围两边各放2cm。

⑥ 内侧缝线。后裆底点、膝内侧点、后脚口内侧点连接，并画顺内侧弧线。

⑦ 外侧缝线。利用对称轴将内侧缝线对称到外侧边，然后把后腰侧点、后臀侧点、膝外侧点、

脚口外侧点连顺。

按图 9-31 中各部位比例、弧线圆顺度、线条粗细等情况进行整体检查。

六、女西裤部件及组合制图（如图 9-32）

女西裤结构组合制图与女裤标准基本型结构组合制图是一致的。这里不再阐述，留给学习爱好者自由发挥。

部件制图包括腰头、裤耳、拉链牌、直插袋、插袋贴等。

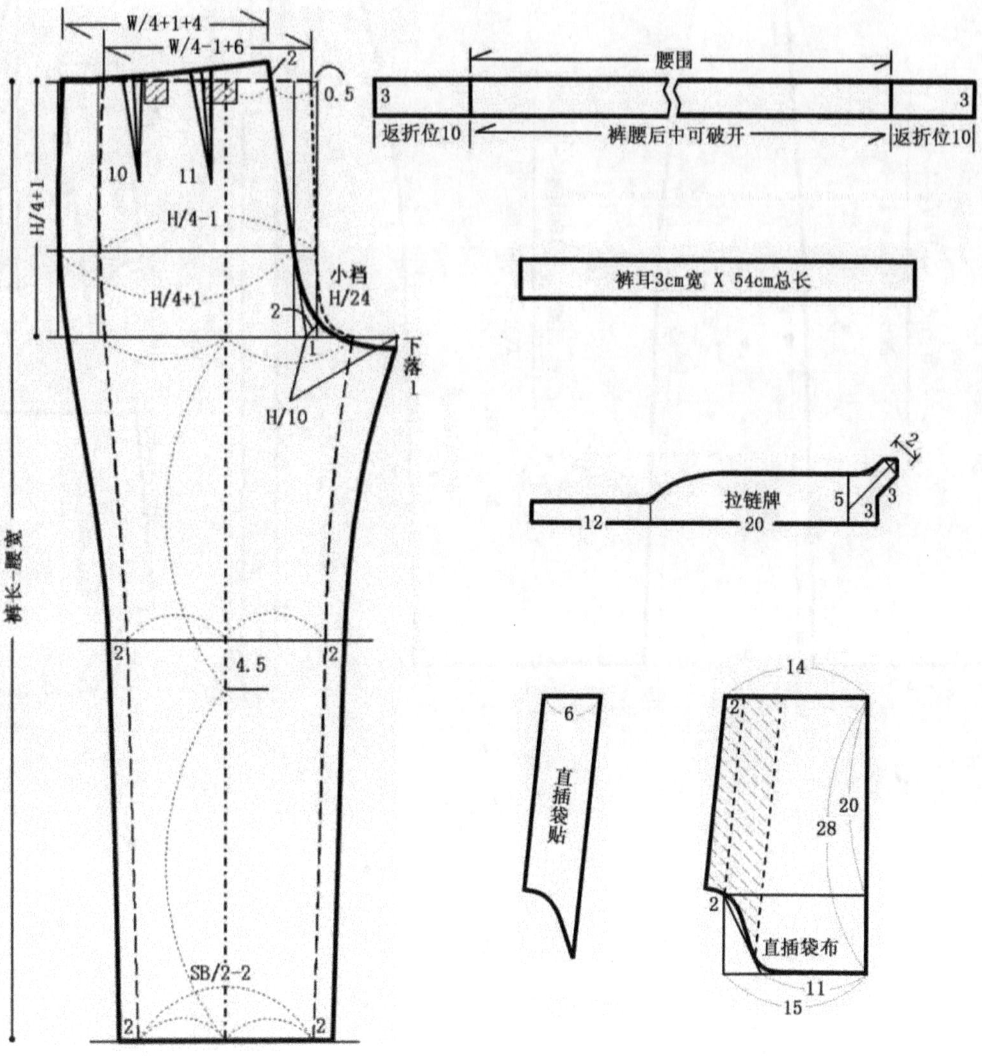

图 9-32

七、女西裤纸样分解及放缝（如图 9-33）

1. 女裤纸样有前片、后片、袋里布、腰头、裤耳、拉链门襟、拉链里襟。
2. 在布纹线两边注明：款式名称、号型、裁片名称、裁剪数量。
3. 门里襟正、反面及左右片的方向性要搞清楚。
4. 作好扣位、钮位、活裥位、省尖位的标记。
5. 作好臀位、膝位、折边宽的对位剪口。
6. 画好拉链缉线位和止点位。

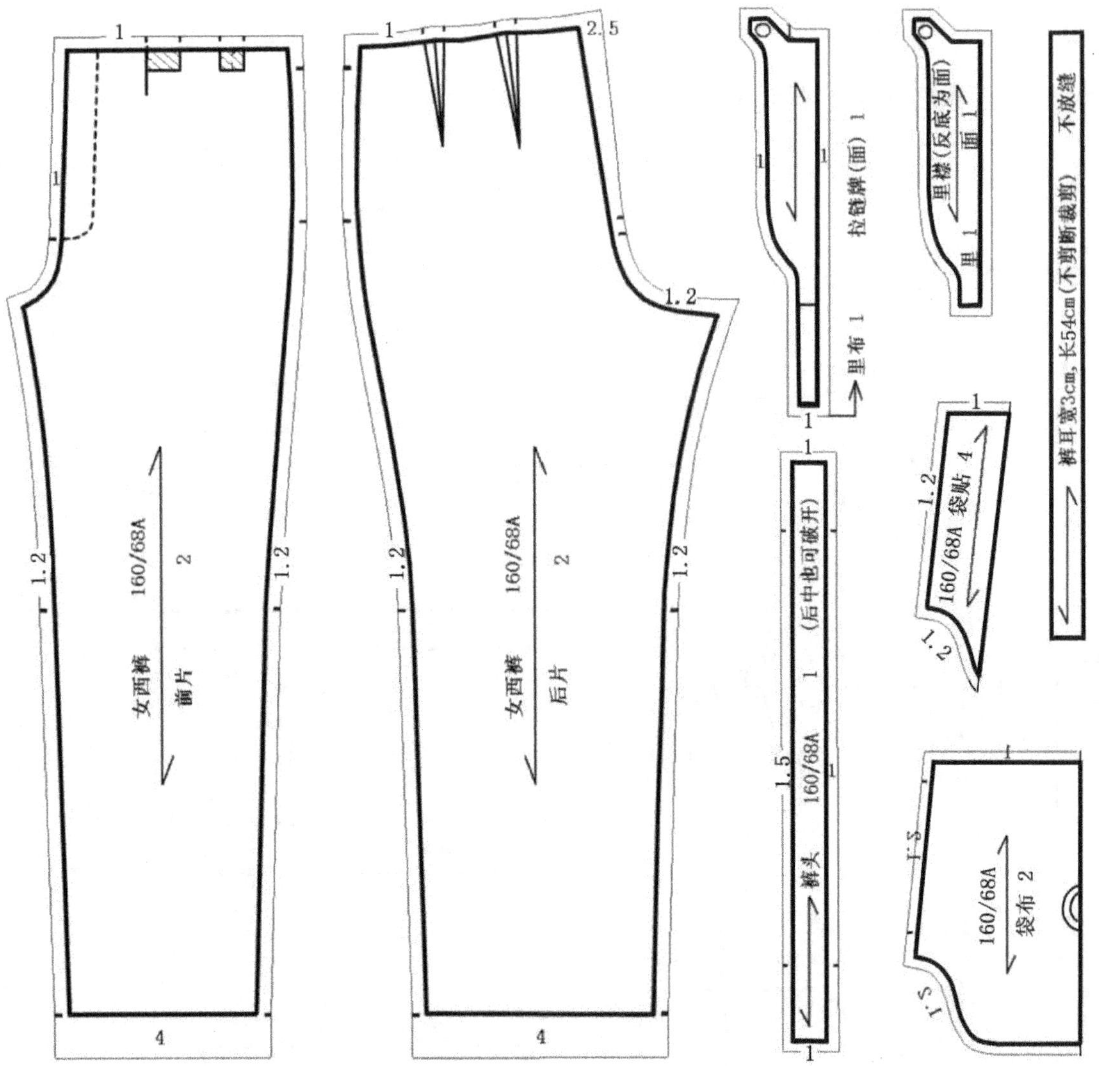

图 9-33

拓展与提高

1．女西裤的腰、臀放松量如何确定？

实践环节

1. 完成女西裤的分开制图。
2. 完成女西裤的组合制图。
3．找一条女西裤，对照结构图有哪些不一样？

第七节 女短裤结构纸样制作

西裤是各类裤装结构的基础，在此基础上，进一步学习短裤结构纸样制作。按宽松程度分类，短裤在外观上可分为两类：一是贴体型，二是宽松型。贴体型短裤的结构与基本型相同，只是臀围放松量减少，裤管裁短而以。宽松型短裤的臀围放松量增多，臀部较为宽松，透气性好。不管哪一类型，制图时前、后落裆差都要控制在 2～3cm 之间才能满足前、后内侧缝线的长度互调，进一步地说才能满足前、后脚口线在内侧点拼缝以后形成圆顺的弧线，从而形成圆顺的脚口。

一、款式特征

图 9-34 是一条长度在大腿中上的女短裤，绱直腰头，钉五根裤耳，前中装拉链，两侧左右各设斜插袋，前片有倒褶，后片收腰省，脚口返折车缝 2.5cm 宽。短裤原料选用范围很广，如棉、麻、毛、化纤、皮革等都可以派上用场。

图 9-34

二、号型及规格设置

选用 160/68A 号型，确定制图规格如下。

部位 单位	裤长 SL	腰围 W	臀围 H	脚口 SB	腰宽
厘米	40	70	96	54	3

三、款式分析与制图说明

1．短裤通常是前中装拉链或后中装隐形拉链、双骨拉链。提醒注意，拉链止点必须在臀线附近，以利于穿脱方便。

2．短裤两侧为斜插袋，要注意袋口宽与长的比例造型。

3．放松量：腰围加 2cm 放松量。臀围加 6cm 放松量（比女西裤约少）。

4．长度在大腿中上，因此，取 40cm 左右比较合适。

5．制图基本公式（前减后加，单位：cm）。

部位	前 片	后 片
腰围 W	W/4－1＋4cm(褶)＝20.5	W/4＋1＋4cm(省)＝22.5
臀围 H	H/4－1＝23	H/4+1＝25
横裆 I	H/24＝4	H/10＝9.6
上裆长	H/4＋1＝25cm	不包括腰宽
脚口 SB	SB/2－3＝24	SB/2＋3＝30
裤长 SL	SL－3(腰宽)＝37	H/5-1.5 确定后片烫迹线

四、前片结构制图

1．画前片基础线（图 9-35）。

① 作长方形。宽度等于前臀围 H/4－1cm，高为上裆长＝H/4＋1cm。

② 作臀位线。上裆长的三分之一，并与横裆线平行。

③ 画小裆宽。等于 H/24。

④ 画烫迹线。横裆宽两等份，作对称轴并垂直于横裆线。

⑤ 脚口线　裤长减腰宽作下平线。

2．画前片轮廓线

① 作前腰围线。在前中辅助线的交点上，向左撇进 1cm 后，定前腰中点。从前腰中点向左上平线量取 W/4-1+4cm(省) 长度，定前腰侧点，画好前腰围线。

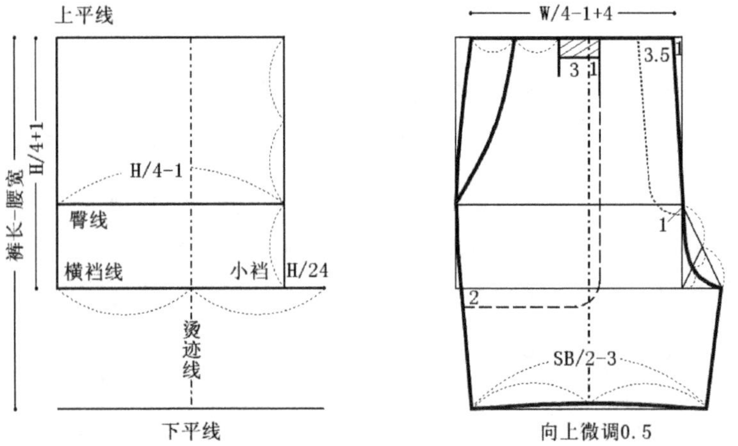

图 9-35

② 前裆弯线。从前腰中点——前中臀点——前裆弯底点，按图 9-35 虚线比例，画顺前裆弯弧线。

③ 前脚围。SB/2－3＝24cm(脚口越接近横裆线，前减后加的量就越多)。

④ 内侧缝线。小裆宽底点与前脚口内侧点连接，按图画顺弧线。

⑤ 外侧缝线。利用对称轴将内侧缝线对称到外侧边，然后把前腰侧点与前臀侧点和脚口点连顺。

⑥ 确定前活褶位置。烫迹线靠前 1cm，取褶宽为 4cm，褶定位高为 2cm。

⑦ 按图比例画好前袋口线、袋布线、拉链牌线。

⑧ 对照图 9-35，检查各部位比例、弧线圆顺度、线条粗细等整体情况。

五、后片结构制图（图 9-36）

1．按前片基础线的方法画好上平线、臀线(H/4＋1)、横裆线、下平线。

2．画烫迹线。后臀侧点向右量取 H/5－1.5cm 宽作烫迹线。

3．作后裆斜线。后腰与后中辅助线交点向左取 2.5cm 定点，再与后中臀点连接成斜线，交横裆线上于 B 点，上段延长 2cm 作为后翘高。

4．后腰围线。后翘点向左(上平线)量取 H/4＋1＋4（省）定后腰侧点并连接。

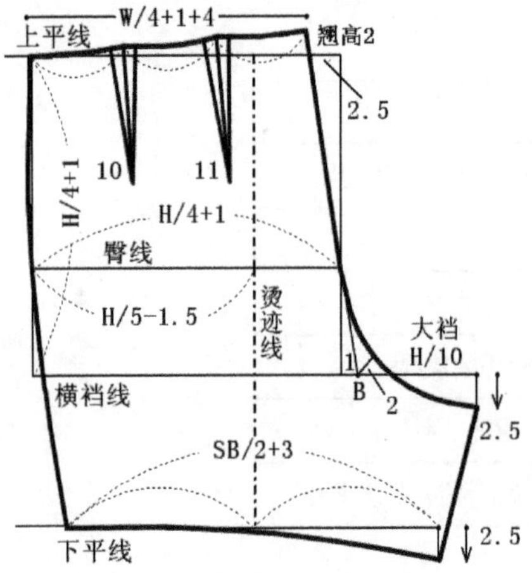

图 9-36

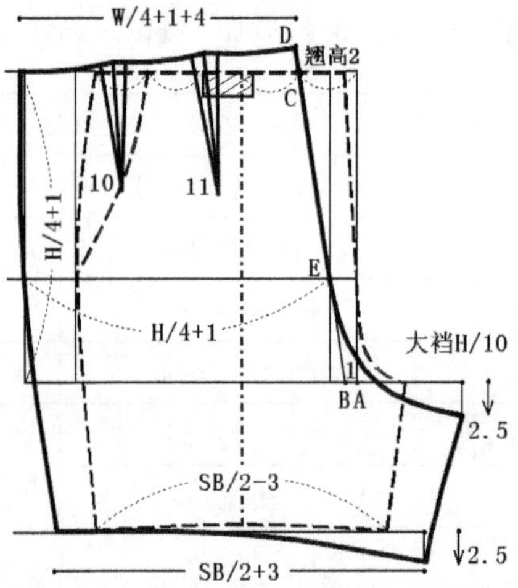

图 9-37

5．后裆弯弧。由 B 点向右量取 H/10＝9.6cm，裆底点下落 2.5cm，圆顺地连接后翘高点、后臀点和裆底点。

6. 后脚围线。宽为 SB/2＋3(裤脚口越接近横裆线，前减后加的量就越多)，脚口内侧点下落 2.5cm，与裆底点下落一致，画顺脚围线。

7. 后侧缝线　连接腰侧点、外臀点和外脚口点。

8. 后腰围线三等份画省，省宽 2cm，省长分别为 10cm、11cm，画顺腰口线。

六、前、后结构组合制图（图 9-37）

在前片轮廓线基础上画后片轮廓线（前片轮廓线影视为虚线）

① 作后裆弯线。由 A 点向左过 1cm 定点 B，在前腰辅助线上，由烫迹线与前中辅助线之中定 C 点，连接 BC 并延长 2cm 定点 D 为后翘高。由 B 点向右量取 H/10 的长定后裆底点并下落 2.5cm，按图 9-37 所示，画顺后裆弯弧线。

② 作后腰围线。从后翘点 D 向左量 W/4＋1＋4cm（省）的长度定后腰侧点。

③ 作后省。后腰围线三等分并作后腰垂线，省宽 2cm，省长分别为 10cm，11cm，画好省线，同时画顺后腰口线。

④ 后臀围。由 E 点向左量 H/4＋1（cm）的长定后臀侧点。

⑤ 后脚围。宽为 SB/2＋3，脚口内侧点下落 2.5cm，与裆底点下落一致，画顺脚口线。

⑥ 外侧缝线。连接腰侧点、外臀点和外脚口点。

⑦ 内侧缝线。后裆底点与脚口内侧点连顺。

⑧ 按 9-38 图画顺后侧缝线、后内缝线、后脚口线、后裆弯弧线、后腰口线等。

七、短裤的纸样分解及放缝（如图 9-38）

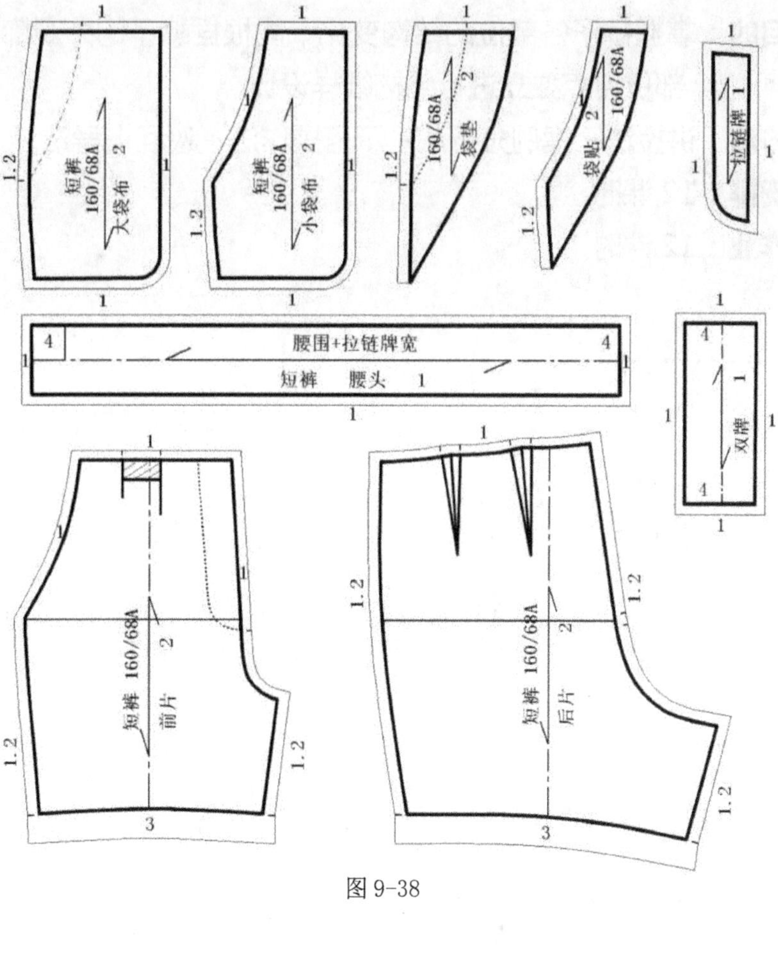

图 9-38

第十章　女裤部位的结构设计

本章说明

裤子的部位结构设计非常关键，裤子的合体性、美观性、功能性体现在结构的细节之中，是结构制图的重点。本章着重加强裤子部位结构的学习，为裤装变化结构打基础。

课程内容：女裤的廓形变化/女裤的长度变化/女裤的腰位变化/女裤的分割变化/女裤的褶裥变化/裤子的里布构成。

训练目的：掌握裤子各部位的结构变化，能根据裤子的外观廓形和部位特点独立进行结构纸样设计。

教学方法：讲授法＋案例分析法＋示范操作法＋巡回指导法。

课时安排：12 课时。

课余作业：12 课时。

第一节 女裤的廓形变化

女裤的外观廓形表现有直筒形裤、锥形裤、喇叭形裤、马裤形四种基本的形式，如图 10-1 所示。四种基本廓形的结构特点是由它们的外部造型所决定的，原因主要有四：①臀部的松与紧；②裤口的宽与窄；③裤口线的升降；④膝线的升降。这些因素在造型上互为协调，当强调女裤臀部宽松度时，裤口要相应收窄，裤口线位置提升，在外观廓形上形成上大下小的锥形裤，结构的处理方法是腰部打褶、收裥或者进行高腰结构处理。当强调臀部收紧时，裤口要相应增大，膝线要相应提高，裤口线要下降，在外观廓形上形成上小下大的喇叭形裤，在结构上多采用无省无褶和低腰结构的处理。当强调整条裤子的贴体程度时，臀围、大腿围、膝围、小腿围、脚围都必须收小，体现裤子与人体的贴合程度，如健美裤、贴体七分裤、迷你裤等。对于直筒裤形，它介于锥形裤和喇叭裤的之间，强调裤管近似为长方形，臀部的松量要适中，腰部结构处理比较灵活。骑马裤是从欧洲男子马裤演变而来，在款式和结构上都比较特殊（后面专门讲解）。

图 10-1

一、直筒形裤结构设计

直筒形裤又称为 H 型或长方形，是生活中常见的裤形，它的最大特点是臀部合体，膝围与脚围趋于一样大小。因此，臀围放松量比较小，一般在 4cm 左右，而脚围两边比膝围两边小 0.5cm。从理论上讲脚围小于膝围，但穿着后给人在错觉上是直筒形状，如果上下一样大，成型后给人在错觉上是微喇叭裤形，而不是直筒形裤了。结构设计上是前、后腰收省或者是前打褶后收省；膝线也要向上提高，距离横裆线 29cm，为了给人以修长的美感，脚口线须在踝骨点下 5cm 处。

(一) 号型及规格设置

1. 号型选用 160/68A 女子标准中间体。

2. 依据号型确定制图规格如下(单位 cm)。

部位 单位	裤长 SL	腰围 W	臀围 H	脚口 SB	膝围 K	腰宽
厘米	99	68	94	42	SB+2	3

(二)制图基本公式(围度上前减后加)　　　　　　　　　　　　（单位:cm)

部 位	前 片	后 片
腰围 W	W/4－1＋2(省)＝18	W/4＋1＋2.5(省)＝20.5
臀围 H	H/4－1＝22.5	H/4＋1＝24.5
横裆 I	H/24＝3.8	H/10＝9.2
上裆长	H/4＋1＝24	不包括腰宽
膝围 K	K/2－2＝20	K/2＋2＝24
脚口 SB	SB/2－2＝19	SB/2＋2＝23
裤长 SL	SL－3(腰宽)=96	H/5－1.5cm 定后烫迹线

(三)直筒裤结构制图（如图 10-2、图 10-3）

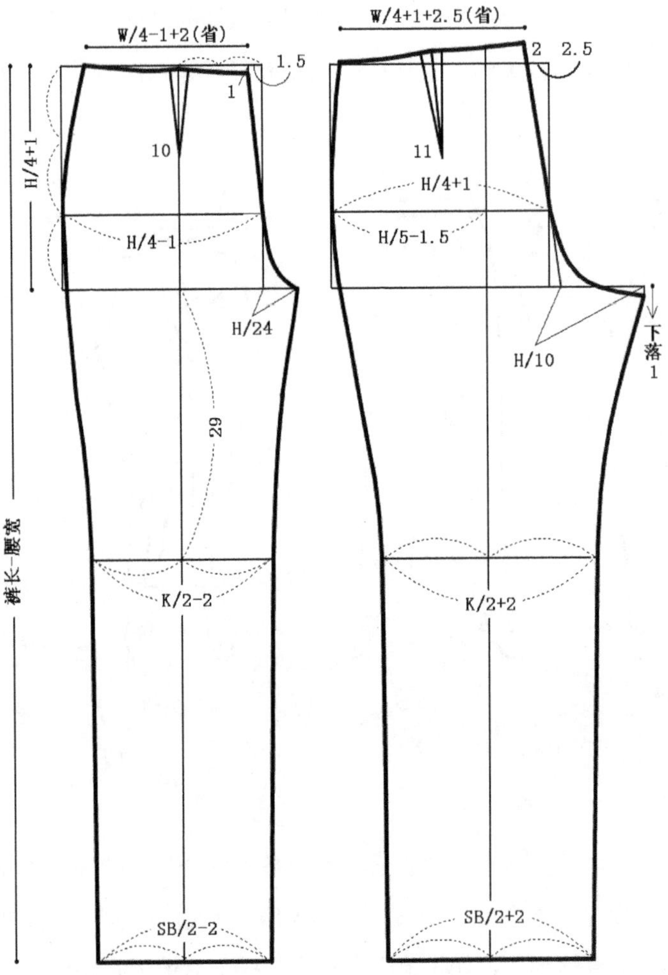

图 10-2　分开制图

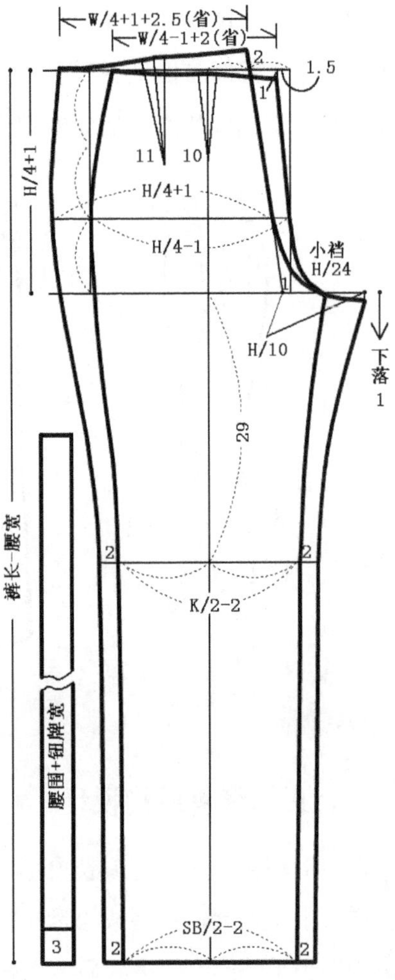

图 10-3　组合制图

二、锥形裤结构设计

锥形裤又称为 Y 型或倒梯形，显著的特点是胯围、臀围、腿围较宽松，裤口较小，上宽下窄，前腰收排褶，后腰收省。因此，臀围放松量要增多，一般在 10～14cm 之间，而脚围改小至 32～34cm 之间，如果脚围小于足围时，裤口两侧要考虑开衩。膝线高与女西裤膝线一样，距离横裆线 30cm。裤长不超过踝骨位。结构设计上有两种方法：一是将前片的褶位展开处理，形成所需的排褶；二是可以采用直接制图形式。下面以前、后直接制图为例。

(一)号型及规格设置

选用 160/68A 号型，确定制图规格如下。

裤长 SL=94　腰围 W=68　臀围 H=100　脚口 SB=34　腰宽=3

(二)制图基本公式　　(单位:cm)

部位	前片	后片
腰围 W	W/4−1+9(褶)=25(前减)	W/4+1+4(省)=22(后加)
臀围 H	H/4=25	H/4=25
横裆 I	H/24=5	H/10=10
上裆长	H/4+0.5=25.5	不包括腰宽(3)
脚口 SB	SB/2−2=15	SB/2+2=19

锥形裤

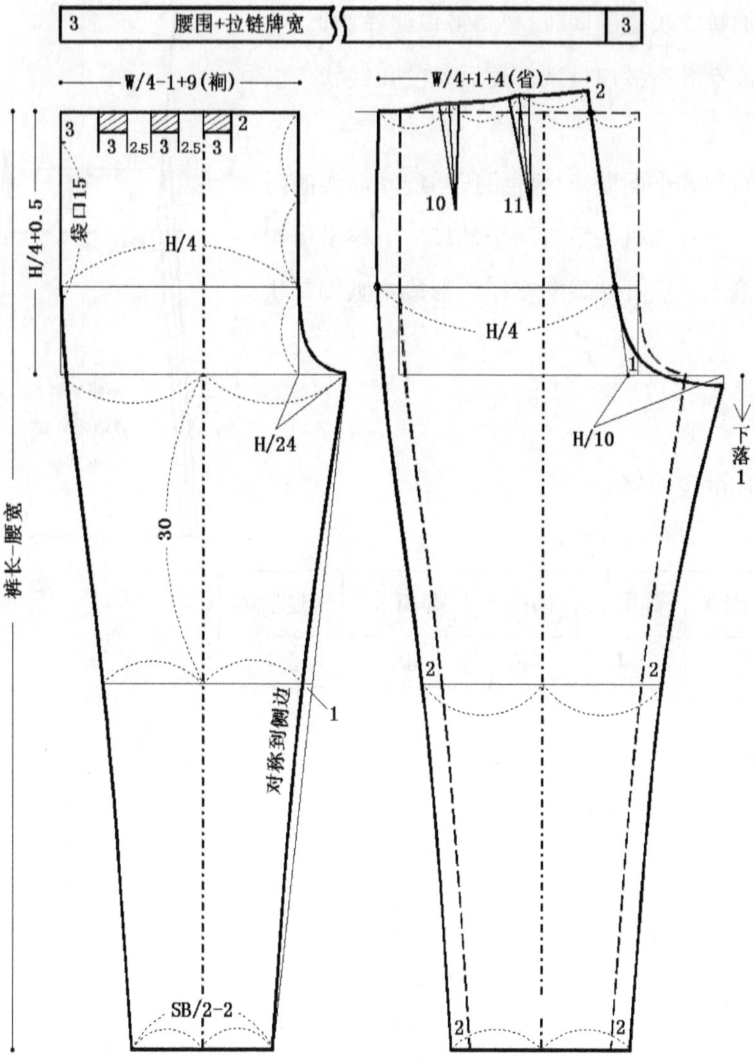

图 10-4

锥形裤臀部宽松，前、后臀围不用互借。前腰有三个排褶，褶量设计为 9cm，后省量只有 4cm，因为前腰围借给后腰围以后尽量使腰线与侧缝线保持平衡。

(三)锥形裤结构制图

先画前片，依据前片画后片，前片为虚线，如图 10-4 所示。

三、喇叭裤结构设计

喇叭裤形又称为 A 型，其外部轮形与锥形裤相反，呈现梯形状。显著特点是臀线以上收紧，强调臀部的丰满；另外脚口需增大，膝围要收小，裤管要增长。喇叭裤变化较大，有大喇叭裤、普通喇叭裤和小喇叭裤之分，不同的喇叭裤其裤口增大的起点位置也不同，通常以膝线作上下调节，如图 10-5 所示。

对于低腰结构的喇叭裤，臀、腰差量处理有两种情况：一是前、后腰无省，说来无省，其实是在结构处理上将后腰省合并，前腰省在袋口位处理掉，通常是前有袋后有飞机头；二是前腰无省，而后腰有省，在结构处理上是将前省在袋口位处理掉或者在侧缝、前中缝处理掉，而后省保留，通常是前有袋后无飞机头。两种情况的腰头都要将省位合并消掉，形成弧线状结构的弯腰头。

低腰结构的腰线处理比较灵活，我们在裙子结构中已经讲解，降低腰线后再分割一定的宽度作为腰头宽。结构处理方法有两种：一是依据标准基本型纸样降低腰线，对腰口进行结构设计；二是在结构制图时直接降低腰线，但值得注意的是：这种情况要随着腰线的降低而增大腰围，以符合女体腰、臀部位近似圆台体的实际围度需要。

另外，由于喇叭裤较长，在增加裤管长度的同时，要将裤口线作微调，前裤口线约凹进，后裤口线约凸出，穿着后裤口呈现前短后长的弧线状，以满足脚背位置的需要。

右图是一条低腰喇叭牛仔裤的款式平面图，全件缉压明线，前腰的两侧月牙挖袋，左袋内有一小表袋，后片飞机头下有两个贴袋，五根串带袢，前中装有铜牙拉链，裤筒从膝线偏上一点开始逐渐宽松，形成喇叭脚口状态，脚口返折车缝 2cm。

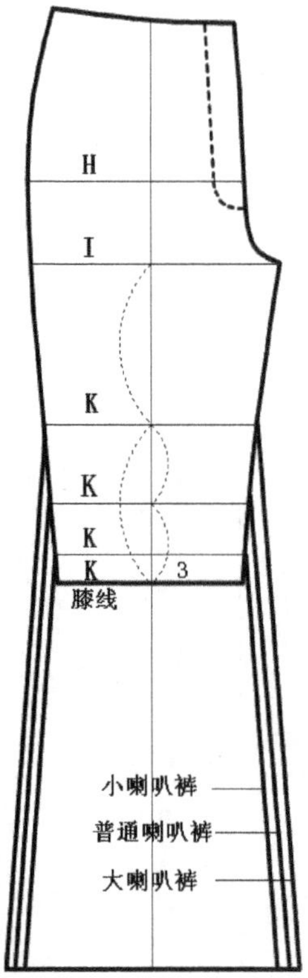

图 10-5

(一)号型及规格设置

1. 号型选用 160/68A 女子标准中间体。

2. 依据号型确定制图规格如下(单位：cm)。

部位 单位	裤长 SL	低腰围 W	臀围 H	膝围 K	脚口 SB	低腰宽
厘米	98	72	94	40	48	3.5

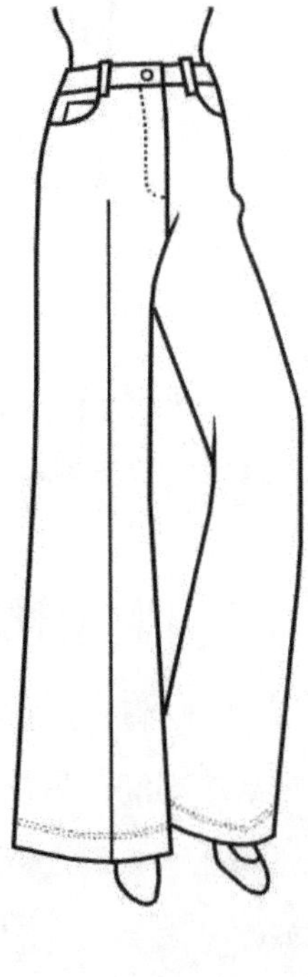

(二)制图基本公式(单位:cm)

部 位	前 片	后 片
腰围 W	W/4+1(省)=19	W/4+2.5(省)=20.5
臀围 H	H/4−1(前减)=22.5	H/4+1(后加)=24.5
横裆 I	H/32=3	H/12=8
膝围 K	K/2−2=18(前减)	K/2+2=22(后加)
脚口 SB	SB/2−2=22(前减)	SB/2+2=26(后加)

(三)喇叭裤结构制图说明

1. 腰线降低 2cm 后,其低腰围增大至 72cm(参考低腰围变化设定)。

2. 上裆长=基本型上裆长(不包括腰宽)−降低腰线高度。本例为：25.5cm−2cm=23.5cm。

3. 由于牛仔裤比较贴身，因此前小裆采用 H/32，后大裆采用 H/12。

4．臀围、膝围、脚围前、后可以互借，腰围不用互借。因为前腰省设计在袋口缝中，省量比较小，因此前片的臀、腰差值小。值得注意的是，低腰裤的腰省宽和长要逐渐减小、减短，因为腰口线已经降低。

5．前腰省在袋口位消掉，后腰省在飞机头合并，以达到消省的目的。

6．机头高取值范围：一般在 4～7cm 之间。

7．前后袋取值如下图。

8．先画前片，再画后片。

如图 10-6 所示。

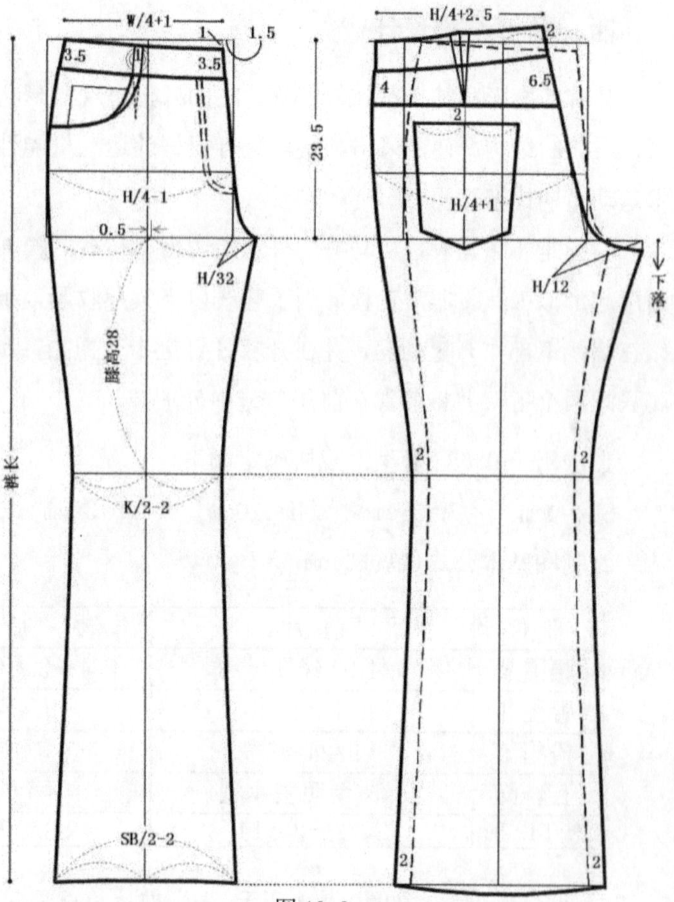

图 10-6

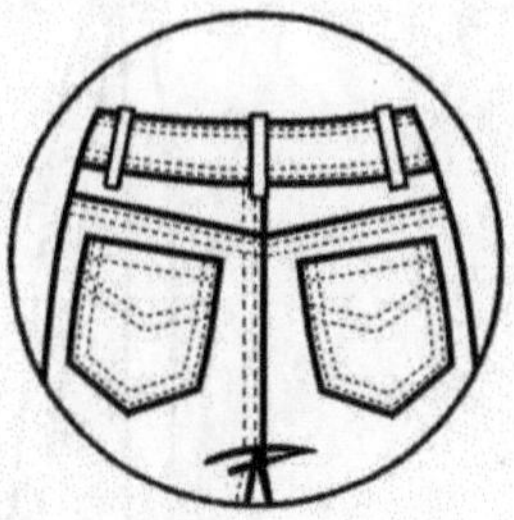

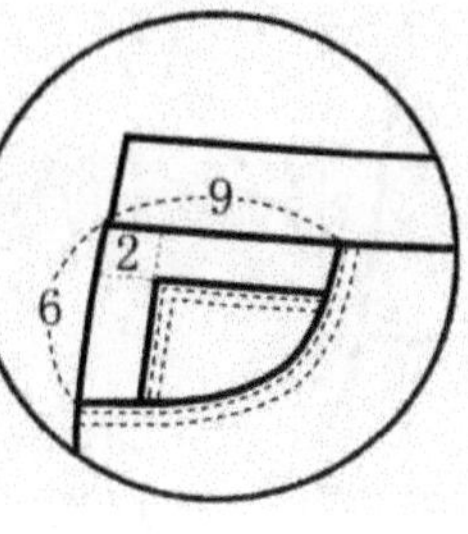

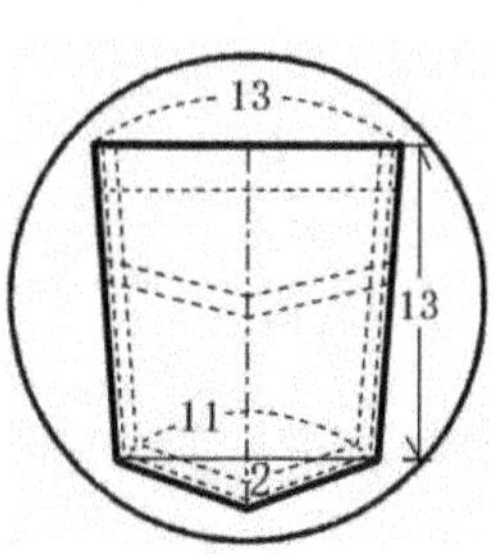

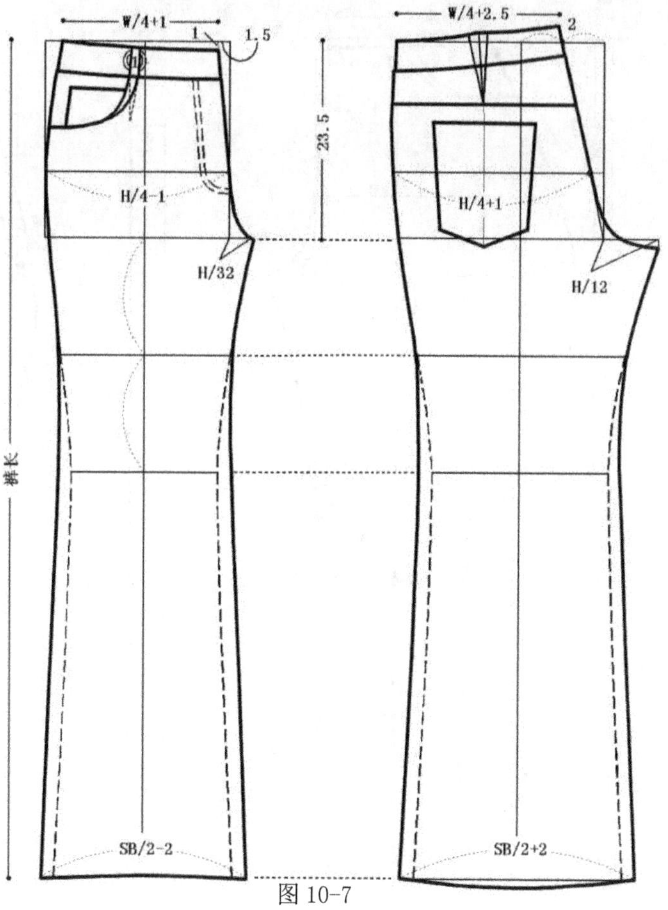

图 10-7

（四）大喇叭裤结构

在小喇叭裤基础上画大喇叭裤结构，如图 10-7 所示，脚口为 54cm。

四、马裤结构设计

马裤的廓形和结构都比较特殊，它的外形呈现菱形状。女士的马裤造型是由男士的骑马裤借鉴而来，马裤的结构严谨，风格独特，具有很好的运动机能性。在日常生活中很少见到，目前主要用于马术运动员的比赛穿用。

右图是一条马裤，从马裤的外观轮廓看，马裤的腰部贴体收紧，而腰部以下至膝线以上的两侧逐渐隆起形似鼓状，非常宽松，到了膝线以下突然收紧，小腿呈现贴体造型，为了穿脱方便，结构上必须在膝线下部作开衩处理，并在开衩处钉上十粒钮扣，利于闭、开。由于马裤腰部收紧，因此，前后腰只须四个省，并将前省在前袋口缝中处理掉。

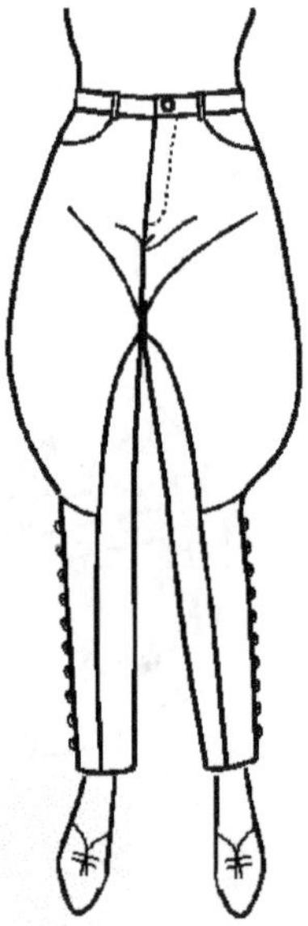

1. 选用 160/68A 号型，规格确定如下。

SL=94cm　　W=68cm　　H=110cm　　SB=32cm　　腰宽=3cm

2. 制图基本公式(单位：cm)。

部 位	前 片	后 片
腰围 W	W/4＋1(褶)＝18	W/4＋2.5(省)＝19.5
臀围 H	H/4＝27.5	H/4＝27.5
横裆 I	H/24≈5	H/10＝11
上裆长	25.5(参照基本型)	不包括腰宽
脚口 SB	SB/2－2＝14	SB/2＋2＝18

3. 马裤结构设计，如图 10-8 所示(先画前片，再画后片)。

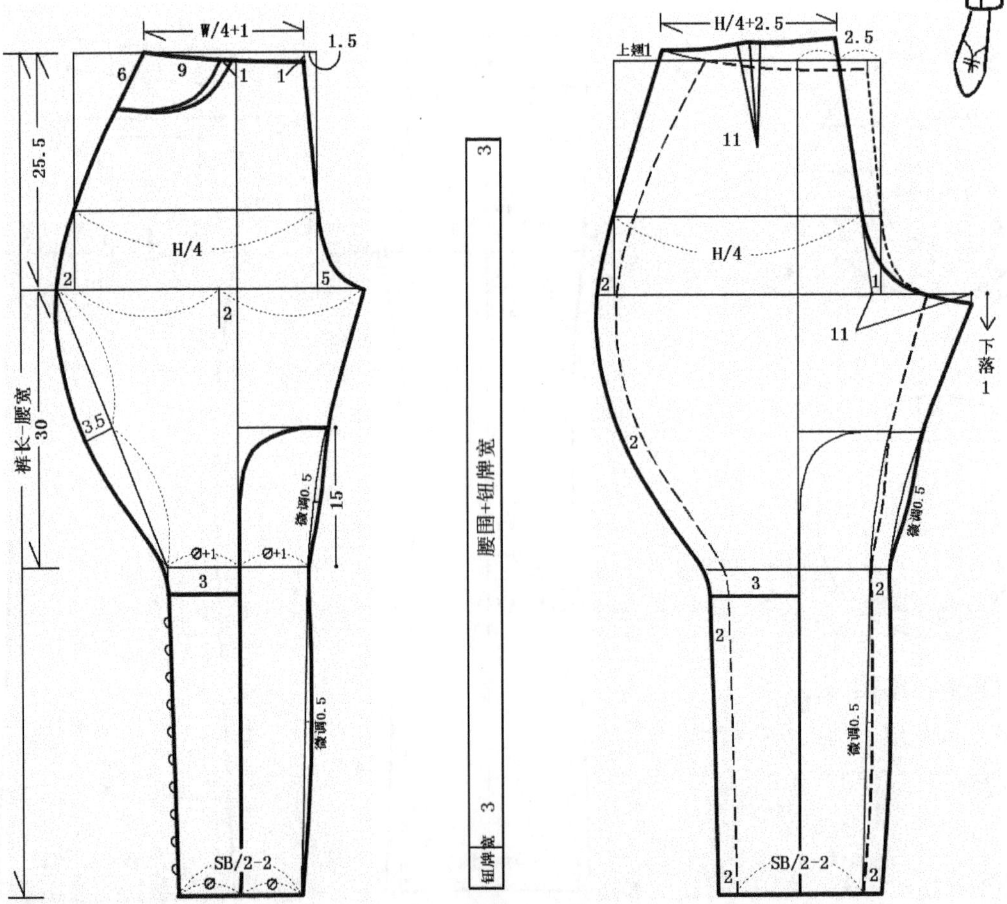

图 10-8

第二节　女裤的长度变化

女裤款式千姿态百态，各取所好，要准确地进行长度定位很困难。但裤长又是纸样师设计造型所必须领会的，是结构设计的重要控制部位，因此，我们根据裤口在女下肢的位置，对女裤的长度进行分析。

基本型裤长有一定稳定性，裤长的最低点在女下肢的踝骨位，测量标准中间体为 94cm。其他裤长与基本型裤长作比较，看其裤口在女下肢的位置来确定尺寸。按照图 10-9 所示，我们把裤长按两组分类后如下表。

第一组		第二组	
裤名	裤长	裤名	裤长
特短迷你裤	20	三角裤	18
迷你短裤	30	灯笼裤	视款式定
短裤	40		
中裤	50	骑马裤	视款式定
中长裤	65		
吊脚裤	80	裙裤	视款式定
基本型裤	94	锥形裤	94 之内
西裤	97	直筒裤	97
及地裤	100	喇叭裤	100

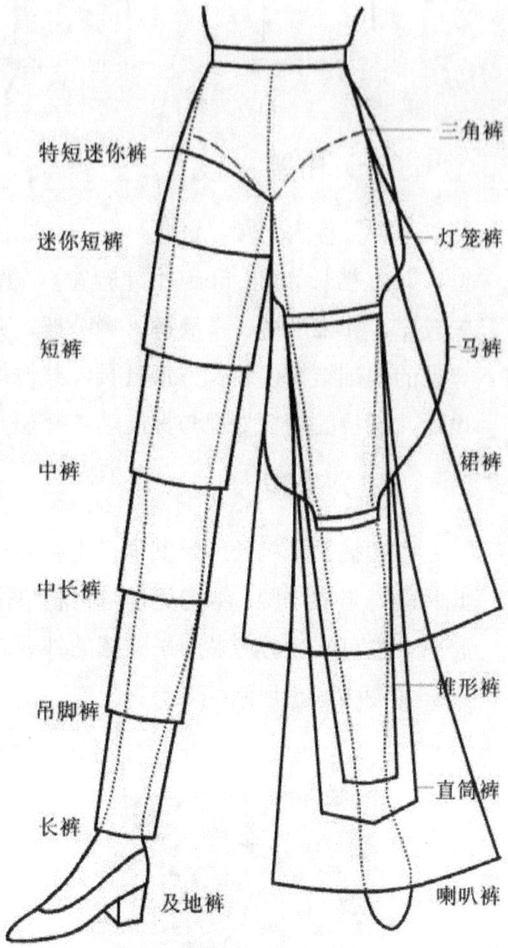

图 10-9

另外，裤子按长度可分为：两分裤、三分裤、四分裤、五分裤、六分裤、七分裤、八分裤、九分裤、长裤。这些长度变化是把裤长视为 100cm，按裤长的百分比所得，但你必须记住裤长测量是在外侧缝边进行的，否则两分裤的长度将失去意义。

（单位：cm）

裤名	两分裤	三分裤	四分裤	五分裤	六分裤	七分裤	八分裤	九分裤	长裤
裤长	20	30	40	50	60	70	80	90	97 以上

第三节　女裤的腰位变化

女裤的腰位变化有四种，即低腰、平腰、中腰、高腰，如图 10-10 所示。它是以标准腰线为基准将腰口线的位置进行上下移动而设计的。中腰是腰口线位置恰好在实际腰线，低腰是腰口线位置低于实际腰线，平腰是在中腰的基础上，去掉直腰头而形成的腰口线，高腰是腰口线位置高于实际腰线。

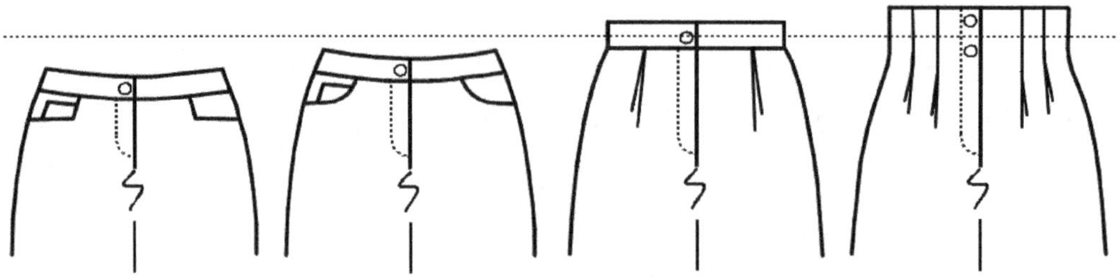

图 10-10

（一）中腰

中腰又称为正腰、直腰，它的腰线位置刚好恰在实际腰线位，其上裆长为 25.5cm(不计腰宽)，裤子的外观造型选择范围较广，如锥形裤、直筒裤、喇叭裤、典型的西裤等。中腰是典型的基础结构，装长方形直腰，其他裤腰可在此基础上变化设计，腰位的结构处理与标准基本裤型一样。

中腰裤

（二）平腰

中腰裤的上裆长度是其他裤上裆长度设计的依据。当去掉中腰裤的直腰头后，上裆深为 25.5cm，此时刚好形成平腰，结构处理是将腰口位分割一定的宽度后合并省位形成弯腰头，可以装缉明线的弯腰头，也可装弯腰内贴。平腰裤的外观造型选择范围一般以直筒裤、喇叭裤、九分裤居多。中腰结构设计如图 10-11 所示。

平腰裤

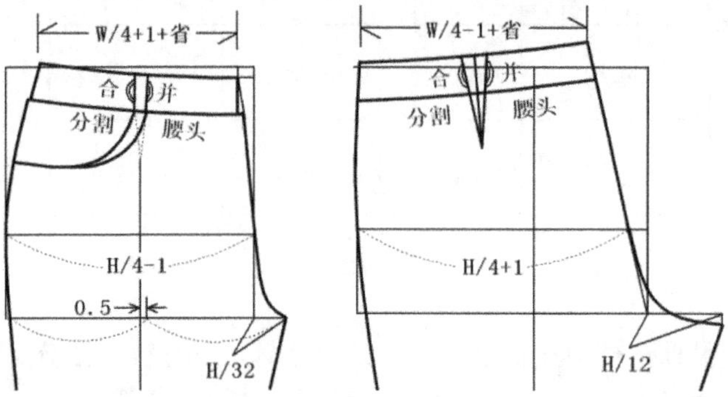

图 10-11

（三）低腰

在平腰裤的基础上再次降低上裆深则变为了低腰结构。低腰裤的上裆长度小于 23cm，低腰围大于实际腰围，这是因为低腰围在女子实际腰线以下。按照裙子的低腰围尺寸变化，相对于臀围在 94cm 左右时，通常降低 1cm，低腰围增大 2cm，降低 2cm，低腰围增大 4cm，降低 3cm，低腰围增大 6cm。值得注意的是：当腰口线降低时，其腰省的宽度和长度会逐渐变小、变短。

低腰裤以贴体型居多，裤子紧绷束身，时尚前卫，注重外观装饰性，富有青春气息。低腰裤一般是前面无褶无省，后面收一个省，如小直筒裤、小喇叭裤、迷你短裤、中裤、六分裤、七分裤、八分裤、九分裤等。低腰结构与平腰结构一样，可以装缉明线的弯腰头，也可装弯腰内贴，其低腰的结构设计如图 10-12 所示。

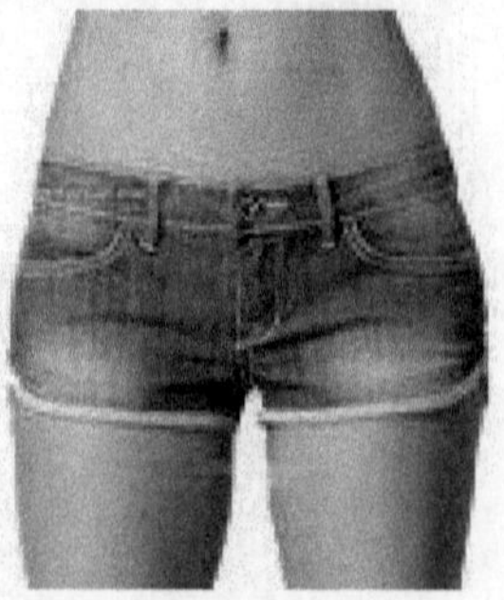
低腰裤

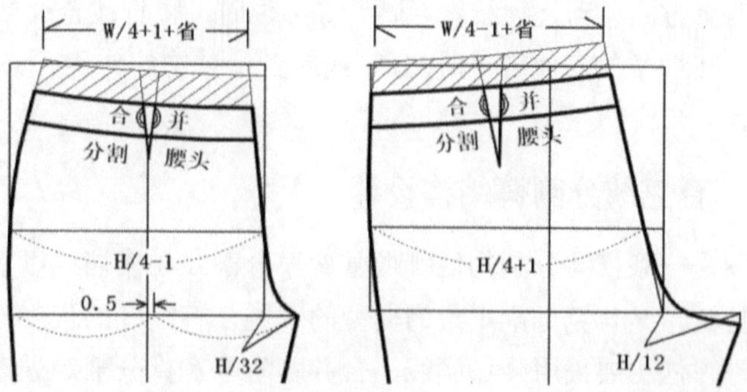

图 10-12

（四）高腰

高腰是在实际腰线的上方，增加 5～6cm 的宽度作为高腰宽，随着腰口线上移腰围随体形而逐渐增大，但实际的腰线和腰围并没有发生改变，腰省的形成同上装腰省一样的道理，结构上处理成菱形。高腰裤适合束上衣穿着，在视觉上强调了女性臀部的流线造型和下体的修长美感，因此，外观造型选择的范围一般以臀部合体、裤口较小、裤长至踝骨居多，如锥形裤、九分裤等，高腰结构设计如图 10-13 所示。

高腰裤

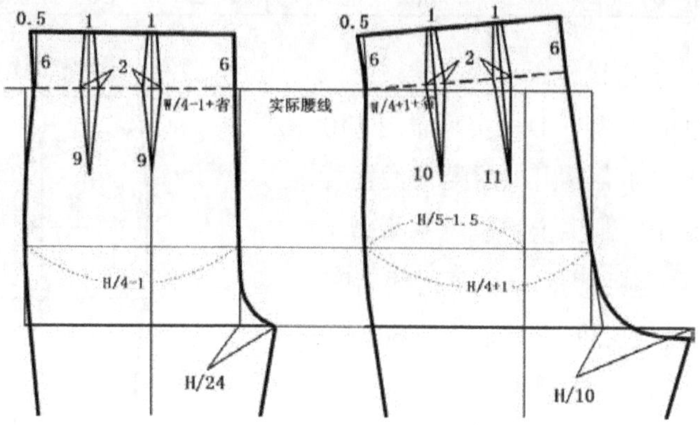

图 10-13

拓展与提高

1．高腰裤的腰省如何处理？

2．低腰裤的腰省有什么变化？

3．马裤膝线以下为什么要开衩？

4．直筒裤脚围比膝围约小，为什么？

5．简单阐述女裤腰位变化的四种基本情况。

6．裤腰高低变化与实际腰围大小有关吗？低腰围如何确定？

实践环节

绘制出直筒裤、锥形裤、喇叭裤、马裤的 1∶1 结构图。

第四节　女裤的分割变化

裤身的分割变化主要有五类情况，即，育克分割、垂直分割、斜线分割、弧线分割和组合分割。裤身的分割应在总体结构中把握，分割线的位置选择对结构整体和局部有着直接而重要的影响，主要反映在两个方面：当分割线靠近腰、臀部位时，腰省被合并或转移，分割线起到了消省的作用；当分割线设计在裤子的其他部位时，分割线起到了装饰的作用，必须考虑分割线在整体结构中的装饰性和整体美。

一、育克线分割裤结构设计

右图是一条横向分割的低腰喇叭裤，分割线在横裆线以上，左侧装拉链，是育克分割中最为典型的一类，有很好的代表性。纸样处理方法主要采用降低腰线、合并腰省、育克分割等处理。

1.选用 160/68A 号型，规格设置如下(单位 cm)。

裤长=97　低腰围=74　臀围=94　脚口=48　膝围=40

2.制图基本公式(拉链装在左侧缝)。

部 位	前 片	后 片
腰围 W	W/4＋1.5(省)＝20	W/4＋2(省)＝21.5
臀围 H	H/4−1＝22.5（前减）	H/4+1＝24.5（后加）
横裆 I	H/32＝3	H/12＝8
膝围 K	K/2－2＝18（前减）	K/2＋2＝22（后加）
脚口 SB	SB/2－2＝22（前减）	SB/2＋2＝26（后加）

3.结构设计。

①低腰围(74)－实际腰围(68)＝6cm，可推导出制图腰口线需要降低 3cm，制图上裆长＝基本型上裆长(不包括腰宽)－降低腰线高度。本例为：25.5cm－3cm＝22.5cm。

②腰围直接利用 W/4＋省量所得,注意前省小，后省大，而且省量相对于基本型省量要减小。

③由于低腰裤比较贴身，因此，前小裆采用 H/32,后大裆采用 H/12。

④低腰裤的前、后片侧缝在腰侧点起翘 1cm，便于提高后裆缝的高度，以免暴光。

⑤前、后育克合并腰省，并调顺腰口线和育克弧线。

⑥采用直接制图，先画前片再依据前片画后片(前片为虚线)，如图 10-15 所示。

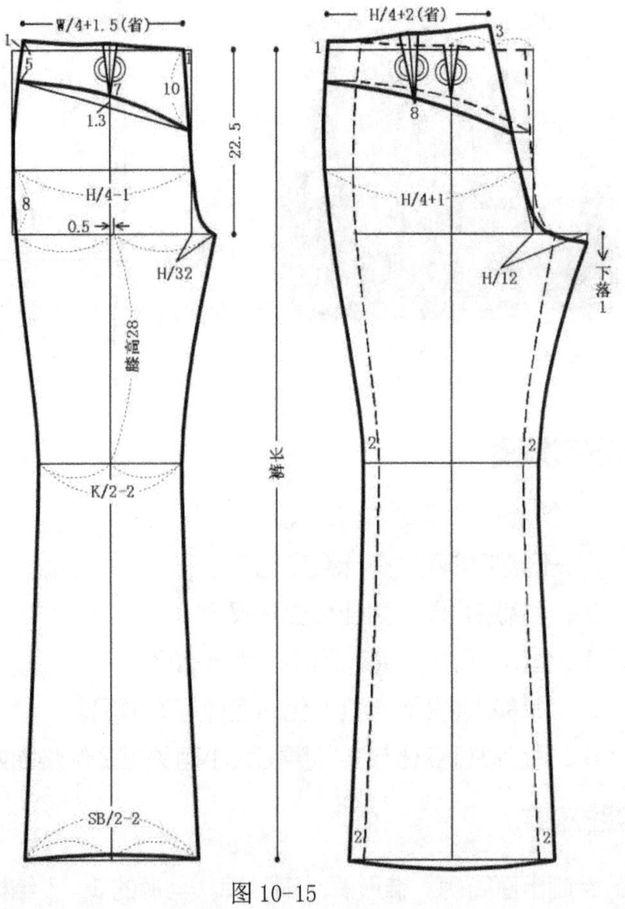

图 10-15

二、竖线分割裤结构设计

图 10-16

图 10-16 是一条前片竖线分割的采脚裤，前中装拉链，裤头装直腰。这类裤子有一个共同的特性：面料弹力特强，臀、腰差值较小，而且贴身；同时脚口收小，并留出采脚的长度。纸样处理的方法是将前中线与分割线合二为一，前腰省在分割缝中消掉，前片一分为二。

采脚裤也称为健美裤，20 世纪 90 年代前后曾流行一时，结构制图时要选择好恰当的制图尺寸，尤其是臀围尺寸要比较小，这样成品以后采脚裤才会紧贴人体。

1. 选用 160/68A 号型，制图规格如下（单位 cm）。

裤长=95　腰围=68　臀围=92　脚口=28

2. 制图基本公式（单位 cm）。

部 位	前 片	后 片
腰围 W	W/4+2.5(省)=19.5	W/4+3(省)=20
臀围 H	H/4-1(前减)=22	H/4+1(后加)=24
横裆 I	H/32=3	H/12=8
脚口 SB	SB/2=14	SB/2=14

3. 结构设计。

先画前片，再依据前裤片结构图画后裤片（前片为虚线），如图 10-17 所示。

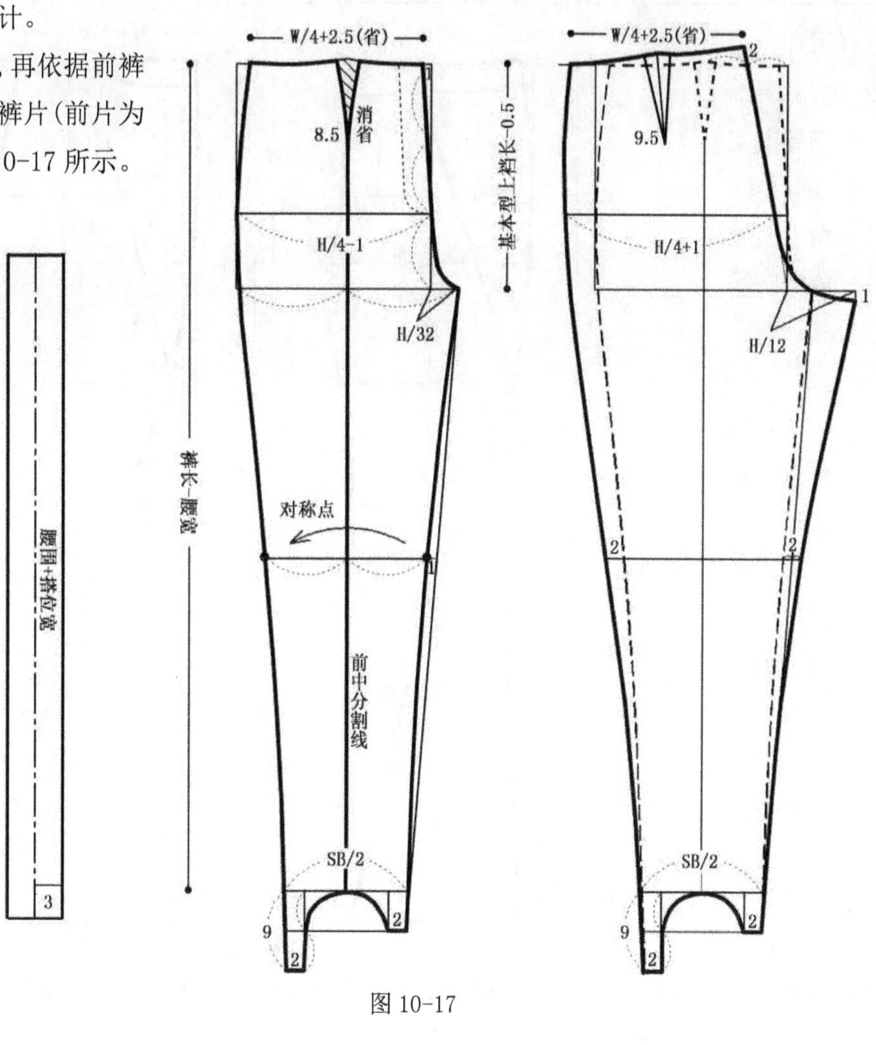

图 10-17

三、斜线分割裤结构纸样设计

斜线分割不局限于裤子的某一个部位，它存在于裤片的任何地方，如下图是一条前、后片作两次斜线分割的低腰裤，上段斜线分割在大腿与前腰线之间，下段斜线分割在大腿与脚口线之间。结构设计时要注意两个方面：一是上段斜线一定要将腰省处理在分割缝之中；二是下段斜线分割要体现前片的均衡和整体美。纸样处理的方法主要是采用降低腰线、斜向分割、合并腰省和消省等手段。

1. 号型及规格设置。

选用 160/68A 号型，制图规格如下(单位：cm)。

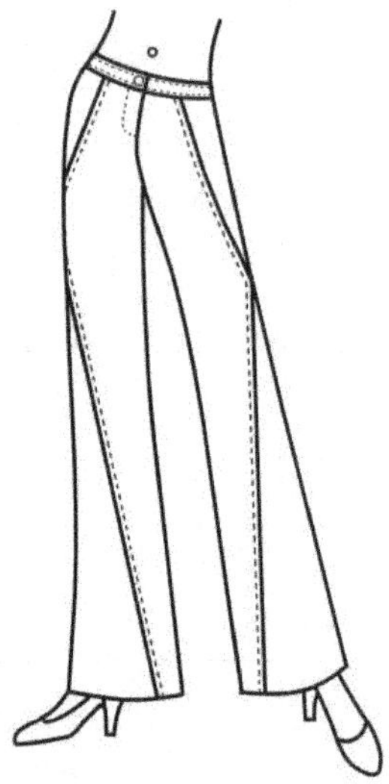

部位 / 单位	裤长 SL	低腰围 W	臀围 H	脚口 SB	膝围 K
厘米	97	74	94	48	40

2. 制图基本公式(前减、后加,单位：cm)。

部 位	前 片	后 片
腰围 W	W/4+1.5(省)=20	W/4+2(省)=21.5
臀围 H	H/4−1=22.5	H/4+1=24.5
横裆 I	H/32=3	H/12=8
膝围 K	K/2−2=18	K/2+2=22
脚口 SB	SB/2−2=22	SB/2+2=26

3. 结构纸样设计。

①低腰围－实际腰围(68cm)＝6cm,可推导出实际腰线需要降低 3cm，制图上裆长＝基本型上裆长(不包括腰宽)－降低腰线高度本例为：25.5cm−3cm＝22.5cm。

②腰围尺寸直接利用 W/4+省量所得，注意前省小,后省大,而且省量相对于基本型省量要减小。

③腰口在分割缝中消省，腰头合并省位，形成弯腰头。

④采用直接制图形式先画前片图，再依据前片画后片图，前片为虚线，如图 10-19 所示。

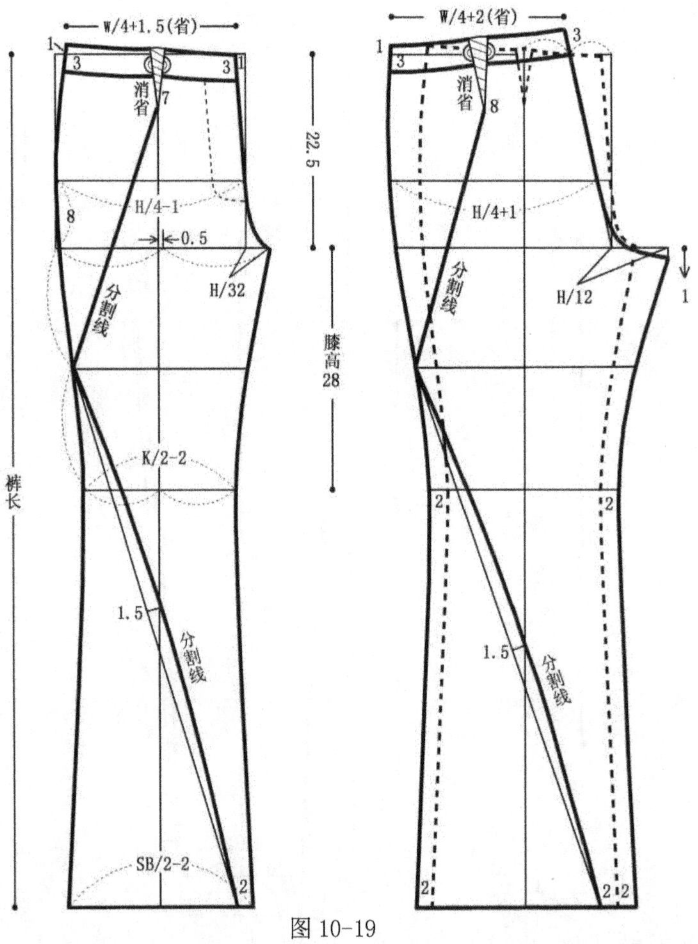

图 10-19

4. 分解纸样及放缝:单牌、双牌、腰头、腰口、前中放缝 1cm；内外侧缝、后中、分割位放缝 1.2cm；脚口放缝 3cm。

注意：前、后裁片的区别，如图 10-20 所示。

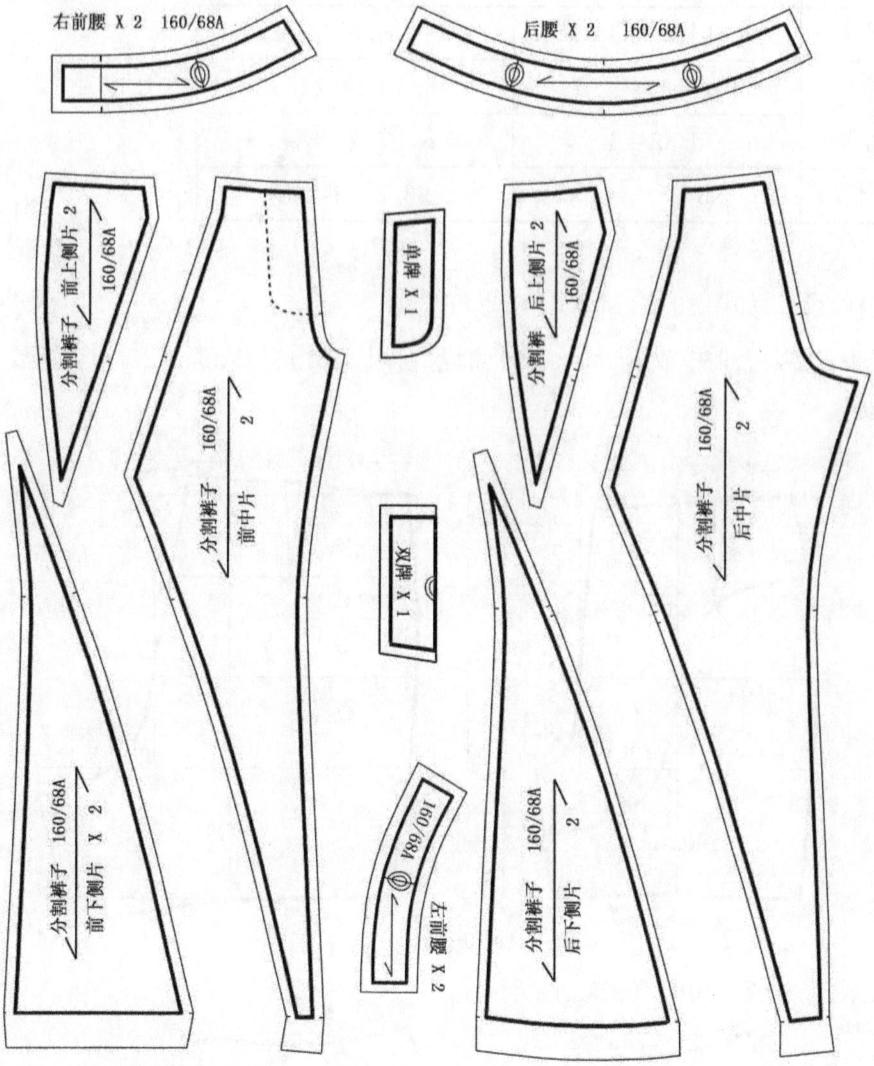

图 10-20

四、弧线分割裤结构纸样设计

图 10-21 是一条前片作弧线分割,后片有飞机头的皮革短裤款式图，前中装拉链，裤头绱直腰，前、后分割撞皮。这类裤子与其他分割一样，要观察弧线分割在什么位置，是否经过省尖点的附近，能不能合并或转移省位，分割线在其他部位是否有装饰性。纸样处理的方法主要是采用基本型的方法直接制图，弧线位置按比例分割，并将腰省合并处理掉。注意短裤的前后横裆线落差比长裤要多，一般是 2～3cm。

图 10-21

1. 号型及规格设置。

选用 160/68A 号型，确定制图规格如下(单位：cm)。

部位 单位	裤长 SL	腰围 W	臀围 H	脚口 SB
厘米	40	68	94	54

2. 制图基本公式(前减、后加，单位：cm)。

部 位	前 片	后 片
腰围 W	W/4−1+2.5(省)=18.5	W/4+1+2.5(省)=20.5
臀围 H	H/4−1=22.5	H/4+1=24.5
横裆 I	H/32=3	H/12=8
脚口 SB	SB/2−3=4	SB/2+3=30

3.结构纸样设计，如图 10-22 所示。

放缝：腰头、腰口、前中放缝 1cm；内外侧缝、后中、分割位放缝 1.2cm；脚口放缝 4cm(本例未做小部件分解)。

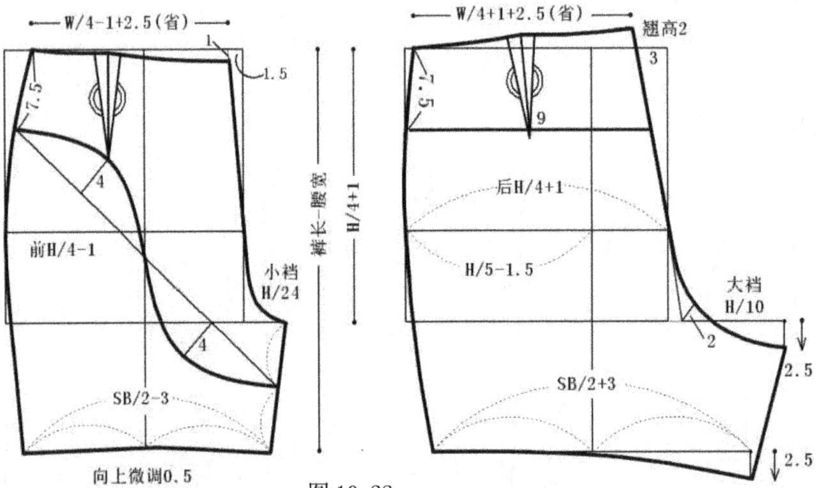

图 10-22

4.分解纸样及放缝，如图 10-23 所示。

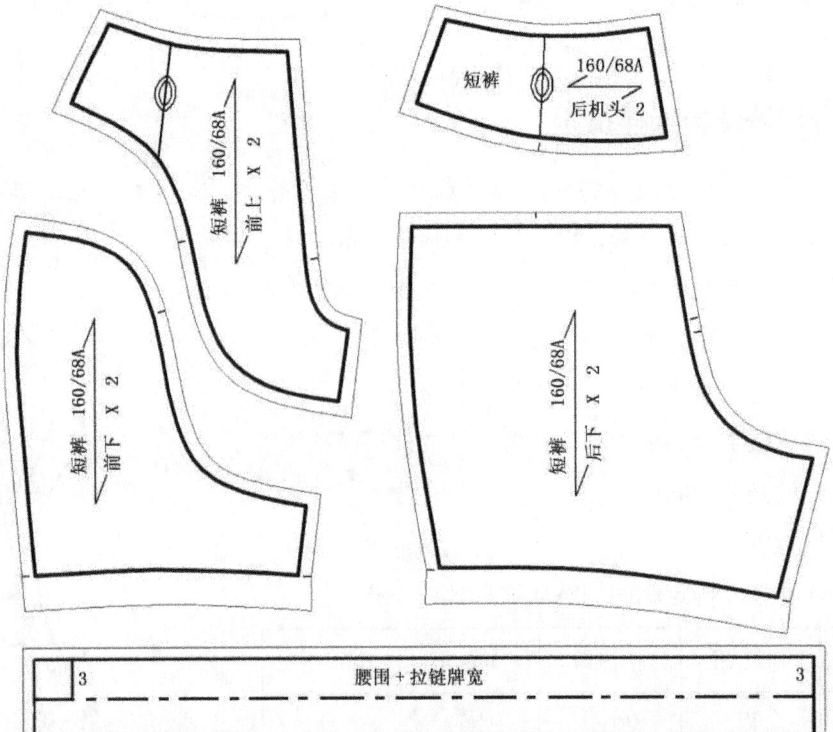

图 10-23

五、多片分割裤结构纸样设计

图 10-24 是一条综合利用多片分割设计的中型喇叭低腰裤，前片从臀部侧边起至中缝线再到脚口作弧线分割，前膝线以下装有三角插片，前中装拉链，后拼机头，机头与前内侧片连为整体，属弯腰头结构，纸样处理的方法主要是采用降低腰线、合并腰省、弧线分割等。

图 10-24

1. 号型及规格设置。

①号型选用 160/68A 女子标准中间体。

②依据号型确定制图规格如下(单位：cm)。

部位 / 单位	裤长 SL	低腰围 W	臀围 H	膝围 K	脚口 SB	低腰宽
厘米	100	72	94	40	52	3.5

2. 制图基本公式(前减后加，单位：cm)。

部 位	前 片	后 片
腰围 W	W/4−1+2(省)=19	W/4+1+2(省)=21
臀围 H	H/4-1=22.5	H/4+1=24.5
横裆 I	H/32=3	H/12=8
膝围 K	K/2−2=18	K/2+2=22
脚口 SB	SB/2−2=24	SB/2+2=28

3. 结构纸样设计(图 10-25)。

①低腰围－实际腰围(68cm)=4cm，可推导出实际腰线需要降低 2cm，制图上裆长=基本型上裆长(不包括腰宽)－降低腰线高度。本例为：25.5cm－2cm=23.5cm。

②先画好前片，设计好前片的分割线，注意臀部以上的横向分割尽可能靠近省尖点，这样利于合并腰省。

③在前片结构的基础上画后片(前片为虚线)，注意前后片在侧缝的分割比例要一致。

④前、后腰头合并，形成弯腰头。

⑤前内侧片合并腰省，后机头合并腰省，并在侧缝处合并形成整片。

⑥利用膝围与脚围之差，形成三角插片宽，插片高度在膝线下 6cm 处。

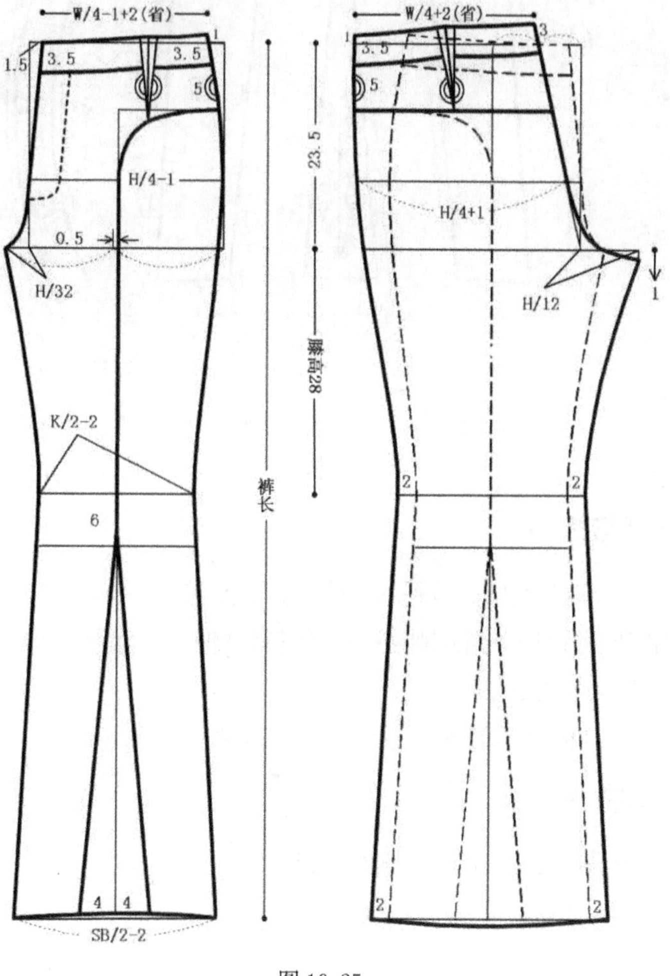

图 10-25

4．分解裁片及放缝，如图 10-26 所示。

腰头、腰口位、前裆弯、拉链牌、双牌放缝 1cm，脚口折边宽 4cm，其余放缝 1.2cm。

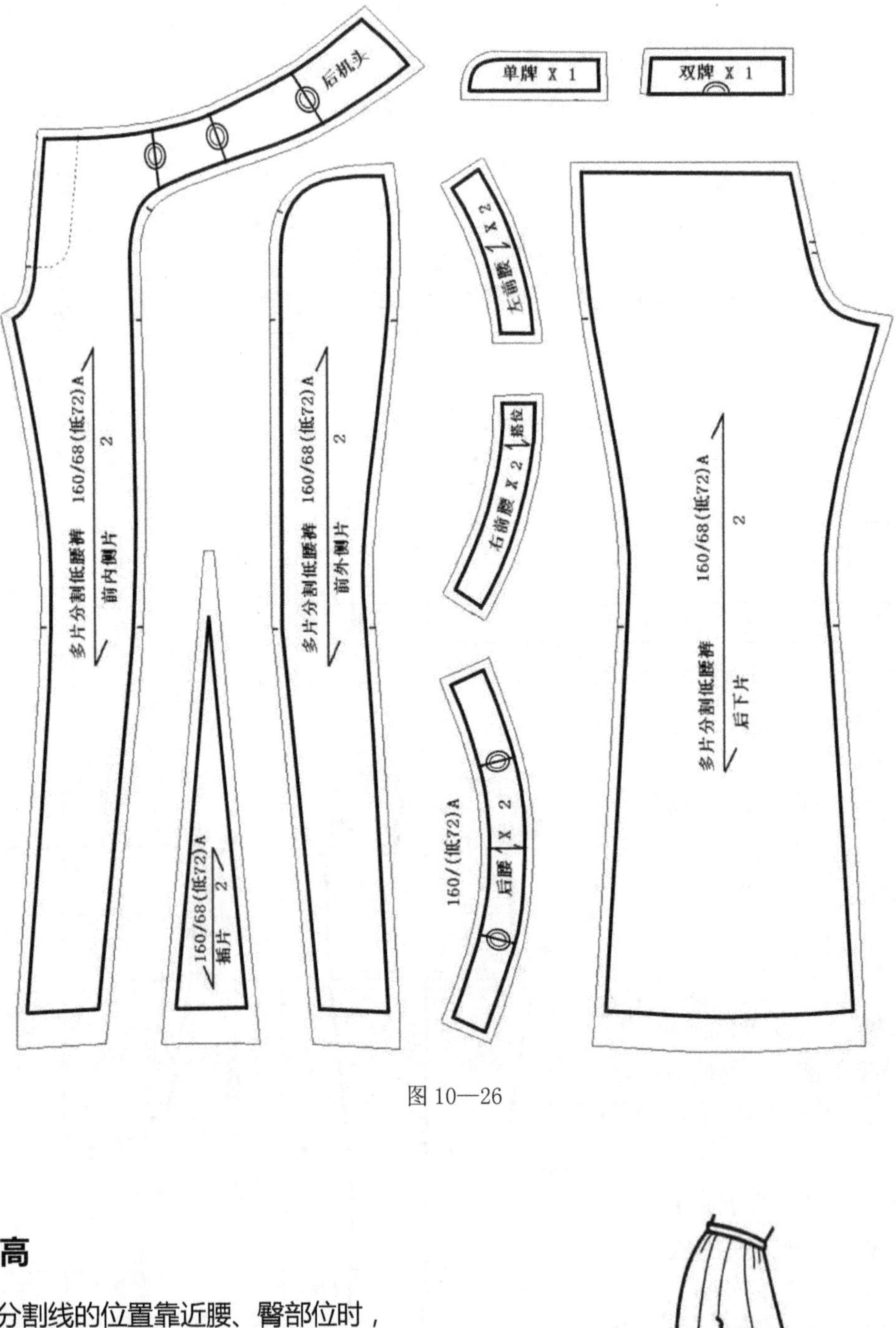

图 10—26

拓展与提高

1．当分割线的位置靠近腰、臀部位时，结构如何处理？当分割线在裤子的其他位置时，结构又如何处理？

2．腰口线降低腰省会发生什么变化？

实践环节

绘制出锥形裤 1：1 的结构图。

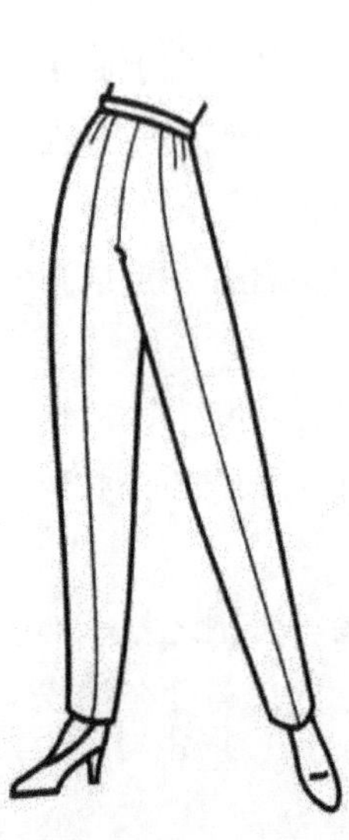

第五节　女裤的褶裥变化

裤子由于受横裆的牵制，褶裥变化程度远不如裙子丰富、灵活，一般有自然褶和规律褶两类。自然褶中又可分为活褶和缩褶，规律褶中又可分为倒褶裥、波浪褶和立体褶。裤子的褶裥变化常在菱形裤和倒梯形裤中产生。

一、自然褶女裤的结构设计

图 10-27 是一条腰口装松紧带、脚口收细褶的糠果裤，无侧缝，裤子宽松强调功能实用性，因此，裤子从上到下的围度需增加，前、后裆弯弧线在臀部以上变直，增加围度的量变为腰口和脚口的缩褶量。脚口采用 1cm 宽的橡筋抽缩细褶。在女裤标准基本型结构图的基础上对自然褶女裤进行结构设计，如图 10-28。

号型选用 160/68A 女子标准中间体（单位：cm）。

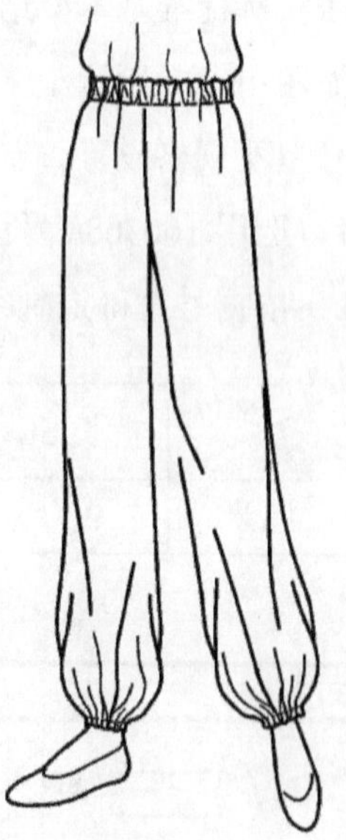

图 10-27

裤长 SL　　100cm

松紧带腰围 60cm

臀围 H　　100cm

松紧带脚围 24cm

虚线为女裤基本型。

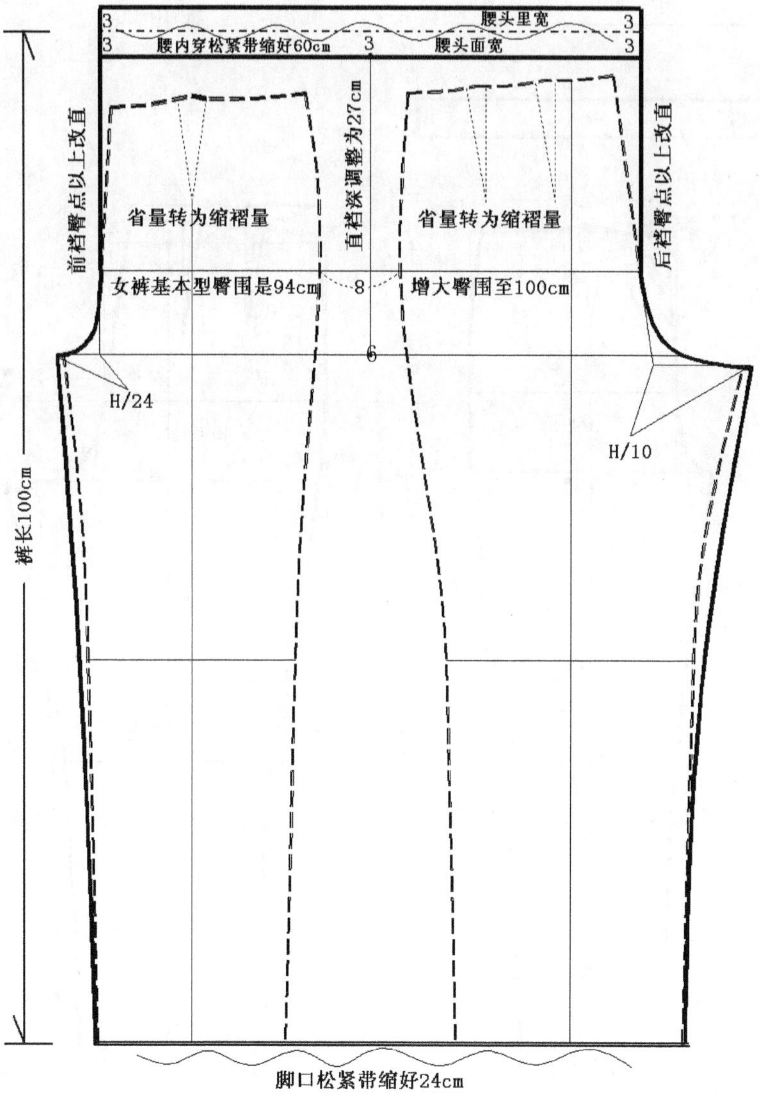

图 10-28

二、褶裥裤的结构设计

图 10-29 是一条前中挺缝线变为褶裥的锥形裤子，依据款式的特点，前腰口收两个省，并在省的中间作暗褶裥展开设计，展开量设为 12cm。裤子的后腰口设计四个省，与前片的褶裥展开相匹配。另外，裤子的脚口收小形成锥形裤，脚口的暗褶裥与腰口的暗褶裥连为一起，在上下两端约 12cm 处车缝固定。在女裤标准基本型结构图的基础上对褶裥女裤进行结构设计，如图 10-30 所示。

图 10-29

号型及规格设置。

1．选用 160/68A 号型。

2．依据号型确定制图规格如下（单位：cm）。

部位 单位	裤长 SL	腰围 W	臀围 H	脚口 SB	腰宽
厘米	96	68	94	34	3

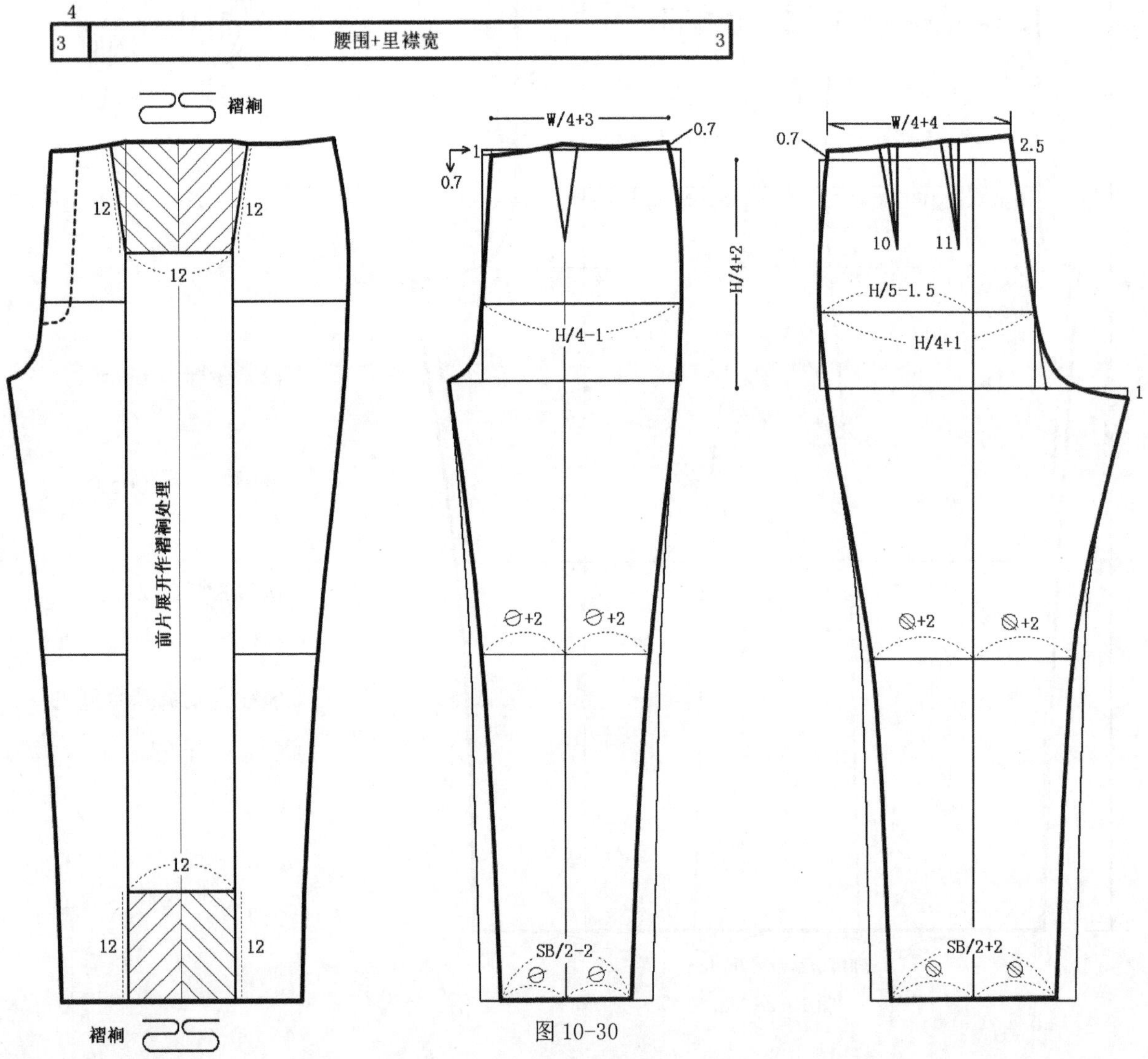

图 10-30

三、立体褶罗马裤结构设计

图 10-31 是一条立体褶锥形长裤,裤腰口的两侧有垂褶，使臀部有强烈的膨胀感，因此，上裆需要立体加深，臀围和横裆需要加大，立体褶的造型需要通过腰口线和侧缝线，并对立体褶造型线作腰口位展开设计，以增加立体褶量。仅有立体褶量还不行，还要继续把褶展开，以增加立体褶的垂量。

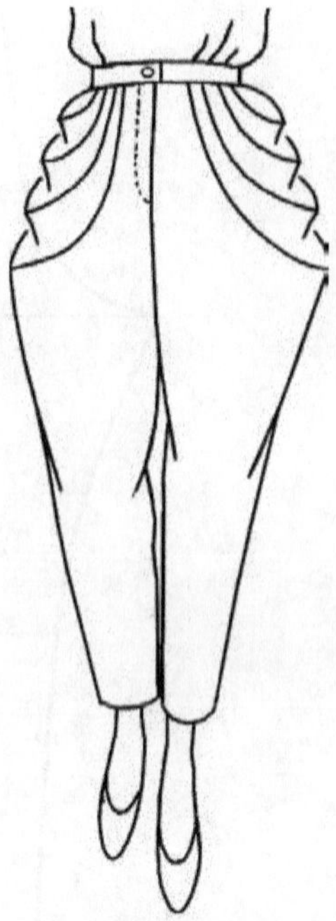

图 10-31

1. 号型及规格设置。

选用 160/68A 号型，确定制图规格如下

部位 / 单位	裤长 SL	腰围 W	臀围 H	脚口 SB	腰宽
厘米	94	70	110	34	3

2. 制图基本公式(前减后加)

部 位	前 片	后 片
腰围 W	W/4−1+8(褶)=24.5	W/4+1+8(褶)=26.5
臀围 H	H/4−1=26.5	H/4+1=28.5
横裆 I	H/24=5.5	H/10=11
脚口 SB	SB/2−2=15	SB/2+2=19
上裆长	H/4−0.5=27	H/4−0.5=27

3. 结构设计。

如图 10-32。

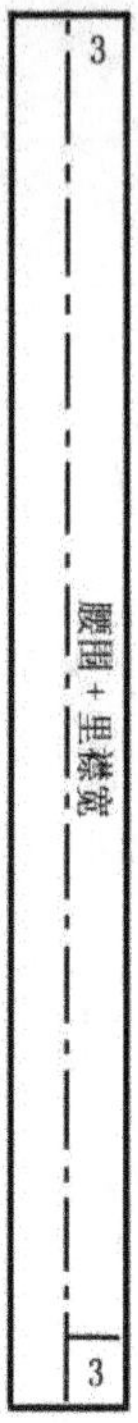

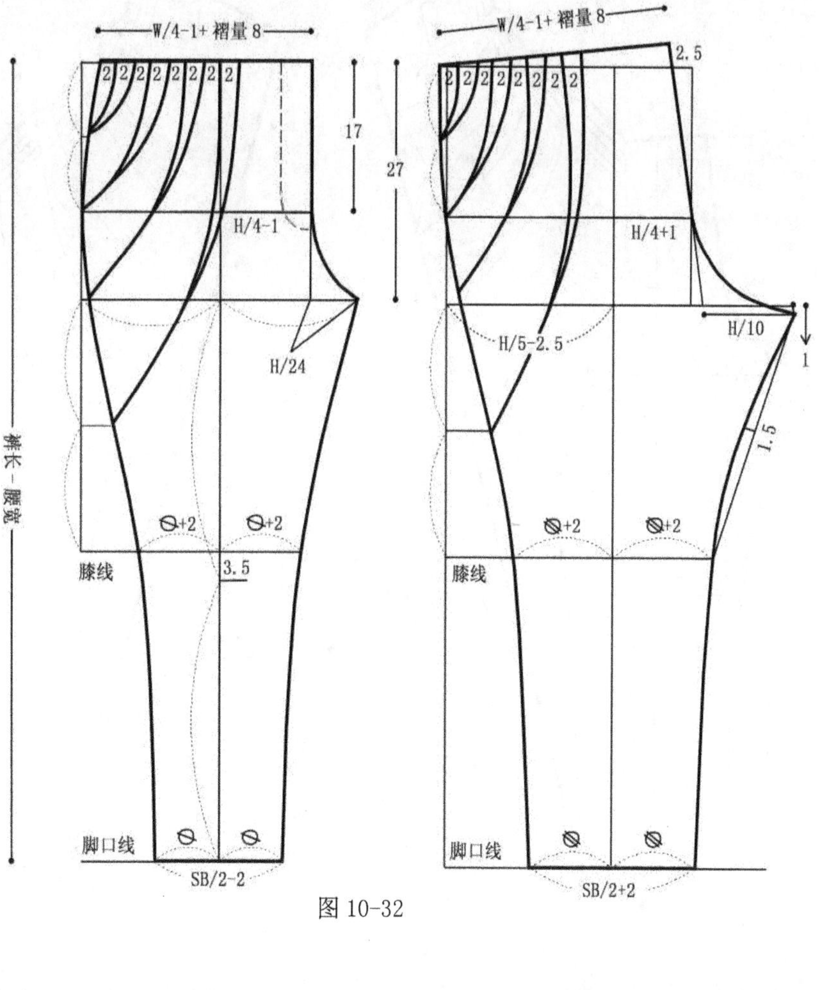

图 10-32

沿 45 度方向展开

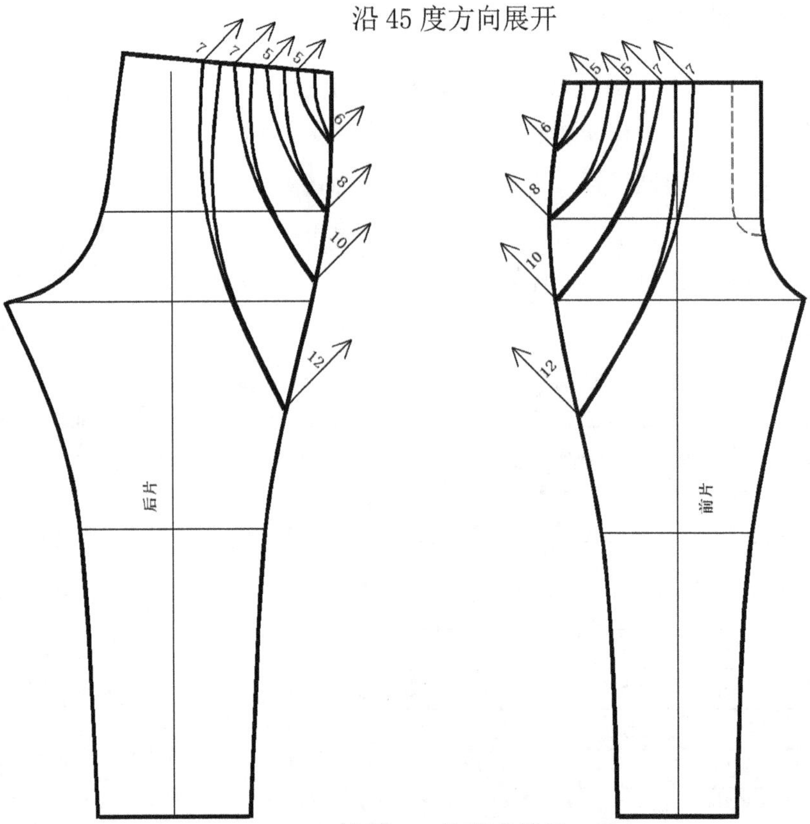

纬斜 45 度垂感最佳

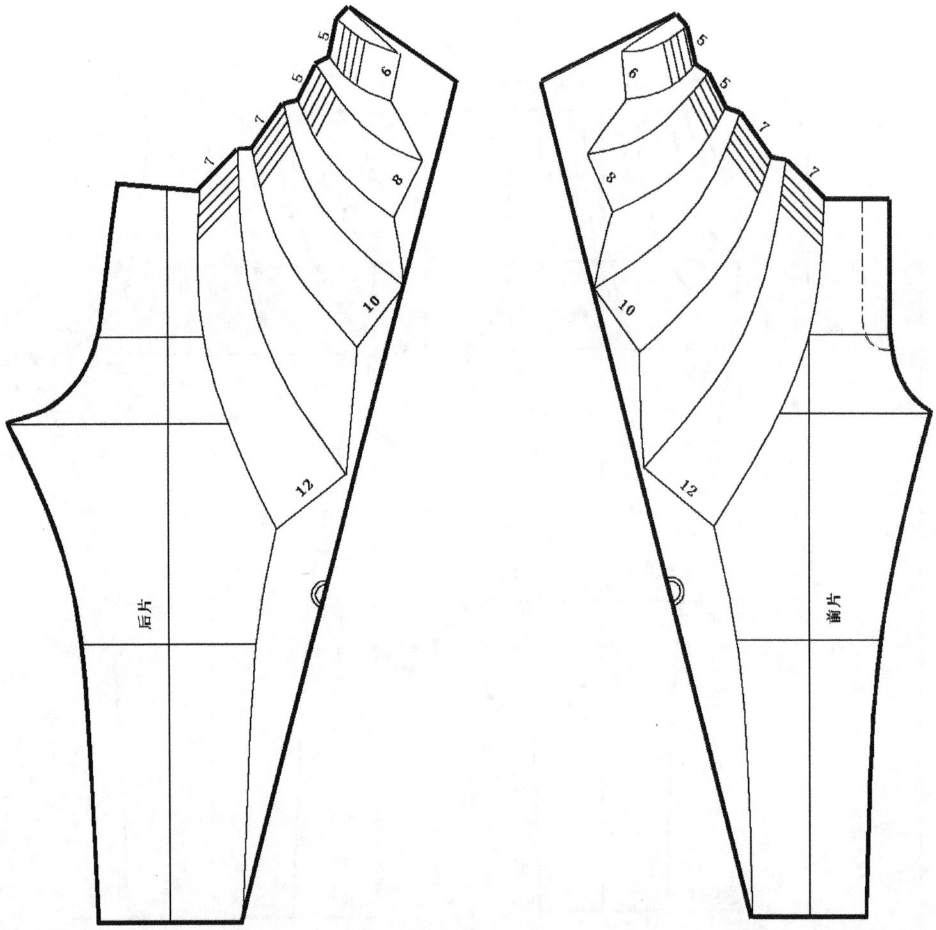

图 10-32

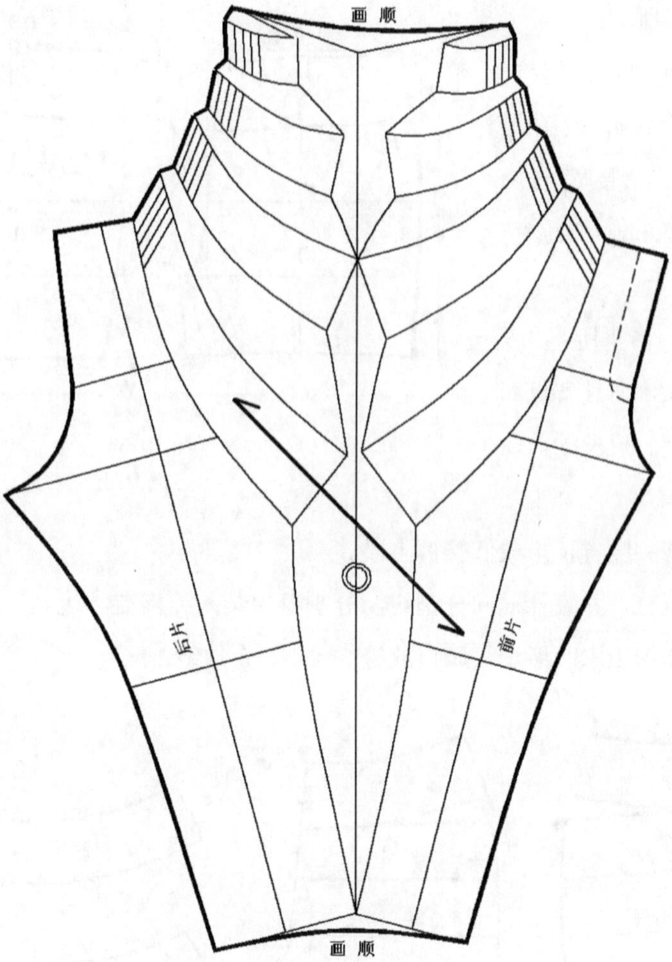

图 10-32

四、波浪细褶女热裤结构设计

图 10-33 是一条低腰短裤，中臀以下部位装有四行波浪荷叶边，中臀以上部位低腰贴体，前中钉上三粒扣子后中装有隐形拉链至臀点，从外观看横裆线以上部位像裙子，而仔细观察横裆线以下部位却是裤子。

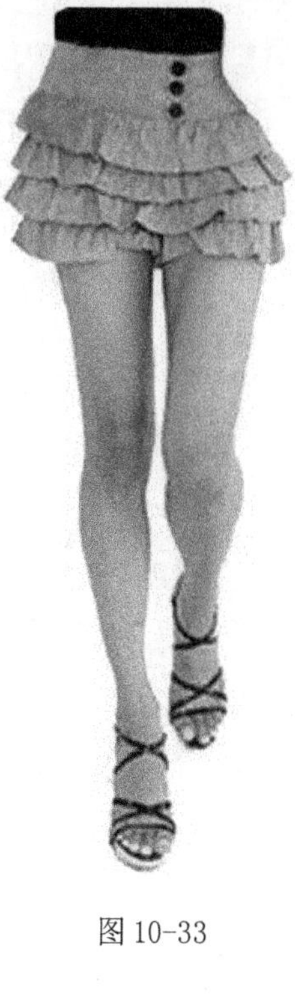

图 10-33

1. 号型及规格设置。

号型选用 160/68A 女子标准中间体（单位：cm）。

部位 单位	裤长 SL	低腰围 W	臀围 H	脚口 SB
厘米	32	72	94	52

2. 制图基本公式(前减后加，单位：cm)。

部 位	前 片	后 片
腰围 W	W/4+1.5(省)=19.5	W/4+2(省)=20
臀围 H	H/4−1=22.5	H/4+1=24.5
横裆 I	H/32=3	H/12=8
脚口 SB	SB/2−3=23	SB/2+3=29

2. 结构图如图 10-34 所示。

①低腰围－实际腰围(68cm)＝4cm，可推导出腰口线需要降低 2cm，制图上裆长＝基本型上裆长(不包括腰宽)－降低腰线高度。本例为：25.5cm－2cm＝23.5cm。

②腰围直接利用 W/4+省量所得。提醒注意：前省小，后省大，而且省量和省长相对于基本型要减小。短裤的前、后落裆差值调整为 2.5cm。

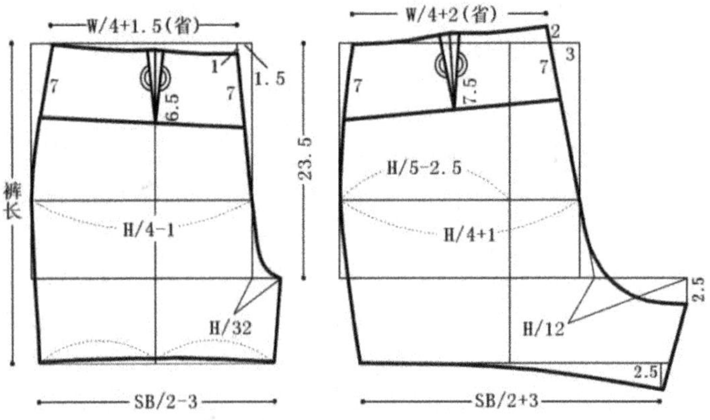

图 10-34

③育克分割以后，合并腰省，形成低腰裤上段。

④裤下段在侧缝四等分，并设计横向分割线，分割缝中装入缩褶荷叶边。

3. 纸样分解及放缝如图 10-32 所示（脚口放缝 3cm，其余放缝 1cm）。

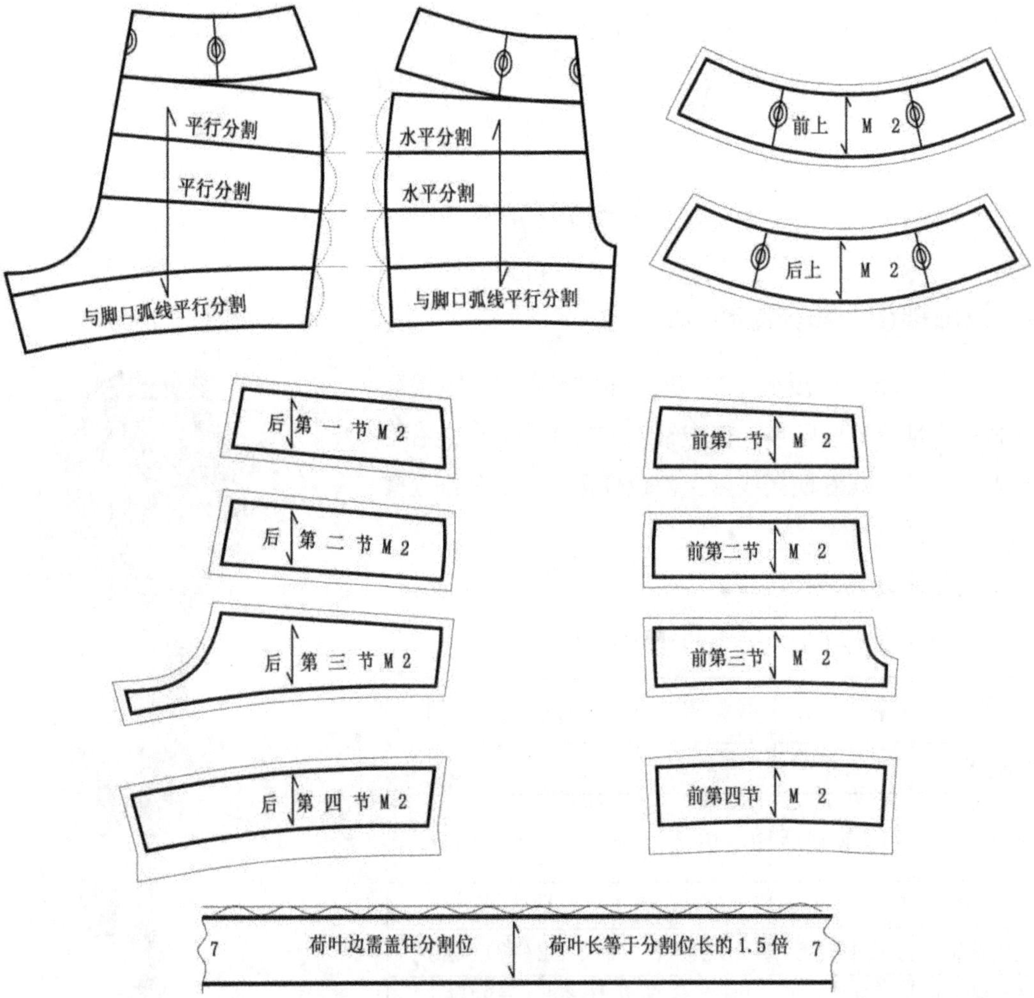

图 10-32

第六节 裤子的里布构成

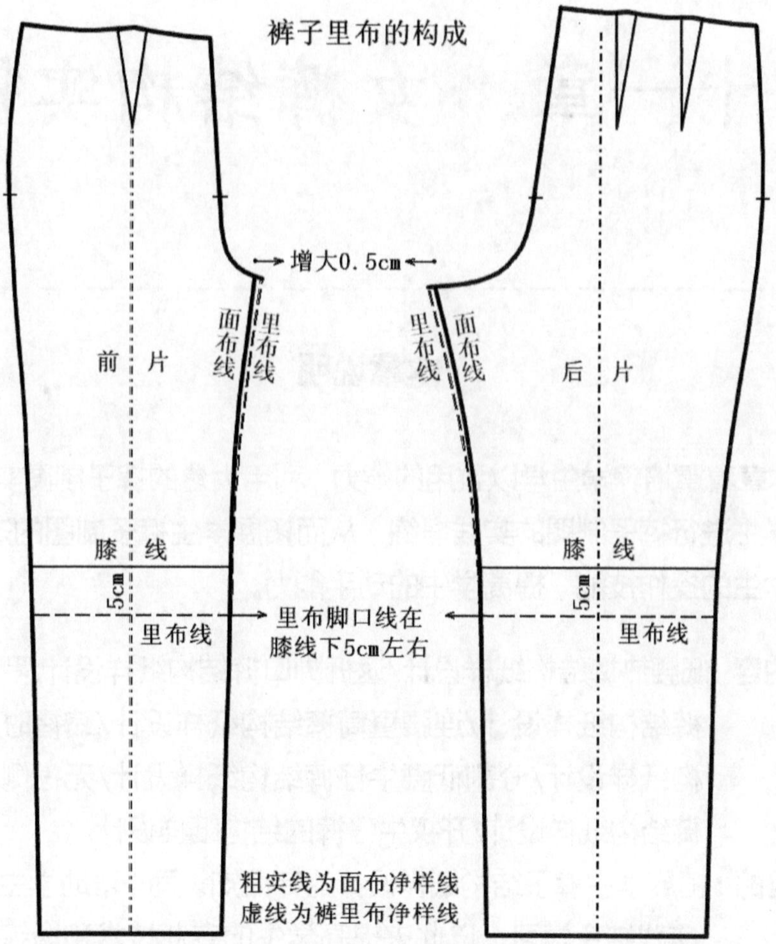

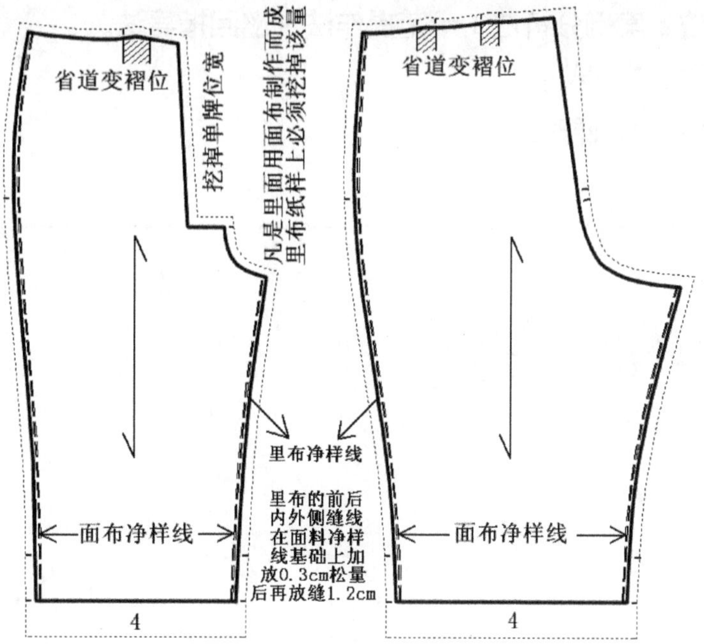

图 10-33

第十一章　女裤结构实例

本章说明

本章着重培养学生学以致用的能力，利用大量的裤子制图实例，来帮助学生进行裤子制图的实践煅练，从而拓展学生裤子制图的知识面，培养学生的操作技能，提高学生的动手能力。

课程内容：低腰热裤结构纸样设计/返折脚口裤结构纸样设计/罗纹脚口裤结构纸样设计/连腰直筒裤结构纸样设计/缩褶时装裤结构纸样设计/分割低腰牛仔裤结构纸样设计/无栋侧缝皮革裤结构纸样设计/开衩牛仔裤的结构纸样设计。

训练目的：拓展学生裤子结构纸样设计的专业知识面，帮助学生理论与实践结合学习，以此来提高学生的专业技术和煅练学生的动手能力。

教学方法：案例分析法+示范操作法+巡回指导法。

课时安排：12 课时。

课余作业：12 课时。

1. 低腰热裤结构纸样设计

裤长 SL=29cm　　　　腰围 W=78cm

臀围 H=94cm　　　　脚围 SB=52cm

低腰洗水热裤，前、后片分割，并在分割缝靠近腰口位处装有插袋，后片有机头，并配有双嵌线假袋，前、后腰头装上四个对称的宝剑裤耳，全件钉上八粒装饰扣。

重点提示：

①低腰结构要调低腰口线，低腰围 78cm－实际腰围(68cm)＝10cm，推导出腰口线需要降低 5cm，制图的上裆长＝基本型上裆长(不包括腰宽)减降低腰口线高度。本例上裆取值 25.5cm－5cm＝20.5cm；②短裤合体贴身，松量减小，前后落裆差值调整为 3cm；③注意侧袋和后袋的造型；④低腰裤前腰省小，后腰省大，相对于基本型的省长和省大要改短、改小；⑤特别要留心前后袋的工艺处理和裁片处理；⑥裁片分解比较复杂，分解时不能掉片；⑦特别要留心前后袋的工艺处理和裁片处理；⑧裁片分解比较复杂，分解时不能掉片。

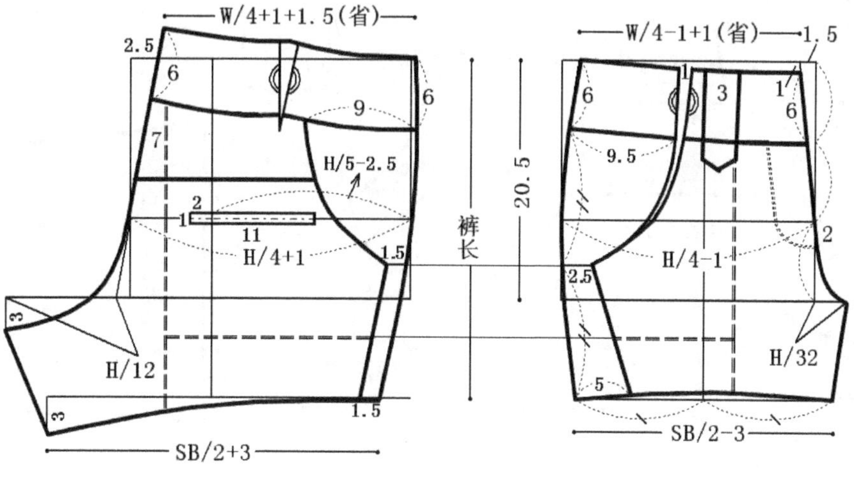

低样及放缝：

脚口放缝 3cm；内侧缝、外侧缝、拼接缝、后裆缝、袋布放缝 1.2cm；腰头、腰口、袋口、裤耳、前裆缝、双牌、单牌放缝 1cm。

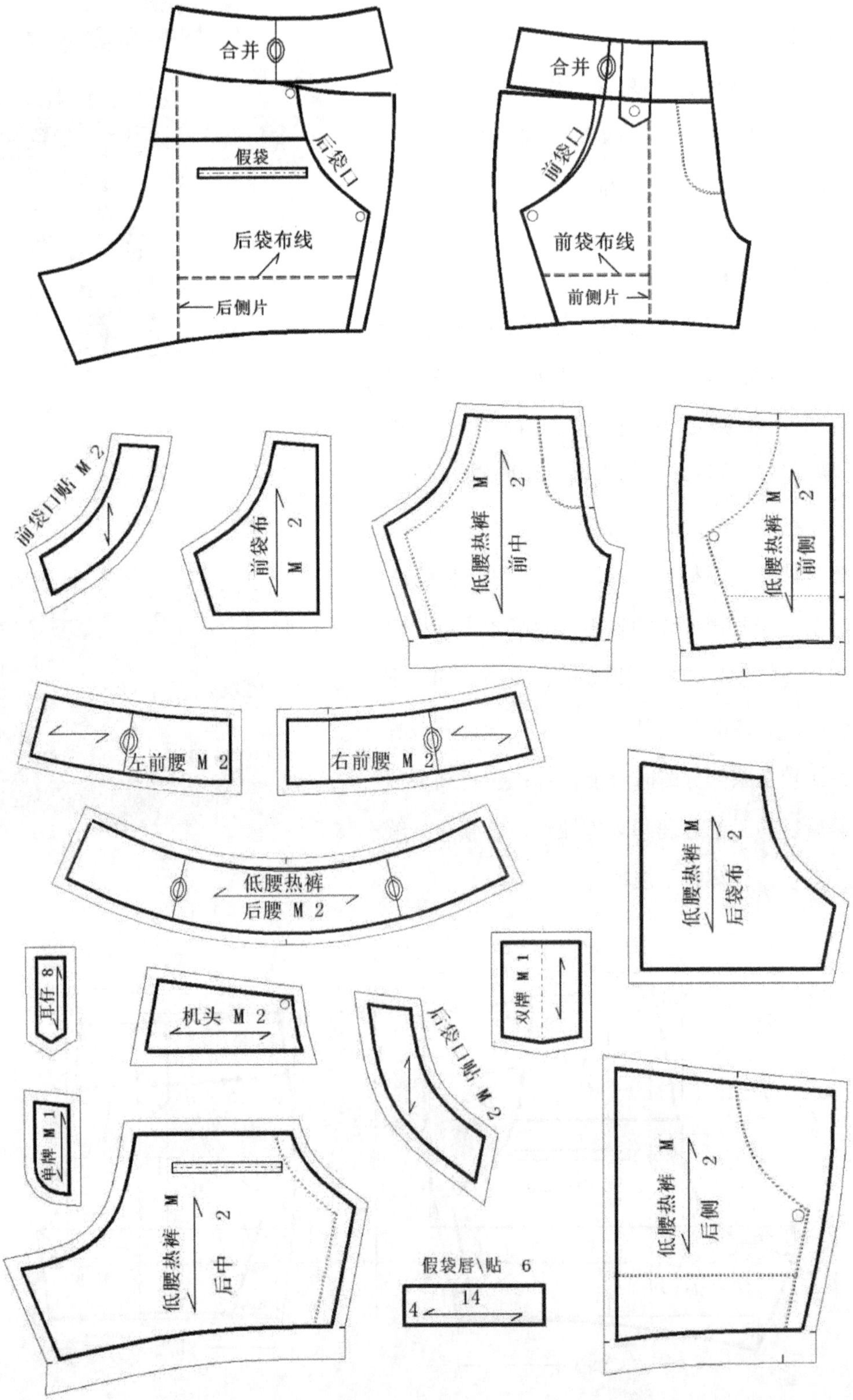

2. 返折脚口裤结构纸样设计

裤长 SL=45cm　　　　腰围 W=74cm

臀围 H=94cm　　　　脚围 SB=48cm

该款属贴身四分短裤，低腰结构，前侧的斜插袋口边装有袋盖，并钉两粒装饰钮，前中装拉链，后幅一片式结构上收一个小省，脚口为返折边，并在侧缝内装有一耳仔向外返扣。

重点提示

①低腰结构要调低腰口线，低腰围－实际腰围(68cm)＝6cm，可推导出腰口线需要降低 3cm，制图的上裆长＝基本型上裆长(不包括腰宽)－降低腰线高度，本例上裆取值 25.5cm－3cm＝22.5cm。

②短裤比较贴身，制图尺寸的松量要约小。

③短裤的前、后落裆差值调整为 2.5cm。

④低腰裤的前腰省小，后腰省大，相对于基本型的省长和省大要改短、改小。

⑤前省可在袋口位消掉，这特别重要。

⑥注意侧袋及袋盖的工艺处理。

⑦注意脚口返折位的工艺处理。

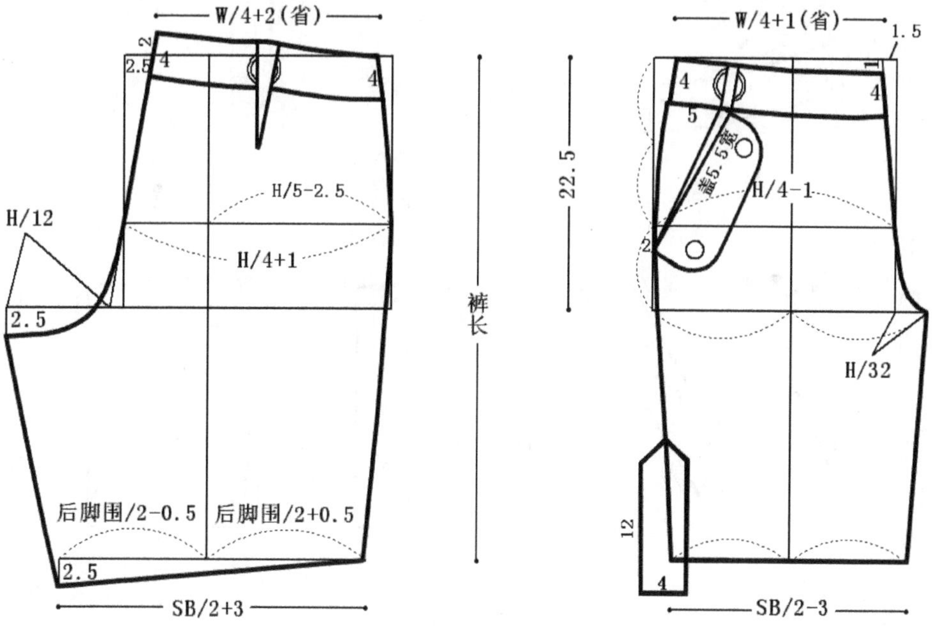

低样分解及放缝：

脚口返折宽 4cm，双幅；内侧缝、外侧缝、后裆缝、袋布放缝 1.2cm；腰头、腰口、袋口、袋盖、裤耳、前裆缝、双牌、单牌放缝 1cm。

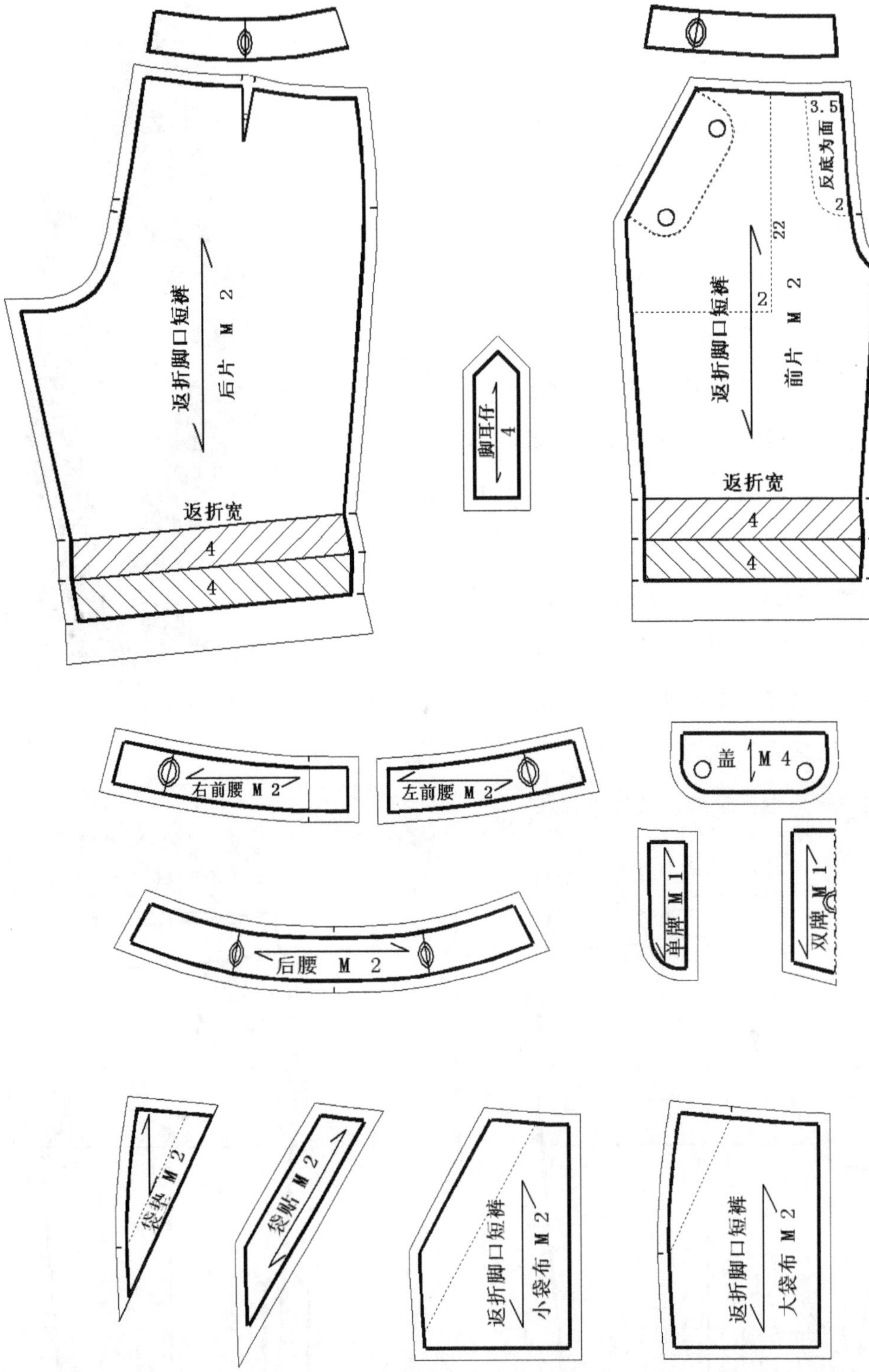

3. 罗纹脚口裤结构纸样设计

裤长 SL=78cm　　腰围 W=70cm　　腰宽=4cm

臀围 H=96cm　　脚围 SB=42cm　　罗纹口=32cm

该裤属中青年穿着的中长裤，款式比较合身，加之脚口罗纹收紧后再往上提，显得更加精神，面料多采用带棉质的休闲装布料。

重点提示：

由于该裤属于正腰结构，前侧有斜插袋，袋口装明贴约 4cm 宽，后有加盖的挖袋，这些在前面章节中已经讲过，这里作为案例主要是因为它有罗纹脚口。罗纹有很强的弹力，在结构纸样中罗纹脚口如何处理，是我们需要解决的问题。罗纹口比较小，而且弹力大，通常罗纹的长度比该部位的长度要短。例如：裤子用罗纹收口，罗纹的长度等于脚围减 10～15cm。

结构纸样设计选用 160/70A 号型中间体。

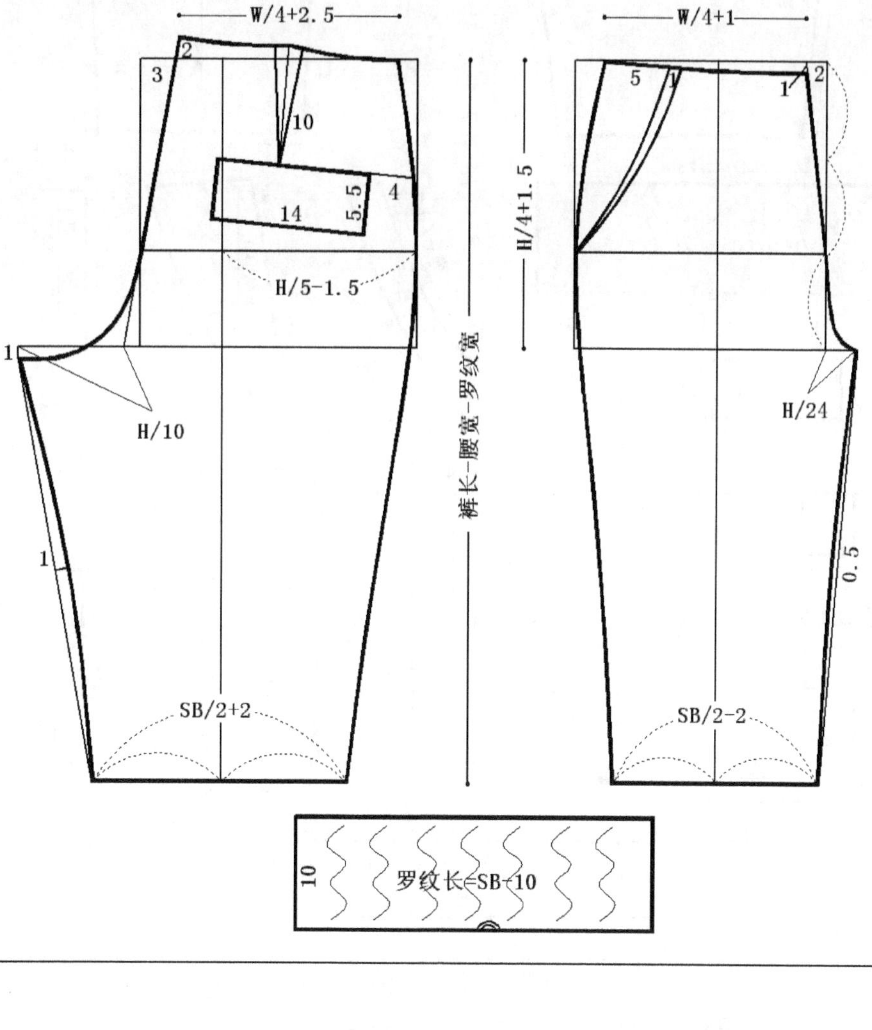

低样分解及放缝

1．罗纹和双牌要取双，不能剪破。

2．内侧缝、外侧缝、后裆缝、袋子放缝 1.2cm。

3．腰口、腰头、前裆缝、脚口、后盖、前袋口、袋口贴、单牌、双牌、罗纹放缝 1cm。

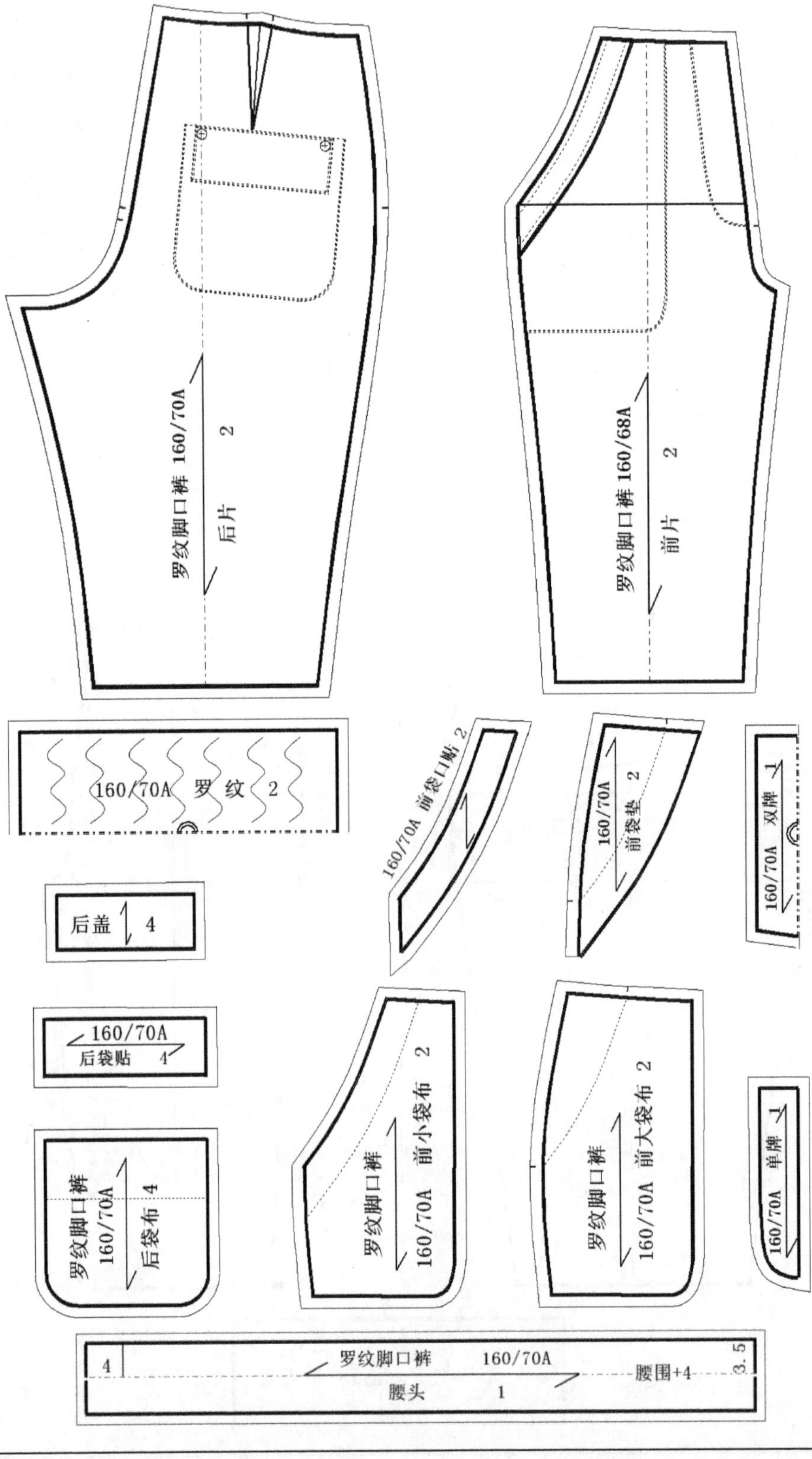

4. 连腰直筒裤结构纸样设计

右图是中年女性穿着的连腰长裤，配上挎包显得更加成熟稳重。裤子为H型，返脚口边，腰下两侧缝装有直插袋，腰宽设计较宽，并配有两条撞色皮带，整体上显得下身有修长之美感。面料宜选择具有垂感的毛料、混纺纤维等。结构设计选用160/70A中间体。

裤长SL=100cm　　腰围W=70cm　　腰宽=5cm

臀围H=94cm　　脚围SB=42cm　　膝围=SB+2

制图重点：

①运用基本型裤的结构设计方法画好直筒裤结构。

②抓住连腰结构的设计方法处理好腰口及腰省的分配。

③裤长设计刚好齐地平，然后处理好返折脚口位宽度。

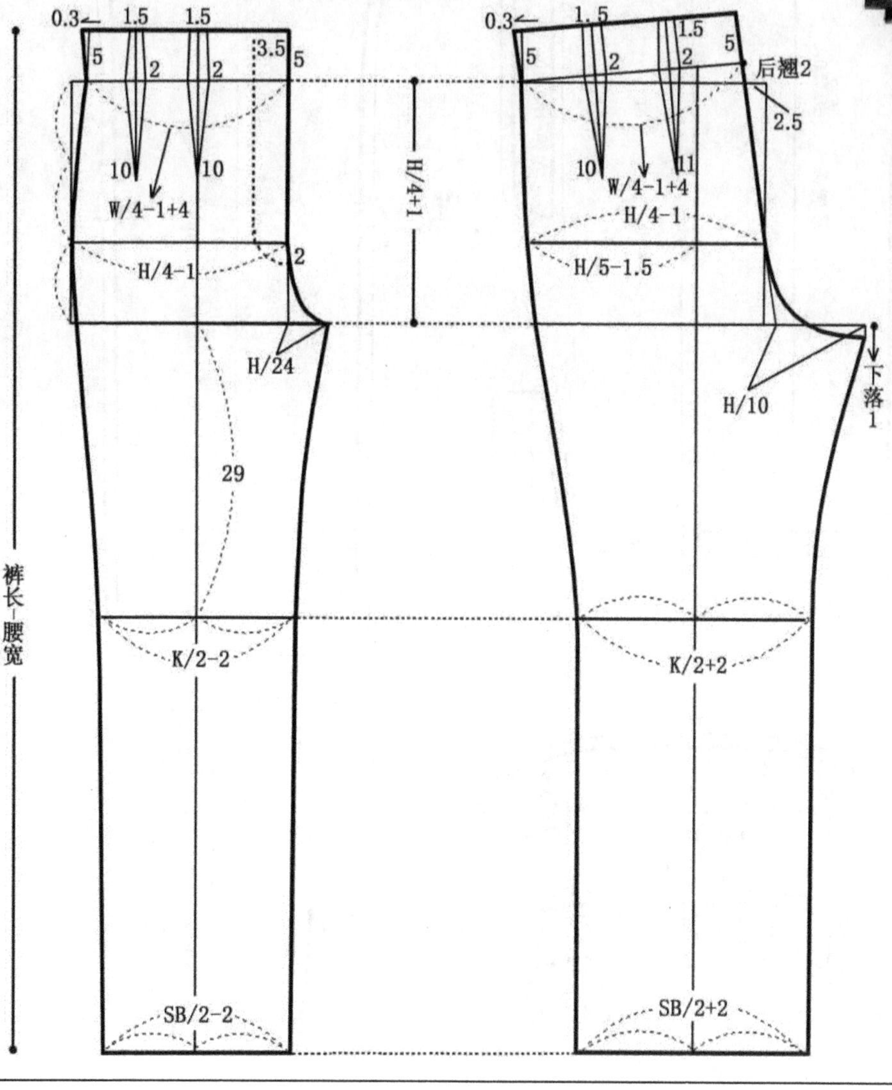

低样分解及放缝：

腰口、腰头、前裆缝、单牌、双牌放缝 1cm；后裆缝、内侧缝、外侧缝放缝 1.2cm；脚口放缝 4cm，脚口返折宽 4cm。

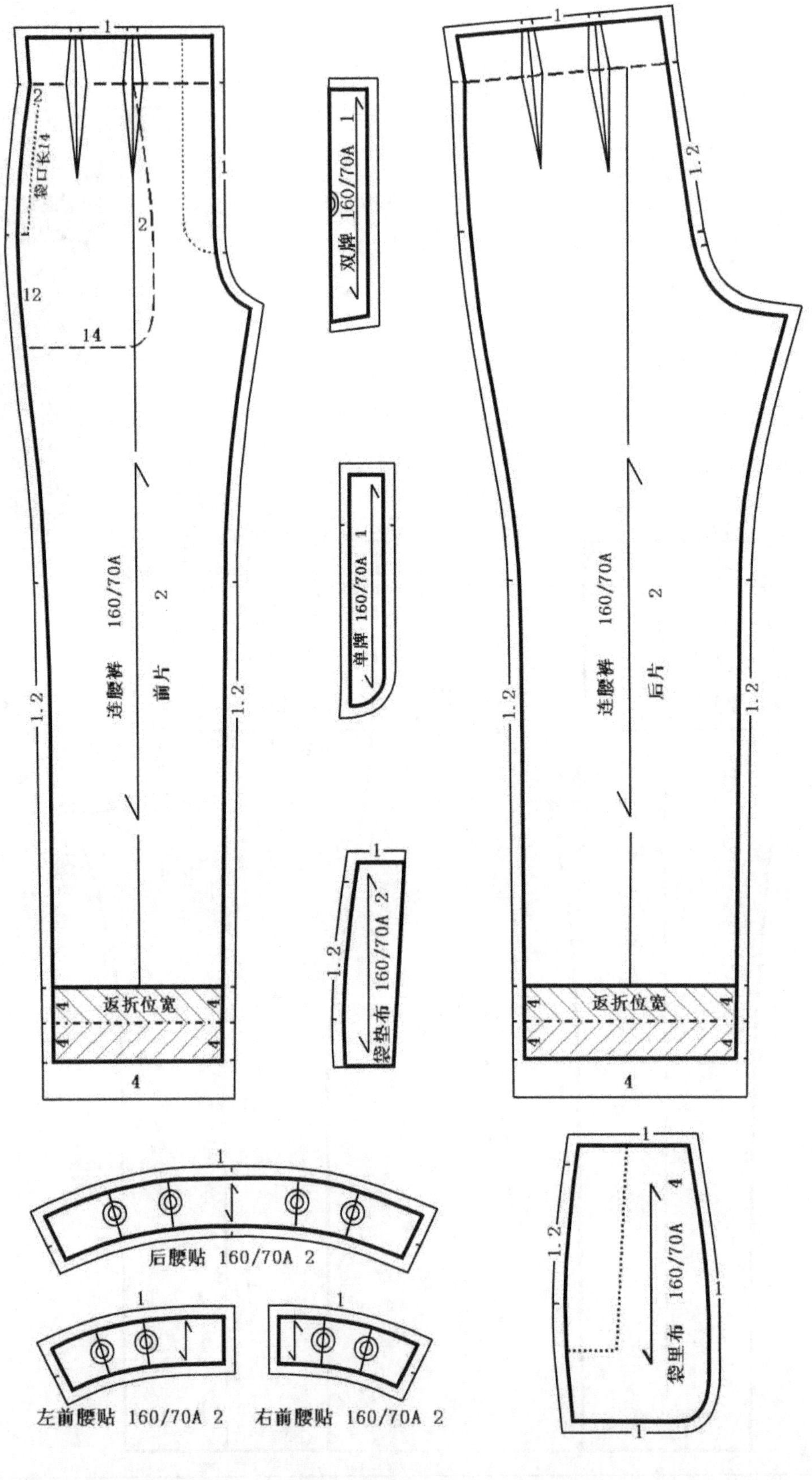

5. 缩褶时装裤结构纸样设计

右图是年青人很喜欢穿着的时尚裤。裤子外侧缝和内侧缝在大腿以下留隧道穿绳，脚口用松紧带收缩，加之面料光滑而富有悬垂感，两只裤脚形成许多具有波浪起伏的自然皱褶美感。裤子属H型，加长裤腿，在内外侧缝抽缩即可形成。

结构设计选用160/70A号型，中间体。

裤长 SL=100cm　　腰围 W=70cm　　腰宽=4cm

臀围 H=93cm　　脚围 SB=42cm　　膝围=SB+2

制图重点：

①运用基本型裤的结构设计方法画好裤子结构图。

②运用展开法把大腿以下的部位展开，形成抽缩的自然褶量。

③展开的自然褶量一般取该部位长度的一半。

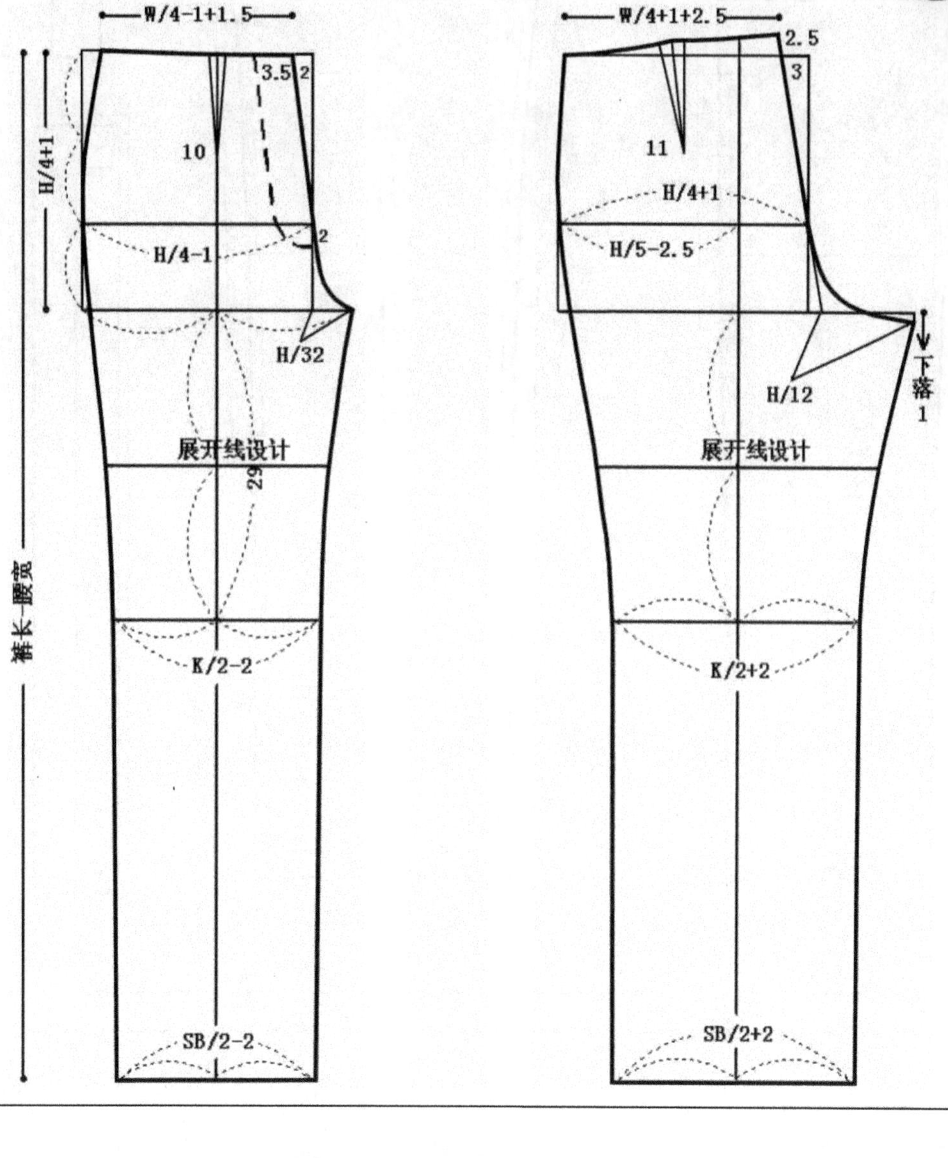

低样分解及放缝：

脚口放缝3cm；后裆缝放缝1.2cm；外侧缝、内侧缝放缝2cm；前裆缝、腰口位、腰头、单牌、双牌放缝1cm。

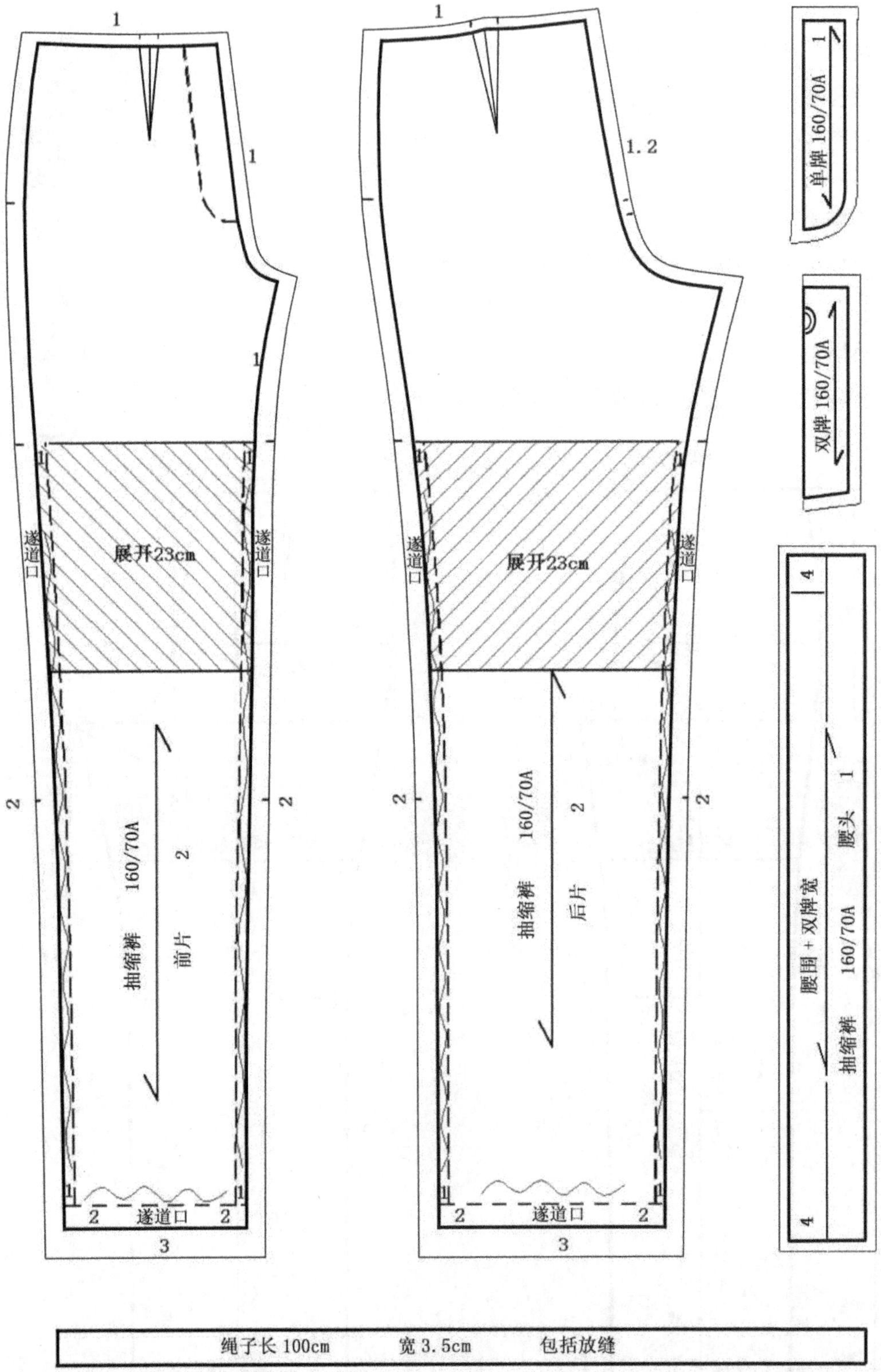

6. 分割低腰牛仔裤结构纸样设计

洗水分割牛仔裤，低腰结构，两侧装斜袋，并加盖耳钉扣，后片分割飞机头，下装贴袋。前片在膝两侧上部进行弧线分割，全件形成具有猫须立体感的洗水效果。设牛仔面料的缩水率为：经向9%，纬向5%，成品规格如下(单位：英寸)

控制部位	低腰围	臀围	侧长	前浪	后浪	脚围
成品规格	30”	38”	27”1/2	8”5/8	13”1/4	13”

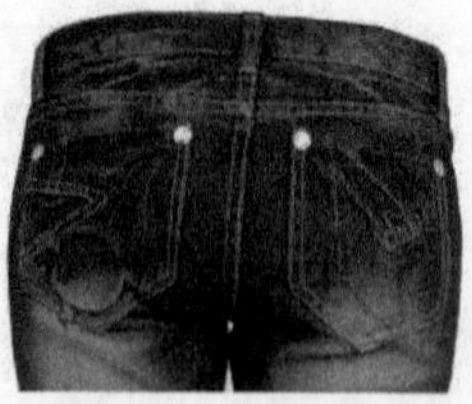

制图尺寸中包含有成品规格和缩水量，因此，制图之前必须对各部位规格的缩水量进行精确计算，然后依据实际情况对缩水量作约情调整并加到各部位制图尺寸之中，所谓约情调整是指制图中有的部位需要减少许，有的部位要加少许。例如：腰头由于压缉明线较多，造成腰围达不到标准测算的缩水率，需要减少许；用弹力面料制作的裤子，脚口由于车缝会使脚围增大，脚围需要减少许；裤长成品往往会偏短，计算出的长度缩水量中，该部位还有缩水量，加之如图片中的折迹处理，则长度会更短，必须要加进或减少这些影响尺子变化因素的量。下面对该款式进行缩水量的计算和制图尺寸的微调。

提示：洗水前长(宽)＝成品长(宽)÷缩成率

计算出各部位洗水前的长度和围度

①腰围 W=30″(76.2cm)÷95%＝80cm（减少许），制图腰围 79.5cm，合英寸 31″1/4。

②臀围 H=38″（96.5cm）÷95%＝101.6cm（加少许）≈102cm，合英寸 40″1/4。

③脚围 SB＝13″1/2(34.3cm)÷95%＝36.1cm（减少许），制图脚围 35.5cm，合英寸 14″。

④侧长 SL＝27″1/2(70cm)÷91%＝76.9cm(加少许)，制图裤长 77.5cm，合英寸 30″1/2。

⑤前浪 FR＝8″5/8(22cm)÷{(91%+95%)÷2}＝23.6cm，合英寸 9″1/4。

⑥后浪 BR＝13″(33cm)÷{(91%+95%)÷2}＝35.5cm，合英寸 14″。

制图重点：

①精确地处理好各部位洗水前的制图尺寸。

②给定了前、后浪尺寸，想办法去找上裆长，通常用前浪长减 1.3cm 比较合适。

③前、后浪差值较大，要考虑腰侧点起翘，起翘量要看前后腰侧并缝的圆顺度。

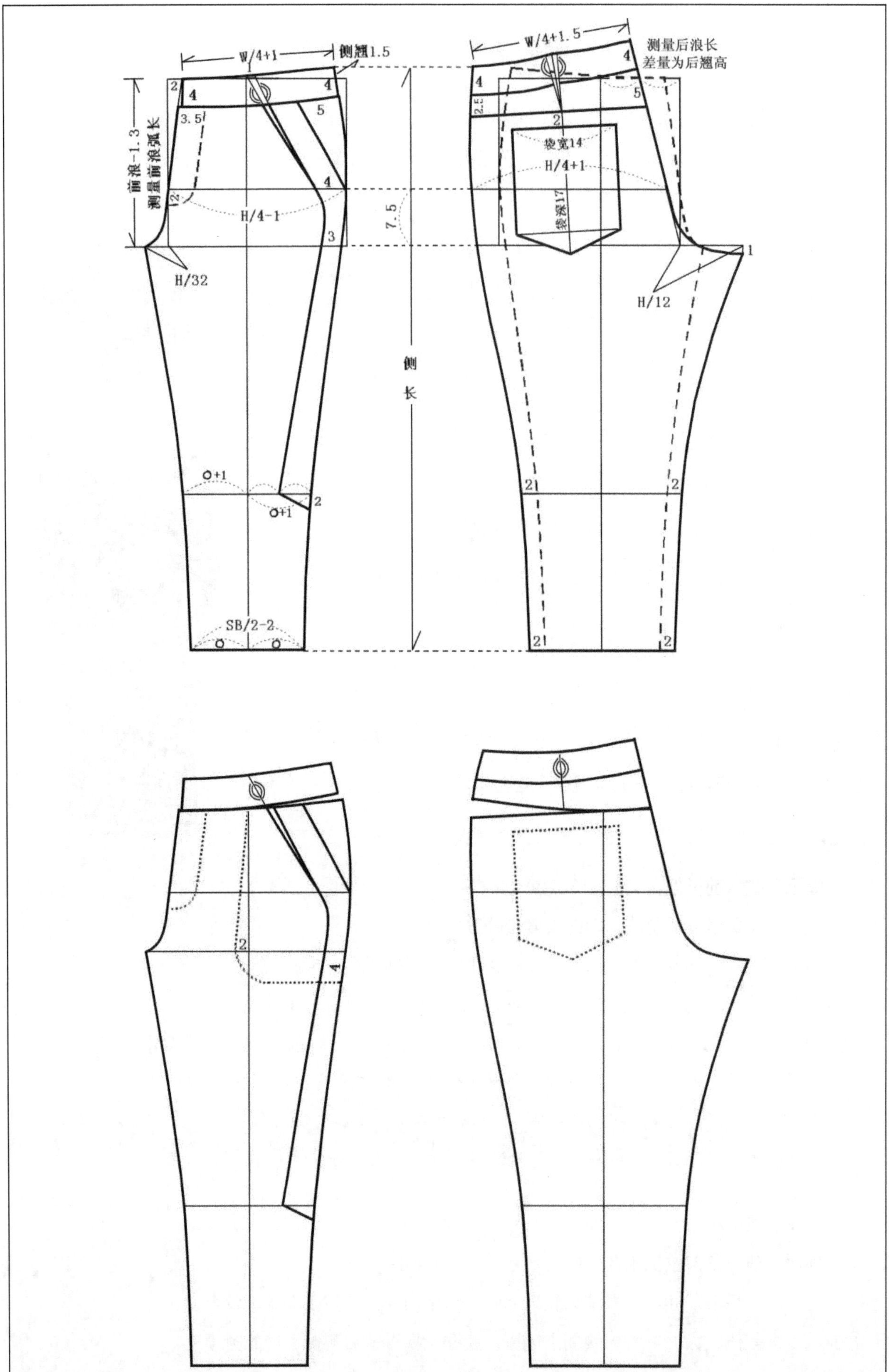
W/4+1
侧翘1.5
前浪-1.3
测量前浪弧长
3.5
H/4-1
H/32
7.5
侧
长
O+1
SB/2-2
W/4+1.5
测量后浪长
差量为后翘高
2.5
袋宽14
H/4+1
袋深17
H/12

低样分解及放缝：

脚口、后袋口放缝 3cm；侧缝、分割缝、后裆缝放缝 1.2cm；腰口、腰头、前袋口、前裆缝、单牌、双牌放缝 1cm。

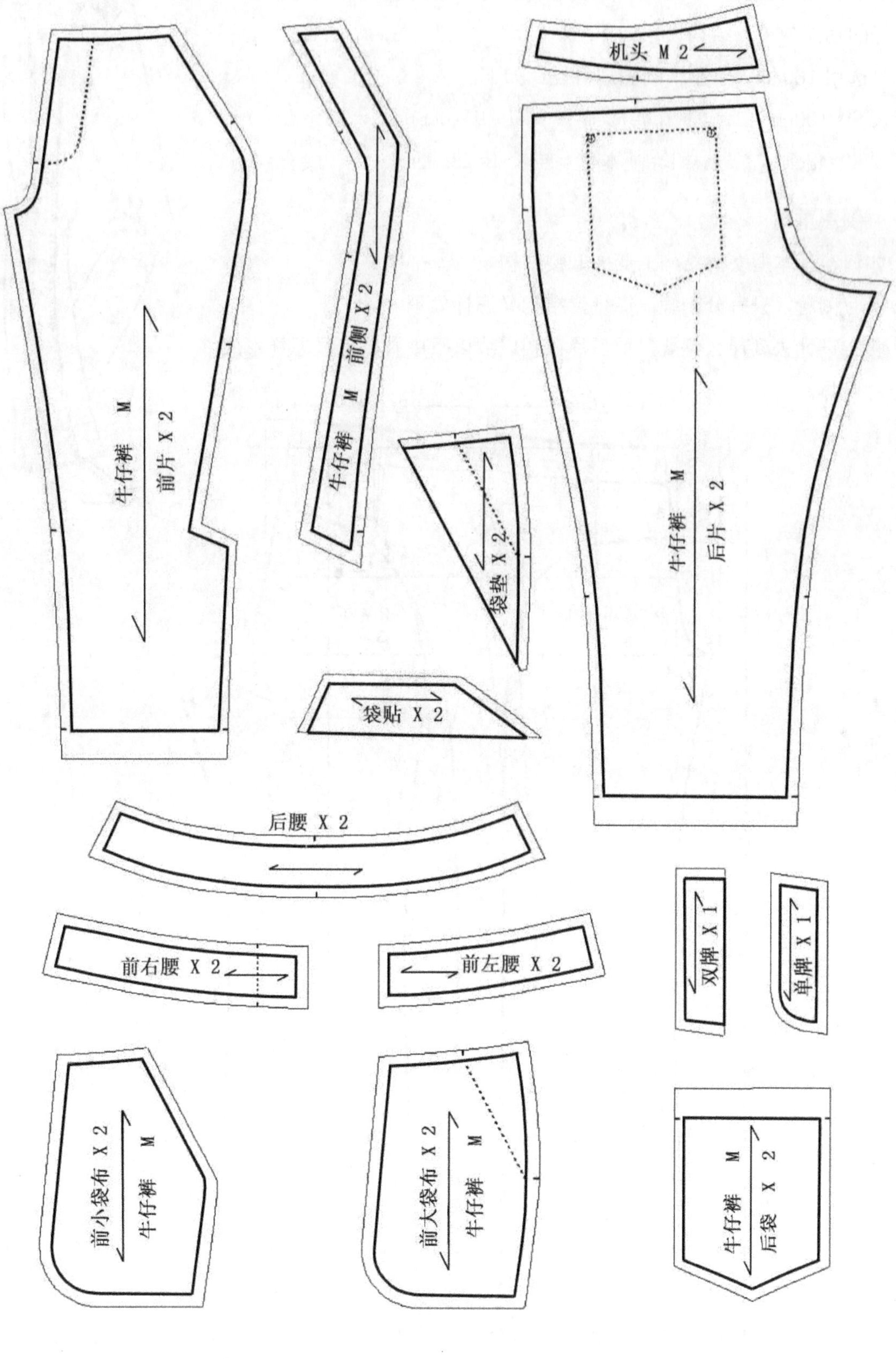

7. 无栋侧缝皮革裤结构设计

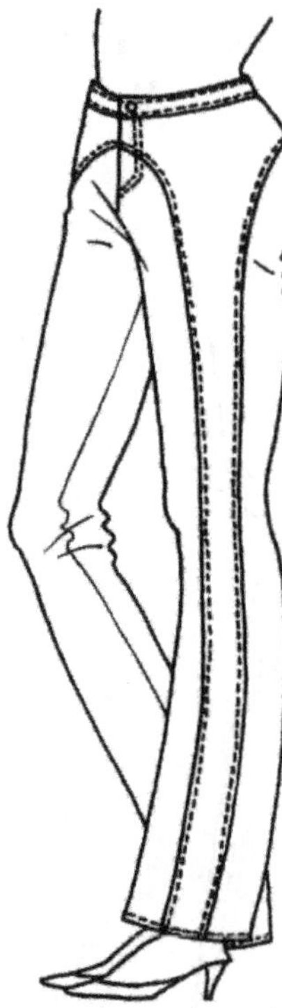

该款是用皮革设计制作而成的女士小喇叭裤，低腰结构，前后片的外侧进行弧线分割至脚口，而看不见标准的侧缝，前后片在腰口线以下中臀以上形成一个整体，由于分割线设计在腰省的附近，所以有很好的功能效果。结构设计如下：

选用 160/68A 号型，制图规格设计如下：

侧长 SL=100cm　低腰围 W=72cm　臀围 H=90cmn　膝围 K=40cm

脚围 SB=48cm　上裆长=基本型上裆长-2=23.5cm　腰宽=4cm

制图重点：

①如何在基本型女裤结构上变成低腰结构。

②没有侧缝，只有分割缝，侧缝位结构又怎样处理。

③腰省设计去到什么位置，前后片在腰口线以下中臀以上又怎样形成一片整体。

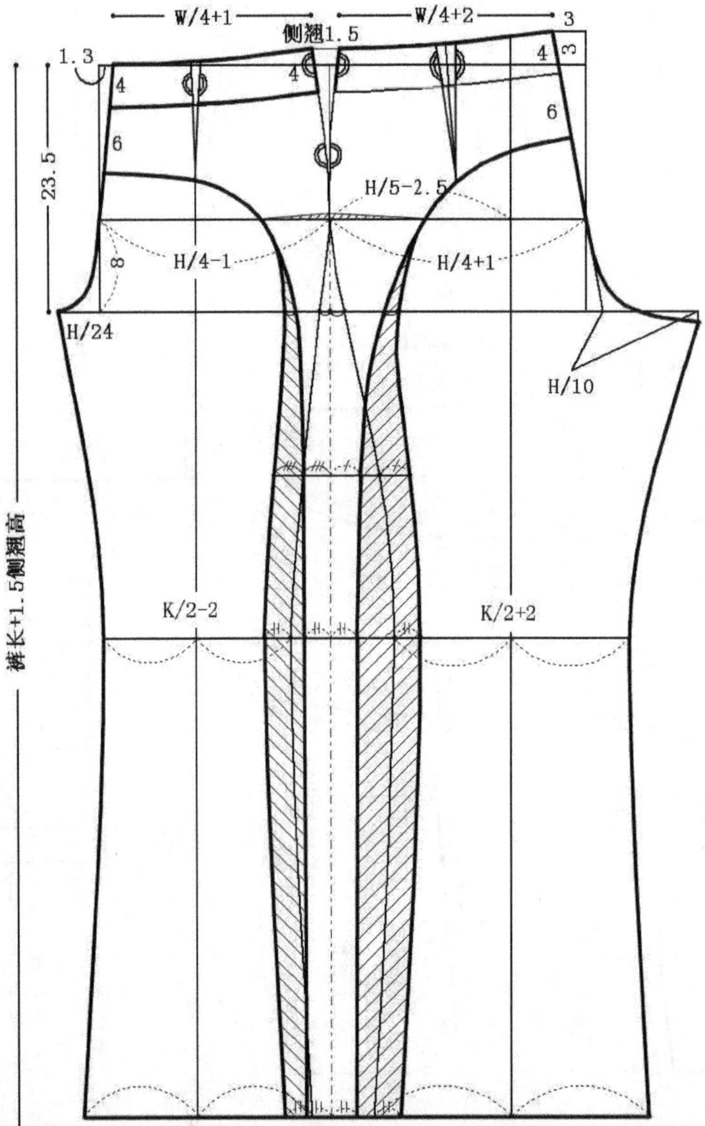

8. 开衩牛仔裤的结构纸样设计

牛仔裤起源于美国的西部，起初是淘金者工作时穿用的下装，因采用比较紧密结实的斜纹牛仔布制作而成名，一直沿用至今。如右图是一条腰臀部比较合体，膝部至脚口逐渐变宽并设有开衩的小喇叭牛仔裤。

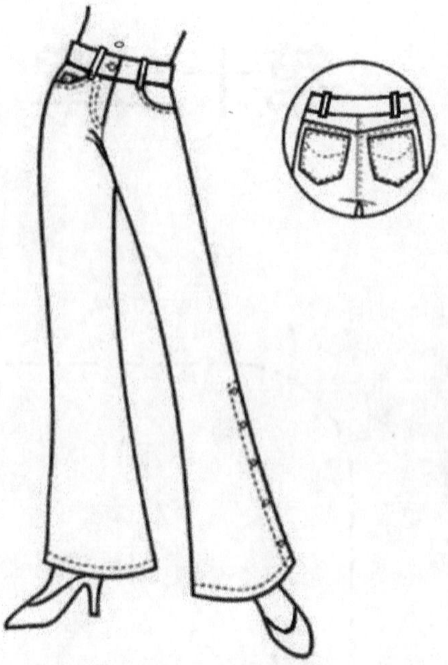

选用 160/70A 号型，成品规格设定如下：

侧长 SL＝100cm　腰围 W＝70cm　臀围 H＝94cmn

脚围 SB＝48cm　膝围 K＝40cm　上裆长＝H/4＋1cm

制图重点(制图没考虑缩水量)：

①侧缝脚口位的开衩及衩贴怎样处理。

②贴体裤挺缝线向侧移 0.5cm 比较好。

③在前袋口缝中设计前省，利于消省和塑型。

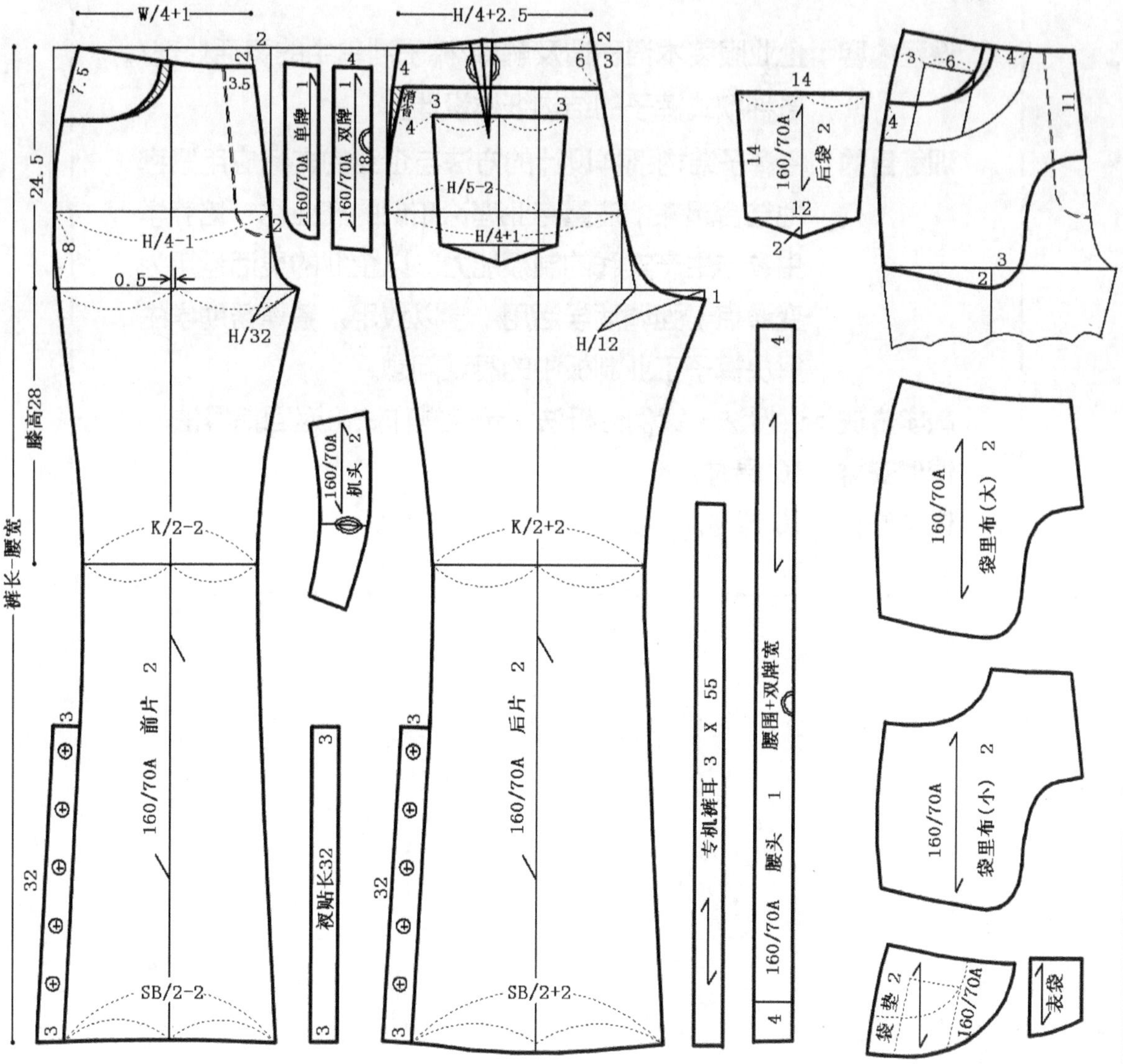

第十二章　企业裤子制板实例

本章说明

课程内容：企业服装术语称谓及解释/裤子制单中的灵活处理/各种款式裤子的结构纸样设计。

训练目的：将裤子结构纸样设计的方法与企业的实际应用紧密地结合起来，注重专业理论知识的产业化，培养学生参与生产实践的制板能力。以企业的灵活运用为变通点，强调活学活用，学以致用，着重帮助学生解决裤子工业制板中的凝难问题。

教学方法：讲授法＋案例分析法＋示范操作法＋巡回指导法。

课时安排：10 课时。

课余作业：10 课时。

第一节 企业服装术语称谓及解释

在国家标准中，详细规定了有关服装术语的基本内容。该标准为推荐性标准，在实际应用时，无论是其内涵还是外延，都要与服装流行性和行业习惯相对应。在我国南方，许多服装企业的制板技术是由香港纸样师传入，有些术语的运用还带有香港的地方性，因此，术语称谓也延用了香港的叫法，若不明其意思，就很难从事外企服装的制板工作。下表为外企服装常见的术语称谓，在这里罗列出来，有利于提前熟习企业的制板实际工作。

序号	名称	术语解释
1	膊头	肩头、肩宽常称为膊阔、肩阔
2	前衫长	颈侧点至前衫脚垂直长度
3	前中衫长	前领窝底至前衫脚垂直长度
4	后衫长	颈侧点至后衫脚垂直长度
5	后中衫长	后领窝底至后衫脚垂直长度
6	前腰长	颈侧点至前腰节线的长度，即前腰节长，也称为腰直
7	前中腰长	前领窝底至前腰节线的垂直长度
8	后腰长	颈侧点至后腰节线的长度，即后腰节长
9	后中腰长	后领窝底至后腰节线的垂直长度
10	领横	指领宽
11	领阔	指领围
12	肩阔	指肩宽
13	夹圈	指前后袖窿弧线总长
14	夹直	从肩端点至胸围侧点的长度(直量)
15	介英	即袖头、袖克夫、袖级
16	袋盖阔	指袋盖宽
17	衿嘴	指驳头嘴
18	上级领	男衬衣领子的翻领部分
19	下级领	男衬衣领子的领座部分
20	臂直	袖底线下 2.5cm 处度量袖肥的宽度(平度)
21	上臂围	袖底线下 7.25cm 处度量袖子的围度(袖臂)

22	坐围	即臀围，有“V”量和直量两种方法（后面再讲）
23	坐直	腰线至臀线的高度
24	髀围	前、后横裆的总和，也称为比围
25	前浪	前裆弯弧线长
26	后浪	后裆弯弧线长
27	直浪	直裆，也称为裆深
28	前横浪	前小裆宽
29	后横浪	后大裆宽
30	外长	裤子的外侧长，也称为比骨线长
31	内长	裤内侧缝线长，也称为下裆长
32	脚阔	脚口围
33	褶阔	褶宽
34	褶深	褶宽的二分之一
35	烟治	即尺码标（尺码唛）
36	埋夹	即缝合内、外侧缝线
37	开骨	把缝份熨烫开来，即分开熨烫
38	间线	缉压明线
39	环口	衫脚、裤脚卷边后缉压明线
40	唛架	即裁床的排料
41	唛头	即商标，包括主唛、洗水唛、旗唛
42	明筒	开口面襟位，依附在上面的贴
43	豆腐块	机恤衫脚门襟下无拉橡筋的部位，形似长方形
44	斩线	分割线、育克线
45	珠露	缝迹线的珠路
46	蚬形	即弧形
47	冲天线	肩公主线
48	R 侧	恤衫袖衩卷边宽
49	急钮	尖钮，为四合一钮，一般用于机恤衫、风褛、运动衫
50	克色	即黑色
51	卡其色	即黄褐色

第二节 裤子制单中的灵活处理

一、如何依据制单中裤子的前浪长求取直档深

女裤直档深=前浪长－(1～1.5cm)调节值。贴体裤子减少点，宽松裤子减多点，总之在1～1.5cm之间调节。例如：一条七分贴体女裤，制单中的前浪长为22.5cm，那么，它的前中直档深＝22.5cm－1.3cm＝21.2cm。直档深的确定有利于绘制前片裆位以上的长方形框架基础线。但并不代表前浪长的值是百分之百的准确，还要对前浪弧长进行测量，最后依据制单的尺寸确定前浪的长度，如图11-1所示。

二、如何调节腰侧点的起翘高

在外单中，常常见到裤子的前浪短而后浪长的情况（即前低腰后正腰），这给制板工作增加了难度。要解决这类问题，把握好腰侧点的起翘高很关键，图12—1是先确定直档深，再确定前浪长，然后确定腰侧点的起翘高，最后测量和确定后浪长度。腰侧起翘高的设计通常以前、后浪的差值为参考基数，分为四种情形，如下表（仅供参考）。

分类	前后浪之差	腰侧起翘高
1	9cm左右	正腰，不需起翘
2	10cm左右	1.3cm
3	11.5cm左右	2cm
4	13cm左右	2.5cm

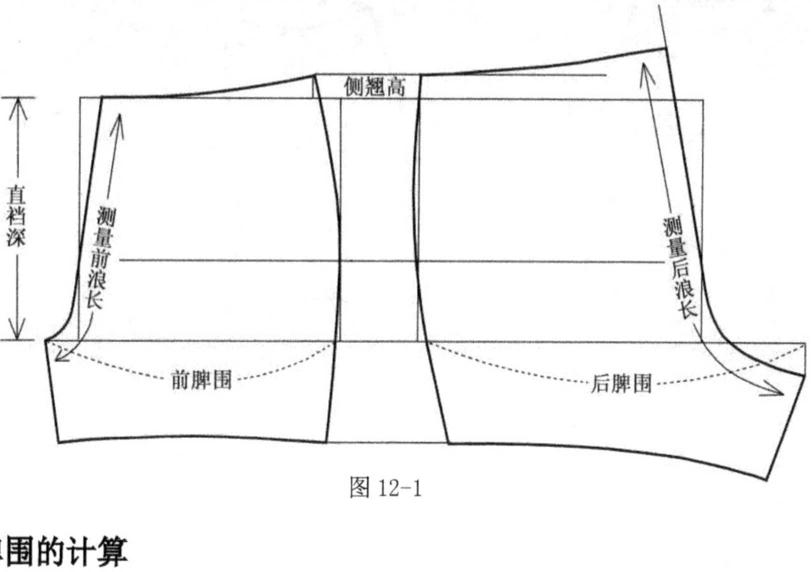

图12-1

三、脾围的计算

脾围指的是：前小裆宽＋前臀围宽＋后大裆宽＋后臀围宽之和。制单中常出现前脾围、后脾围的值，前脾围是前小裆宽与前臀围之和，后脾围是后大裆宽与后臀围之和，如图12-1所示。制图中前

臀围与前小裆宽和前浪长要互相调节，后臀围与后大裆宽和后浪长要互相调节，同时要兼顾腰侧起翘高和臀围的值，总体把握结构造型。

四、企业中腰围、臀围的测量

如果裤子是正腰结构，装长方形腰头，腰围的测量就很好办，如果是低腰裤，腰围的测量就有两种可能，一是直量，如图 12-2 所示，直量腰围有个缺点，那就是前腰围控制不准，由于前面为低腰，前腰中点低落的程度决定了前腰围的尺寸的大小，运用直量的方法不能完全反应腰口的控制尺寸。二是“V”量，如图 12-3 所示，“V”量腰围主要控制了前腰围的尺寸，无论前腰中点低落多少，都会受到前腰围尺寸的控制，服装企业常常采用“V”量腰围的方法。

图 12-2

图 12-3

臀围测量同腰围测量一样，也可采用直量和“V”量的方法，直量臀围指的是左右臀侧点之间的距离，如图 12-4 中测量，一定要找准臀侧点，否由测量就不准确；“V”量臀围指的是臀侧点与前中臀点之间的距离，如图 12-5 中测量方法。

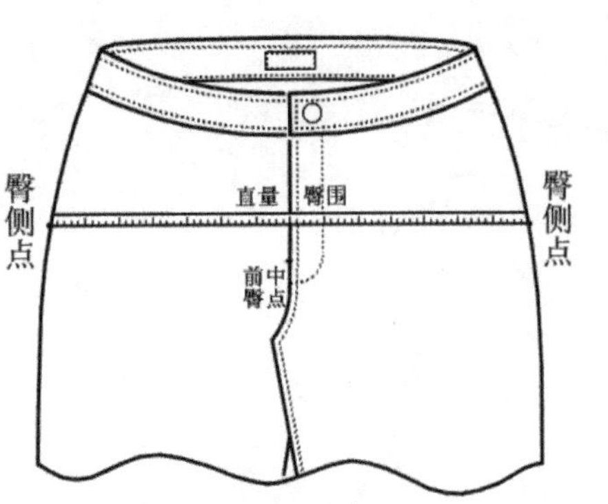

图 12-4

图 12-5

拓展提高

1.如何依据前浪长求直裆？

2.在什么情况下腰侧点起翘？

第三节 部分企业裤子制版实例

一、以日本服装缝制士样书（原单）为例进行结构纸样设计

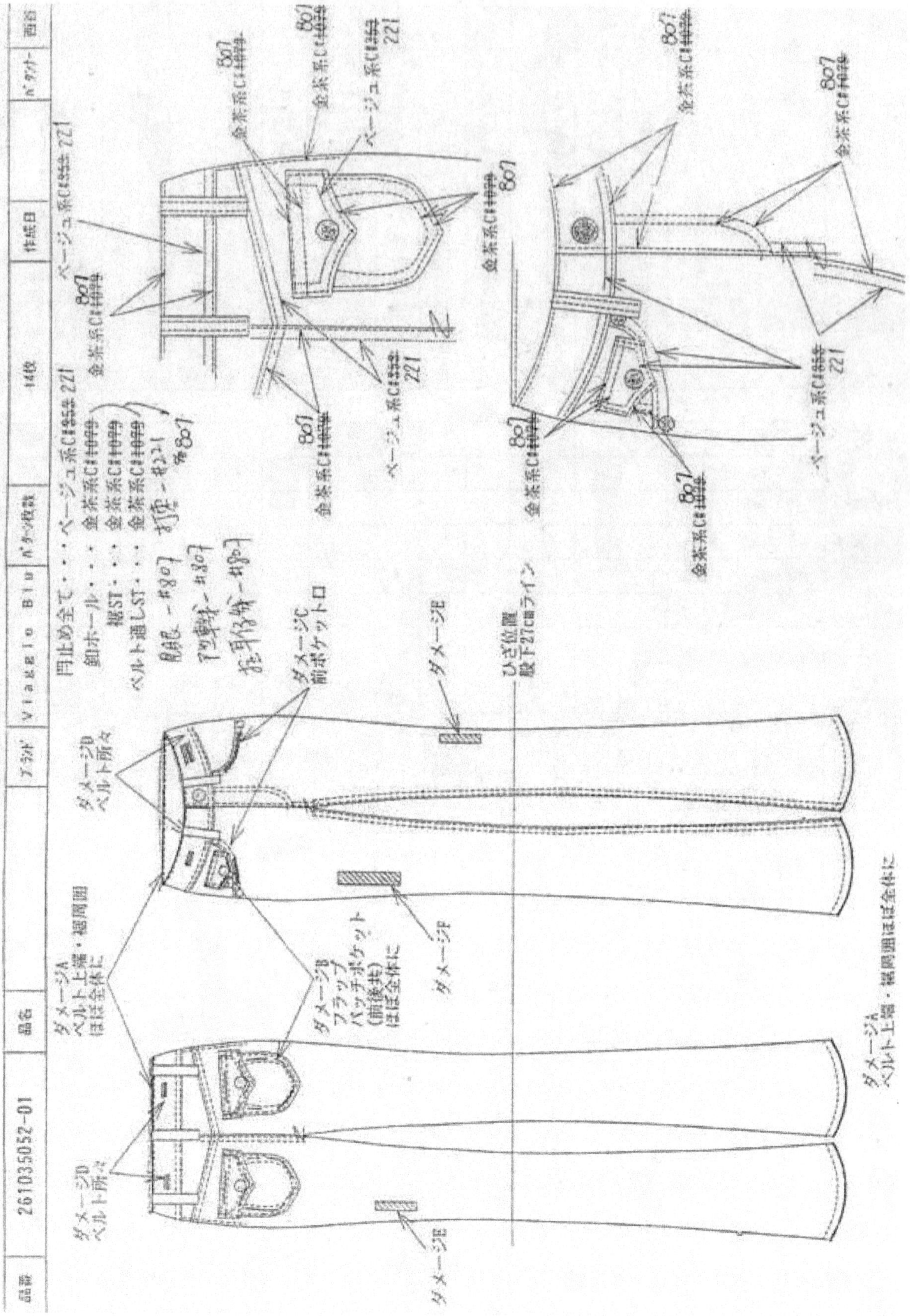

MOF05/0357车 缝 指 示

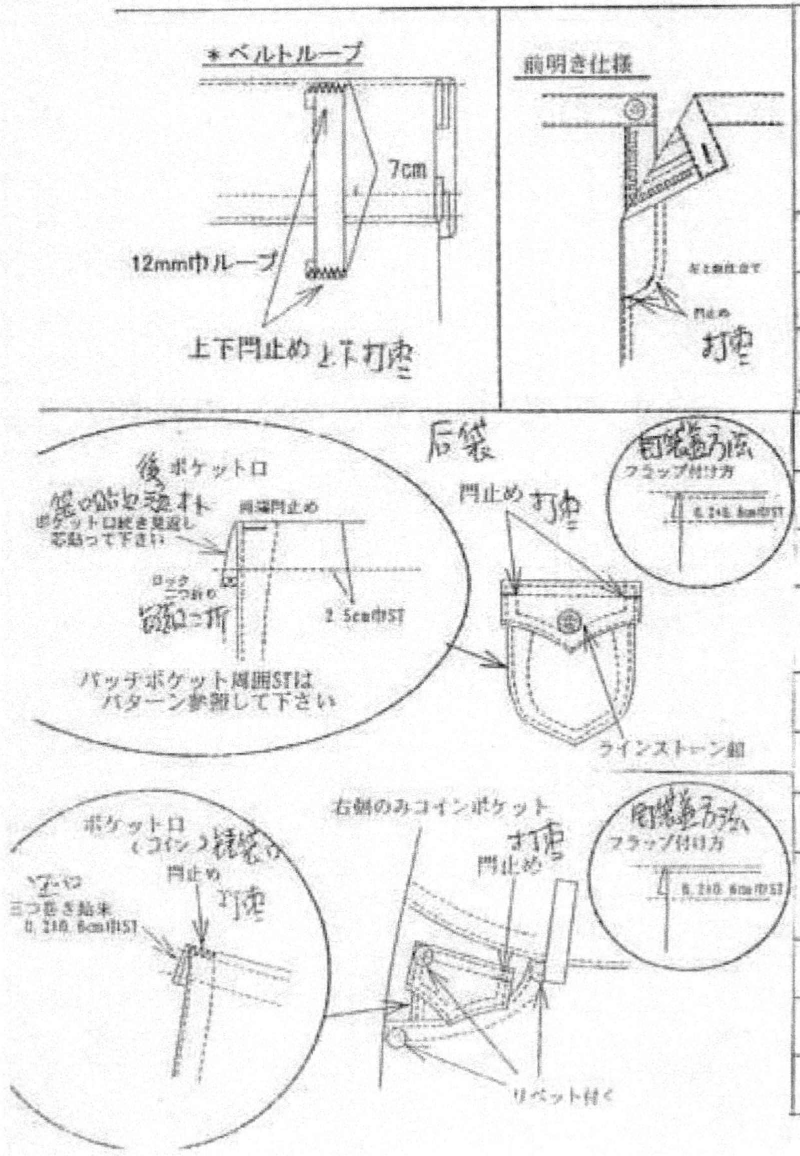

	单线	双线	级三线	级五线	埋双线	级间单线	级间双线	说 明
裤头								机拉两片裤头4CM高,平车底,上裥边线,下裥双线.
钮牌								面裥边线及3.0CM双线(线到边),钮子底运返.
前袋								袋口运返裥双线, 袋衬级散, 袋底级散运返裥0.6CM单线.
表袋盖								两片运返裥双线, 双线明钉袋盖.
表袋								袋口还口车双线, 双线双表袋.
后袋盖								两片运返裥双线, 双线明钉袋盖.
后袋								袋口级散折车2.5CM单线, 双线装后袋, 双线形状请看纸样.
前浪								级散, 驳车双线于左幅, 齐钮牌内线.
后浪								级裥双线于左幅.
机头								级裥双线于裤身.
侧骨								开骨, 级裥, 面裥边线于后幅, 边线只到前袋布底, 整烫时, 裥线下开始做开骨.
底浪								级裥双线于前幅.
裤脚								还口车1CM单线.
耳仔								机拉网底耳子, 上下明钉, 上下打枣.

日本五袋洗水牛子裤样办订单

RER NO.0120907　　办单号B1135/05　　客户　　订办时间　　年09月07日

款号	WTOT	品名	五袋洗水牛子裤	
数量	1件	面料	茂丰	布合同号FCF0500236
规格	M	袋布		65%POLYESTER 35%RAYON
颜色	深蓝	撞色布		
交办日期		洗水方法：生化+手磨+扫白+磨烂+烂洞+手针猫须		

辅　料	单　耗	面料用量	51”X18.9Y	里料用量	51”X1.05Y
YKK-3YG铜芽密尾半自动头拉链	1X8cm				
主唛：VIAGGIO BLE	1	用线	面线：金泰T10PP		
西士唛	1		底线：金泰606PP		
洗水唛	1		打枣线：金泰603PP		
成份唛	1		凤眼线：金泰604+T10		
SIZE（cm）	M		锁边线：金泰603PP		

序	部位	成品尺寸	测量方法	款式图及工艺要求
1	腰围	74.7	前“V”量	
2	上坐围			
3	坐围	88	直浪上8cm“V”量	
4	前髀围			
5	后髀围			
6	髀围	52.5		
7	直浪	19	前中横裆以上直量	
8	前浪	16.2	不包腰宽	
9	后浪	27.2	不包腰宽	
10	上膝围	45.2	浪下10cm度	
11	中膝围	39	浪下27cm度	
12	下膝围	41	浪下43cm度	图例见缝制士样书 工艺见车缝指示
13	脚阔	53		
14	外长	99	裤侧缝直度	
15	裤头高	4		
16	后袋口阔	14		
17	后袋口深	16.5		
18	前袋口阔	10.5		
19	前袋侧高	7		
20	前袋内深	17		
21	钮牌阔	3.5		
22	拉链长	8		

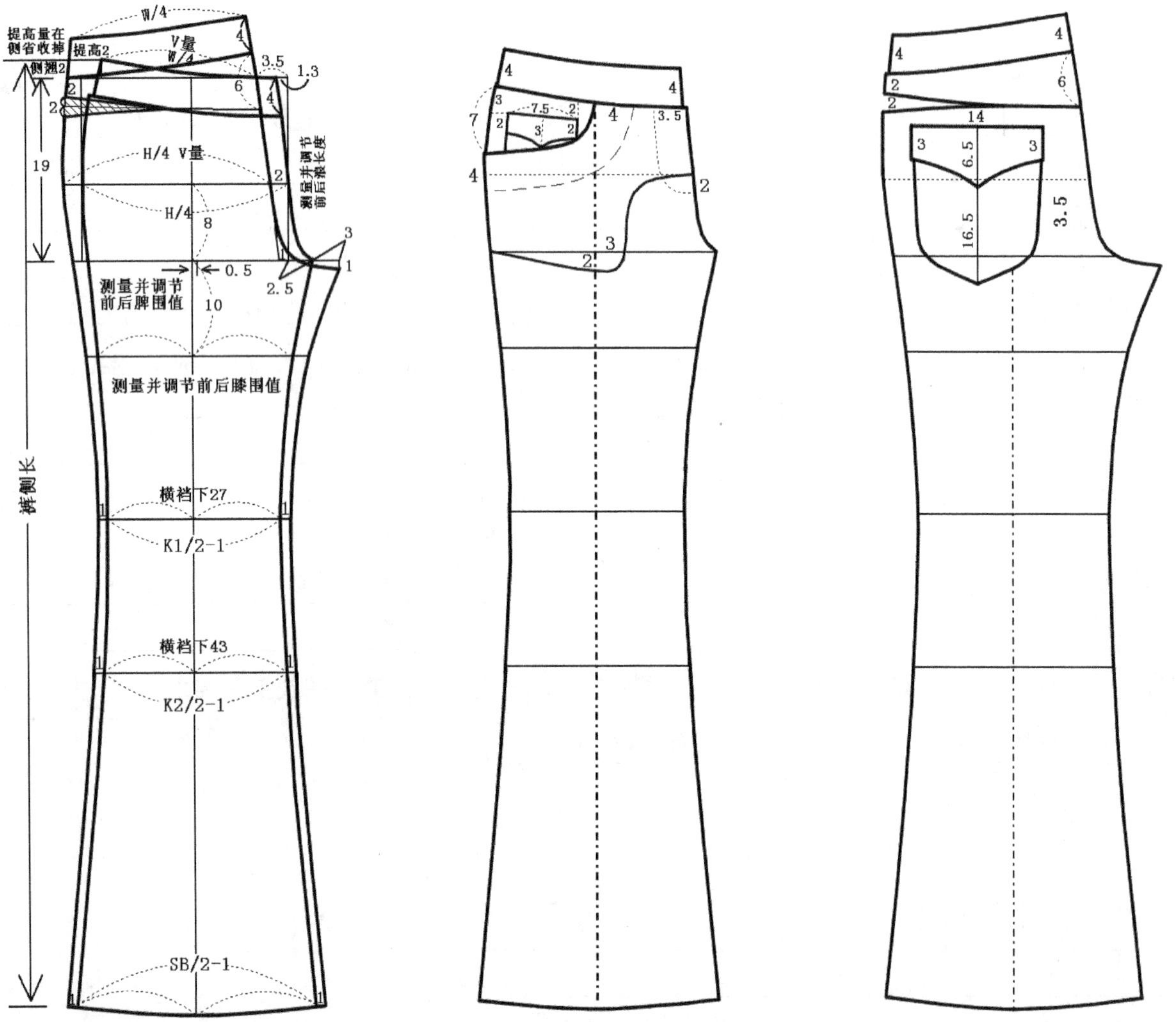

制图说明(本例结构制图没有加缩水量)

1. 制单中明确了各部位的测量方法，因此，制图时要依据制单的要求行事，尤其是腰、臀围测量和膝围线的确定。

2. 给定了脾围值，控制了前、后浪长度，还固定了前中直裆深，这就要制板师总体上把握裤子结构造型。

①前浪长与前中直裆深关系紧密，前小裆宽必须满足这两个条件，不能一味地利用前小裆宽公式计算，因为从制单围度尺寸偏小可知面料一定含有氨纶，而且弹性很大，所以围度上的尺寸相应要减小，本例确定为 2.5 厘米；②有了臀围，要满足脾围的值，一定要调节前小裆和后大裆的宽，前、后裆宽成为了调节的变量，由于前小裆固定下来，因此，后大裆宽＝脾围－臀围/2－前小裆宽。这里必须灵活地把握住前、后裆宽的调节，不能被公式束缚。

3. 侧翘高的确定：依据前、后浪之差为 11cm，设计腰侧点必须起翘 2cm。

4. 后浪长与后腰省：由于后大裆宽固定下来，按照通常的制图方法，为了满足后浪长度，必须是在后翘高上作文章，这样一来后腰中点与腰侧骨点连接后，后中腰口不圆顺，成为尖角，怎么办？这是技术解决的关键。如果分析一下制单的前、后浪长度，就知道这是一条前低腰后正腰裤子，后腰必须有省，而收省的位置成为我们解决问题的法码，通常后省是在后腰口位，如果把后省转移到腰侧，并设计在飞机头的分割缝中，则后腰侧骨点会进一步提高，这样一来既满足了后腰口线的圆顺程度，也为达到了后腰收省的目的，同时也满足了前、后侧缝等长，整个横裆线以上部位的制图得到解决。

5. 上膝围在横裆线下 10cm 处，这一尺寸要依据中膝围和下膝围以及脚围固定以后，再进行前、后上膝围的调节，只要能满足尺寸和内外侧缝线流畅即可。

分解裁片

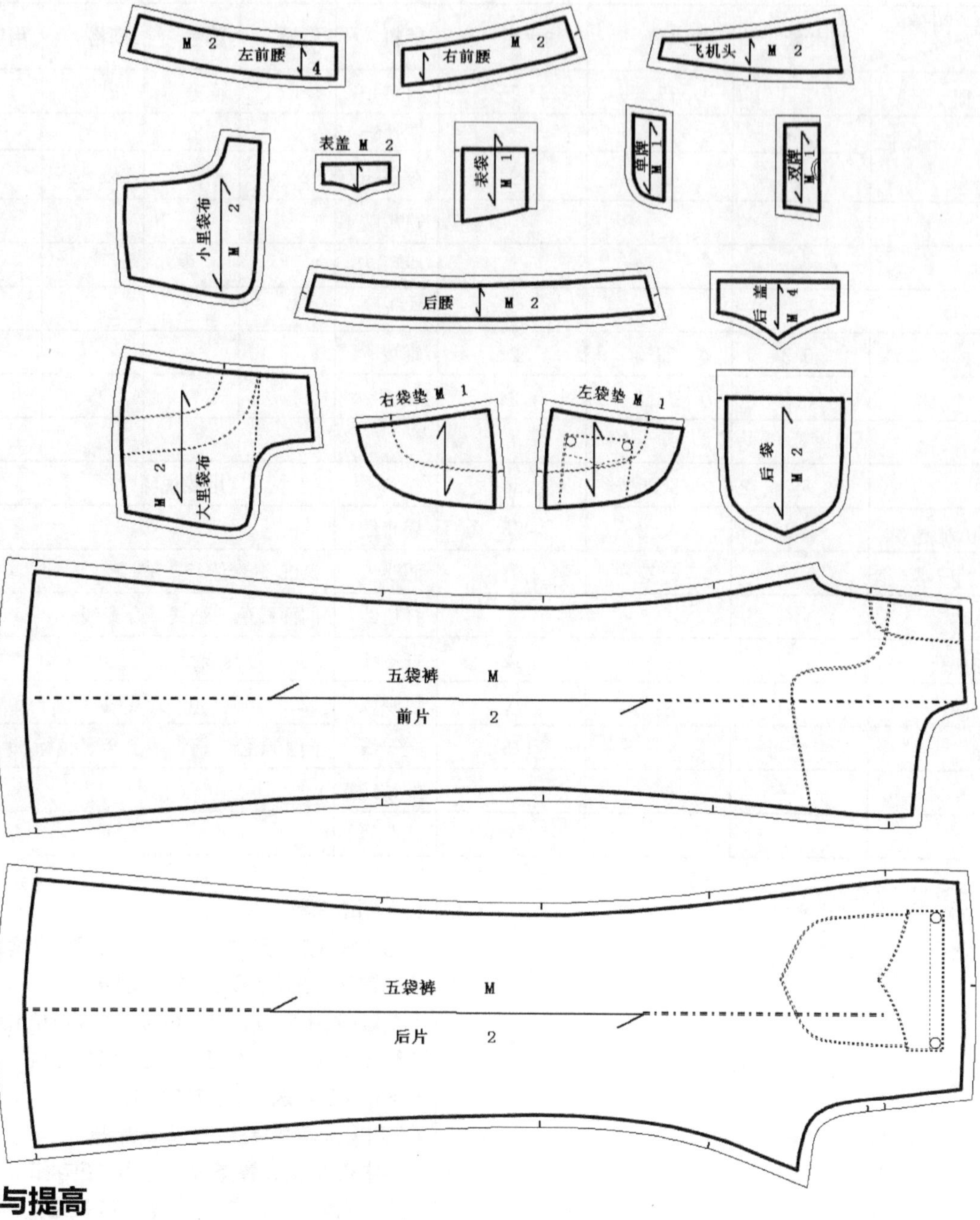

拓展与提高

1. 如何调节腰侧点的起翘高？
2. 如何依据制单中裤子的前浪长求取直裆深？
3. 如何进行脾围计算？
4. 裤子的腰围、臀围如何进行测量？有几种测量方法？
5. 找一条牛仔裤，进行前浪、后浪、脾围、侧长、腰围、臀围等测量。

鸿昌制衣有限公司大货办制造通知单

单位：cm

款式	**开衩七分裤**	款号	B-01209011	办类型	大货办	款式	七分裤
面料	TF-04610（2）弹力布					办单数	M码4件
里料	浅蓝色TC袋布					交货期	
洗水方法	跟原样办						

测量部位尺码	缩水量	洗水前	洗水后	辅料	用量	颜色	规格	用于部位
腰围（顶V量）	1.5	77.5	76	日字扣	1	同办	2cm宽	
坐围拉链止点下2cm，直量				铜拉链	1	同办	4号	
	3	97	94	对色钮	12		28号	
前脾围				建辉唛	1			
后脾围				成份唛	1			
脾围（浪底度）	1	30.5	29.5 X 2	洗水唛	1			
前浪（连腰头）	0.3	23.3	23	旗唛	1			
后浪（连腰头）	0.5	34.5	34					
膝围								
脚阔		36.5	36	**用线说明**				
外侧长（连腰头）	1.2	76.2	75	袋布线				
内长	0.7	51.7	51	面线	T105金泰线行，　对色			
裤头高			4	打边线	同面线色，细线。金泰线行			
后袋顶阔			12	打枣线	T80。金泰线行			
后袋底阔			10	凤眼线	T209/T60/T30。金泰线行			
后袋深			13	主唛线	同主唛色，棉细线。金泰线行			
钮牌长			12	虾须线				
裤耳			6 X 2	绣花线				

工艺制造说明：

1.款式跟样办，尺寸跟通知单，尺寸要准确。

2.此款腰头前低后高,注意工艺效果。

3.后腰中袋样贴返口在内车缝，外表可见缉线。

4.脚衩平顺，打三个无尾凤眼，钉扣三粒。

5.左前腰有出嘴，小心左右高低。

6.前中拉链平腰自然，上盖下合适。

7.后中袋样贴上装钉裤袢，中间夹日字扣。

8.裤耳规格：6 × 2cm，缉0.6宽双线。

9.脚边包缝宽3cm。

10.腰、袋、钮牌、前分割缝缉1cm宽双线。

11.钮牌、裤耳、脚衩、侧袋打枣17个。

12.裤脚衩不能有长短现象。

13.不跳线及线路歪扭，针距为14/3cm针。

14.主唛要封中。

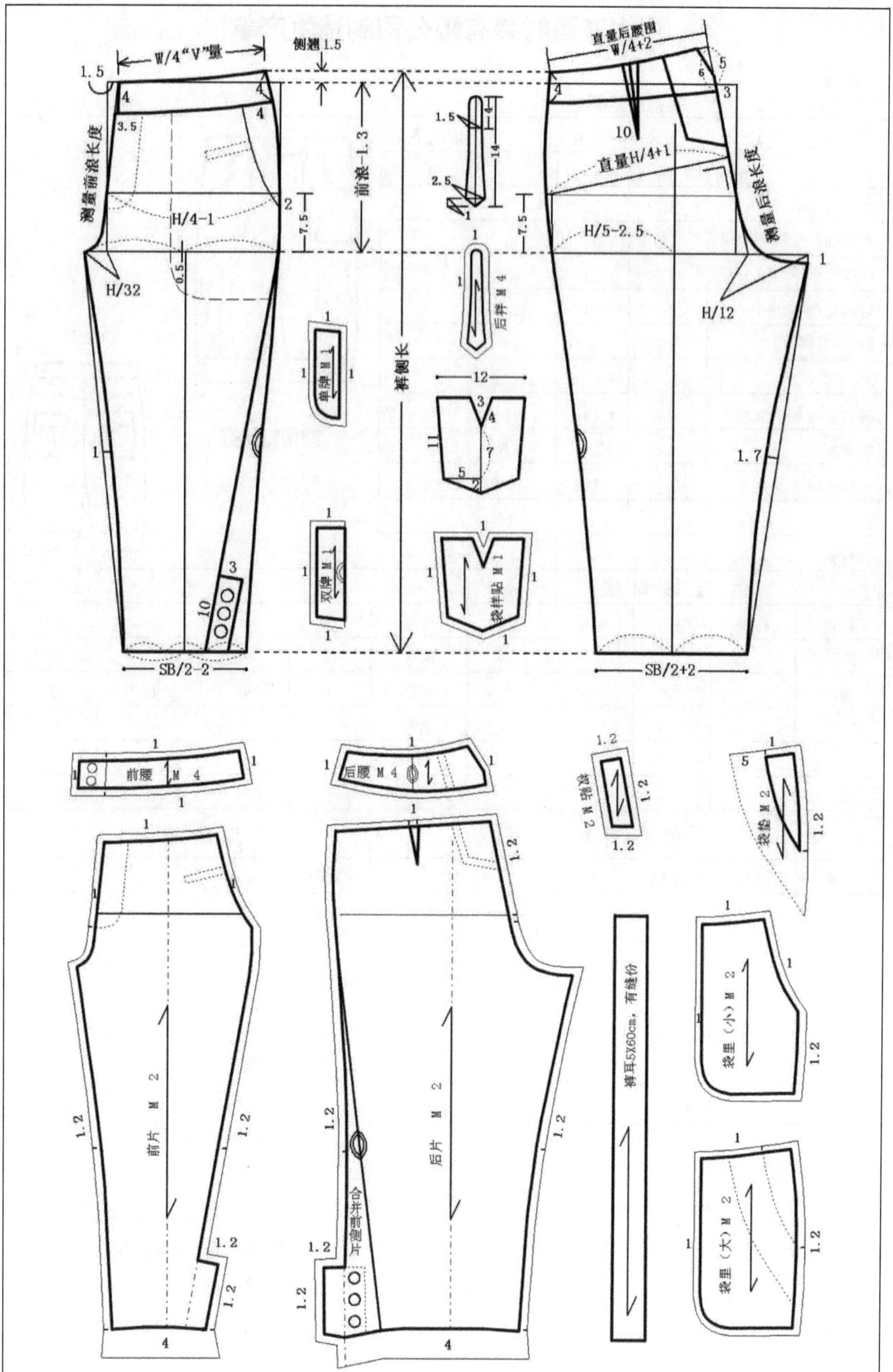
W/4"V"量
侧翘1.5
1.5
3.5
测量前浪长度
H/4-1
7.5
前浪-1.3
裤侧长
H/32
0.5
SB/2-2
单牌 M 1
双牌 M 1
14
2.5
后袢 M 4
12
11
袋样贴 M 1
直量后腰围
W/4+2
直量H/4+1
测量后浪长度
H/5-2.5
H/12
1.7
SB/2+2
前腰 M 4
后腰 M 4
袋贴 M 2
袋垫 M 2
前片 M 2
后片 M 2
前侧片并合
裤耳5X60cm，有缝份
袋里（小）M 2
袋里（大）M 2
1.2

中山富盈时装有限公司制造生产单

货号 01209010　　**缩褶灯笼裤**　　交货日期:　　年 09 月 25 日

名称 \ 尺寸	成品尺寸 (单位:cm) S	M	L	XL
腰围(V 量)	68	72	76	
臀围(前中腰下 15cm)	90	94	98	
前浪长(含腰宽)	22.5	23	23.5	
后浪长(含腰宽)	32.5	33	33.5	
外长(含腰宽)	50	52	54	
髀围	57. 5	59. 5	61. 5	
裤口（缩裤位量）	42	43	44	
钮牌阔	3.5	3.5	3.5	
单牌长	12. 5	13	13. 5	
腰宽	4	4	4	
脚坎宽	7	7	7	

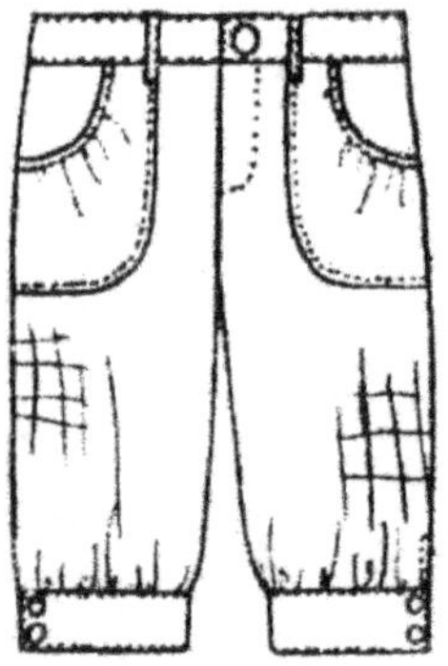

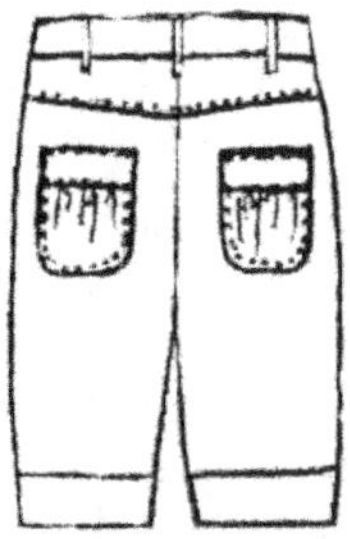

缩褶灯笼裤

主、配布明细					生产数量				
名称	布号	织地	幅宽	单耗	颜色	S	M	L	合计
面布					深紫	76	96	60	232
					咖啡	76	96	60	232
					克色				464
里布	无								
衬布									

辅料明细

品名	规格	单耗	颜色	使用部位
钮扣	直径 2cm	6	本布色	裤脚口、后袋
钮扣	直 2.5cm	1	本布色	前中腰口
拉链	按单牌长－1cm		4#弹簧头银齿拉链	
花边				
丈根				
金属扣				
织带				
主唛	直商标	1		裤腰后中不过底
成份唛	本厂商	1		左腰侧缝下 10cm 处

用线指示

名称	规格	颜色	针距
面线	402/S	本布线	13/3cm
底线	402/S	本布线	13/3cm
撞色线			

配色表

主布色	撞布色	主布色	撞布色	

生产注意事项

1．要求必须对格。
2．布料松要控制好成品尺寸。
3．袋、脚位缩褶均匀。
4．侧衩无高低。
5．前、后袋左右对称无高低。
6．前中拉链平服，腰口平顺。
7．成衣折装出货，每 5 件一扎。
8．将备用扣 2 粒钉到成份标上。
9. 包装袋用 46#。

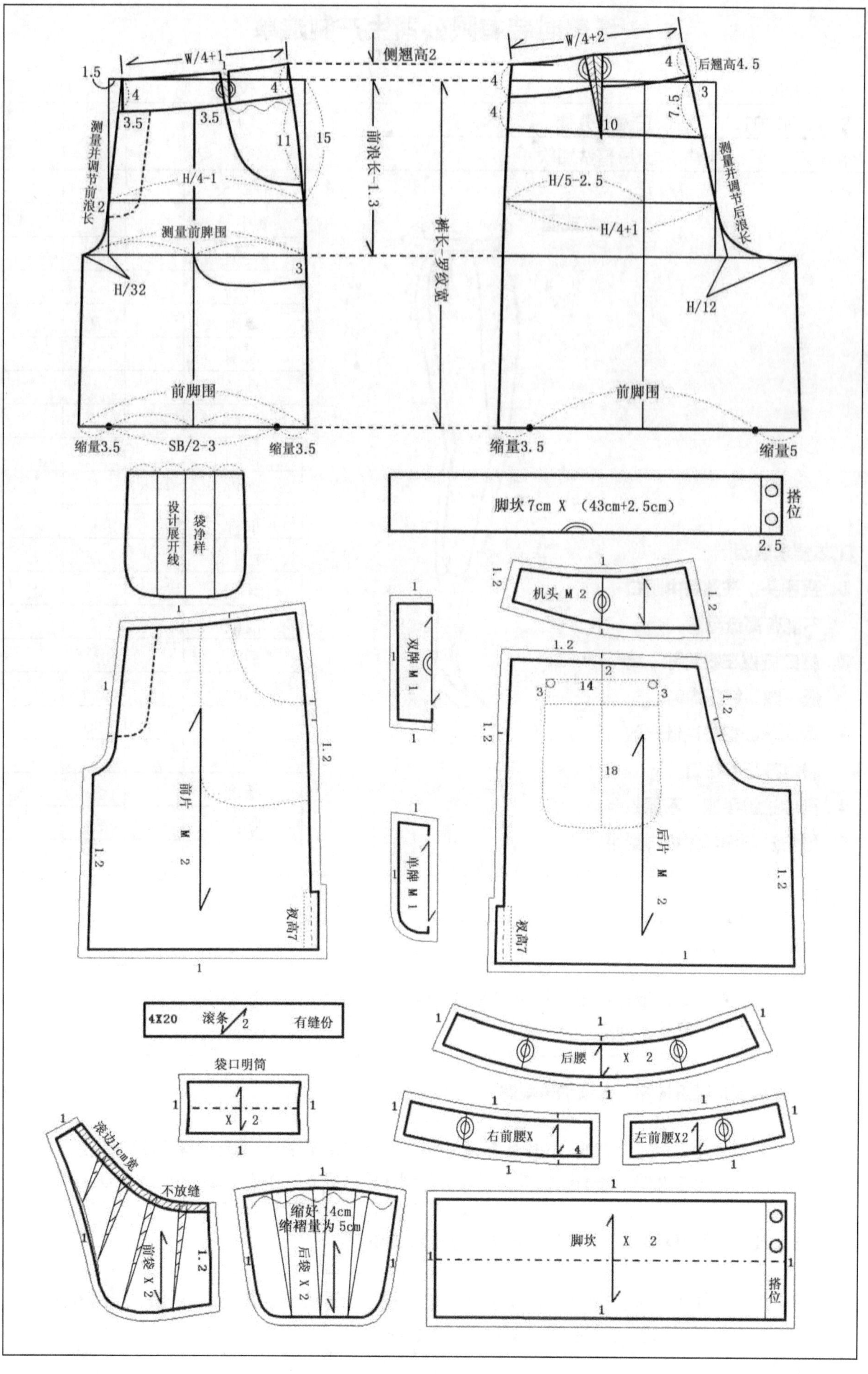
W/4+1
1.5
侧翘高2
W/4+2
后翘高4.5
测量并调节前浪长
前浪长-1.3
裤长-罗纹宽
测量并调节后浪长
H/4-1
H/5-2.5
H/4+1
测量前脾围
H/32
H/12
前脚围
前脚围
缩量3.5
SB/2-3
缩量3.5
缩量3.5
缩量5
设计展开线
袋净样
脚坎 7cm X (43cm+2.5cm)
搭位
机头 M 2
双牌 M 1
单牌 M 1
前片 M 2
后片 M 2
衩高7
衩高7
4X20
滚条
有缝份
袋口明筒
后腰 X 2
右前腰X
左前腰X2
滚边1cm宽
不放缝
前袋 X 2
缩好 14cm
缩褶量为 5cm
后袋 X 2
脚坎 X 2
搭位

诺美时装有限公司生产制造单

NO. 0120901　　　　交货日期　　　年 09 月 01 日

款号：90901	款式：**正腰七分裤**	客户：
数量：	洗水方法：**普洗加软**	

尺码 / 名称	S	M	L
前衣长			
后中长			
肩宽			
胸围			
腰围		70	
摆围			
袖长			
袖口			
领围			
夹直			
袖髀			
裤侧长		75	
裙侧长			
前浪			
后浪			
内浪			
臀围		96	
髀围			
膝围			
脚围		34	

款式图

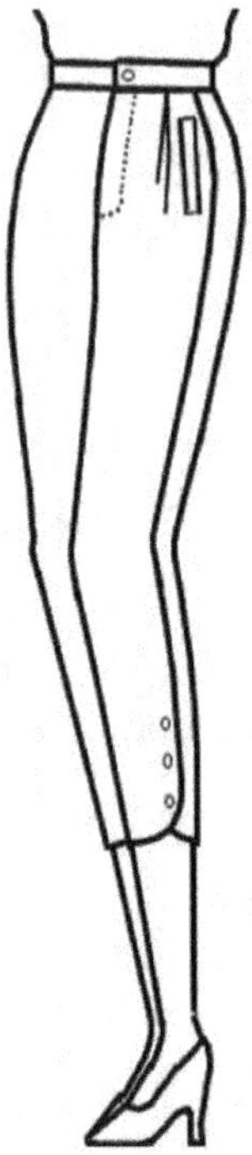

工艺要求说明：

1．直腰头，注意前中腰口不能有高低毛病。

2．脚口侧衩左右对称，高低一致，钉钮均匀。

3．两侧单嵌挖袋高低一致，袋角方正不烂口。

4．前中拉链平服，不露拉链。

5．缝份及制作详见纸样说明。

			S	M	L
颜色数量		纸样总数		10	
面料用量	**面布、袋布**	面料纸样		8	
辅料用量	**对色线，铜芽拉链，八粒对色钮、成份唛、洗水唛、吊牌、商标**	里料纸样		2	
		实样纸样			

裁床注意事项：**精纺棉布，先预缩再裁剪**

工艺质量要求：**腰口平顺无高低，拉链平服不外露，插袋方正不烂角，脚叉对称圆顺无长短，控制尺寸准确，缝份按纸样处理，工艺制作按样品，线迹每 3cm 为 14～18 针**

熨烫质量要求：**熨烫平服、不烫黄、不焦烂、无迹光等现象**

包装注意事项：**线头干净，外观整洁，成份唛、洗水唛、尺码唛、吊牌、商标一致，尺码不错，每打 12 件，挂装出货。备用扣装入士啤袋**

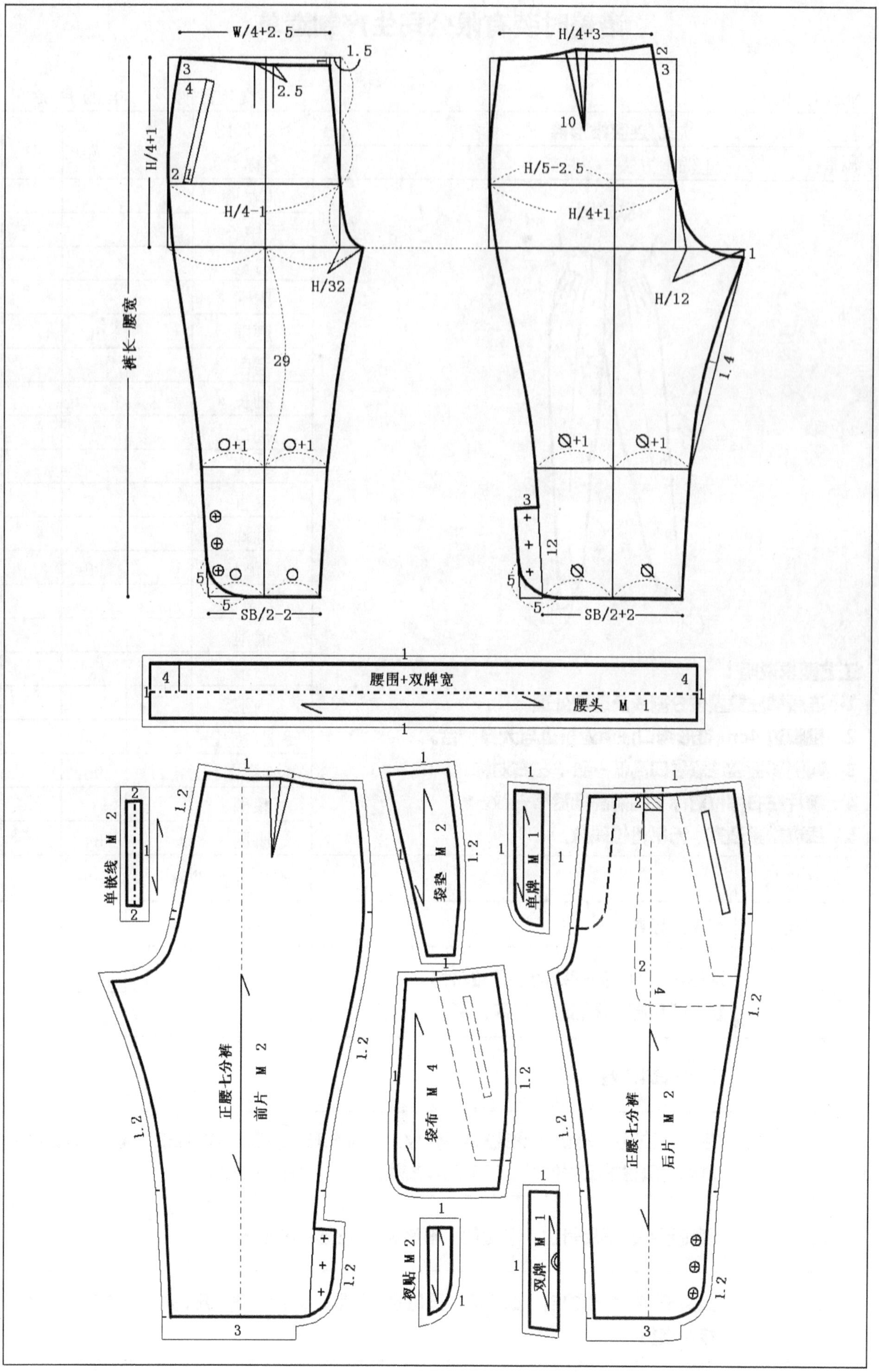
W/4+2.5
1.5
2.5
H/4+1
H/4-1
H/32
裤长-腰宽
29
○+1
SB/2-2
H/4+3
10
H/5-2.5
H/4+1
H/12
1.4
12
SB/2+2
腰围+双牌宽
腰头 M 1
单嵌线 M 2
正腰七分裤
前片 M 2
袋垫 M 2
单牌 M 1
袋布 M 4
袋贴 M 2
双牌 M 1
正腰七分裤
后片 M 2
1.2

诺美时装有限公司生产制造单

NO. 0120902　　　　交货日期　　年 09 月 02 日

款号：90902	款式：**连腰锥形裤**	客户：
数量：	洗水方法：	

款式图

工艺要求说明：

1. 连腰裤注意腰位分割线及造型处理。

2. 挑脚边 4cm，锥形脚口注意返折边与大身吻合。

3. 两侧斜插袋注意袋口高低一致，左右对称。

4. 前片左右褶位对称，褶裥高低宽窄一致。

5. 线迹松紧适宜，无吊骨位现象。

尺码 / 名称	S	M	L
前衣长			
后中长			
肩宽			
胸围			
腰围		70	
摆围			
袖长			
袖口			
领围			
夹直			
袖裨			
裤侧长		96	
裙侧长			
前浪			
后浪			
内浪			
臀围（拉开量）		106	
基础臀围		96	
膝围			
脚围		34	

颜色数量		纸样总数		9	
面料用量	**面布、袋布**	面料纸样		7	
辅料用量	**对色线，对色隐形拉链，四粒对色钮，成份唛、尺码唛、吊牌、商标**	里料纸样		2	
		实样纸样			

裁床注意事项：**注意面料色差**

工艺质量要求：**后腰口拉链位平顺，隐形拉链不外露，插袋左右无高低，褶裥自然下垂，控制尺寸准确，缝份按纸样处理，工艺制作按样品，线迹每 18 针/3cm**

熨烫质量要求：**熨烫平服、不吊骨位、不烫黄、不焦烂、无迹光等现象**

包装注意事项：**线头干净，外观整洁，成份唛、尺码唛、吊牌、商标一致，尺码不错，每打 12 件，挂装出货**

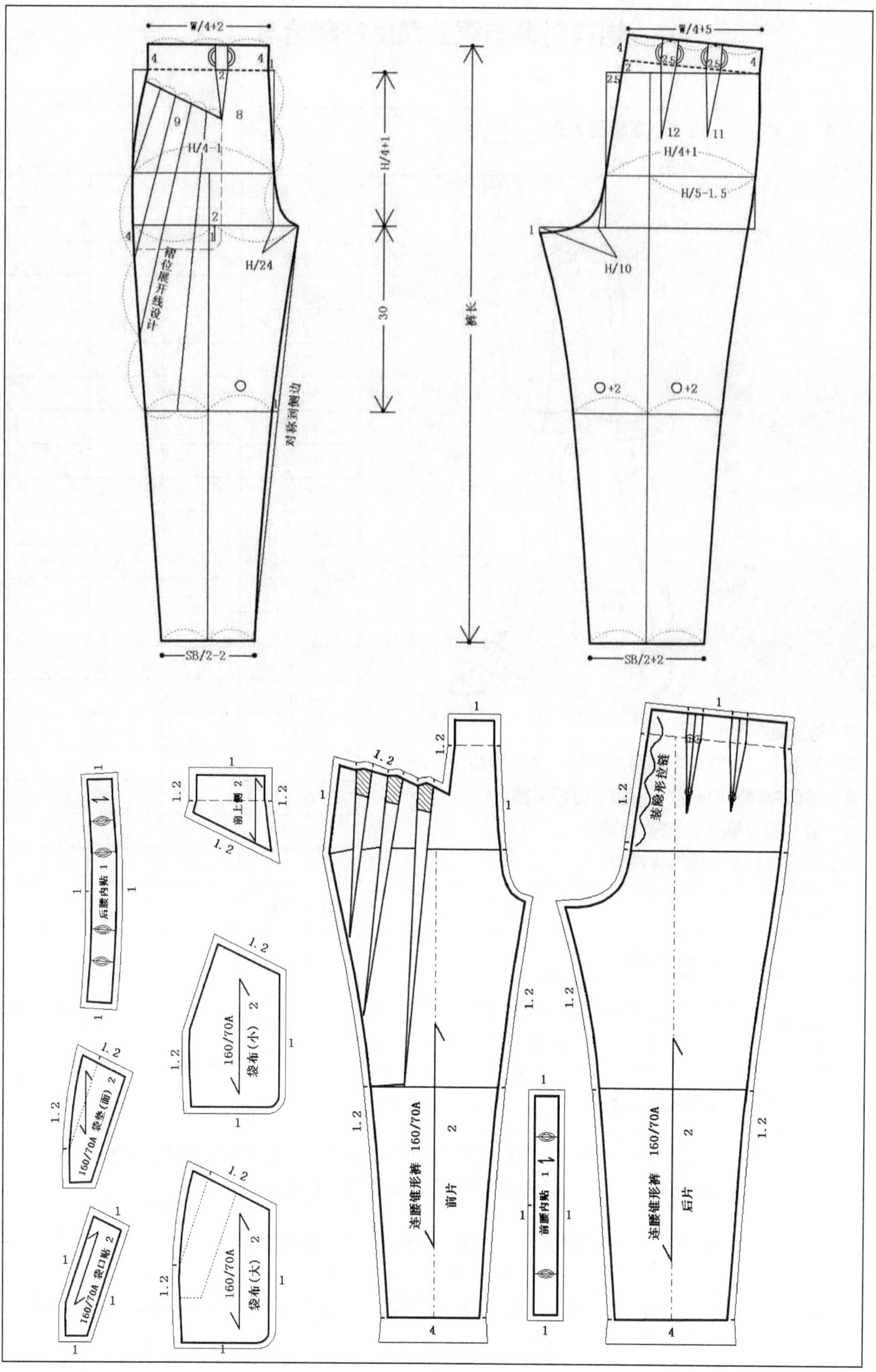
W/4+2
W/4+5
H/4-1
H/4+1
H/4+1
H/5-1.5
H/24
H/10
褶位展开线设计
对称到侧边
裤长
30
SB/2-2
SB/2+2
后腰内贴 1
前上侧 2
160/70A 袋布(小) 2
160/70A 袋垫(面) 2
160/70A 袋布(大) 2
160/70A 袋口贴 2
连腰锥形裤 160/70A 前片 2
前腰内贴 1
连腰锥形裤 160/70A 后片 2
装隐形拉链

诺美时装有限公司生产制造单

NO. 0090903　　　　　　　　交货日期　　　年 09 月 03 日

款号：90903	款式：**高腰翻脚裤**	客户：
数量：	洗水方法：	

款式图

工艺要求说明：

1．高腰头，注意前中高腰口处理，腰口平顺。

2．脚口外翻宽窄一致，平服，订位牢固。

3．前中拉链平服，不露 拉链。

4．缝份及制作详见纸样说明。

尺码 / 名称	S	M	L
前衣长			
后中长			
肩宽			
胸围			
腰围		70	
摆围			
袖长			
袖口			
领围			
夹直			
袖裨			
裤侧长		50	
裙侧长			
前浪			
后浪			
内浪			
臀围		96	
裨围			
膝围			
脚围		50	
纸样总数		7	
面料纸样		7	
里料纸样			
实样纸样			

颜色数量	
面料用量	**面布、袋布**
辅料用量	**对色线，对色双骨拉链，成份唛、尺码唛、吊牌、商标、对色皮带一条**

裁床注意事项：**注意面料色差**

工艺质量要求：**腰口平顺，拉链平服、不外露，插袋左右无高低，褶裥自然下垂，控制尺寸准确，缝份按纸样处理，工艺制作按样品，线迹每 18 针/3cm**

熨烫质量要求：**熨烫平服、不吊骨位、不烫黄、不焦烂、无迹光等现象**

包装注意事项：**线头干净，外观整洁，成份唛、尺码唛、吊牌、商标一致，尺码不错，每打 12 件，挂装出货**

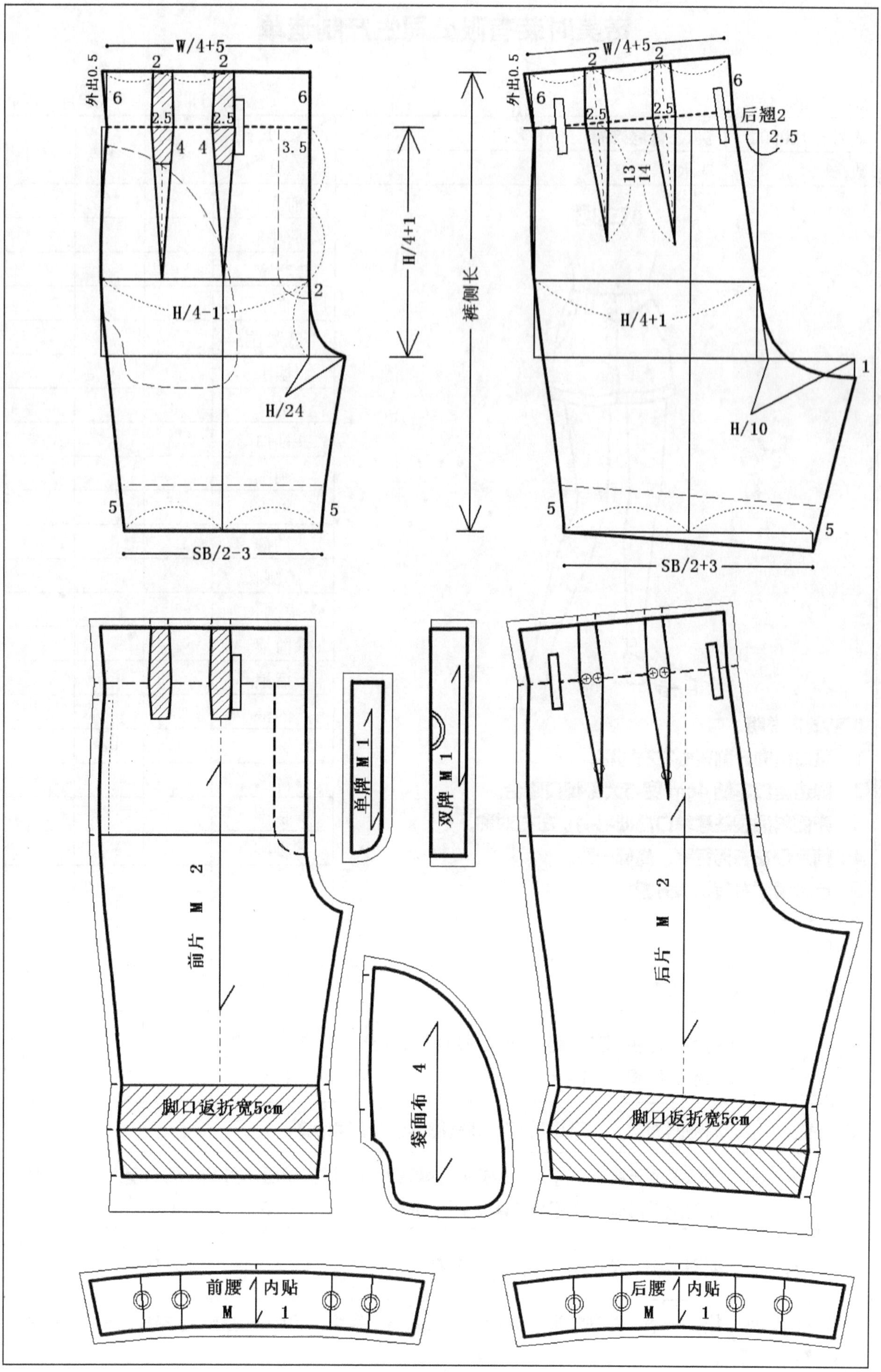
W/4+5
外出0.5
2
2.5
4
3.5
6
H/4-1
H/24
5
SB/2-3
H/4+1
裤侧长
后翘2
13
14
H/10
1
SB/2+3
单牌 M 1
双牌 M 1
前片 M 2
后片 M 2
袋面布 4
脚口返折宽5cm
前腰 内贴
M 1
后腰 内贴
M 1

诺美时装有限公司生产制造单

NO. 0120904　　　　交货日期　　　年 09 月 04 日

款号：120904	款式：**低腰热裤**	客户：
数量：	洗水方法：	

款式图

工艺要求说明：

1．腰口斜向分割留心左右对称。

2．脚边返口车缝 4cm 宽与大身脚口吻合。

3．两侧斜插袋注意袋口高低毛病，左右对称。

4．前耳仔左右无宽窄、高低一致。

5．后片装腰并有机头分割。

尺码 / 名称	S	M	L
前衣长			
后中长			
肩宽			
胸围			
低腰围		72	
摆围			
袖长			
袖口			
领围			
夹直			
袖裨			
裤侧长		35	
裙侧长			
前浪			
后浪			
内浪			
臀围		94	
裨围			
膝围			
脚围		54	

颜色数量		纸样总数		12	
面料用量	**面布、袋布**	面料纸样		10	
辅料用量	**对色线，对色铜芽拉链，两粒对色钮成份唛、尺码唛、吊牌、商标**	里料纸样		2	
		实样纸样			

裁床注意事项：**高密斜面料，注意正反面，蒸气缩水定型后再裁剪**

工艺质量要求：**腰口平顺无高低，育克对位齐平，裤耳对称，拉链平服不外露，脚口返折宽度一致，控制尺寸准确，缝份按纸样处理，线迹每 3cm 为 18 针**

熨烫质量要求：**熨烫平服，不发黄、无迹光等毛病**

包装注意事项：**线头干净，外观整洁，成份标、尺码唛、吊牌、商标一致,尺码不错，每打 12 件，每箱 8 打，折装出货**

制板说明：

1. 低腰围－实际腰围(68cm)＝4cm，可推导出腰口线需要降低 2cm，制图时上裆长＝基本型上裆长(不包括腰宽)－降低腰口线高度。本例上裆取值 25.5cm－2cm＝23.5cm。
2. 低腰结构其省长和省大相对中腰裤要小，而且前省小、后省大。前省在袋口中消掉，合并前上育克片。
3. 后腰和飞机头需合并腰省消除省迹。
4. 脚口返折位要对称复制，返折宽 4cm 必须用双幅的形式表现。
5. 注意拉链单牌和双牌的长度和工艺处理。

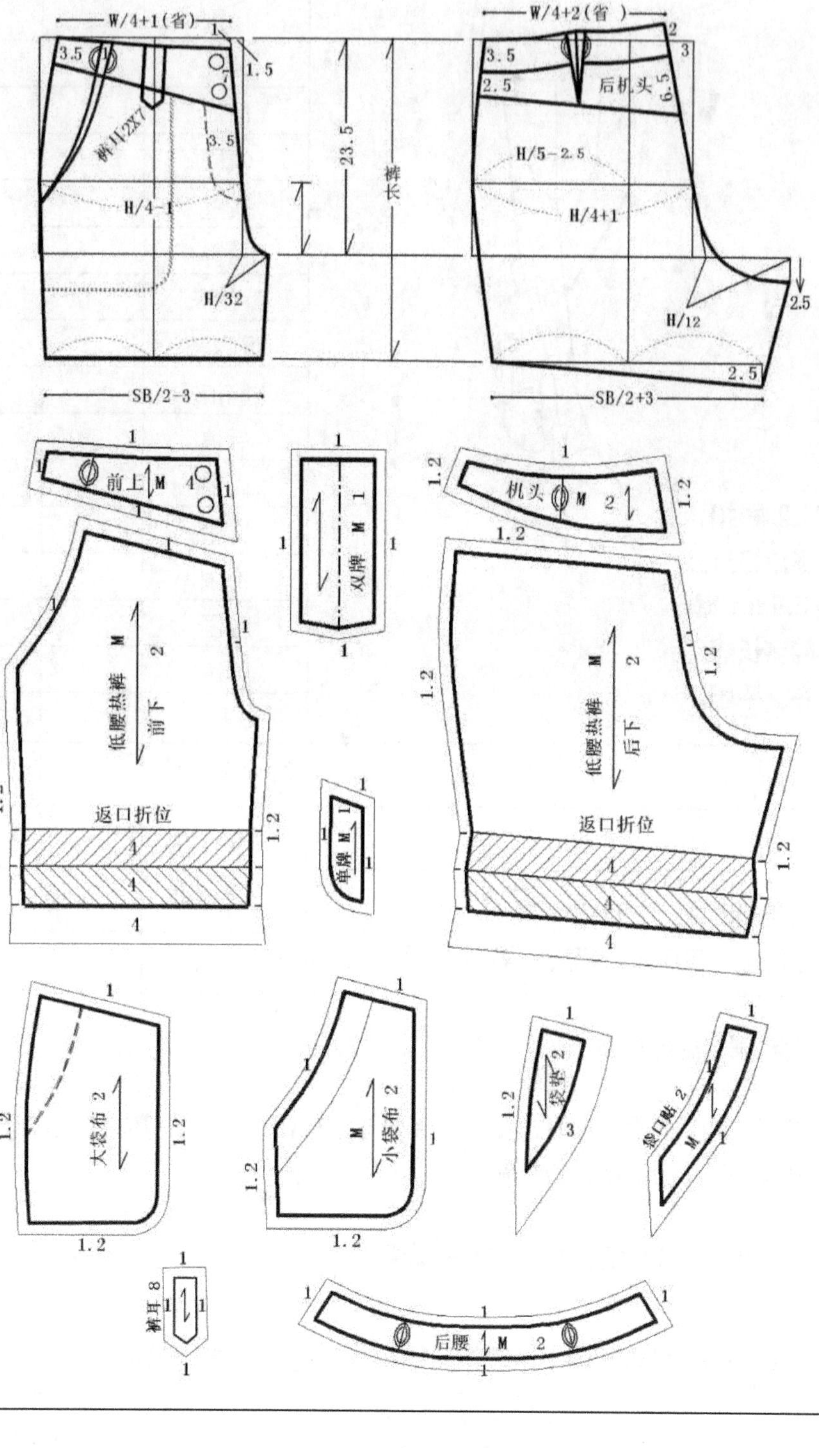

诺美时装有限公司生产制造单

NO.0090905　　　　交货日期　　　年 09 月 05 日

款号：090905	款式：**左开襟短裤**	客户：
数量：	洗水方法：	

尺码 名称	S	M	L
前衣长			
后中长			
肩宽			
胸围			
腰围		70	
摆围			
袖长			
袖口			
领围			
夹直			
袖裨			
裤侧长		45	
裙侧长			
前浪			
后浪			
内浪			
臀围		102	
裨围			
膝围			
脚围		56	

款式图

工艺制作说明：

1 左侧开襟并钉上四粒扣。

2 装直腰在左侧襟位打开。

3 脚口包转车缝 2.5cm 宽。

4 左襟前、后不能有长短。

5 钮门与扣子平齐、平服。

颜色数量		纸样总数		4	
面料用量		面料纸样		4	
辅料用量	**对色线,对色 32 号钮 4 粒，成份唛、尺码唛、吊牌、商标**	里料纸样			
		实样纸样			

裁床注意事项：	**面料缩水后再裁剪**
工艺质量要求：	**腰口平顺无高低，左开襟前、后无长短，脚口缉线无宽窄，控制尺寸准确，缝份按纸样处理，工艺制作按样品**
熨烫质量要求：	**熨烫平服，不能有烫黄、烫迹等现象**
包装注意事项：	**线头干净，外观整洁，吊牌与商标一致，尺码不错，折装出货**

①先画前片，在前片基础上画后片（前片为虚线）。

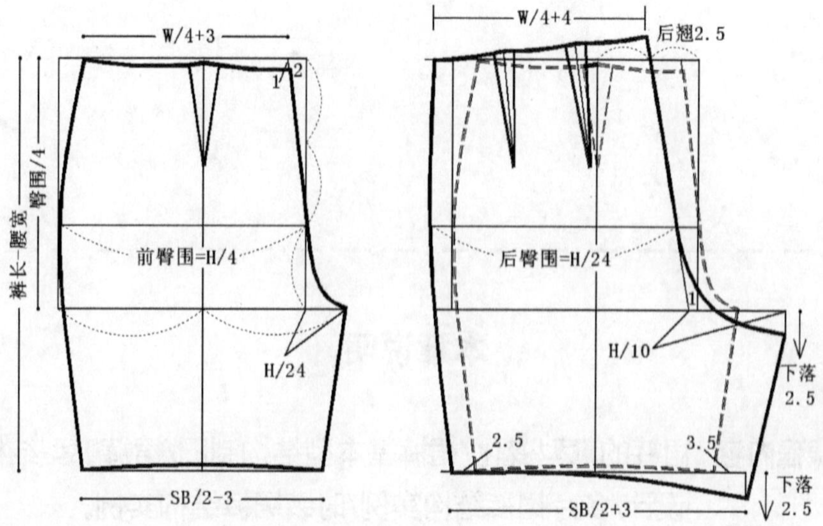

②分解纸样及放缝，注意后左侧增加开襟搭位宽。

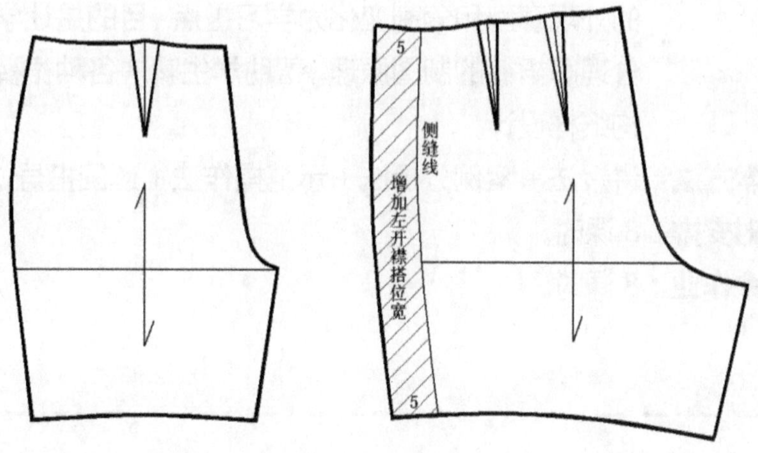

③左襟贴不能掉裁片，否则无法完成工艺。

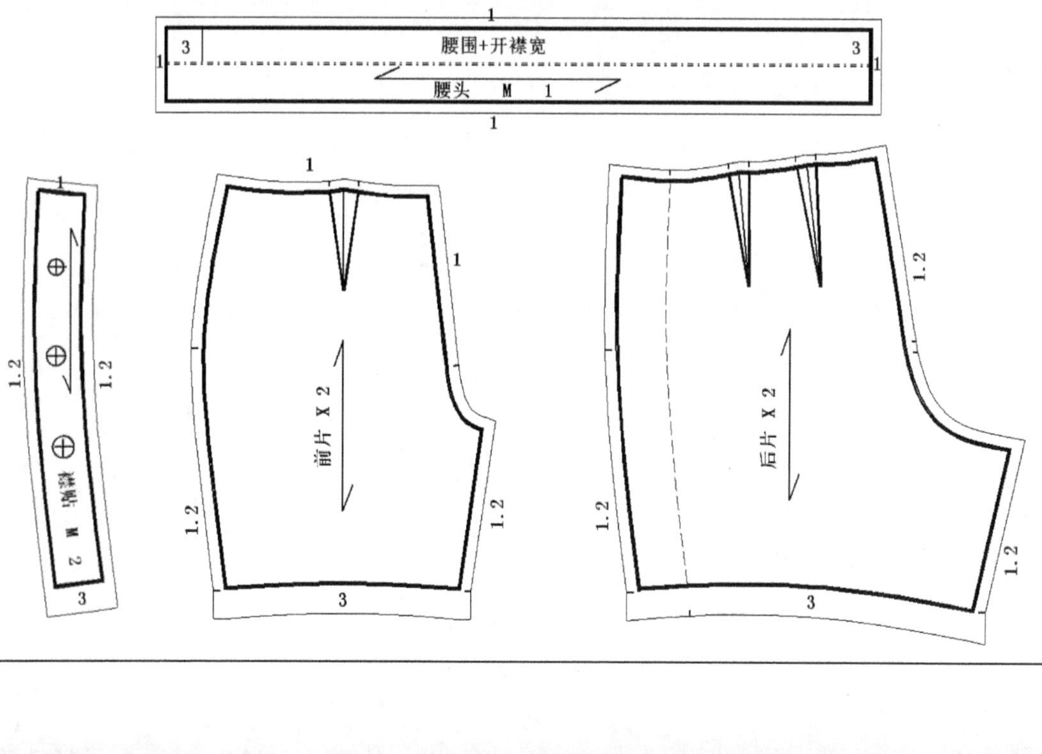

第十三章　裙裤的结构设计

本章说明

课程内容：裙裤的廓型变化/裙裤基本型结构制图/裙裤廓型结构设计/多片裙裤结构实例/时装裙裤结构实例。

训练目的：本章将裙子和裤子的结构制图方法综合起来，以裙裤的外观廓型和分割变化为学习重点，目的是让学生充分理解裙裤的制图原理，帮助学生解决各种裙裤的结构纸样设计。

教学方法：讲授法＋案例分析法＋示范操作法＋巡回指导法。

课时安排：8 课时。

课余作业：8 课时。

第一节　裙裤的廓型变化

在生活中，我们经常看到中青年女性穿着裙裤浪漫、奔放的动人美感。这类下装在视觉形态上给人以裙子的感觉，但它在结构上却保留着裤子的特点。它是裤子的简单形式，是裙子的复杂结构。在造型上追求裙子的外观风格，在纸样上保持着裤子的横裆结构，更进一步地说它保留着裤筒的结构形式，所不同的是裤筒结构造型趋向裙子的下摆造型，比较夸张而增大裤筒，如此形成裙子外观飘逸、起伏的动感。因此，以小 A 裙的基础纸样作为裙裤的结构基础就很自然了，其廓型范围也和裙子一样，包括了基础型裙裤、小 A 型裙裤、斜型裙裤、半圆型裙裤、整圆型裙裤，如图 13-1 所示。

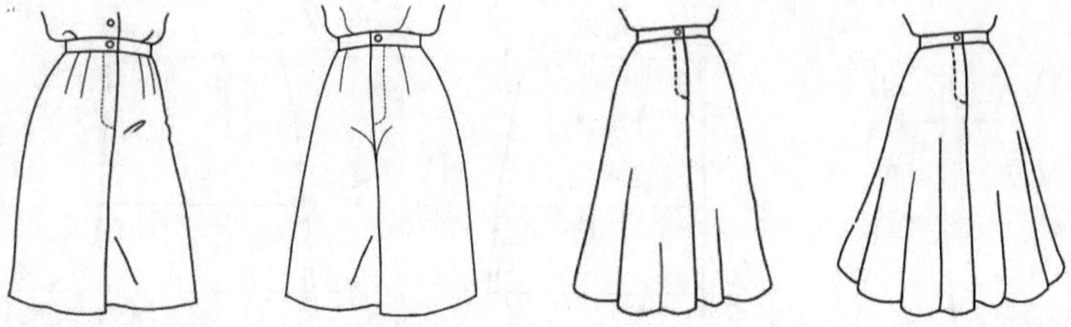

图 13-1

裙裤从宽松程度上讲，可以归纳为窄型裙裤和宽松型裙裤两类。窄型裙裤从臀部至下摆都要追求合身的效果，下摆不会很夸张。宽松型裙裤从臀部至下摆比较夸张，如同裙子的廓形变化一样，两侧缝线随着下摆的增大而变为直线，形成 90° 角以上的斜型裙裤、半圆型裙裤、整圆型裙裤。

由于裙裤保留了裤子的横裆结构，因此，直裆深也是区别窄型裙裤和宽松型裙裤的关键。窄型裙裤比较合身，横裆以上无论是围度尺寸还是高度尺寸相对来讲都比较小，直裆不宜太深。基本公式（不包括腰宽约 27cm）如下：

直裆深 = 基本型裤直裆深 + 2cm

宽松型裙裤横裆以下比较夸张、下摆较大，随着裤筒脚口的增大，前、后横裆宽也要相应增大少许，裤筒外侧在脚口和腰口处开始起翘，前、后片在脚口和腰口两处分别形成圆顺的下摆弧线和腰口弧线。

宽松型裙裤活动量大，追求宽大，因此横裆线也随之下降，直裆深要求在窄型裙裤的直裆深基础上，再次调整下降。基本公式（不包括腰宽约 29cm）如下：

直裆深 = 基本型裤直裆深 + 4cm

无论宽松型裙裤的下摆如何变化，其内侧缝线是相对稳定的，而只是在外侧缝线做扩展。因为内侧缝在两腿之间，摆量过多会影响舒适和美观。

第二节　裙裤基本型结构制图

一、制图基本规格

单位：cm

部位 单位	号型	裤长 SL	腰围 W	臀围 H	直裆深	腰宽
厘米	160/68A	57	68	98	27(不含腰宽)	3

二、结构制图（图 13-2）

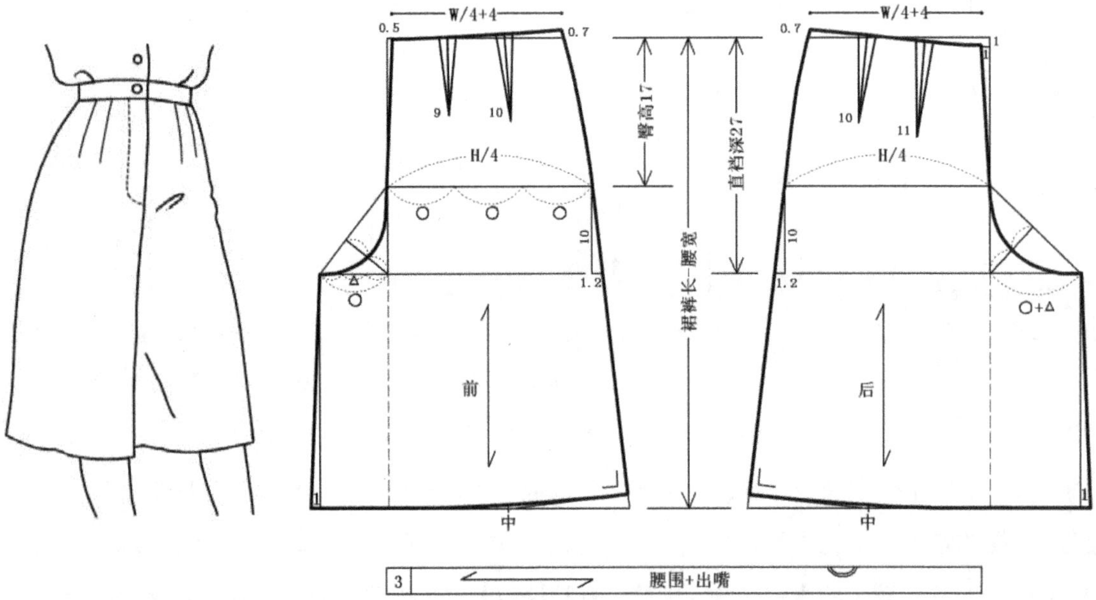

图 13-2

三、制作步骤及要点

1. 先画一个长度等于裙裤长－腰宽＝54cm，腰围是 68cm，臀围是 98cm 的小 A 裙结构。

2. 设计直裆深线，基础裙裤即为合体型裙裤，直裆深取窄型裙裤直裆深即可，为 27cm（不含腰宽）。

3. 在前横裆线上，延长前臀围的三分之一作为前横裆宽。如图画好前裆弯弧线和内侧缝线。前内侧缝线在下摆增大 1cm，保持与前外侧缝线的均势。

4. 后横裆宽等于前横裆宽再加前横裆宽的三分之一，如图画好后裆弯弧线和内侧缝线。后内侧缝线在下摆增大 1cm，保持与后外侧缝线的均势。

5. 裙裤外侧造型同小 A 裙两侧造型一样的方法（下 10cm，外过 1.2cm）。并在侧下摆中点作外侧缝线的垂直线（即下摆的起翘处理），并圆顺地画好下摆线。

6. 臀高说明，直裆深的下降不代表臀高也随之下降，因为臀高在体型上是不变的，所以臀高限定为 17cm。

7. 臀围不再是基础裤子的臀围，裙裤必定要相对宽松一点。

第三节　裙裤的廓型结构设计

一、A型裙裤结构设计

1．制图基本规格。

（单位：cm）

部位 单位	号型	裤长 SL	腰围 W	臀围 H	转移后臀围	腰宽
厘米	160/68A	65	68	98	100	3

2．结构设计。

在裙裤基础型结构上，将其中一个省合并后转移到裤筒的下摆，另一个省位调整到腰口线的中间，并修顺腰口线、脚口线即可，如图13-3所示。

3．制图重点是要掌握好省的围移方法和转移后各部位弧线的调整。

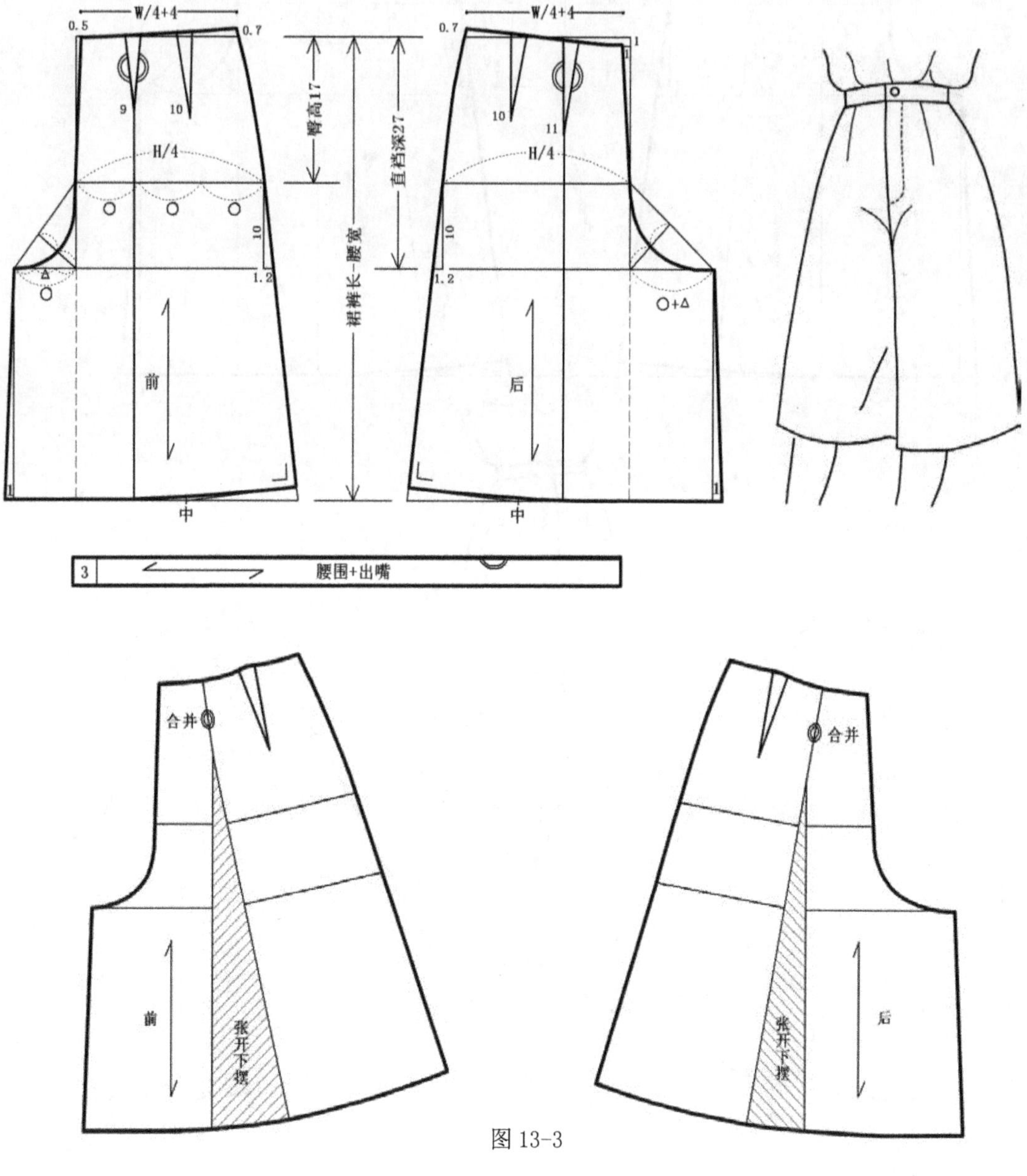

图13-3

二、斜型裙裤结构设计

1. 制图基本规格。（单位：cm）

部位 / 单位	号型	裤长 SL	腰围 W	臀围 H	转移后臀围	腰宽
厘米	160/68A	65	68	98	102	3

2. 结构设计。

在裙裤基础型结构上，将腰口的两个省合并后转移到裤筒的下摆，并修顺腰口线、脚口线。由于下摆增大的同时，横裆宽和臀围也随之增大，因此直裆深要作适时的增加，调整到 28cm，如图 13-4 所示。

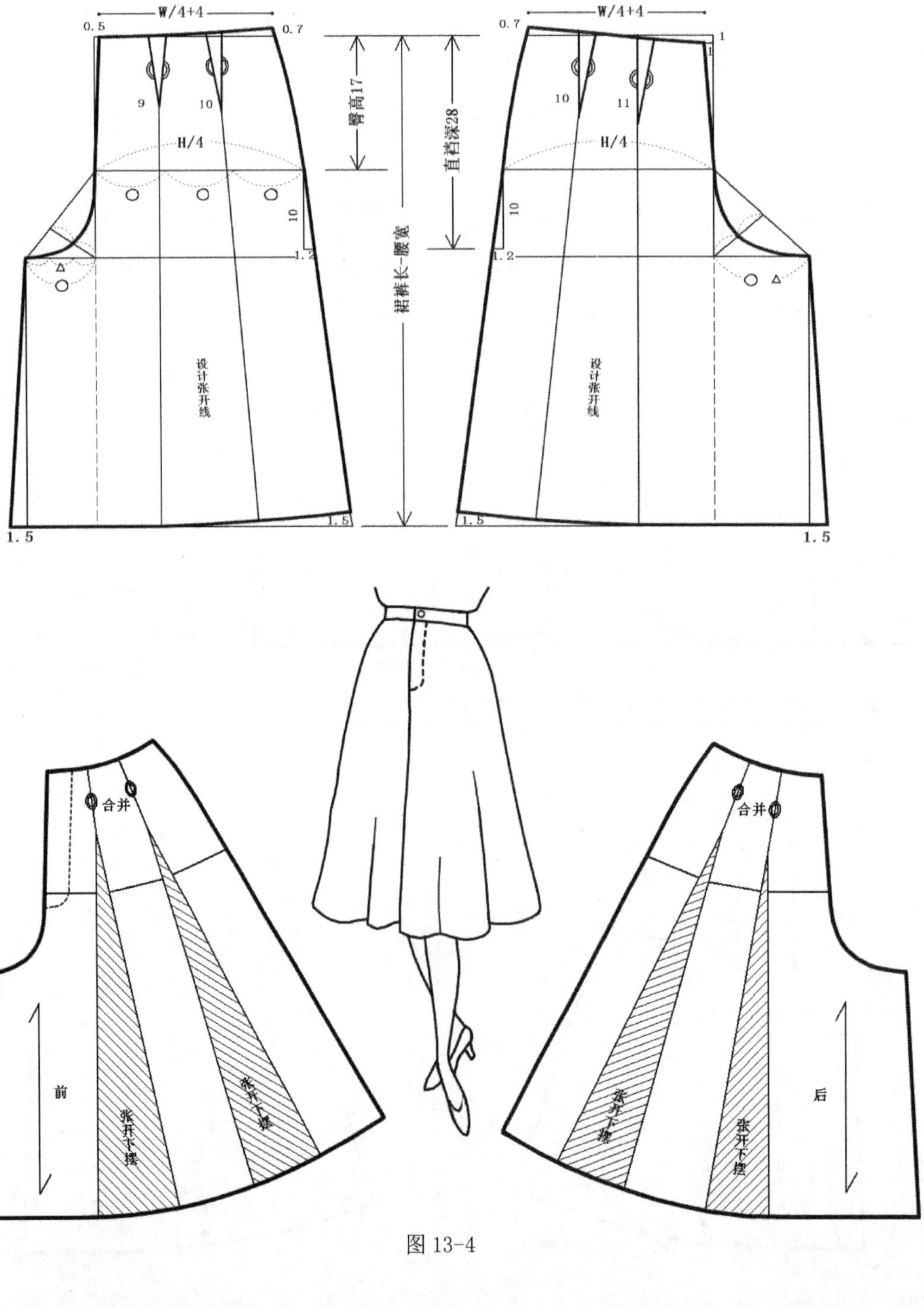

图 13-4

三、圆型和半圆型裙裤结构设计

半圆型和圆型裙裤的结构同圆裙的廓型变化原理一样，增大下摆后横裆和臀围，下摆和腰侧的起翘增高，设置臀围的控制尺寸不再有意义，直裆深增到 28～29cm。需要注意的是：半圆型裙裤的半径＝W/3－1cm，圆型裙裤的半径＝W/6－0.6cm，是利用圆周率原理所得。由于下摆较大，并利用斜纹裁剪，成品穿着后斜料部位下坠，因此，下摆在斜丝绺处要修剪少许，结构设计如图 13-5 所示。

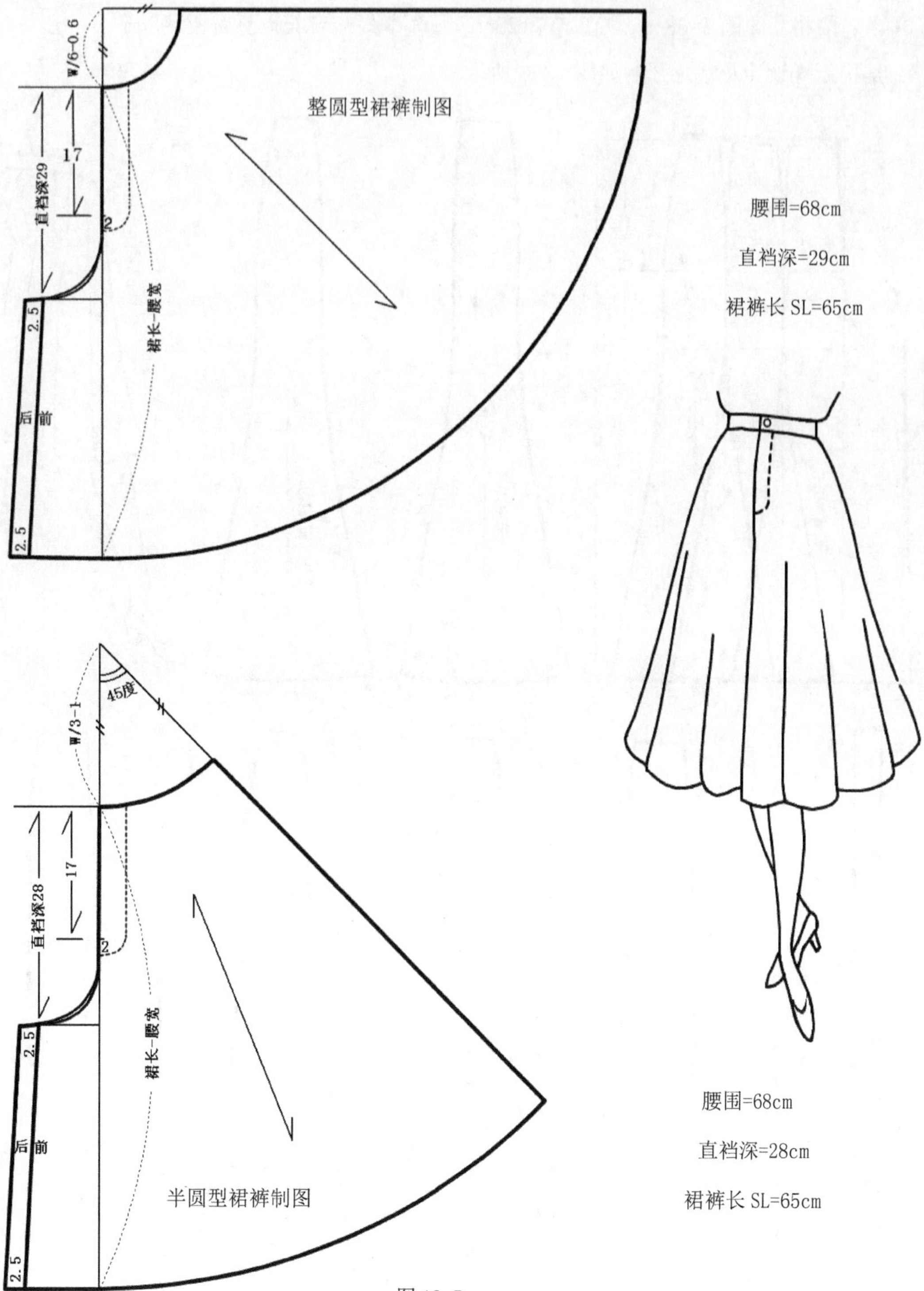

图 13-5

第四节　多片分割裙裤结构实例

下图是一款多片分割裙裤，其特点是采用直线与弧线分割相结合，将前、后臀围平均分割成十二等份。变化原理是将腰口的八个省道并入分割缝之中。由于前、后片分割相同，采用前、后片组合制图的方法比较简单。依据款式下摆逐渐张大成鱼尾裙的效果，采用鱼尾裙的分割和制图方法对款式进行结构设计。

1. 参考规格。腰围 W=68cm　直裆深=28cm　裙裤长 SL=73cm　臀围=98cm

2. 结构纸样设计及裁片分解如图 13-6 所示。

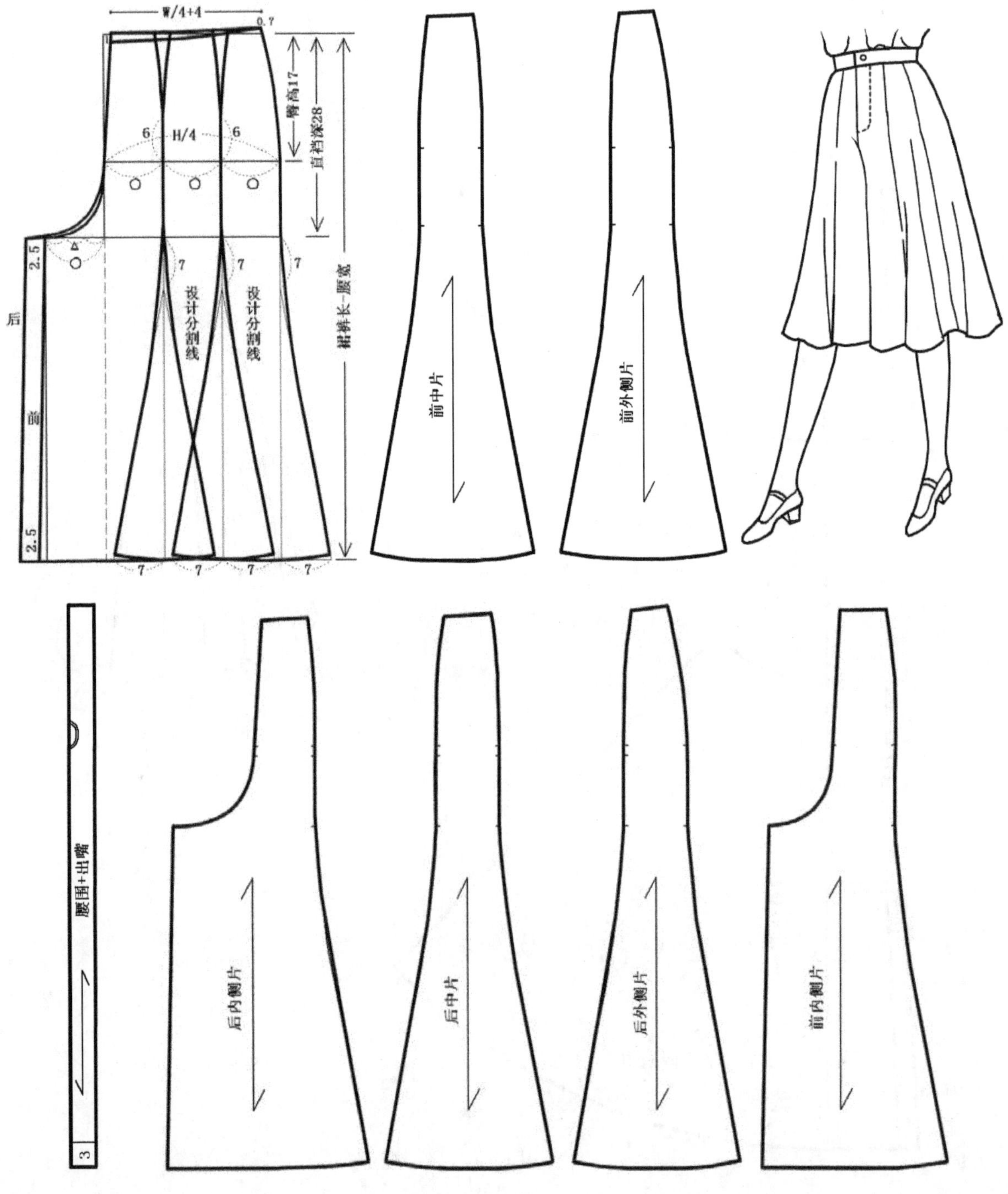

图 13-6

第五节　时装裙裤结构实例

右图是一款时装裙裤，弯腰结构，左前面是在短裙裤的基础上，外加一裙片，并在其腰省中加上两个倒褶，下摆处做成斜口，前中装上裤子拉链，看上去既有裤子的味道，又有时装裙子的味道，给人以活泼、青春的气息。

1. 参考规格。

腰围 W=68cm　　　　　　臀围 H=98cm

侧长 SL=40cm　　　　　　直裆深=26cm

2. 结构纸样设计及裁片分解如图 13-7 所示。

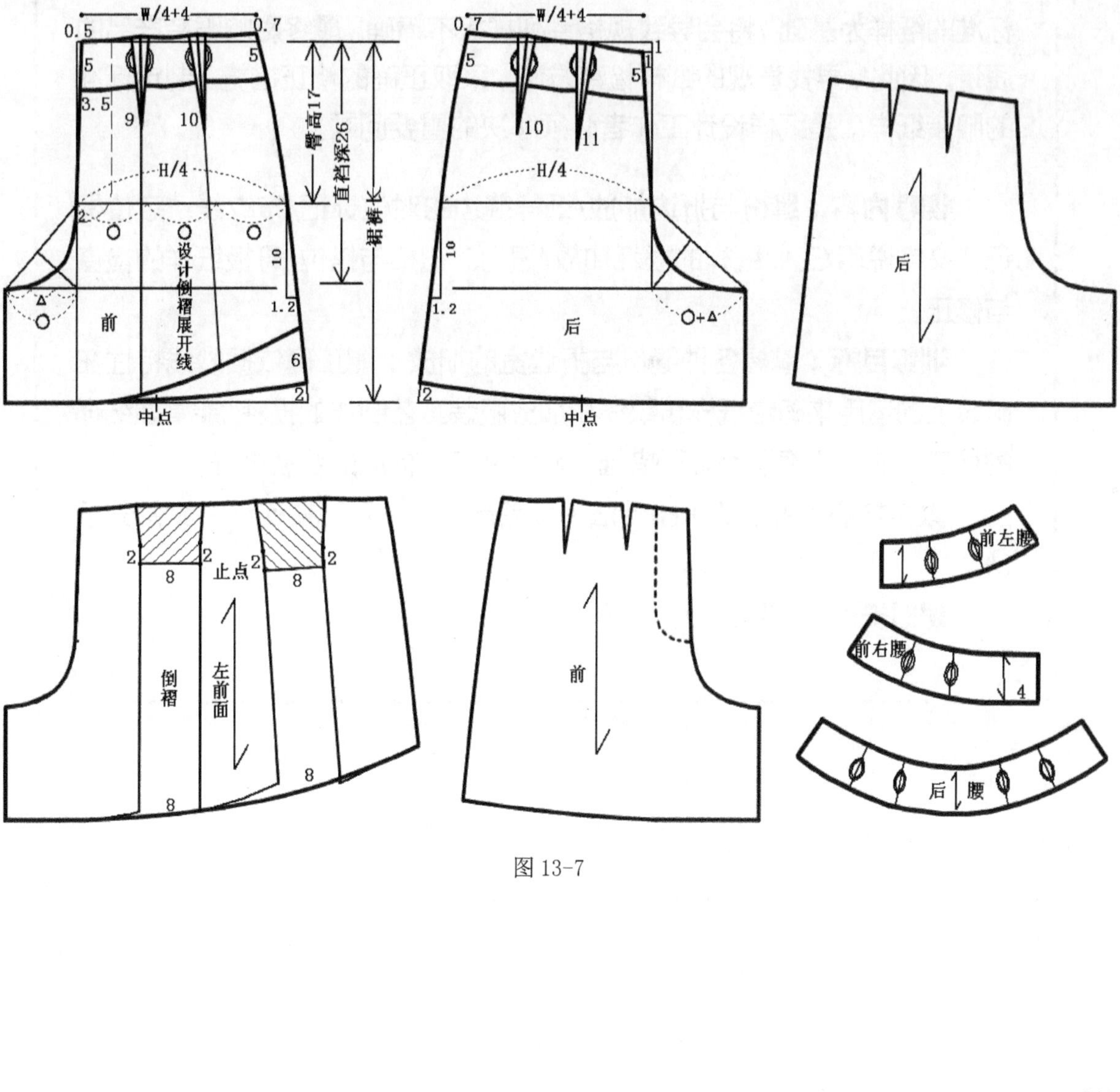

图 13-7

第十四章　纸样检查与缝边加放

本章说明

设计了时尚的服装款式，选择了理想的面辅料，具备了先进的生产设备和生产能力，但还不等于就能生产出品质精细的服装产品。如果没有标准的纸样为基础，将会导致规格系列样板不精确，最终影响服装产品的质量。因此，寻找直观的纸样检查方法，采取正确的修正措施，制定标准的服装纸样，是纸样设计工作者必须解决的重要问题。

课程内容：缝份与折边加放/纸样缝边的对位标记/布纹线、定位标记、文字说明/工业纸样的损耗加放/钮门、钮扣与搭位/母板纸样的检查与修正。

训练目标：掌握各种缝份与折边宽的加放；能正确依据纱线特性在服装上的运用来确定纸样布纹线和加放服装工艺制作的损耗 能掌握纸样的检查方法，正确运用修正措施，从而制定出标准的服装纸样。

教学方法：讲授法＋图示法＋样品展示法＋示范操作法＋案例分析法。

课时安排：6 课时。

第一节 缝份与折边的加放

服装结构图是以成品规格尺寸为数据绘制而成的，但它不包括缝份和折边的宽度。服装是通过各个部位的缝合加工而成，是需要拼接的缝份和折边，因此，在结构图中复制出来的衣片模型必须要另外加放（预留）缝份和折边。通常最基本的缝份宽是 1cm，最基本的折边宽是 3～4cm。在实际运用时，还有许多变化因素，得依据实际情况作出加放。

（一）直线缝

在服装中直线缝主要包括有侧缝、肩缝、还有各种分割直线缝，它们的缝份基本上都要加放 1.2cm，缝型一般采用分开缝或坐倒缝。

（二）弧线缝

在服装中弧线缝主要包括有腰口线、前、后裆弯线、袖窿弧线、袖山弧线、领口弧线和弧线分割位等，腰口线、前裆弯线、袖窿弧线、袖山弧线、领口弧线等通常加放 1cm，后裆弯和弧线分割位一般加放 1.2cm，高档西裤的后裆弯上段要多预留缝份，便于日后腰围增大所用，上至后腰中点下至后臀点从 2.5cm 逐渐过渡到 1.2cm，休闲裤和牛仔裤不必这样处理，只加放 1.2cm 即可。

（三）小部件

小部件的缝份加放一般为 1cm，例如：领子、袋子、袋盖、耳子、拉链牌、袖克夫、下坎、腰头、嵌线、挂面、袋口位、前中开襟位、筒位等。

（四）依据面料的厚薄来加放缝份

在服装制作时，如果遇到纱线紧密而较薄的面料，缝份可通用为 1cm，缝型都采用坐倒缝，通常在夏装中采用。如果面料较厚且结实，缝份通常加放 1.2cm，缝型基本上采用分开缝，但也有用坐倒缝的，如压缉明线的牛仔裤、休闲裤等。在利用厚面料制作上装时，袖窿弧线、袖山弧线、领口弧线统一加放 1cm。

（五）依据缝型来加放缝份的宽度

平缝和搭接缝　平缝和搭接缝一般加放 1cm。

①分开缝　分开缝通常加放 1.2cm。

②坐倒缝　坐倒缝一般加放 1～1.2cm。

③包缝　包缝分为明包缝或暗包缝，通常是前片包缝处加放 1.5～1.8cm，后片包缝处加放 0.7～0.85cm（是前片缝份的一半）。还有滚边的包条布，一般加放 1cm 缝份，但衣片滚边位不用加放缝份。

（六）折边（折边加放见裙子、裤子的实例运用章节）

在服装中折边是指衣片下摆、裙子下摆和裤子脚口向上翻折的部位。折边可以按照设计要求来决定折边宽度，也可参照国家技术标准规定，加放 3～4cm 折边宽。西裤的脚口折边宽一定是加放 4cm，休闲裤、牛仔裤的脚口折边宽要视设计款式的要求而定。裙子下摆的折边宽度不太统一，如西裙下摆折边宽为 4cm，而时装裙的下摆折边宽为 2cm，如遇下摆拉小边，则折边宽一般加放 0.7～1cm 即可。也有脚口位拼接花边的，缝份加放一般是 1cm。还有返口包缝的，折边宽视设计要求而定。

第二节　纸样缝边的对位剪口

纸样在制作过程中必须要打制对位剪口来满足工艺缝制的对合要求，这样才能便于服装成批的工业生产，无论是缝份的大小、折边的宽度，还是缝合的对位处、省宽的位置等等都要打制对位剪口，表示剪口的方式有三种。

1. 剪口钳打剪口。如图 14-1 所示，采用剪口钳打剪口的优点是快、准、齐。剪口钳打成的剪口宽窄是一致的，形状为 “U” 型。但深浅要靠纸样自己把握，其深度不能超过缝份宽度的三分之一。剪口钳是纸样师提高纸样质量要求的必备的工具。

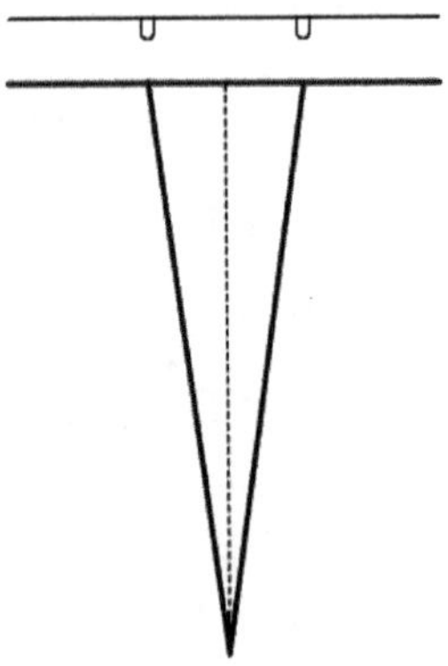

图 14-1

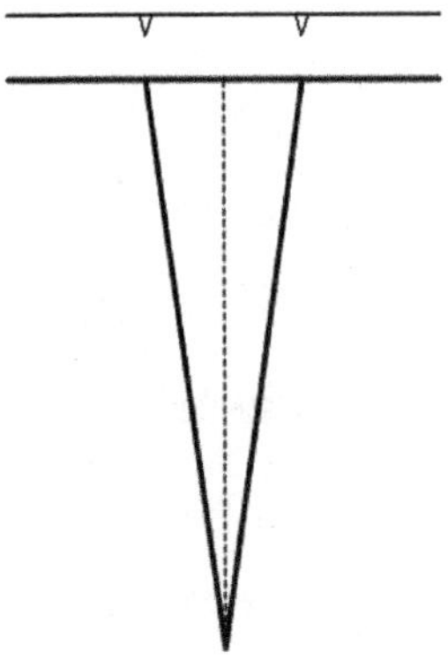

图 14-2

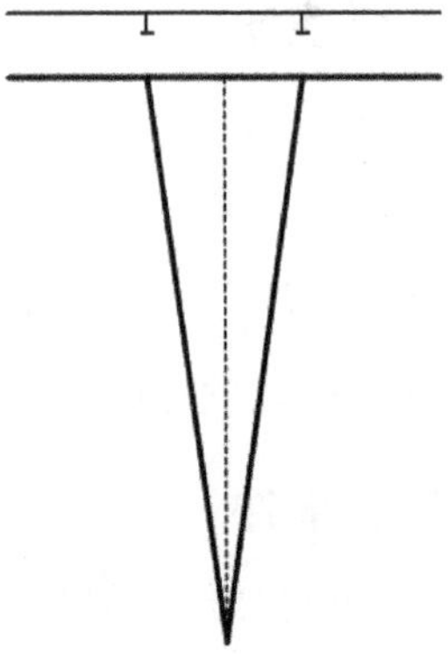

图 14-3

2. 剪刀打剪口。如图 14-2 所示，采用剪刀打剪口的优点是随手即有工具，不需另购剪口钳也能达到打剪口的目的。但缺点也不少，原因是剪刀需两次才能完成一个剪口，而且每次用剪的力度和准确性都不一样，剪口会有过大或过小、过深或过浅的毛病出现。因此，也就控制不了剪口的均匀和整套纸样剪口的一致性，影响纸样的整齐与美观。

3. 划粉表示剪口，如图 14-3 所示，此方法在毛料缝制时运用较多，因为毛料属高档产品，自然要求较高，尽量不要在缝份边作剪口。还有在服装厂排料时也用得比较多，主要依据纸样的剪口套画出来，不过他们通常是利用铅笔操作。

要保证剪口位置的准确性，剪口应与缝口线保持垂直，特别是弯度较大的部位更要注意到这一点，否则就会影响到剪口的对合位置。

工业纸样之所以与单件裁衣不同，就在于它数据精确，不得有一点误差。成衣加工是几十个人甚至是几百个人参与生产，如有某个部位数据不准确，剪口不能完全对合，既延误了加工时间性，也影响了缝制质量。因此，在纸样的制作过程中对剪口的作用不能忽视，必须严谨对待。

在结构纸样中，打剪口的部位主要有缝份宽、折边宽、褶宽、省宽、袋宽、搭位、缩褶位、分割对位点、腰位对合点、臀围对合点、膝围对合点、袖肘对合点、肩位对合点、绱领对合点、装腰对位点、脚坎对位点、颈侧点、拉链止点、开衩止点等，具体见裤子实例运用章节。

第三节　布纹线、定位标记、文字说明

一、布纹线

布纹线在服装的造型中非常重要，甚至整个纸样设计与布纹线的标注都有着紧密的联系，直接影响到服装的整体效果和成品质量。人们常说：行家要会看“丝道”、会用“丝道”，就说明了这一道理，这一技术是纸样师必修之课。要解决这一问题首先要学习布料的性能特征和用途，进而解决布纹线在服装纸样中的标注和运用。

1. 经纱（直丝绺）：强力较高，张力较强，光滑耐磨。因此具有结实、挺直、不易伸长变形的优点。在纸样中适宜按人体垂直方向标注。主要用于服装的长度，如衣长、袖长、裤长、裙长。对于有的小部件如直腰头、腰带、脚坎、袖克夫、裤耳等也是取其经纱料，主要是取其经向结实、不易伸长的特点，而且部件不变形，有美化的效果。还有取直丝料作门襟、袋口嵌线、开衩贴等用，也是取其牵制、固定的特性，以达到衣片各部位稳定、平伏、不易松弛变形的目的。

2. 纬纱（横丝绺）：纬纱具有强力较低，纱质柔软的性能特点，有丰满、宽阔的效果，可随人体活动而变化。在纸样中由于已经标注了直丝绺布纹向，因此也就不需要标注横丝向的布纹线，企业里面的技术员会依据直丝绺布纹线作出决定。纬纱主要用于服装的围度及各局部的宽度，如胸围、腰围、臀围、摆围、肩宽、袖肥、袖口、裆宽、脚口等。还有一些部件需要熨烫塑型才能达到与人体体形相吻合的立体效果，则也应该选择纬纱制作，因为纬纱可塑性较强，比较易于造型。比较典型的例子如：翻折领的领片，西服的前后肩位等。

3. 经纬斜料（斜丝绺）：面料本身是没有斜纱的，只有斜料。由于经纬斜料伸缩性强，有很好的弹性，可塑性特别好，变形性能特别大，弯曲自然优美，根据这一特点，正斜 45° 的经纬斜料多用于滚条、压边、荷叶边的取料，主要是利用斜纱弯曲优美，造型丰满的效果。还有用斜料做领里、袋盖里、腰里、装饰袢里的，主要是让里子斜料能保持或“服从”面料形态的“随料应变”的作用。利用斜料制作的斜裙、喇叭裙、荷叶边等，能表现出垂丝顺畅，波浪自然，张弛自如的优美造型效果。用斜料的条格面料制作上衣的横向过肩、育克部位、竖拼条、人字条、领面、口袋等，能增加服装的装饰，达到平整自然，美化款式的效果，这是经、纬纱向不具备的优点。在纸样标注时，首先要确定参照线，通常以前、后中线作为参照线最为理想，再在纸样上把经向线作 45 度调整，并标示说明情况，以利于不会把衣片裁错。有的长方形滚条，其布纹线要以长方形纸样的边线为参照作 45 度标注，绝对不能用纬纱或直纱，只有利用针织作滚条时，才可以选择横纱布纹向。

任何衣片或小部件都有选择经、纬、斜料的可能性，但你必须利用其布料的纱向优点，这样制作而成的服装各部位才能平整妥贴，各侧面均衡，线条顺畅，无涌起、吊丝、横皱、斜绺等毛病。

二、定位标记

纸样是指导服装成批生产的技术核心，是沟通各生产部门的技术语言。在结构图中套画纸样的同时，既要保证纸样的准确性，又要能利用纸样有效地指导生产。因此，在纸样上做好各种定位标记和文字说明成为必然。省位、褶位、袋位等是服装生产中要明确表示的位置。纸样制作中，要考虑到批量裁剪时点位的准确性，但又不影响裁片质量，批量裁剪的点位使用钻孔机操作，钻孔针旋转后发热会烧坏布料质地。因此，纸样上的定位标记必须要在省位、褶位、袋位的转角点上再回缩一定的距离，才能确定钻孔的点，以保证裁片工艺处理时完整无缺。

钻孔位置见图 14-4。

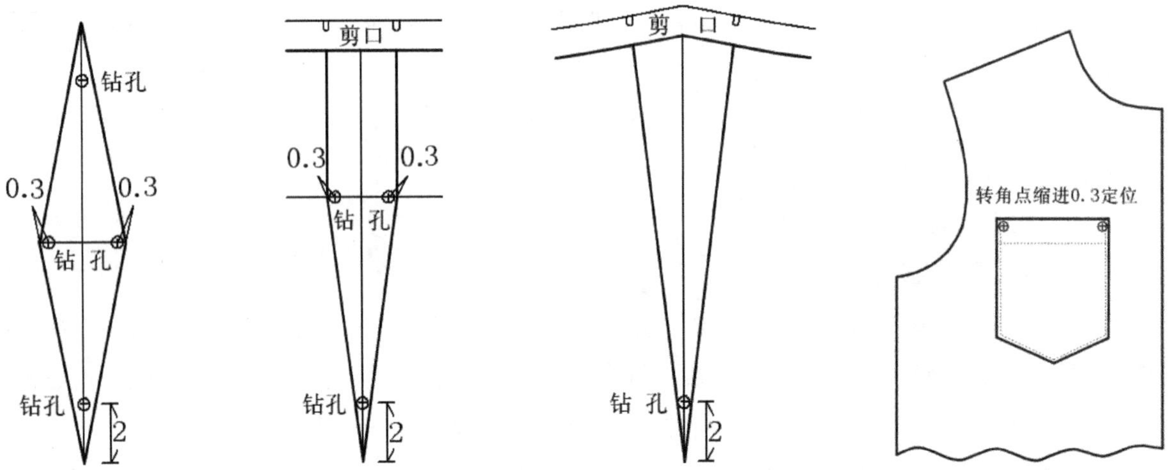

图 14-4

三、文字说明

纸样上的文字标注有以下内容。

1. 成衣号型。
2. 成品规格。
3. 纸样种类（标明面、里、衬布纸样和实样、烫样、点位样、特殊纸样）。
4. 纸样名称。
5. 纸样数量。
6. 缝制特别说明。
7. 左右不对称的裁片要标明左、右和正反面。
8. 注明每个号型的面纸样、里纸样、衬纸样、配布纸样等总数，并对每片纸样做好编号管理。

第四节　工业纸样的损耗加放

利用纸样裁剪制作的服装，经过衣片的缝制、熨烫等一系列的工艺操作，完成后的成品尺寸往往同纸样的尺寸有所偏小，因此，在纸样设计制作过程中要加一定的损耗量（即损耗尺寸），从而达到服装成品规格的标准性。下表是从实践经验中总结出来的各部位的损耗量，供学习参考使用。

上装损耗量加放表

部位	厘 米	英 寸
后中长	+0～1.2cm	0～1/2″
肩宽	+0～0.6cm	0～1/4″
胸围	+0.6～1.2cm	1/4″～1/2″
腰围	不用加	
臀围	+0.3～1.2cm	1/8″～1/2″
摆围	+0.3～1.2cm	1/8″～1/2″
袖长	+0.3～1cm	1/8″～3/8″
袖肥	+0.3～1cm	1/8″～3/8″
袖口	+0～1cm	0～3/8″

下装损耗量加放表

部位	厘 米	英 寸
外侧长	+0.6～1.2cm	1/4″～1/2″
内侧长	+0.3～1cm	1/8″～3/8″
腰围	+0～1cm	0～3/8″
臀围	+0.6～1.2cm	1/4″～1/2″
髀围	+0.3～0.6cm	1/8″～1/4″
膝围	+0～0.6cm	0～1/4″
脚围	+0.3～0.6cm	1/8″～1/4″
前浪长	+0～0.6cm	0～1/4″
后浪长	+0～1cm	0～3/8″

第五节　钮门、钮扣与搭位

一、钮扣

钮扣按国际制单位划分，以号型和毫米表示钮扣的直径，如下图钮扣的号型与直径之间的关系。

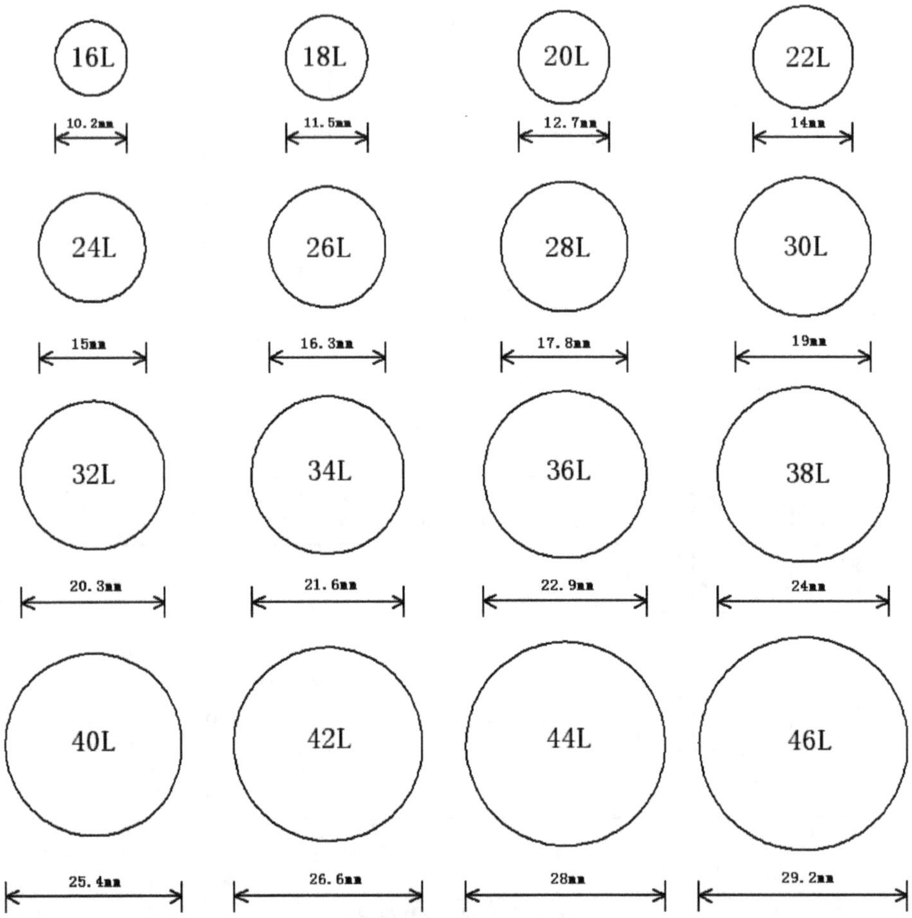

二、搭位

搭位是指钮扣扣合时需要的重叠位，又称为叠门。任何服装在某一部位开襟或开衩以后，互搭之间止口与中线或钉钮中点都有一定的距离，这一宽度是随钮扣的变化而变化的。

搭位的宽窄与钮扣的直径有直接的关系，依据实际操作经验，得出如下公式：

搭位宽＝钮扣直径＋0.3cm 左右

三、各类服装与钮扣直径、号型、搭位宽的确定

服装类型	钮扣直径	钮扣号型	搭位宽度
衬衫类	11.5～12.7mm	18L 号～20L 号	15mm（1.5cm）
外套类	17.8～19mm	28L 号～30L 号	21mm（2.1cm）
大衣类	24～25.4mm	38L 号～40L 号	28mm（2.8cm）
裤子类	15mm	24L 号	18mm（1.8cm）

四、钮门

钮门的大小也是随钮扣的直径变化而变化的，依据实际操作经验，钮门大小的取值公式如下：

钮门大 = 钮扣直径 + 布料厚度

五、钮门的分类

- 钮门的分类
  - 凤眼钮门
    - 有尾凤眼钮门
    - 齐尾凤眼钮门
  - 平眼钮门

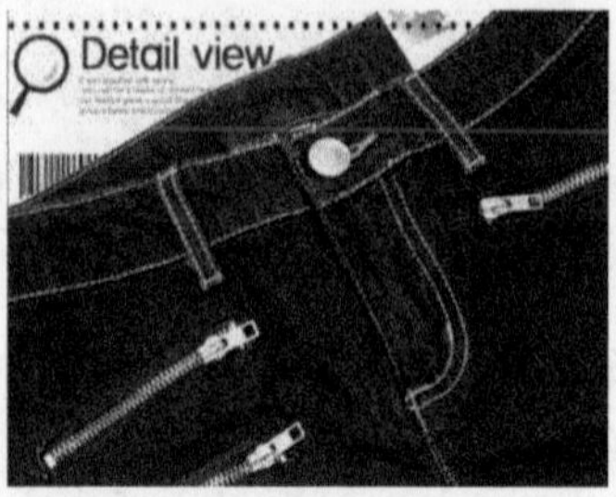

有尾凤眼

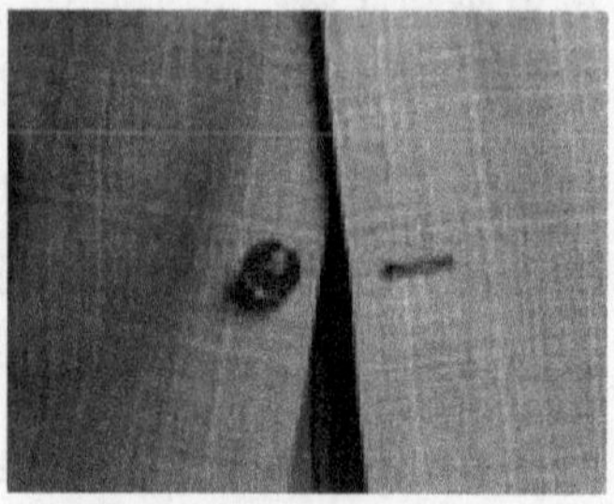

齐尾凤眼

平眼钮门

六、钮门的定位

当左右搭位重叠以后，其中心线必须是重合的，不然会使围度增大或变小，钮扣的中心点应该处在中心线上。但是由于钉好的钮扣线具有一定直径的绳索状，所以要使钮扣准确地落在中心线上，凤眼或者钮门就得超出中心线 0.3 厘米左右。这样左右衣片扣好扣子以后，前中心线才能重合，以满足服装围度尺寸的准确性，如图 14-5 所示。

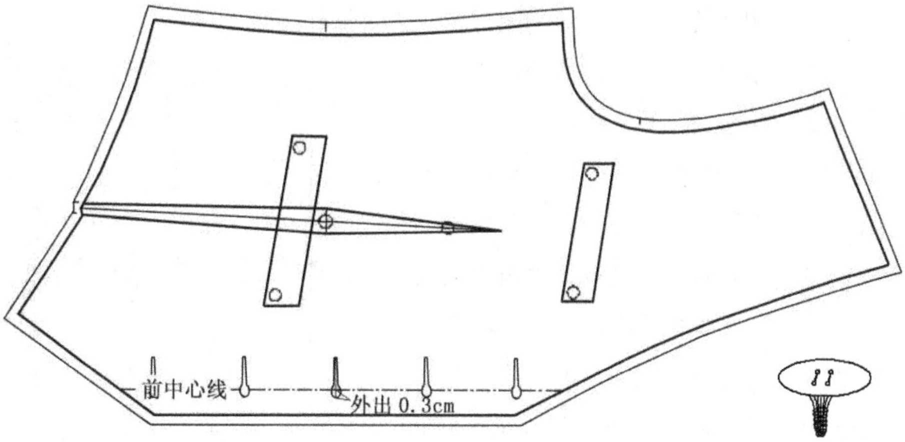

图 14-5

第六节　母板纸样的检查与修正

设计了时尚的服装款式，选择了理想的面辅料，具备了先进的生产设备和生产能力，但还不等于就能生产出品质精细的服装产品。如果没有标准的母板为基础，将会导致规格系列样板不精确，最终影响服装产品的质量。因此，寻找直观的母板检查方法，采取正确的修正措施，制定标准的服装母板，是服装板师工作者必须解决的重要问题。

一、标准母板与规格系列样板

推板是打板的继续，标准母板产生于打板。标准母板是全套规格系列样板中的一个号型样板，一般取中间号型，其他的规格样板都是以母板为基础，按照国家号型标准规定的档差进行精确计算、准确推移和放缩以后，绘制而成的全套规格系列样板。

标准母板的质量，决定全套规格系列样板的质量，在进行推板工作以前，应该对产生的母板进行认真地检查与核对，以此确保全套规格系列样板的精确性，确保服装成批生产的技术依据的正确性。

样板也有人称为服装纸样，是服装企业的技术核心，在批量生产中具有非常重要的作用。其一，样板在服装工程中，是款式设计和工艺设计的中间桥梁，为生产准备提供技术资料参考；其二，样板又为裁剪工程的排料、划样提供了标准模板，为裁剪和制作提供了技术依据；其三，样板又是产品最终质量检查的衡量标准，它关联着产品造型的统一性和产品质量的标准性。因此，样板在服装生产中，起到了向导、图样、型板和标样的作用。

二、母板质量问题的主要原因分析

母板的标准性直接受到打板师本身技术高低的制约。在服装企业，多数板师是从培训班出道，他们对人体体态理解不深，制图中造成结构造型与人体体态不吻合。例如：由于对肩胛部位形态的认识肤浅，冬装制图中不加放肩胛凸量，造成衣片的背部不贴服人体的肩胛弧面；由于对胸、腰、臀部的形态认识不够，在贴身连衣裙的打板中，只追求平面线条的流畅、曲线的优美，而忽视人体本身的体表特征，造成平面上的样板形态好看，而做好的样衣则是腰大、臀小、穿不上身。在结构造型上，更是把握不准造型比例和相似特点，造成结构图与设计意图脱节。

在服装院校，有许多学生，由于他们的经验不足，技术不全面，对服装内部结构了解不透，对制作工艺要求不明确，经常漏掉隐蔽性较强的衣片打板，如袋垫、贴布、门里襟、挂面等；在制图中，对公式的计算不准确，对公式的运用不灵活，造成尺寸偏大或偏小，如图 14-6 中，不加放分割后的省位量和后缝辟势，造成母板的胸围尺寸无法达到确定的规格。对于一些缩水量、自然回缩量等问题，制板中几乎是不加考虑。制板中拼缝部位不等长，吻合部位不相约等毛病更是司空见惯。要消除和纠正这些毛病，其一，离不开打板师本身的业务素质；其二，通过生产实践，运用

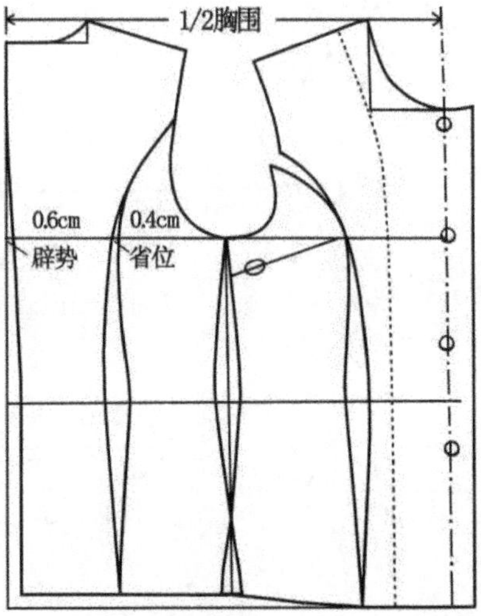

图 14-6

“量”“比”“拼”“审”“查”“摸” 的母板质量检查方法，采取了切实有效的补救措施，从而改进了母板的质量。

三、服装母板质量检查的方法和补救措施

服装母板打制完毕以后，必须要对母板的质量进行系统的检查和修整。归纳起来讲，服装母板的质量检查就是利用“量”“比”“拼”“审”“查”“摸”的方法，对母板的造型、规格、数量、等长、吻合、圆顺、拼角，文字标注以及面、里、衬布是否同步等内容进行系统地审查，逐片地核对，仔细地修整，使母板更加标准，更加精确。

1.“量”。就是测量母板的规格。服装母板的规格可分为控制部位规格和细部规格。控制部位规格包括有衣长、袖长、裤长、胸围、腰围、臀围、领围、肩宽、背宽、胸宽、袖口、脚口等；而细部规格则很多，如领宽、驳头宽、袋盖宽、领嘴长、驳嘴长、袋口长等。测量母板规格时，必须测量毛样板，同时要把各种因素考虑进去，以此确定毛板尺寸与净板规格的配伍，来检验净板规格与设定规格是否相符。

①规格测量。图 14-7 是女西服的前后样板，以衣长、胸围为例，设定成品衣长为 66 cm，胸围是 94cm。图中（1）线是从肩位垂直测量衣长的量法，测量结果是 71.7cm，减去样板中的肩缝份、折边量、自然回缩量共 5.7cm 以后等于 66cm，与设定的成品衣长相符；图中（2）线是水平测量胸围的量法，测量结果为 51.1cm，减去样板中的放头宽、缝份、自然回缩量共 6.1cm 以后为 45cm，与设定的半胸围规格相差 2cm。因此，胸围规格不足，何如解决这些问题呢？(自然回缩量按 1%计算)

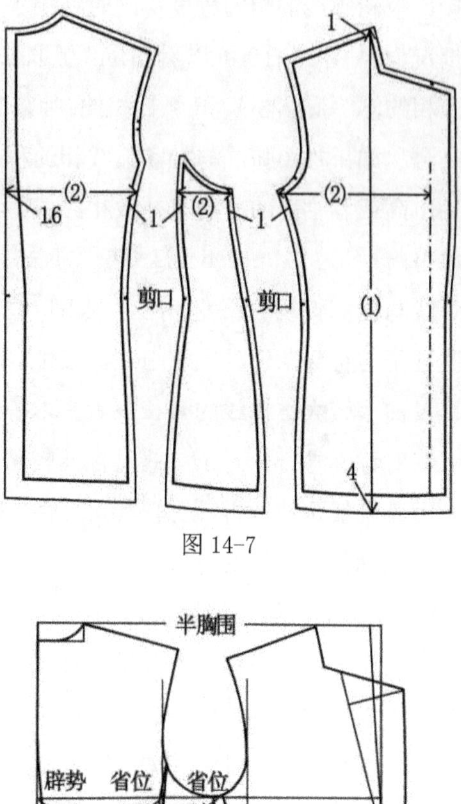

图 14-7

②补救措施。在以 94 cm 的胸围规格女西服制图中，由于线条设计是依据人体体态以符合人体的需要而设计的，在胸围线上产生了省位和后缝辟势，如图 14-8 中，从结构图中查出，省量、辟势量之和为 2cm，恰好是毛样规格测量中半胸围少的 2cm，这是合体服装制图中经常出现的误差问题。解决的办法是在结构制图中半胸围尺寸加上省量、辟势量和搭位宽，则打制的母板胸围才能满足设定规格的需要。

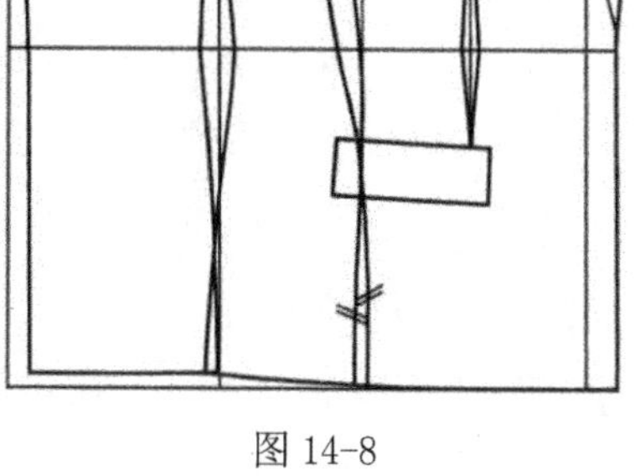

图 14-8

③对于小部件母板，应调整小部件的大小、位置和比例关系，打制的小部件母板应约为加长放宽少许，一来可保证对条对格的处理；二来有利于裁剪和工艺操作，使成衣后的小部件规格能够满足设计的需要。

2.“比”。就是利用服装母板的可比性，对母板中

的结构廓线,吻合部位以及对称部位进行对比检查和修正。对比检查的方式可分为两种,一种是直接对比检查，另一种是间接对比检查。

①直接对比检查。从图 14-9 中可以看出,对比检查主要是验证拼缝部位结构廓线的等长或基本相等。如上装的侧缝、肩缝、袖缝、育克缝、刀背缝、公主缝,下装的内侧缝、外侧缝、分割缝等,其方法是在母板中的相关结构线上直接对比检查，修正多余的长度或者密补长度的不足,对于在工艺制作上需用归、拨熨烫处理的部位，要留出所需的余量,以满足服装归、拨塑型需要。如前后肩线、前后袖内缝线、袖山与袖窿弧线等。

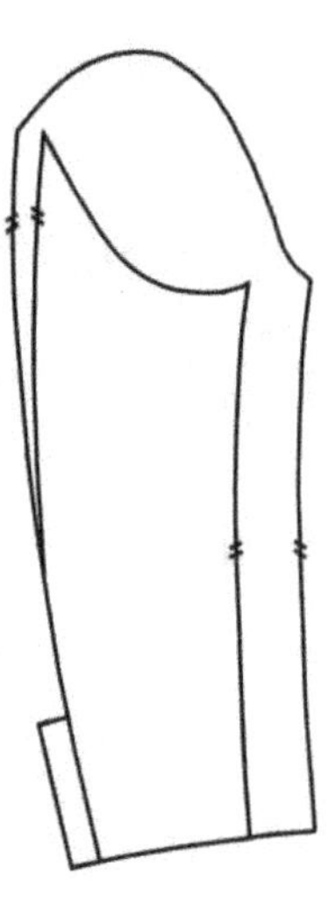

图 14-9

②间接对比检查。在检查母板中，某些曲率较大的结构线，无法采用直接对比，只能用软尺测量其长度(或者围度)，间接比较轮廓线的相约程度；同时将相关部位组合,检查其吻合情况。从图 14-10 可以看出,AB 弧长加上 CD 弧长与 A’D 弧长相约,AE 弧长与 A”E 弧长相约,袖窿底与袖山底的 DE 弧线吻合。如果袖山弧线与袖窿弧线相约程度欠佳,则可采取调整袖山高或者袖肥的方法来补救相约关系(相约关系即吃势量的调整,一般为 3.5～4.5cm)。这一方法最主要是检验袖山弧线与袖窿弧线的长度相约、领下口线与领口线长度相约；检验袖子与袖窿部位、领子与领口部位(串口部位)的吻合情况以及曲率较大结构线的等长或者基本等长的情况。

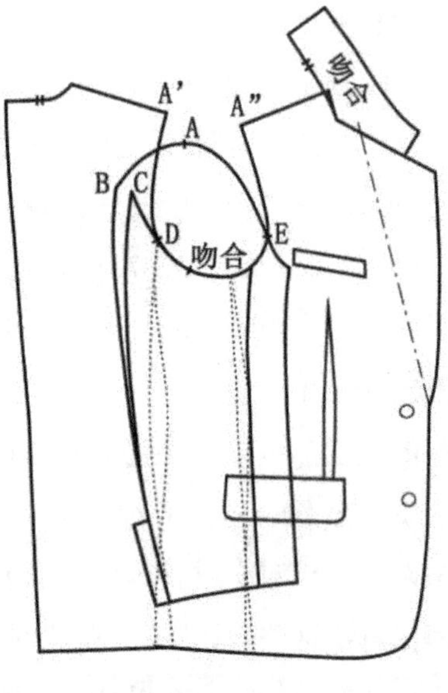

图 14-10

③对称性检查。对于一些对称性较强的部件母板，都可以利用其轴线两边对折，比较其对称性，进行检查和修剪整理，以此确保对称性部件母板不走样，使服装样板更标准、图 14-11 是裤子的直裆线以下部位的对称性检查,还有四开更精确。如身后片、一片袖、袖克夫、领子、袋盖、贴袋等都可以利用对称性检查。

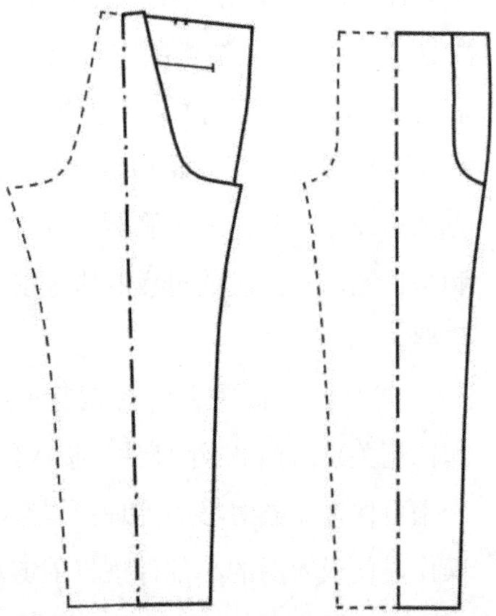

图 14-11

3.“拼”。为了使服装某些部位的轮廓线与人体体态和工艺要求相一致，达到造型的完美，我们将母板中与之相关的结构净样线拼角组合，以此修正样板中不圆顺的弧线。

①拼合的部位。服装缝合时拼角组合部位结构线有：肩线、后中线、侧缝线、前后袖缝线、公主线、育克线、裙摆线、裤侧缝、内裆缝等。用 1∶1 衣片样板进行拼合观察,很容易发现样板中存在的毛病，这一做法是母板检查过程中不可缺少的环节。图 14-12 是男西服样板前后衣片的拼合检查情况,虚线为毛病线,可以看出，在肩位前后袖窿弧线不圆

顺,在袖窿底弧线不圆顺。怎样解决这类毛病?

②补救的措施。其方式有两类,一,将该部位的余量修剪掉,如图 14-12 中的袖窿底的弧线经过修剪后变为实线,使拼合后的袖窿底弧线更加圆顺;二,有的部位是不能修剪的,如图 14-12 中肩位,因肩宽已定规格,如果修改肩位,会造成肩宽变窄,不能达到设定规格,因此,只能将前胸后背弧线的凹势适当调整加宽,则可以达到肩外袖窿弧线圆顺的效果,如图 14-12 中改变以后的实线。总之,凡是与拼角组合相关部位造型,都可以选择“拼”的方法,来修正母板中结构弧线的圆顺,使母板造型与人体和工艺要求相吻合。

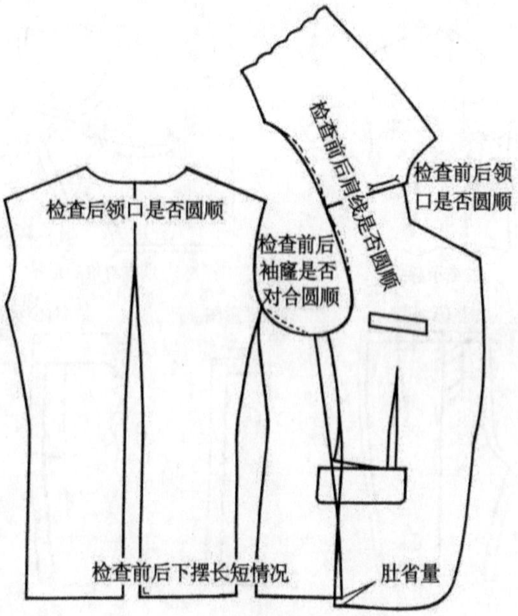

图 14-12

4.“审”。产生的母板并不意味着母板的确认,母板是款式设计与工艺制作的中间环节,而不是最终结果,因此必须对产生的母板而制作成的样衣进行封样,用来检验母板是否达到设计意图和产品要求,当样衣原则上没有通过时,就必须对原有的母板进行修整,甚至重新进行结构造型设计,再经过反复的审视,最后直至成为标准的母板。母板的审视可利用标准人台或模特穿好样衣,从正面和背面细心观察样衣的轮廓造型是否符合款式图的设计要求,从整体到局部仔细分析各部位的造型、比例是否正确,从样衣穿着的贴体程度来判断其规格设计的合理性,从款式图中衣领、衣袖、衣身等主要部件的特征来分析判断服装的结构设计形式,以此来检验母板在实现产品生产过程中所起到的技术指导作用和实现设计的意图。

5.“查”。服装母板打制完毕,还必须细心清查母板的总数量,制定的母板一定要完整、齐全,面、里、衬、袋料,甚至是一块垫布,也不能遗漏,一套成型的母板少则几片,多则几十片,其形状有的相似,有的各异,大小不一,十分容易丢失和漏制,倘若一个用边角料裁剪的小嵌条遗失,补裁则会浪费一块整料,这样不但会费工费料,而且色差也不好解决,因此,清查母板的完整性十分重要。同时,对于左右不对称产品的裁片板,要标明左、右、上、下及正反面区别;对于同一裁片需裁其他里料、衬料的,应注明所裁的片名和片数,弄清面、里、衬的配伍关系。这些对于母板的制作标记、对位剪口、布纹方向以及文字标注(包括编号、款号、号型、部件名、裁片数、面底情况等)都必须细心检查,看其是否标明清楚,注译完整,以消除因制板的粗疏而造成的技术失误。图 14-13 是母板的正确标注和省道、褶裥、开叉、对位、绱位、袋位的标准示意图。

6.“摸”。服装母板使用的材料一般是牛皮线或黄板纸,且要求结实耐磨。手工剪切样板时,很难将弯度较大的样板边沿剪成标准、圆滑的外轮线,因此,剪切完毕以后,还必须用手指顺势触摸母板边沿。发现刺手的地方,可采用修剪或者用木砂纸轻轻柔擦边沿,直到母板边沿圆滑、流畅为止(注意保持缝份量)。

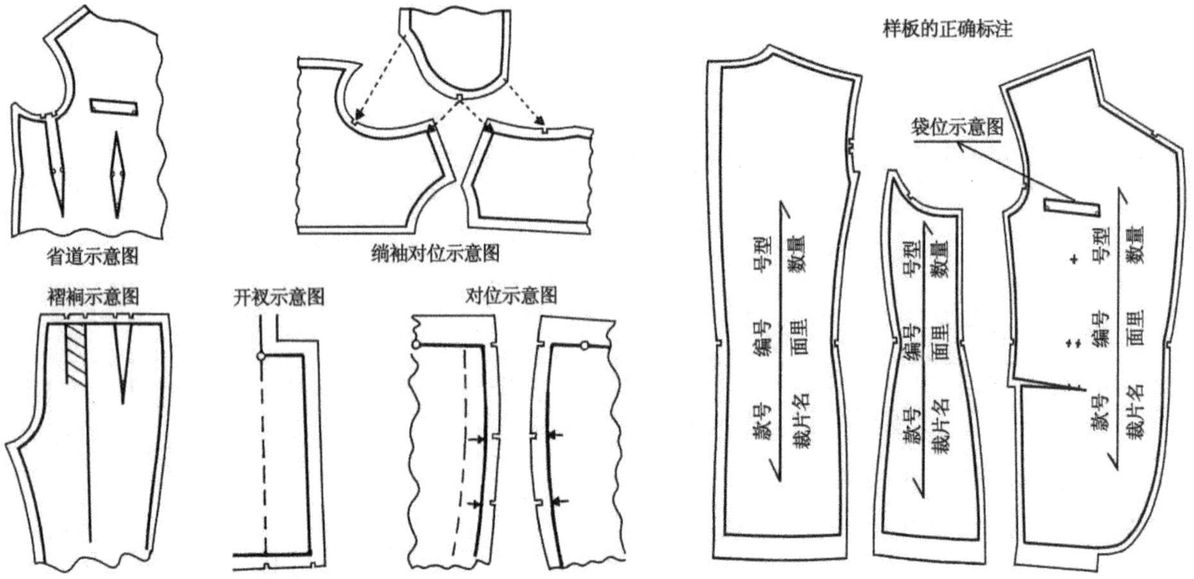

图 14-13

母板审查完毕以后，还要对母板进行归类、整理、封样。如母板的面、里、衬要各自集中归类、整理，然后分别叠好，在母板的适当位置打一个直 10～15mm 的圆孔，便于串连吊挂。同时，还要在母板缝份边沿打印封样标记，以防母板在未经许可的情况下被修改。

四、母板检查的程序

检查母板不能盲目地随意检查，而要做到检查有序、依次进行。按照惯例，检查母板的程序一般是：先查长度，后查围度；先查拼缝等长，后查拼角圆顺；先查部位吻合，后查廓线相约；先查布纹方向，后查缝制标记；先查文字标注，后查母板齐全；最后检查样板的配套、归类情况。检查过程中，要本着规格准确、裁片不漏、检查有序、精心修整、提供技术服务的基本指导思想，为服装成批生产制定出可靠的技术依据。

母板的质量检查是一项细心的技术工作，来不得半点马虎，尤其是时装母板，因款式千变万化，结构线变化无穷，检查中更应该小心谨慎，灵活地掌握和运用“量”、“比”、“拼”、“审”、“查”、“摸”的母板质量检查的方法，打制出标准的、精确的服装母板，确保技术依据的正确性和科学性，提高企业的技术水平和市场竞争能力。